胶粘剂及其应用

黄世强　孙争光　吴　军　编著

机械工业出版社

本书系统地介绍了各种胶粘剂的组成结构与性能、合成方法、实际应用配方及使用操作技术。其主要内容包括：胶粘剂及其粘接技术概述、环氧树脂胶粘剂、不饱和聚酯胶粘剂、聚氨酯胶粘剂、酚醛树脂胶粘剂、丙烯酸酯胶粘剂、有机硅胶粘剂、聚酰亚胺及杂环类胶粘剂、橡胶胶粘剂、热熔胶和密封胶。本书内容新颖、翔实，层次清晰，并配有丰富的应用实例和多种配方，具有很强的实用性和针对性。

本书适合于从事胶粘剂研发、生产与应用的技术人员使用，也可供相关专业的在校师生和研究人员参考。

图书在版编目（CIP）数据

胶粘剂及其应用/黄世强，孙争光，吴军编著．—北京：机械工业出版社，2011.12（2025.3重印）

ISBN 978-7-111-36098-8

Ⅰ．①胶…　Ⅱ．①黄…②孙…③吴…　Ⅲ．①胶粘剂　Ⅳ．①TQ43

中国版本图书馆CIP数据核字（2011）第207535号

机械工业出版社（北京市百万庄大街22号　邮政编码100037）
策划编辑：陈保华　责任编辑：陈保华
版式设计：张世琴　责任校对：任秀丽
责任印制：邓　博
北京盛通数码印刷有限公司印刷
2025年3月第1版·第10次印刷
169mm×239mm·19.25印张·374千字
标准书号：ISBN 978-7-111-36098-8
定价：59.00元

电话服务
客服电话：010-88361066
010-88379833
010-68326294

网络服务
机　工　官　网：www.cmpbook.com
机　工　官　博：weibo.com/cmp1952
金　书　网：www.golden-book.com
机工教育服务网：www.cmpedu.com

前　　言

随着社会经济的持续发展和科学技术的不断进步，胶粘剂在国民经济建设的各个重要领域的应用越来越广泛和深入。从高新技术到工农业生产再到日常生活，胶粘剂已成为不可缺少、无法替代、使用简单方便的常用材料，在国民经济建设的各个领域都起着重要的作用。

近年来，人们对胶粘剂相关知识与技术的了解和认识不断提高，需要更多、更好的有关胶粘剂内容的技术图书，以满足不同读者的需求。在机械工业出版社的支持下，我们组织编写了这本《胶粘剂及其应用》。

本书系统地介绍了各种胶粘剂的组成结构与性能、合成方法、实际应用配方及使用操作技术，从而将原理和具体应用有机地结合起来，突出应用，通俗易懂，随学即用。书中重点介绍了胶粘剂合成与应用配方、使用操作方法、常见问题的解释及处理，列举有大量具体应用实例，针对性和实用性强，可使读者方便了解、掌握常见胶粘剂的应用知识、应用方法与操作技术。

本书由黄世强、孙争光、吴军编著，朱杰、高风、库斌、陈超、陈明、王志政参加了书稿的整理工作。本书最后由黄世强审定统编全稿。

在编写过程中，我们参阅并引用大量国内外专家的文献和资料，在此表示诚挚的感谢。

胶粘剂生产和应用领域所涉及的内容丰富，涉及多学科、多领域，新技术、新方法、新品种不断涌现，再加上编著者时间、水平及经历所限，书中不妥之处在所难免，敬请同行专家和广大读者批评指正。

编著者

目　　录

第1章　胶粘剂及其粘接技术概述

胶粘剂是能把两种相同或不同的材料通过粘接作用连接起来，并能满足一定力学性能、物理性能和化学性能要求的一类物质，也称为粘合剂或粘结剂。采用胶粘剂把材料连接在一起的工艺技术称为粘接技术。

胶粘剂和粘接技术历史悠久，并随着人类社会和科学技术的发展而发展，有力地推动了社会的物质文明、科技进步。尤其是合成材料的出现，为胶粘剂和粘接技术提供了广阔的发展空间，无论是理论和技术还是生产和应用都为其发展创造了有利条件及充分保证，为胶粘剂的研究、生产和应用带来勃勃生机，使其已成为独立的新兴产业——胶粘剂工业。胶粘剂工业在国民经济建设中起着非常重要的作用，为社会物质和精神文明作出了重要贡献，为人们的工作、学习、生产、生活带来极大方便。目前，胶粘剂工业已成为科技含量高、经济效益好的新兴产业，并正以年平均10%左右的速度迅速发展。

1.1　胶粘剂的分类

胶粘剂品种繁多，其化学组成各不相同，性能、形态及外观也不尽相同，应用范围、固化方式、粘接强度也各不相同。每种胶粘剂都有各自的应用范围、使用条件和粘接效果，都不可能是万能胶。所谓“万能胶”，一般是指应用范围较宽而已。目前，国内外已有5000种以上胶粘剂品种牌号，随着合成胶粘剂的发展，还将继续增加。为更好地了解和选用胶粘剂，必须对胶粘剂进行适当的分类。

胶粘剂的分类至今尚无统一方法。为便于研究和使用，大家通常按胶粘剂的来源、用途、组成结构或性能等来进行分类，一般以胶粘剂主要化学组成为分类基础，结合用途、性能等分类较普遍。常见的几种分类方法如下：

1. 按胶粘剂的粘接强度分类

按照粘接处受力的要求，可将胶粘剂分为结构胶粘剂和非结构胶粘剂。所谓结构胶粘剂，是指固化后能承受较高剪切负荷（15MPa）和不均匀扯离负荷在30kN/m以上的胶粘剂。这种胶粘剂主要用于粘接受力部件。而非结构胶粘剂的粘接强度一般，广泛用于普通受力部位的粘接。此外，还有满足某种特定性能和在某些特殊场合使用的特殊胶粘剂。按胶粘剂的粘接强度分类见图1-1。

胶粘剂
- 结构胶粘剂：酚醛—缩醛、酚醛—丁腈、环氧—酚醛、环氧—丁腈、环氧—尼龙等
- 非结构胶粘剂：聚醋酸乙烯、聚丙烯酸酯、橡胶类、热熔胶等
- 特种胶粘剂：导电胶、导热胶、光敏胶、应变胶、医用胶、耐超低温胶、耐高温胶、水下胶、点焊胶等

图 1-1　按胶粘剂的粘接强度分类

2. 按胶粘剂的来源分类

根据胶粘剂的来源，可将胶粘剂分为天然胶粘剂和合成胶粘剂，而合成胶粘剂又分为热固性树脂胶粘剂、热塑性树脂胶粘剂、橡胶胶粘剂及无机胶粘剂。按胶粘剂的来源分类见图 1-2。

胶粘剂
- 天然胶粘剂
  - 动物胶粘剂
  - 植物胶粘剂
  - 矿物胶粘剂
- 合成胶粘剂
  - 热固性树脂胶粘剂
  - 热塑性树脂胶粘剂
  - 橡胶胶粘剂
  - 特种胶粘剂
- 无机胶粘剂
  - 硅酸盐胶粘剂
  - 磷酸盐胶粘剂
  - 硫酸盐胶粘剂

图 1-2　按胶粘剂的来源分类

3. 按胶粘剂的化学组成分类

根据胶粘剂的化学组成，可将胶粘剂分为有机胶粘剂和无机胶粘剂两大类，而有机胶粘剂又分为天然胶粘剂和合成胶粘剂，合成胶粘剂又分为树脂型、橡胶型、复合型或更细类型。按胶粘剂的化学组成分类见图 1-3。

4. 按胶粘剂固化条件分类

根据胶粘剂使用时的固化温度不同，可将胶粘剂分为室温固化胶粘剂、高温固化胶粘剂、光固化胶粘剂及辐射固化胶粘剂等。

5. 按胶粘剂的外观形态分类

根据胶粘剂的外观形态，将胶粘剂分为液态、固态和膏状、薄膜、胶带等类型。按胶粘剂的外观形态分类见图 1-4。

6. 综合分类

由于胶粘剂品种繁多，各种不同的分类方法都很难完全合理地将一大类物质进行统一的分类，实际上也不可能使用一种方法将一类体系庞大的胶粘剂进行准确的分类。所以经常采用综合分类方法，虽不尽人意，但毕竟方便、适用，相对合理、系统、完整。胶粘剂综合分类见图 1-5。

- 胶粘剂
  - 无机胶粘剂
    - 硅酸盐类
    - 磷酸盐类
    - 硫酸盐类
    - 硼酸盐类
    - 陶瓷氧化物等
  - 有机胶粘剂
    - 天然有机胶粘剂
      - 淀粉类：淀粉、糊精
      - 蛋白类：虫胶、骨胶、鱼胶、酪素、植物蛋白
      - 天然树脂类：木质素、单宁、松香、虫胶
      - 沥青类
    - 合成有机高分子胶粘剂
      - 热塑性类：聚醋酸乙烯、聚乙烯醇、聚乙烯醇缩醛、丙烯酸酯、聚氯乙烯、尼龙、聚苯乙烯
      - 热固化性：酚醛树脂、环氧树脂、丙烯酸树脂、氨基树脂、呋喃树脂、不饱和聚酯、聚氨酯
      - 复合型类：酚醛—聚乙烯醇缩醛
        - 酚醛—丁腈橡胶
        - 酚醛—氯丁橡胶
        - 环氧—酚醛
        - 环氧—聚酰胺
        - 环氧—丁腈橡胶
        - 环氧—聚氨酯

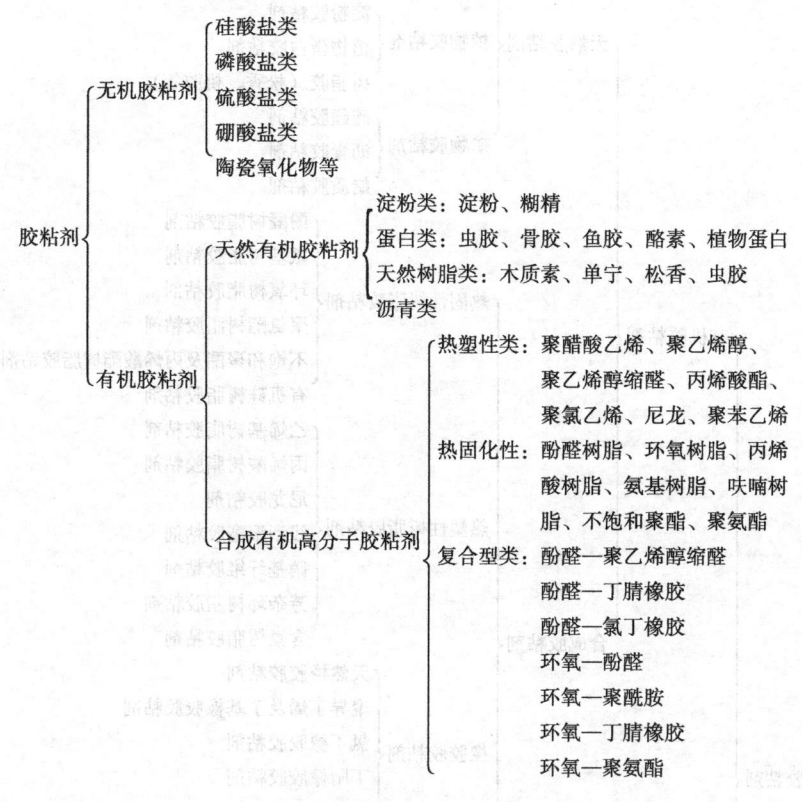

图1-3　按胶粘剂的化学组成分类

- 胶粘剂
  - 液态型
    - 水溶液：聚乙烯醇、纤维素、脲醛树脂、酚醛树脂、硅酸钠
    - 非溶液：硝酸纤维素、醋酸纤维素、聚醋酸乙烯、氯丁橡胶、丁腈橡胶
    - 乳液（胶乳）：聚醋酸乙烯、聚丙烯酸酯、天然胶乳氯丁橡胶、丁腈橡胶
    - 无溶剂型：环氧树脂、丙烯酸聚酯、聚氰基丙烯酸酯
  - 固态型
    - 粉状：淀粉、酪素、聚乙烯醇氧化铜
    - 片、块状：鱼胶、松香、虫胶、热熔胶
    - 细绳状：环氧胶棒、热熔胶
    - 胶膜：酚醛—聚乙烯醇缩醛、酚醛—丁腈、环氧—丁腈、环氧—聚酰胺
  - 带状
    - 粘附型
    - 热封型
  - 膏状与腻子型

图1-4　按胶粘剂的外观形态分类

- 胶粘剂
  - 有机胶粘剂
    - 天然胶粘剂
      - 动物胶粘剂
        - 动物蛋白胶（皮胶、骨胶、血朊胶等）
        - 虫胶胶粘剂
      - 植物胶粘剂
        - 淀粉胶粘剂
        - 植物蛋白胶粘剂
        - 树脂胶（松香、桃胶等）
      - 矿物胶粘剂
        - 硫磺胶粘剂
        - 沥青胶粘剂
        - 蜡质胶粘剂
    - 合成胶粘剂
      - 热固性树脂胶粘剂
        - 酚醛树脂胶粘剂
        - 氨基树脂胶粘剂
        - 环氧树脂胶粘剂
        - 聚氨酯树脂胶粘剂
        - 不饱和聚酯及丙烯酸酯树脂胶粘剂
        - 有机硅树脂胶粘剂
      - 热塑性树脂胶粘剂
        - 乙烯基树脂胶粘剂
        - 丙烯酸树脂胶粘剂
        - 尼龙胶粘剂
        - 线型聚酯胶粘剂
        - 硝基纤维胶粘剂
        - 芳杂环树脂胶粘剂
        - 含氟树脂胶粘剂
      - 橡胶胶粘剂
        - 天然橡胶胶粘剂
        - 聚异丁烯及丁基橡胶胶粘剂
        - 氯丁橡胶胶粘剂
        - 丁腈橡胶胶粘剂
        - 聚硫橡胶胶粘剂
        - 硅橡胶胶粘剂
      - 特种胶粘剂
        - 热熔胶粘剂
        - 压敏胶粘剂
        - 点焊胶粘剂
        - 吸水胶粘剂
        - 导电胶粘剂
        - 厌氧胶粘剂
        - 应变胶粘剂
        - 液态密封及制动胶粘剂
  - 无机胶粘剂
    - 硅酸盐胶粘剂
      - 硅酸钠胶粘剂
      - 其他硅酸盐胶粘剂
    - 磷酸盐胶粘剂
      - 磷酸氧化铜胶粘剂
      - 磷酸铵胶粘剂
    - 磷腈树脂胶粘剂
      - 磷腈树脂胶粘剂
      - 改性磷腈树脂胶粘剂

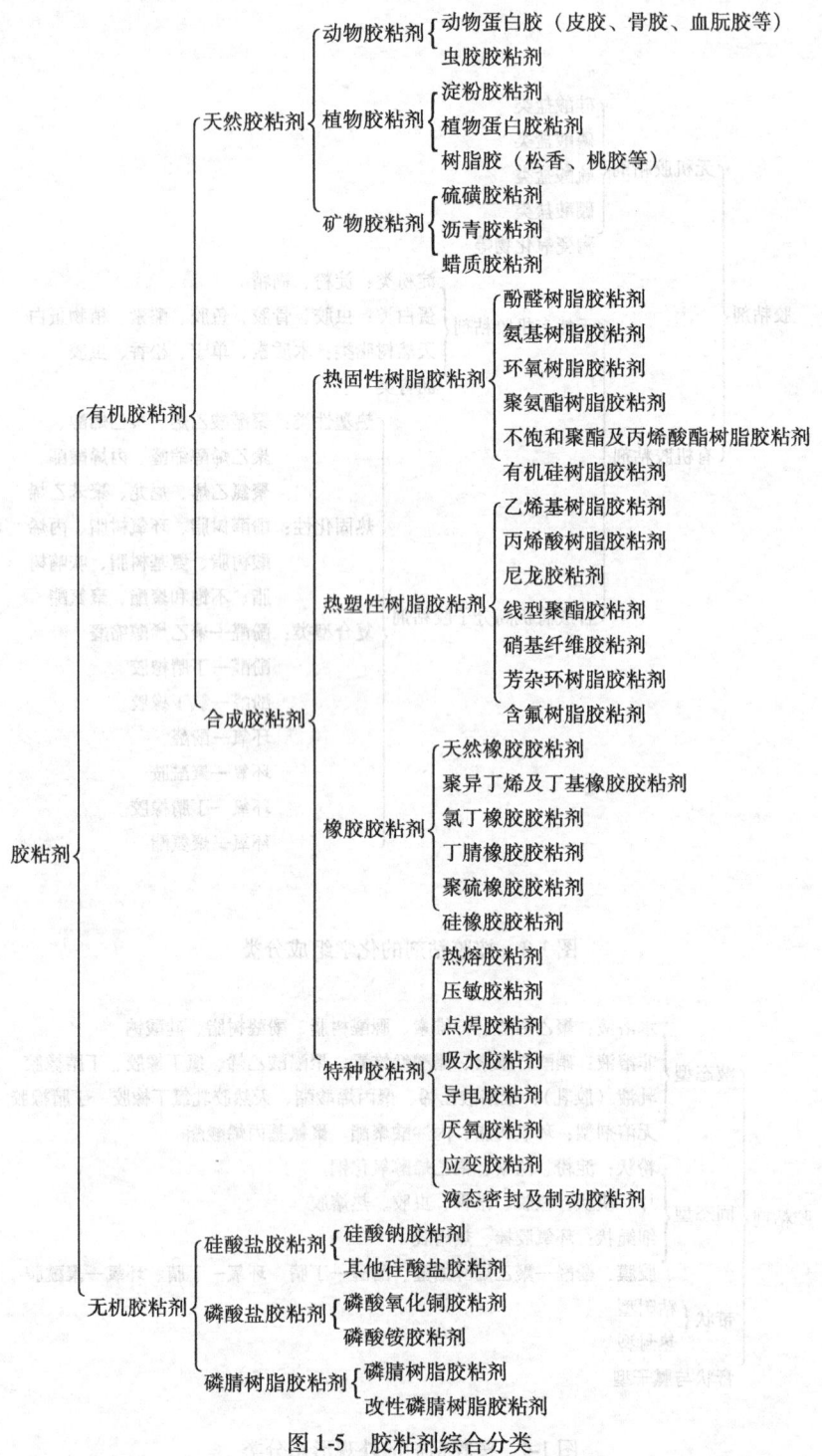

图 1-5 胶粘剂综合分类

1.2 胶粘剂的组成

胶粘剂通常由几种材料配制而成。这些材料按其作用不同，一般分为基料和辅助材料两大类。基料是在胶粘剂中起粘接作用并赋予胶层一定力学强度的物质，如各种树脂、橡胶、淀粉、蛋白质、磷酸盐、硅酸盐等。辅助材料是胶粘剂中用以改善主体材料性能或为便于施工而加入的物质，如固化剂、增塑剂和增韧剂、稀释剂和溶剂、填料、偶联剂等。

1. 基料

在胶粘剂配方中，基料是使两被粘物体结合在一起时起主要作用的成分，它是构成胶粘剂的主体材料。胶粘剂的性能主要与基料有关。

一般来讲，基料应是具有流动性的液态化合物或能在溶剂、热、压力的作用下具有流动性的化合物。实际使用中，用做基料的物质有天然高分子物质、无机化合物、合成高分子化合物。

天然高分子物中，如淀粉、蛋白质、天然树脂等均可作为基料，人类应用它们已有数千年历史。它们一般都是水溶性的，使用方便、价格便宜，且大多是低毒或无毒的；但由于它们受多种自然条件的影响，如地区、季节、气候不同，其性能不一致，因而质量不稳定，且品种单纯，粘接力较低，近几十年来大部分被合成高分子代替。

用做基料的无机化合物有硅酸盐、磷酸盐、硫酸盐、硼酸盐、氧化物等。虽然它们性脆，然而具有耐高温、不燃烧的特点，某些以无机化合物为基料的胶粘剂耐高温已达到3000℃，这是任何有机基料的胶粘剂所无法比拟的。

热塑性高分子、热固性高分子、合成橡胶等高分子今天已广泛应用在胶粘剂中，是当代胶粘剂中最重要的基料。合成高分子的迅速发展为胶粘剂的研制和生产提供了丰富的物质基础，促进了粘接强度高、综合性能优良、耐久性好的胶粘剂的快速研制，新胶粘剂品种不断出现。这使胶粘剂的应用渗透到了国民经济的各个部门。

2. 固化剂

胶粘剂必须在流动状态涂布并浸润被粘物表面，然后通过适当的方法使其成为固体，才能承受各种负荷，这个过程称为固化。固化可以是物理过程，如溶剂的挥发，乳胶的凝聚，熔融体的凝固等，这些过程通常也称为硬化；也可以通过化学的方法，使胶粘剂聚合成为固体的高分子。胶粘剂中直接参与化学反应，使胶粘剂主体发生固化的成分称为固化剂。

热固性高分子化合物是具有三向交联结构的聚合物，目前，结构胶基本上是以热固性树脂为基料，它是由多官能团的单体或预聚体聚合成为三向交联结构的树脂。环氧树脂胶粘剂性能好、品种多、应用最广，它就是这种情况。固化剂使多官能团的单体三向交联，使胶粘剂固化，它是环氧树脂类胶粘剂中最主要的辅助材料。固化剂的种类很多，要按不同基料的固化反应情况，对胶粘剂性能的要求，工艺条件等进行选择。

3. 增塑剂和增韧剂

增塑剂和增韧剂是指胶粘剂中改善胶层的脆性、提高其柔韧性的成分。它们的加入能改善胶粘剂的流动性，提高胶层的抗冲击强度和伸长率，降低其开裂程度，但用量过多反而有害，会使胶层的力学强度和耐热性能下降，应根据使用条件确定用量。

增塑剂能与基料相混溶，但它是不活泼的，不参与固化反应，在固化过程中有从体系中离析出来的倾向，如邻苯二甲酸二丁酯、磷酸三酚酯等。

增韧剂是一种单官能或多官能团的化合物，能与基料起反应，成为固化体系的一部分。它们大都是粘稠液体，常用的有不饱和聚酯树脂、聚硫橡胶、低分子聚酰胺树脂等。它们也可作为环氧树脂的固化剂。

4. 稀释剂和溶剂

用来降低胶粘剂粘度的液体物质称为稀释剂。分子中含有活性基团的能参与固化反应的稀释剂称为活性稀释剂；分子中不含有活性基团，在稀释过程中仅只达到降低粘度的目的，不参加反应的稀释剂称为非活性稀释剂。活性稀释剂多用于环氧型胶粘剂，加入此种稀释剂，固化剂的用量应增大；非活性稀释剂多用于橡胶、聚酯、酚醛、环氧等类型的胶粘剂。一般来说，粘接强度随稀释剂的用量增加而下降。

能溶解其他物质的成分称为溶剂。溶剂在橡胶型胶粘剂中用得较多，在其他型的胶粘剂中用得较少。它与非活性稀释剂的作用相同，主要是降低胶粘剂的粘度，便于施工。

5. 填料

为了改善胶粘剂的加工性、耐久性、强度及其他性能或降低成本等而加入的一种非粘性的固体物质称为填料。

填料的种类很多，常用的主要是无机物，金属、金属氧化物、矿物的粉末都可以用做填料。要根据具体要求进行选择，并要考虑到填料的粒度、形状和填加量等因素。

6. 偶联剂

在粘接过程中，为了使原来直接不粘或难粘的材料之间提高粘接力，在胶粘剂和被粘物表面之间形成一层牢固的界面层，这一界面层的成分称为偶联剂。偶联剂也有许多种，如硅烷、松香树脂及其衍生物等。

有助于提高被粘物（如玻璃、陶瓷、金属等）与胶粘剂粘接能力的有机硅烷（通式有 $RSiX_3$）是硅烷偶联剂。从化学结构看，硅烷偶联剂的分子一般都含有两部分性质不同的基团：一部分基团（X）经水解能与无机物的表面很好的亲和；而另一部分基团（R）能与有机树脂结合，从而使两种不同性质的材料“偶联”起来。有机硅烷偶联剂用来对被粘物表面进行处理，或者加到胶粘剂中，都能提高粘接强度。

随着基团（R）和（X）的不同，硅烷偶联剂的种类不同，使用范围也不相同，例如当R基为氨基时，能在酚醛、脲醛中使用，也可在环氧与聚氨酯中使用，但不宜在聚酯中使用。硅烷偶联剂虽然应用时间不长，但已成为胶粘剂的重要组分。

7. 其他助剂

为了满足某些特殊要求，改善胶粘剂的某一性能，在胶粘剂中还加入一些其他助剂。例如增稠剂增加胶粘剂的粘度；阻聚剂防止胶粘剂在贮藏运输过程中自行交联而变质失效，提高其贮存性；防老剂提高胶层耐环境老化特性；防霉剂防止胶层霉变；阻燃剂使胶层不易燃烧等。

1.3 胶粘剂的应用

随着科学技术的迅速发展，胶粘剂的应用领域不断扩大，品种和用量急剧增加。我国胶粘剂品种在3000种以上，产量达300多万t。从普通儿童玩具、工艺美术品制造，到机械、电子、车船、飞机制造、火箭、人造卫星、宇宙飞船制造等，处处都有胶粘剂的应用。

1. 在航空航天工业中的应用

胶粘剂和粘接技术应用最多最主要的部门是航空工业。由于飞行器的结构采用了粘接工艺，明显地减轻了结构的重量，提高了疲劳寿命，简化了工艺过程，因此许多国家都把粘接技术作为飞机制造的新工艺。在现代飞机上，几乎没有不采用粘接工艺的。大约在20世纪40年代就开始在飞机制造工业中使用合成胶粘剂了，现在已经普及到世界各国。对于某些飞机，粘接已经成为整个飞机设计的基础。全世界采用粘接结构的飞机有100多种。B-58重型超声速轰炸机中，粘接板达到$380m^2$，粘接板占全机总面积的85%，其中，蜂窝夹层结构占90%。每架飞机用胶量超过400kg，可取代约50万件铆钉。每架波音747喷气客机用胶膜$2500m^2$，密封胶450kg。三叉戟飞机的粘接面积占总连接面积的67%。航空工业中常用的胶粘剂有酚醛—缩醛、酚醛环氧树脂胶粘剂等。新近开发的第二代丙烯酸酯胶粘剂已经实用化并用于飞机的制造中。

各种轻质合金材料和先进复合材料是航天、航空飞行器上使用的主要材料，此外还有许多其他材料，它们的性能各异，且差别悬殊。由这些不同材料构成的结构件，它们之间的连接往往不能采用传统的连接方法，而只能采用粘接工艺。由于这些结构件在各种不同的特殊环境下使用，要求所采用的胶粘剂必须具备相应的特性。例如，导弹头和返回式航天飞行器将经历严酷的再入热环境，所采用的胶粘剂必须具备优良的耐烧蚀性能；而在空间轨道上运行的航天飞行器处于大温差频繁交变的温度环境，则所采用的胶粘剂不仅需具有优良的耐高、低温交变特性，还要求具有优良的耐空间辐射（如紫外线辐射、耐质子辐射、耐电子辐射等）及在高真空空间环境下，没有或极少释放挥发性物质等特性。

用于火箭、导弹和卫星等航天器上的粘接材料，除需要满足一般工业用胶粘剂的性能要求外，还需满足它们处于发射状态、在轨道上运行及重返大气层等所经历的各种特殊环境要求。例如，卫星、飞船及其他航天器在轨道上运行，其环境交变温度的范围达几百摄氏度（如在地球同步轨道上运行的航天器，其环境交变温度为 $-157\sim120$℃）。用于有关部位的胶粘剂不仅需具有适应严酷的交变温度特性，还必须具有耐高能粒子及电磁波辐射的特性，并且在高真空环境下没有或极少有挥发物及可凝性挥发物释放出来，以免污染航天器上的高精度光学仪器和有关部位。

航天飞行器在轨道运行期间，飞行器舱内必须保持一定的压力，以保证各种仪器仪表正常工作。而航天飞行器的运行轨道环境处于高真空、低温及大温差高低温交变状态，需要密封的部位多。单纯采用耐低温的橡胶，以通常的静密封形式如 O 形密封圈进行密封，当温度低于 -67℃以下，会出现微小泄漏，已不能满足飞行器舱内的工作压力要求。而采用耐低温性好的硅橡胶为主要成分，加入环氧树脂改性的胶粘剂，室温固化，并与上述 O 形密封圈结合使用，低温下密封性能良好；甚至在 O 形密封圈受到损坏的情况下，由于上述低温密封胶粘剂的作用，仍保证了飞行器舱的密封性要求。

2. 在机械、汽车、船舶工业中的应用

机械制造工业的需要，对合成胶粘剂和粘接技术的发展产生了巨大的推动作用。

（1）在机械工业中的应用　在机床配件安装零件加工中，胶粘剂有广泛的应用，例如，机床的托板、导向装置、铸铁基座的粘接，液压缸、油路元件的堵漏密封，机床导轨的修补等。在零件机械加工中，胶粘剂用于刀具与刀杆的粘接。在模具制造中，胶粘剂的应用更普遍。

（2）在汽车工业中的应用　在汽车工业中，胶粘剂用作车身、内衬材料、隔声隔热材料、座椅及制动片等粘接。

现代汽车要求小型化、轻量化、节能、安全、美观、舒适，而需要采用各种铝合金、塑料、橡胶等轻质材料。这些材料的连接，只能使用胶粘剂才能达到一定要求和相应的效果。胶粘剂已成为汽车工业不可缺少的主要原材料。汽车用胶主要是特种胶粘剂，用于制动片的粘接、绝热层的粘接和点焊密封、卷边密封及门窗的密封。制动片的粘接要在苛刻条件下使用，要求制动时因摩擦热使温度达200～250℃时仍具有很强的粘接力，并要耐热老化，耐剧烈冲击和振动，耐润滑油的腐蚀。美国克莱斯勒汽车公司于1949～1975年间共粘接2.5亿个制动片，无一失效。我国解放牌汽车制动片原用几十个铆钉，改用胶粘剂粘接后，使用寿命提高了3倍以上。用粘接方法生产的制动片剪切强度达48～70MPa，而铆接闸片的剪切强度仅为10MPa。可见，采用胶粘剂粘接生产的制动片，无论是强度还是安全性都大大优于铆接闸片。

用粘接相似的方法先后制成纤维复合材料，再制造汽车零部件，这是胶粘剂及其粘接技术在汽车工业间接应用的进展。近年来，在汽车工业中逐步采用粘接装配汽车零部件，如发动机罩、保险杠、法兰件、玻璃钢车身部件之间的连接等。

在机车车辆制造中，为了使车辆在行驶中具有绝热、电绝缘、减少噪声、密封防漏等性能，需要对其中的结构件和非结构件采用粘接与密封材料。为了使车辆高速行驶又节约能耗，必须减轻车体重量，故逐步采用一次性粘接的纤维复合材料代替钢铁材料制造零部件。

特种胶粘剂在车辆制造中的应用，主要是在车厢、车体、动力系统和运行系统方面。结构胶粘剂主要用于动力系统和运行系统，密封胶在各方面均有使用。据统计，一辆现代化机车平均用密封胶250kg，酚醛、环氧等热固性树脂胶粘剂约100～120kg，乙烯基胶粘剂约30kg。火车的客车厢、冷藏室等制造中均大量使用各种胶粘剂。

（3）在船舶工业中的应用　在船舶工业中，胶粘剂的应用也十分普遍。采用粘接的蜂窝夹板制造船身，重量轻、浮力大、刚性好，船身可减轻重量40%。当船体外侧撞伤时，互不连通的蜂窝芯使船身整体不漏水，提高了轮船的防撞安全特性。

随着船舶工业的发展，高分子胶粘剂与密封材料在船舶上的应用越来越广泛。船舶有很多类型不同的多样性，且船舶中使用金属及非金属材料品种繁多，装配着各种机械设备。这些多样性对胶粘剂与密封胶材料的品种和性能也提出了多种多样的特殊要求。船舶经常处于锅炉的烘烤，河水、海水的侵蚀，波浪的冲击摇动以及日晒雨淋等恶劣条件下，因此又从另一个角度对胶粘剂与密封材料提出了特殊要求。

与上述飞机、汽车、车辆用粘接材料相比，船用粘接材料有特殊要求。船的某些部位应使用耐水性，特别是耐海水性好的胶粘剂，有时甚至需要在水中能固化的胶粘剂。尽管船舶的多样性要求使用的胶粘剂也多种多样，但是按用途分，也可分为结构胶粘剂和非结构胶粘剂两大类。前者主要指船体结构件，如船壳、甲板及隔热材料用胶粘剂；后者是指舱室内的天花板、地板及家具用胶粘剂。

在各种大小、不同类型的船舶上所用的胶粘剂是不同的。在气垫船上使用胶粘剂，主要达到使船整体重量轻、强度高、不透水的作用，船上高强度承载结构实际上全是粘接起来的。军用小舰艇主要用胶粘剂粘接玻璃钢或复合材料，减轻船体重量，提高艇体强度。油轮主要用胶粘剂解决其绝热层、保温材料与支架或壳体的粘接，要求使用具有很好的耐压、保温、绝热的特种胶粘剂。

3. 在电子工业中的应用

在电子工业中，胶粘剂的应用起着重要的作用。除了一般性的粘接外，还使用了许多具有特殊性能的胶粘剂。例如导电胶代替了锡钎焊；在真空系统中用真空密封胶来密封和堵漏是很常见的。印制电路板的出现为发展电子工业创造了良好的条件。在光学仪器中，透镜元件之间的组合用一定折射率的透明胶粘接，可以使折射率匹配，降低因界面反射而引起的能量损失。据报道，国外有些国家的10%~20%胶粘剂用于电子、电器工业，主要用于绝缘材料、浸渍、灌封材料，印制电路板，磁带，箔式电容及集成电路的制造生产，以及片状元件的表面安装等。胶粘剂所用的材料主要是改性环氧树脂、酚醛—缩醛和有机硅等聚合物。

随着电子设备轻量化、小型化的发展，出现了各种小型化、超小型化的电阻器、电容器、晶体管和集成电路等电子元件，与此相适应的印制电路板（PCB）也得到了发展。常见的印制电路板是由覆金属箔的绝缘基板经感光腐蚀制得图形而成的。绝缘基板分别由纸、玻璃纤维布或聚苯乙烯、聚四氟乙烯等基材构成，纸和玻璃纤维则需浸渍环氧树脂、酚醛树脂或三聚氰胺树脂、有机硅树脂等，再复合（单面或双面）电解铜箔压制而成各种覆铜箔板，即是单面板、双面板。近年来，集成电路和大规模集成电路中大量采用表面贴装技术（SMT），而SMT用PCB多系多层板（以四层板为主流），其层间是用环氧树脂或聚酰亚胺的半固化（预固化）片热合粘接的。

胶粘剂在集成电路生产中主要是用于晶片的粘接、电路元件与基片的粘接以及外壳的密封3个方面。

（1）晶片的粘接　晶片的粘接定位是借助于自动（手动）点胶设备的针头，挤出（注射）一滴直径约ϕ0.076mm的微小的胶液，精确地涂于基片上规定的位置，然后再将晶片正确地放在该胶粘剂上，既不能漂移，也不允许悬浮。因此，胶粘剂必须有很好的特性。

（2）电路元件与基片的粘接　电路元件与基片间可用导电胶粘接，以代替低共熔焊接，从而可避免高热的不良影响，大大地提高集成电路的成品合格率。此外，导电胶还常用于芯片和发光二极管的安装以及大功率电阻与铝散热片的粘接。对有抗电磁干扰（射频干扰）、要求屏蔽的金属管壳，亦可采用导电胶粘接接地。

（3）外壳的密封 集成电路的外壳常采用金属或陶瓷材料成型用环氧胶封装，但目前硅酮树脂发展的塑料封装已完全取代了半导体器件、集成电路管芯的金属、陶瓷外壳封装。硅酮树脂封装具有工艺简单、成本低廉、体积小、重量轻、防振、抗冲击性能好等优点，而且易于实现机械化和自动化生产。以GZ-610或GZ-620硅酮树脂为基料，加入补强填料、催化剂、脱模剂、染色剂等辅料，经混炼制得的硅酮模料，具有流动性好、固化快的特点，能在160～180℃的温度内，在1～10MPa的压力下，递模注入膜腔并在2～5min内固化成型。

随着微电子技术的不断发展，电子产品也向高功能、高密度、高可靠性和小型化发展，电子元件向集成电路化和微型化发展，电子产品中大量应用小型和微型片状元件。因此，电子工业的整机装配技术发生了重大变革，突出地反映在贴装元件和表面贴装技术上。在整个表面安装过程中，粘接贴装是比较关键的技术，除精确点胶和定位外，胶粘剂的质量是贴装高质量产品的保证。

导电胶是随着电子工业发展而产生的胶粘剂品种。电器及电子设备在装配过程中需接通电路处，采用焊接，焊接温度高，易损伤元器件，同时又难以精确实施焊接；而以粘代焊，不仅比焊接更理想，而且比焊接更好地连接各种不同材料，有良好的粘接性能。导电胶浆可制成不同材质的印制电路板。

4. 在轻工、石油化学工业中的应用

密封在不少机械设备、运输工具和管道施工中，始终是一个重要问题，如果处理不当，不是这里跑气，就是那里漏油。设备方面的“跑、冒、滴、漏”不但造成浪费，还会损害设备，造成污染，甚至危及工人的健康和生命安全。

为了解决密封问题，在各种设备、管道以及车辆部件中使用了大量的垫圈。最常见的是固体密封垫圈。近几年来，又出现了一种名叫“液态密封垫圈”的新型液体密封胶。液体密封胶是随着新型高分子材料的发展而出现的一种新型工业材料，它的全名叫高分子液体密封胶。液态密封胶的优点有很多，其密封性和耐压性都比固体垫圈好。

在石油化工方面，粘接、防腐、涂层都大量地应用了胶粘剂。

在轻工业部门，胶粘剂消耗量最大的是包装和装订两个方面。快速自动包装机的使用，必须有快速固化胶相配合。日益增加的塑料包装箱、包装袋的使用，也要求更多的合成胶粘剂。装订书籍过去是用线缝或用明胶等天然胶粘剂，现在用合成胶粘剂进行无线装订，不但实现了自动化快速装订，而且质量更高，很厚的书籍都可以完全摊平来阅读。在包装和装订方面，热熔胶的发展很快。此外，在制鞋、皮革工业中，也可以用胶粘剂代替缝合。在体育用具、乐器、文具和日用百货中，合成胶粘剂的使用也是很普遍的。在美术工艺品中，用粘接技术代替传统的镶嵌工艺，可使制作效率大大提高，产品的质量也很好。在文物的修复和古迹的保护中，合成胶粘剂也起到了重要作用。

5. 胶粘剂在建筑工程中的应用

胶粘剂本身就是化学建材中的一大类材料，广泛应用于土木建筑工程中。同时作为粘接材料，它还用于其他建材的生产，如免烧陶瓷、免烧砖、人造大理石、聚合混凝土及各种装饰、装修、防水堵漏等材料的生产都需要用胶粘剂。

在建筑装饰装修中，大量使用胶粘剂，各种内外墙体楼板、地面装饰、吊顶、屋面和地下防水、金属构件和管道安装都要用到相应性能的胶粘剂。随着人民生活水平的提高，对建筑质量和室内外装修要求越来越高。用于外墙墙壁的瓷砖、马赛克、大理石、地砖、玻璃砖及装饰板、石膏板、墙纸、墙布、地板、地毯、卫生间、厨房各部位的装修都离不开胶粘剂；否则，就无法进行装修。

在建筑的防水防漏及接缝、嵌缝方面，作为建筑密封也大量使用胶粘剂。屋顶、屋面、门窗、卫生间、厨房等接触用水或雨水的地方，都需要用密封材料和密封胶。

在公路、飞机场、桥梁及水利工程建设中，胶粘剂用量更大，品种更多。桥梁都要承受很大应力，为了防止桥体各部分在长期振动中产生间隙，常采用压缩强度较高的胶粘剂，使桥梁各部分粘接成一个整体。一般地，桥梁处使用初粘强度高的环氧树脂胶粘剂，桥面和桥墩的混凝土连接处裂纹可用低粘度环氧树脂胶进行注入式连接。

在飞机跑道、机场及道路建造中，胶粘剂的使用是不可缺少的。飞机跑道、机场要求耐磨、耐冲击，一般使用环氧树脂及适量的增塑剂拌入水泥浆料中铺设路面，使跑道具有高耐磨和耐冲击的效果。道路建设，尤其是高速公路的耐磨要求相当高。道路挠缝的嵌填及损坏路面的修补，现都成功地使用了聚硫橡胶、改性有机硅橡胶进行密封。路面急弯处防滑，也采用高性能胶粘剂与表面粗硬骨料配合制成防滑粘层，涂敷在车辆急转弯的地方，可有效解决雨雪天的路滑问题。道路交通标志线，若用高耐磨胶粘剂和填料配成涂料涂敷在路面，可大大延长使用时间。若在胶粘剂中加入反光材料，可使标志线更加色彩明亮。在修建城市地铁、地下隧道、地下厂房以及军事和商业用地下仓库时，为加快施工速度，保证作业安全，提高工程质量，常采用锚喷支护法进行施工。在这一施工方法中，使用一种特殊胶粘剂——锚固剂。目前，主要是以不饱和聚酯、环氧树脂、聚氨酯做树脂型锚固剂。

6. 在医疗卫生中的应用

胶粘剂在医学上有广泛的应用。例如，口腔科中用胶粘剂修补、固定牙齿。在外科的应用中，骨折的连接和固定、皮肤移植的固定、皮肤破损的粘合、血管和人工关节的粘合以及止血胶的临床应用都获得了成功。

现在，医用胶粘剂已由一种发展为几十种，类型已由α-氰基丙烯酸酯系扩大到其他高分子化合物。它在人体上的应用更加广泛，从皮肤到内脏器官，从血管到五官，都有它的“足迹”。

医用胶粘剂因直接参与生体的粘接，故有其特殊性和功能性。按主要成分分类，有α-氰基丙烯酸酯系列胶粘剂、血纤维蛋白胶粘剂、聚氨酯系胶粘剂等种类。按用途分类，有软组织类、牙科用和骨组织用及皮肤用等。

（1）软组织用胶粘剂　胶粘剂在外科手术中的应用比较广泛，其粘接对象主要是由细胞及结缔组织所构成的软组织。对于这种极为特殊的被粘表面，过去采用的几乎都是α-氰基丙烯酸酯系胶粘剂。目前，已临床应用和正在开发中的软组织用胶粘剂除α-氰基丙烯酸酯系外，还有血纤维蛋白及聚氨酯类胶粘剂。胶粘剂用于生物体的目的是提高外科手术的技术和完全恢复生物体的机能。由于胶粘剂在生物体内是经过聚合、分解、吸收和排泄等过程排出到体外的，而维持粘接力是依靠人体自身的愈合，胶粘剂的作用只是在于被粘接部位愈合之前一段时间（一般为1~2周左右）起粘接作用。在外科手术中，软组织切开后的闭合历来都是采用缝合和结扎，其工作繁杂、残留疤痕等；采用胶粘剂代替缝合与结扎，可使创伤面的愈合迅速，操作简便、可靠。例如，在肺切除或切开、切除气管时，仅采用缝合法难以阻止空气泄漏；采用胶粘剂粘接，即支气管断端的封闭及气管的吻合，不仅手术简单，还能有效地阻止空气泄漏，效果很好。又例如，在外伤、烫伤或烧伤等皮肤受到损伤的场合，为使不留疤痕，需用性能优良并满足皮肤要求的修补物本身就是一种胶粘剂，使用更为方便。

（2）骨组织用胶粘剂　骨骼因外伤、折断或病变而采用粘接修补的手段，已有较长的历史。人造骨或人造关节等人工材料与骨组织的接合方法有用骨水泥的方法、由骨组织增殖的接合方法以及使人造材料同骨组织进行微观粘接的方法。由于骨骼粘接属生体硬组织的粘接，因此对于粘接强度（尤其是永久性粘接强度）的要求较高。

（3）牙科用胶粘剂　在牙科修复治疗过程中，龋齿、残根、残冠、楔状缺损等牙体病的治疗，牙齿缺损、固定牙齿等矫形过程修复，颌骨外科和颌面外科等治疗均涉及牙齿与金属、塑料、陶瓷等修复材料的粘接问题。因此，粘接材料及粘接技术在牙科不仅应用广泛，而且起着重要的作用。

（4）绝育手术用胶粘剂　计划生育是我国的一项基本国策。在绝育手术方面，过去采用开刀结扎的方法已经远远不能满足计划生育的工作的要求。近20

年来，采用胶粘剂进行绝育的优点是不开刀、减少手术者的痛苦、后遗症少。例如用于男性绝育手术的α-氰基丙烯酸丁酯胶粘剂，进行输精管的粘堵时，只需用专门的医疗器械将胶液注入男性输精管内，在体温下只需15s即可固化，完成手术；同样，它也可以用于妇女输卵管的粘堵，达到绝育的目的。目前，已经研制出性能更加优异的绝育用粘堵剂，临床使用数千例表明其效果更为理想，成功率达94%以上，证明了这种方法简单可靠、便于推广。

7. 在木材加工中的应用

合成胶粘剂最早用于木材加工工艺，直到现在，木材加工用胶量仍居首位。木材是四大建筑材料之一。木材加工成建筑材料，胶粘剂是重要的原材料。木材加工业是胶粘剂耗量最大的部门，其中的胶合板、木屑板、装饰板、家具及办公用品等都大量地使用胶粘剂。例如，在美国约60%的合成胶粘剂用于木材加工业，在前苏联为70%～80%，在日本约为75%，在我国约60%～70%的胶粘剂用于木材加工业。

1.4 粘接技术简介

1. 粘接机理

用胶粘剂将物体连接起来的方法称为粘接。显而易见，要达到良好的粘接，必须具备两个条件：胶粘剂要能很好地润湿被粘物表面；胶粘剂与被粘物之间要有较强的相互结合力，这种结合力的来源和本质就是粘接机理。

粘接的过程可分为两个阶段。第一阶段，液态胶粘剂向被粘物表面扩散，逐渐润湿被粘物表面并渗入表面微孔中，取代并解吸被粘物表面吸附的气体，使被粘物表面间的点接触变为与胶粘剂之间的面接触。施加压力和提高温度，有利于此过程的进行。第二阶段，产生吸附作用形成次价键或主价键，胶粘剂本身经物理或化学的变化由液体变为固体，使粘接作用固定下来。当然，这两个阶段是不能截然分开的。

至于胶粘剂与被粘物之间的结合力，大致有以下几种可能：

1）由于吸附以及相互扩散而形成的次价结合。

2）由于化学吸附或表面化学反应而形成的化学键。

3）配价键，例如金属原子与胶粘剂分子中的N、O等原子所生成的配价键。

4）被粘物表面与胶粘剂由于带有异种电荷而产生的静电吸引力。

5）由于胶粘剂分子渗进被粘物表面微孔中以及凸凹不平处而形成的机械啮合力。

不同情况下，这些力所占的相对比重不同，因而就产生了不同的粘接理论，如吸附理论、扩散理论、化学键理论及静电吸引理论等。

2. 粘接工艺过程

粘接工艺过程一般可分为初清洗、粘接接头机械加工、表面处理、上胶、固化及修整等步骤。初清洗是将被粘物件表面的油污、锈迹、附着物等清洗掉，然后根据粘接接头的形式和形状对接头处进行机械加工，如表面机械处理，以形成适当的表面粗糙度等。粘接的表面处理是粘接好坏的关键。常用的表面处理方法有溶剂清洗、表面喷砂和打毛、化学处理等。化学处理一般是用铬酸盐和硫酸溶液、碱溶液等，除去表面松疏的氧化物和其他污物，或使某些较活泼的金属“钝化”，以获得牢固的粘接层。上胶厚度一般以0.05~0.15mm为宜。固化时，应掌握适当的温度。固化时施加压力，有利于粘接强度的提高。

3. 粘接强度

根据接头受力情况的不同（见图1-6），粘接强度可分为抗拉强度、抗剪强度、劈裂（扯裂）强度及剥离强度等。

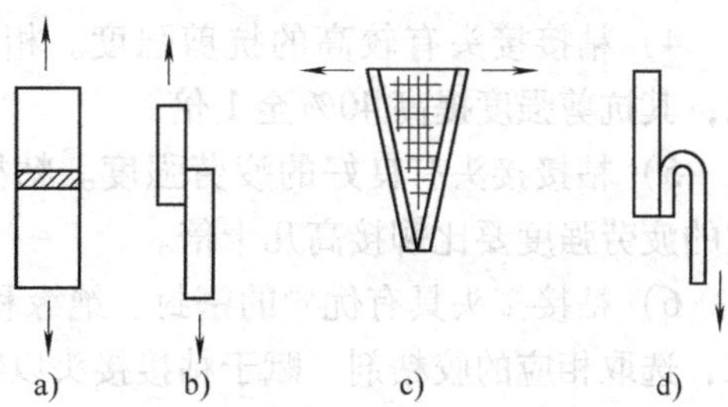

图1-6 粘接接头四种基本受力类型
a）拉伸 b）剪切 c）劈开 d）剥离

一般而言，接头的抗拉强度约为抗剪强度的2~3倍，为劈裂（扯裂）强度的4~5倍，而比剥离强度要大数十倍。

影响粘接强度的因素，可分为胶粘剂分子结构及粘接条件（粘接工艺）两个方面。胶粘剂分子中含有能与被粘物形成化学键或强力次价结合（如氢键）的基团时，可大幅度提高粘接强度。胶粘剂分子若能向被粘物中扩散，也可提高粘接强度。外界条件的影响主要有温度、被粘物表面情况、粘附层厚度等。提高温度、被粘物表面有适度的表面粗糙度，则有利于提高粘接强度；粘附层不宜过厚，厚度越大，产生缺陷和裂纹的可能性越大，因而越不利于粘接强度的提高。被粘物和胶粘剂热膨胀系数不宜相差过大，否则由于产生较大的内应力而使粘接强度下降。合理的粘接工艺可创造最适宜的外部条件而提高粘接强度。

4. 粘接技术的特点

粘接连接方法与传统的连接方法相比，有其独特的优点，是其他连接方法所无法代替的。在通常情况下，粘接可作为铆接、焊接和螺纹联接的补充。在特定的条件下，可根据设计要求提供所需的功能。

（1）粘接技术的优点　近年来，粘接技术之所以发展较快，应用十分广泛，主要是它与铆接、焊接、螺纹联接等方法相比，有许多独特的优点，主要表现在以下几个方面：

1）可以粘接不同性质的材料。两种性质完全不同的金属是很难焊接的，若采用铆接或螺纹联接，容易产生电化学腐蚀。至于陶瓷等脆性材料，既不易打孔，也不能焊接，而采用粘接方法常获得事半功倍的效果。粘接可用于金属材料之间或非金属材料之间的连接，也可用于金属与非金属材料之间的连接，其适用范围十分广阔。

2）可以粘接异形、复杂部件及大的薄板结构件。有些结构复杂部件的制造和组装，如采用粘接方法，通常比采用焊接、铆接等工艺既省工又方便，并可以避免焊接时产生的热变形和铆接时产生的机械变形。大面积薄板结构件如果不采用粘接方法，是难以制造的。因此，粘接适用于一些传统连接方法无法解决的场合。

3）粘接件外形平滑。粘接的这一特点对航空工业和导弹、火箭等尖端工业是非常重要的。

4）粘接接头有较高的抗剪强度。相同面积的粘接头与铆接、焊接接头相比，其抗剪强度提高40%至1倍。

5）粘接接头有良好的疲劳强度。粘接是面连接，不易产生应力集中现象。它的疲劳强度要比铆接高几十倍。

6）粘接接头具有优异的密封、绝缘和耐蚀等性能。粘接接头可根据使用要求，选取相应的胶粘剂，赋于粘接接头以特定的功能。常见的有导电、导磁、密封、抗特定介质腐蚀等功能的粘接接头。

7）粘接构件有效地减轻了重量。由于不用铆钉、螺栓而减轻了接头的重量，粘接件受力均匀，可采用薄壁结构，极大地减轻了接头的重量。据报道，某飞机机身采用胶粘剂连接，结构重量减轻15%，总费用节约25%~30%。一架重型轰炸机用粘接代替铆接，重量减轻34%。一台大型雷达采用粘接结构，重量可减轻20%。

8）粘接接头耐环境应力强。由几种金属材料构成的接头，采用粘接可避免金属接触电偶产生的电化学腐蚀，粘接本身也不存在化学腐蚀。粘接对水、空气及其他介质有很好的密封性能，减小了介质对接头的腐蚀，从而提高了接头的耐环境应力。

9）粘接工艺简单。对操作的熟练程度要求低，生产易于自动化，生产效率高，成本低。在机械行业中，1t胶粘剂可节约5t金属连接材料，同时可节省5000~10000个工时，经济效益十分可观。

（2）粘接技术的缺点　粘接技术除以上优点外，也有以下缺点：

1）粘接接头剥离强度、不均匀扯离强度和冲击强度较低。胶粘剂的基料一般是高分子材料，因此，其粘接强度较低，远不如金属材料，一般只有焊接、铆接强度的1/10~1/2。仅有个别品种的胶粘剂的不均匀扯离强度与焊接、铆接相近。

2）有些胶粘剂（如有机胶粘剂）的耐老化性能较差。

3）多数胶粘剂的耐热性不高，使用温度也较低，一般为 -50 ~ 150℃。只有耐高温胶粘剂才可长期工作于250℃，或者短期工作于350 ~ 400℃。无机胶粘剂虽然具有较好的耐热性，但太脆，经不起冲击。

4）胶粘工艺中，对被粘材料的表面处理要求较严。粘接接头强度的影响因素多，对材料、工艺条件和环境应力极为敏感。接头性能的重复性差，使用寿命有限。

5）目前，还没有简便可行的无损检验方法。

由于以上缺点，在一定程度上限制了胶粘剂的应用范围。

1.5　粘接接头

1. 粘接接头的结构

粘接接头是一个复杂体系。一般根据接头的微观结构，按接头材料组成的分布梯度，将其划分为 5 层，其结构见图 1-7；甚至细划分为 9 层，其结构见图 1-8。

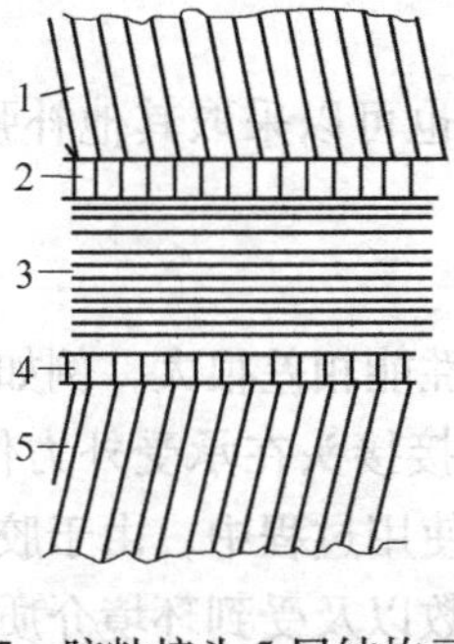

图 1-7　胶粘接头 5 层结构示意图

1、5—被粘件本体　2、4—界面层

3—不受界面影响的胶粘剂本体

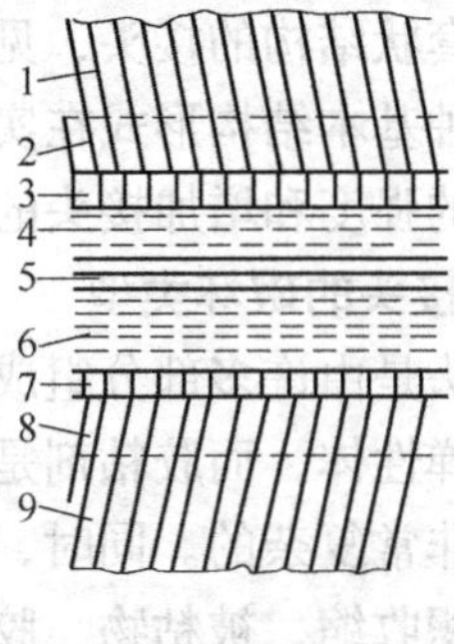

图 1-8　胶粘接头 9 层结构示意图

1、9—被粘件本体　2、8—被粘件接近界面的原子层

3、7—厚度与原子或分子的大小相当的界面层

4、6—受界面影响的胶粘剂边界面（结构与本体不同）

5—不受界面影响的胶粘剂本体

2. 粘接接头的基本类型

粘接接头的结构形式很多，它与接头的使用功能、受力情况，使用的环境应力密切相关。从受力的情况出发，可以划分为图 1-9 所示的 8 种基本形式。

（1）搭接接头　搭接接头是由两个被粘物部分地叠合、粘接在一起所形成的接头，见图 1-9a。

（2）面接接头　它是两个被粘物主表面粘接在一起所形成的接头，见图 1-9b。

(3) 对接接头　它指的是被粘接的两个端面与被粘物主表面垂直的粘接接头，见图 1-9c。

(4) 角接接头　两被粘物的主表面端部形成一定角度的粘接接头称为角接接头，见图 1-9d。

(5) 斜接接头　将两被粘物切割成非 90°的对应断面，并使该两断面粘接成具有同一平面的接头，见图 1-9e。

(6) T 形粘接接头　特指两个被粘物主表面呈 T 形的粘接接头，见图 1-9f。

(7) 槽接接头　它是一种棒槽式的粘接接头，见图 1-9g。

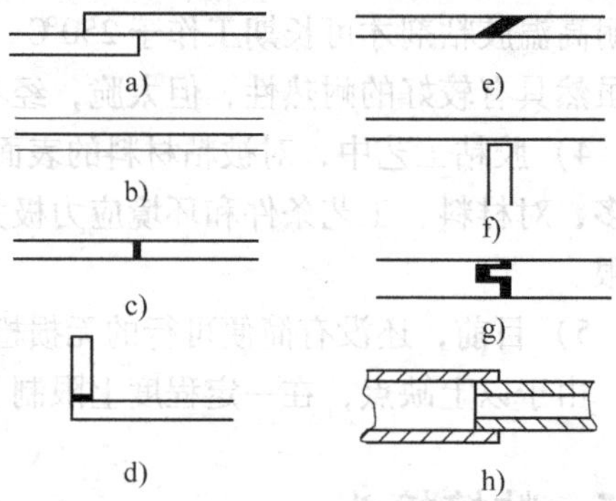

图 1-9　粘接接头的基本形式

a) 搭接接头　b) 面接接头　c) 对接接头　d) 角接接头　e) 斜接接头　f) T 形粘接接头　g) 槽接接头　h) 套接接头

(8) 套接接头　在棒材与管材、管材与管材粘接时，两被粘物的粘接部位形成销轴或套状结构的接头，见图 1-9h。

以上各种基本结构形式在实际应用中可以联用，也可以采取其他补强措施，以提高接头的强度和增加接头的功能。

3. 粘接接头的破坏类型

粘接接头是由许多部分组成的，它们彼此的力学性能相差很大，例如金属被粘物是刚性弹性体，而胶粘剂是粘弹性体。因此，粘接接头在承受外力作用时，应力分布是非常复杂的。同时，在粘接接头的形成及使用过程中，由于胶粘剂固化造成的体积收缩，被粘物、胶粘剂不同的热膨胀系数以及受到环境介质的作用等，都造成接头中的内应力，而内应力的分布也是不均匀的。外应力和内应力的共同作用，构成粘接接头在受载荷时极为复杂的应力分布。而由于粘接接头内部缺陷（如气泡、裂纹、杂质）的存在，更增加了问题的复杂性，造成了局部应力集中。当局部应力超过局部强度时，缺陷就能扩展成裂纹，进而导致接头发生破坏，而破坏可能在 3 个均相部分或是在两个界面区域发生。根据发生破坏的地方不同，一般分为 5 种破坏类型，见图 1-10。

当胶粘剂本身强度足够高，且与被粘物间的粘接力也足够大时，即胶粘剂的本身强度及其与被粘物间的粘接强度比被粘物的本身强度还大时，在外力作用下就可能发生被粘物破坏。在发生被粘物破坏时，破坏一般都是在接头的邻近处发生，因为那里的应力最集中。

在外力的作用下，粘接接头的破坏若发生在胶层内部，则称为内聚破坏。此时，破坏试件的断面上都粘有胶，破坏面凸凹不平。在发生内聚破坏时，接头的

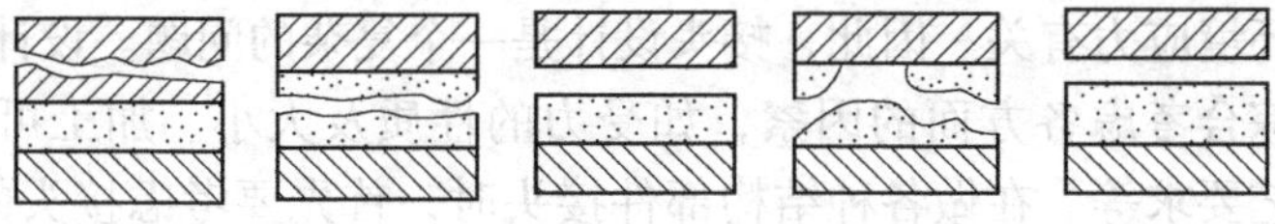

图1-10　粘接接头的破坏类型示意图
a）被粘物破坏　b）内聚破坏　c）界面破坏
d）混合破坏　e）被粘物表面层破坏

破坏强度主要取决于胶粘剂的内聚强度。此时的粘接强度和胶粘剂本体浇注料的破坏强度也不完全相同。例如，某种环氧—聚酰胺胶粘剂粘接的接头在发生典型的内聚破坏时，室温拉伸强度为66.1MPa，而同样条件下浇注料的拉伸强度却只有59.9MPa。

在外力的作用下，当破坏发生在胶层与被粘物表面之间的界面上，称为界面破坏。此时，在破坏的试件上只有一个粘接面上粘有胶，破坏面光滑平整。通常所指的界面破坏实际上总是伴随着发生被粘物或胶粘剂的表面层破坏。因为大量试验证明，在发生界面破坏的被粘物表面上，即使用肉眼看不到胶粘剂的残留物，但用显微镜或更精细的仪器却总能检测到这些残留物。这时的破坏强度既与胶粘剂及被粘物的表面层强度有关，也与胶粘剂和被粘物之间的粘接强度有关。

在外力的作用下，当接头的破坏兼有内聚破坏和界面破坏两种类型时，称为混合破坏。此时，试件的破坏面上一部分光滑，一部分粗糙。混合破坏常以两种破坏类型各自所占破坏总面积的百分比来表示其破坏的情况。

被粘物表面层是指被粘物表面氧化层或低分子污染物层。由于表面层内聚强度低、或是表面层与被粘物界面结合力低等原因，将导致被粘物表面层破坏。此时，破坏断面的特征与界面破坏相似，只是在进一步显微镜分析时才能区别这两类破坏。

1.6　粘接接头的设计

1.6.1　粘接接头设计的基本原则

粘接接头设计应当根据接头受力情况，遵照接头设计原则，选择接头结构形式，确定接头尺寸。对需要特别高强度的地方，设计时要采取补强措施。由于粘接机理尚难彻底揭示，典型试验数据难以满足设计要求，因此，对要求具备多种功能的复杂接头，应当进行制件指标测试，设计定型后方可使用。粘接接头的设计与正确选择胶粘剂和固化工艺有关，也与被粘材料的表面特性及其处理方法有关，同时与环境应力有关。因此，接头设计是一个复杂的问题。设计一个粘接接头时，必须综合考虑各方面的因素，如受力的性质及大小、加工可能性、经济性、粘接工艺要求等。在做各种结构部件接头时，首先要考虑接头的强度性能。一个合理的接头形式，一般应遵守以下几项原则：

1）接头受力方向与粘接强度最大的方向相一致的原则。尽量使胶层承受正拉力和剪切力，避免胶层承受剥离力和不均匀扯离力；减少产生剥离、劈裂和弯曲的可能性，必要时采用局部加强的设计措施。

2）缓和应力集中的设计原则。保证粘接面上应力分布均匀，尽量避免由于剥离和劈裂载荷造成应力集中。剥离和劈裂破坏通常从胶层边缘开始，在边缘处采取局部加强或改变胶缝位置的设计都是切实可行的。适当改善应力集中的结构要素，如适当缩短搭接长度、增大搭接宽度以及适当增加被粘材料和胶粘剂层的厚度，以缓解应力集中。为了减少胶粘剂内的应力集中，胶粘剂硬度应小于被粘材料的硬度；构成接头的所有材料的热膨胀系数应尽可能一致；构成接头零件的材料种类尽可能少。

3）具有最大的粘接面积，以提高接头的承载能力。在粘接面积一定的前提下，适当增大宽度、缩短长度。

4）接头材料的选择遵循接头的功能要求与工艺相结合的原则。

5）提高粘接强度。要求胶层薄而均匀、连续而不缺胶，以减小弱界面区的产生，防止产生应力集中。设计时，应当审慎权衡。

6）胶粘剂的基本特性是决定接头设计的重要因素。接头设计还受制备装置、制造价格以及制品外观的限制。粘接接头的强度主要由下面几个因素决定：被粘物和胶粘剂的力学性能、残余内应力、界面接触程度、接头的几何形状。

7）粘接接头形式要美观、表面平整、易于加工，总的目的是使粘接接头的强度和被粘物的强度为同一个数量级。每一个因素对接头性能都有很大的影响。设计中，还必须考虑消除应力集中的问题。

1.6.2 常见粘接接头的设计

粘接接头设计是产品零件连接部分的设计，其目标是使粘接接头的强度和被粘件强度处于同一个数量级。特殊用途的接头还要求具有所需的功能，如实现隔热、防振、密封和导电等功能的连接。在接头设计时，还应考虑机械加工、装配维修、粘接工艺以及接头可靠性和成本等因素。

下面介绍一些受力接头的结构形式和具有特殊功能的接头形式，供设计时参考。

1. 板件粘接

常用板件粘接的接头形式有三种：对接、搭接和槽接，见图1-11。

（1）对接接头　对接接头应力垂直于接头平面。因其粘接面积太小，外力承载能力太小，实际上极少采用。在力学性能上，对接接头将造成整体结构的不连续性，其抗拉强度低，而且对横向载荷极为敏感。经过一定改进后，它在一定范围内仍可采用。常见的对接接头的改进形式见图1-12。

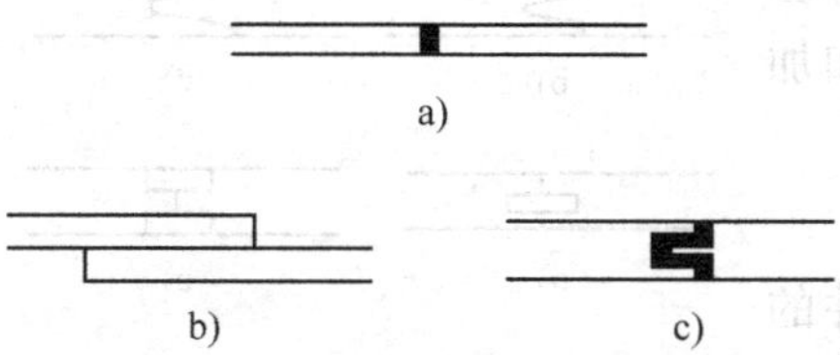

图1-11　板件粘接接头的基本形式

a）对接　b）搭接　c）槽接

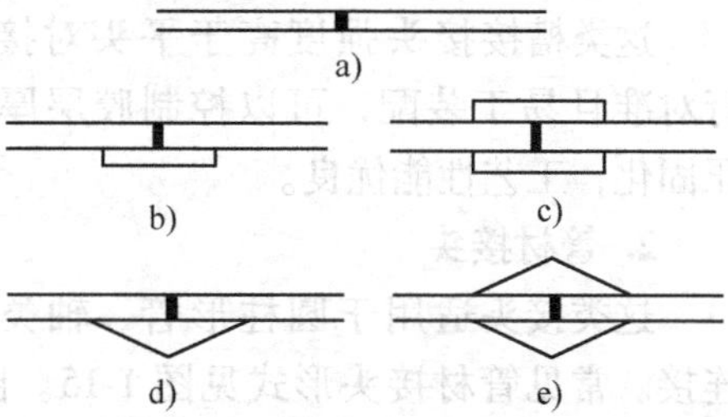

图1-12　常见的对接接头的改进形式

a）对接　b）单搭板对接　c）双搭板对接

d）单楔搭板对接　e）双楔搭板对接

（2）搭接接头　简单搭接接头的粘接工艺比较简单，但接头的应力集中还是比较大。为减少应力集中，可以将接头改进为图1-13所示的形式。

采用图1-13e的接头形式，其静态破坏负荷可提高15%，动态破坏负荷可提高25%。若采用图1-13c的形式，端部的斜度和被粘物的模量相适应。模量越高，斜度越尖，这样可较大地削减应力集中程度，从而提高接头强度。这种接头有广泛的用途。图1-13d、f、g的三种接头形式中，从力学性能上考察，图1-13f最为理想。其应力分布较均匀，纵向与横向的承载能力都较高。上述各种改进型搭接接头由于形状复杂，加工较困难，因此，通常采用较简单的外端斜搭接形式，以减小应力集中。

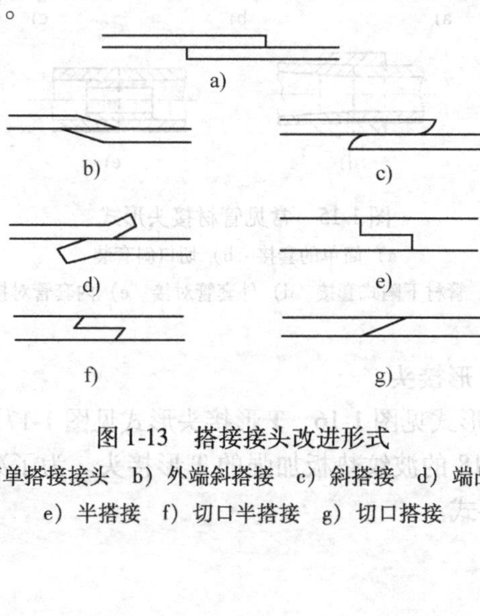

图1-13　搭接接头改进形式

a）简单搭接接头　b）外端斜搭接　c）斜搭接　d）端凸搭接

e）半搭接　f）切口半搭接　g）切口搭接

(3) 槽接接头　当板状工件的厚度足够大时，不宜采用搭接接头，可以采用对接接头形式。但对接接头粘接面积太小，承载能力偏低。为了增加粘接面积和提高横向承载能力，可采用槽接接头形式，见图 1-14。

这类槽接接头强度高于平头对接，可自行对准且易于装配，可以控制胶层厚度和加压固化，工艺性能优良。

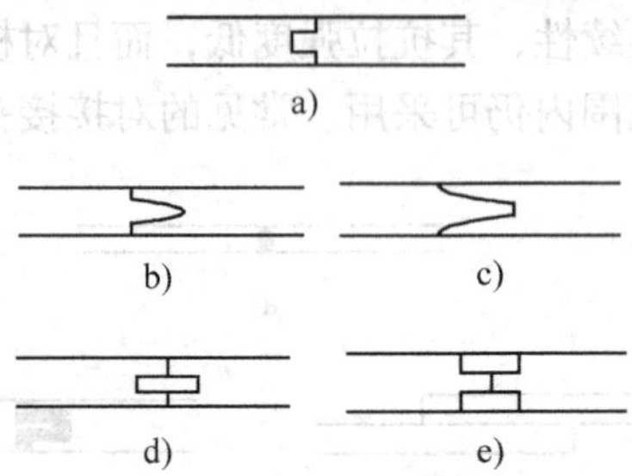

图 1-14　槽接接头形式

a）简单槽接　b）切口对斜槽接　c）切口斜槽接　d）单榫槽接　e）双榫槽接

2. 管材接头

这类接头适用于圆柱形管、轴类零件的连接。常见管材接头形式见图 1-15。图 1-15a 为简单的套接，难于保证粘接质量。因为两个管材的同轴度难于保证，胶层厚度不均，且加压固化也无法进行。套接的抗剪强度低于搭接的抗剪强度。若在一个管材上开螺旋槽，其面积占粘接面积的 20% ~25% 时，粘接强度可提高 10% ~15%。图 1-15b 的形式较为理想，锥形接触斜面利于加压固化。试验表明，当斜面长 l 与管壁厚度 t 之比 $l/t \geqslant 10$ 时，最能充分地利用材料的强度。图 1-15c、d、e 的接头形式适用于薄壁管材粘接，也能获得满意的效果。

如果两个管子的材料不同时，应把热膨胀系数大的材料作为外套管。这样，加热固化后的胶层产生压缩应力，使粘接强度得到增强。

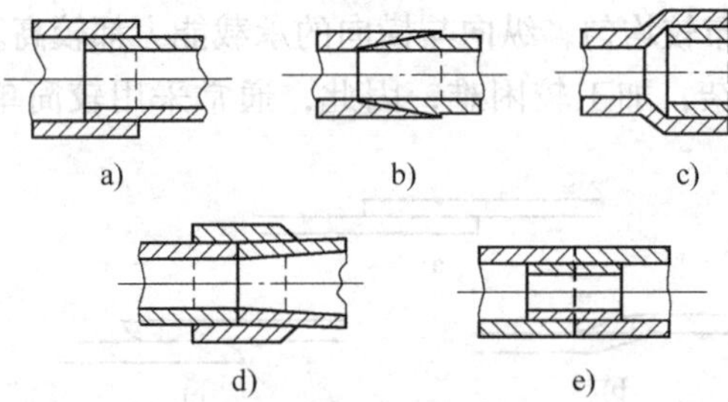

图 1-15　常见管材接头形式

a）简单的套接　b）切口斜套装

c）管材下陷式套接　d）外套管对接　e）内套管对接

3. 角接接头和 T 形接头

典型的角接接头形式见图 1-16，T 形接头形式见图 1-17。为了提高这类接头的强度，可采用图 1-18 的波纹垫板加强的 T 形接头。为了减小应力集中，可以采用图 1-19 的结构形式。

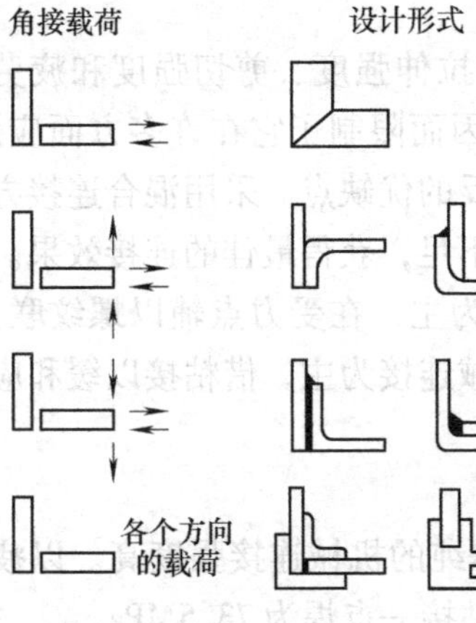

图1-16　典型的角接接头形式

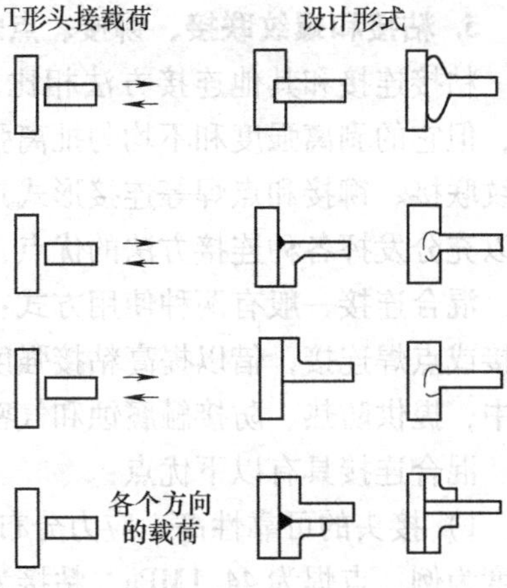

图1-17　T形接头形式

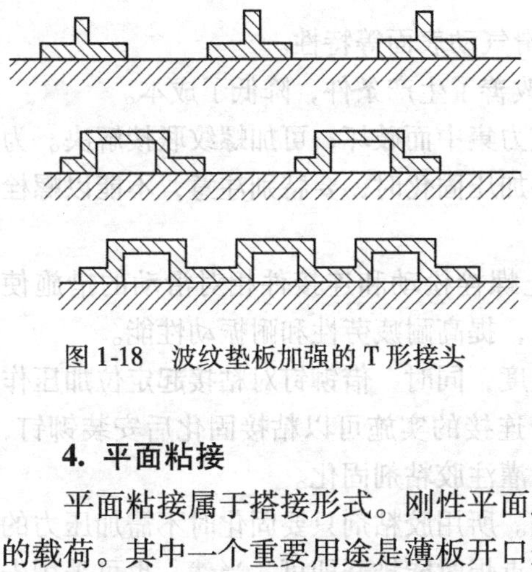

图1-18　波纹垫板加强的T形接头

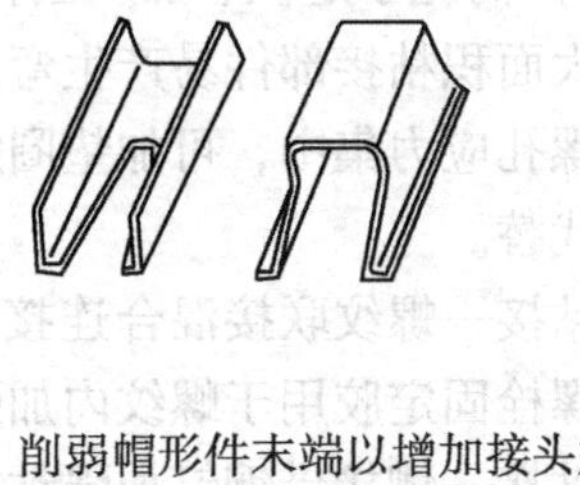

图1-19　削弱帽形件末端以增加接头柔性

4. 平面粘接

平面粘接属于搭接形式。刚性平面之间的粘接强度较高，可以经受各个方向的载荷。其中一个重要用途是薄板开口边缘的加强，借以减小开口四周的应力，见图1-20。

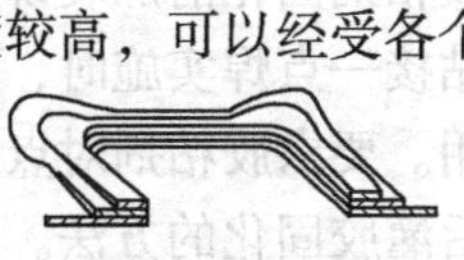

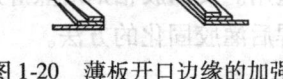

图1-20　薄板开口边缘的加强

若平面之间是刚性与柔性材料的粘接，则粘接边缘易发生剥离而破坏，应当采取防剥离接头型式，见图1-21。

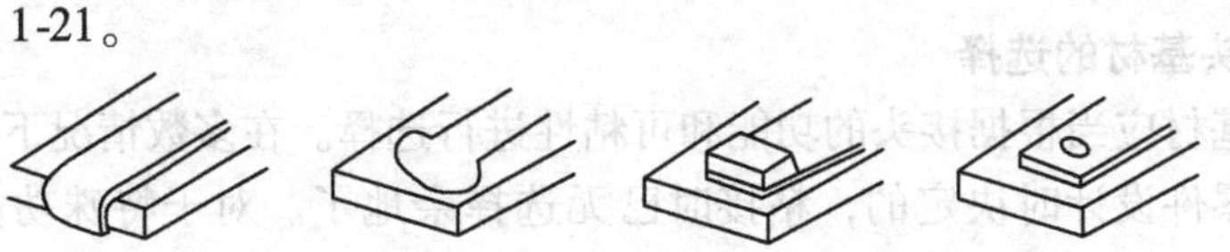

图1-21　平面粘接的防剥离接头形式
a）包头　b）端部加宽　c）端部加厚　d）端部加铆

5. 粘接和螺纹联接、铆接、点焊的混合连接

粘接连接和其他连接方法相比，具有较高的拉伸强度、剪切强度和疲劳强度，但它的剥离强度和不均匀扯离强度却较低，因而限制了它在许多方面应用。螺纹联接、铆接和点焊等连接形式具有与粘接相反的优缺点。采用混合连接方式可以充分发挥各种连接方法的优点，弥补各自的不足，获得最佳的连接效果。

混合连接一般有两种使用方式：一是以粘接为主，在受力点辅以螺纹联接、铆接或点焊连接，借以提高粘接强度；二是以机械连接为主，借粘接以缓和应力集中，提供防热、防接触腐蚀和气密性等功能。

混合连接具有以下优点：

1）接头的可靠性高、应力分布较均匀，比单纯的机械连接强度高。以疲劳强度为例，点焊为44.1MPa、粘接为63.7MPa、粘接—点焊为73.5MPa。

2）防止金属接头中材料间的接触腐蚀。

3）减轻了接头的结构重量。

4）保证接头具有密封性、外表的平滑气动表面等特性。

5）简化了定位、加压固化等工艺，改善了生产条件，降低了成本。

大面积粘接部件易产生弯曲剥离、应力集中而破坏，可加螺纹联接解决。为防止螺孔应力集中，可加垫圈解决。需要加压固化时，要特别注意，不能以螺栓紧固代替。

粘接—螺纹联接混合连接，可作防止螺栓松动和连接件相对滑动的措施使用。螺栓固定胶用于螺纹内加强紧固效果，提高耐疲劳性和耐振动性能。

粘接—铆接借铆钉加强粘接接头的强度，同时，借铆钉对粘接起定位加压作用，使粘接工艺更简化。粘接—铆接混合连接的实施可以粘接固化后安装铆钉，或者胶粘剂固化前加装铆钉，或者铆接后灌注胶粘剂固化。

粘接—点焊实施时，可先涂胶再点焊。所用胶粘剂只要固化时不需加压力的均适用。要求胶粘剂对点焊焊点无污染，点焊时能排开即可。当然，也可采用先点焊后灌胶固化的方法。

1.6.3 接头基材和接头尺寸的选择

1. 接头基材的选择

接头基材应当根据接头的功能和可粘性进行选择。在多数情况下，接头材料是在产品零件设计时决定的，粘接时已无选择余地了。对于特殊功能接头的材料，选择范围较小，它只能在符合功能要求的材料中选取可粘性优良的材料。对于多功能的接头，应根据接头的主功能，有侧重地选择接头材料。例如对剪切强度要求高的接头，应当选用模量高、屈服强度大的材料；接头的厚度适当扩大；胶粘剂应当选用模量低的材料；胶膜要求薄而均匀并适当加大接头搭接长度，都有利于提高接头的剪切强度。又如对接头的剥离强度要求严格时，接头材料应当选取模量高、应力集中程度较小的材料；接头厚度适当加大，借以提高剥离强度；胶粘剂则应当选模量较低、应力集中程度较小、断裂伸长率较大的材料；胶膜厚度适当加大，这样可望获得较高的剥离强度。

基材在符合功能、可粘性要求的前提下，力求表面处理方法尽量简单。

每个接头的材料种类应尽可能少，最好是由一种材料构成。这样将极大地简化胶粘剂及其工艺参数的选取，而且可减小固化后产生的内应力，从而提高接头的强度和使用寿命。当接头必须由多种材料构成时，这些材料的热膨胀系数应当尽量接近。

2. 接头尺寸确定

粘接连接的性能分散性大，分散度一般在20%左右。接头的破坏类型间也会因接头内外条件变化而发生转化。标准接头的破坏性强度测试结果，指标重复性较差。在设计中，不能根据标准的粘接强度测试数据来推算实际接头的强度，这给设计带来一定的困难。胶粘剂的种类繁多，接头形式也各不相同，难有普遍适用的计算公式。下面介绍几个经验公式供设计时参考。

根据搭接长度与拉伸强度 σ_b 的依存关系，制备一组搭接长度 l 不同的试样，测定其拉伸强度。对给定的胶粘剂，作 $\sigma_b=f(l)$ 的曲线，见图1-22。

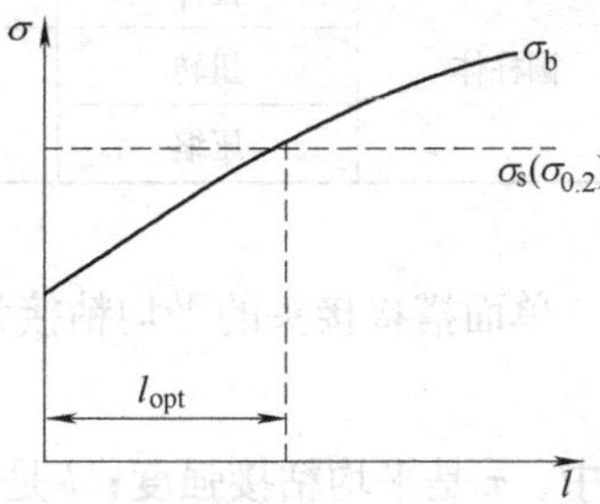

图1-22　用试验方法确定最佳搭接长度的曲线

被粘件的屈服点 σ_s 或屈服强度 $\sigma_{0.2}$ 的直线与曲线相交，给出了最佳搭接长度。同样，把不同厚度的被粘件的强度测试结果对 $\sigma_{0.2}$ 作图，求得最佳厚度。

以系数 m 相对厚度 t 作图，得一抛物线，其表达式为

$$l_{opt}=m\sigma_{0.2} \tag{1-1}$$

$$m=0.2t^2+0.2=0.2(t^2+1) \tag{1-2}$$

将式（1-2）代入式（1-1），得

$$l_{opt}=0.2\sigma_{0.2}(t^2+1) \tag{1-3}$$

式中，l_{opt}是最佳搭接长度（mm）；t 是被粘件厚度（mm）；$\sigma_{0.2}$是被粘件的屈服强度（MPa）。

圆形套接接头见图1-23。

管接头的等效厚度 t' 可用式（1-4）计算：

$$t'=W(D-W)/D \tag{1-4}$$

式中，t'是管头的等效厚度（mm）；D 是小管外径（mm）；W 是小管壁厚（mm）。

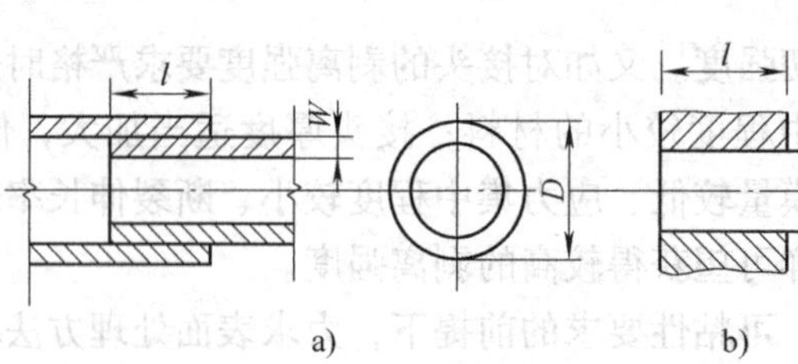

图 1-23 圆形套接接头

a）管材 b）棒材

表 1-1 列出了圆柱体接头和管接头的最佳搭接长度计算公式。

表 1-1 圆柱体接头和管接头的最佳搭接长度计算公式

接头种类	负载方式	公 式
管接头	拉伸	$l=0.2\sigma_{0.2}(t'^2+1)$
	扭转	$l=0.2\tau_{0.2}(t'^2+1)$
圆柱体	拉伸	$l=0.25\sigma_{0.2}(0.01d^2+1)$
	扭转	$l=0.25\tau_{0.2}(0.01d^2+1)$
	压缩	$l=0.15\sigma_{0.2}(0.01d^2+1)$

单面搭接接头的平均粘接强度可用式（1-5）计算：

$$\bar{\tau}=a\lg(\sqrt{t}/l)+b \tag{1-5}$$

式中，$\bar{\tau}$ 是平均粘接强度；l 是搭接长度；t 是被粘件厚度；a、b 是常数。

式（1-5）中的$\sqrt{t}/l$ 称为接头系数。对给定的胶粘剂、被粘材料的接头，以不同的接头系数制备试件，测定接头的强度 σ、τ 等，作相应的 σ-$\sqrt{t}/l$、τ-$\sqrt{t}/l$ 曲线，见图 1-24。设计时，根据强度要求，从相应的曲线上求取接头尺寸。

尺寸选定后，还应根据接头材料、胶粘剂特性和接头受力的情况，结合设计经验，确定安全系数。一般接头的安全系数取 1.5 ~2.0，最大不超过 10。

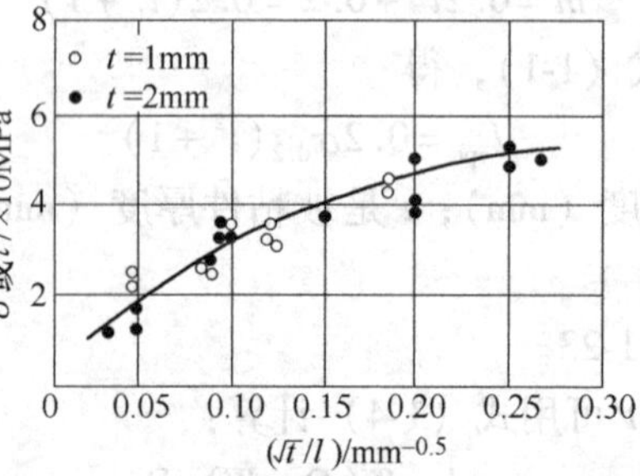

图 1-24 平均粘接强度和接头系数的关系

1.7 粘接表面的处理

两材料的粘接效果优劣，不仅取决于胶粘剂的选用，而且与被粘接材料的表面处理、粘接工艺及接头设计等各因素密切相关。某些情况下，被粘接表面的处理是粘接成败的关键。不同材料有不同的表面处理方法，例如对 PE、PP、PTFE、PI 及镁合金、钛合金等材料的表面处理都有严格的条件要求。处理方法不当，可直接影响粘接效果。

胶粘剂对被粘表面的浸润性和粘接界面的分子间作用力是形成优良粘接连接的基本条件。其中，被粘材料的表面特性起着重要的作用。因此，粘接前被粘材料的表面制备是十分重要的。

1.7.1 表面处理的步骤和方法

被粘表面的处理一般包括脱脂、机械处理、化学处理、洗涤及干燥等步骤。对难粘的聚合物表面，需要对表面进行改性处理。通常用化学、物理方法，以改变材料表面的分子结构，提高材料的表面能和反应活性，改善表面的可粘性。

上述方法可单独使用，也可联合使用，以期达到更好的效果。选用处理方法时，应充分考虑以下因素：

1）污染物质的类型及特性。

2）污染物的污染程度，如污染积层的厚度、松散、紧密程度等。

3）被粘材料的种类及特性，尤其是耐溶剂、耐酸、碱腐蚀等性能。

4）胶粘剂的浸润特性及其对清洁度的要求等。

5）操作工艺、设备、环境条件及人身安全等因素。

6）处理方法的经济因素等。

1. 脱脂处理

被粘表面的脱脂处理，应根据油污性质选用有机溶剂、碱溶液或表面活性剂进行脱脂。常见的油污有动、植物油，其主要成分是脂肪酸甘油酯，可与碱起皂化反应生成可溶于水的肥皂和甘油，故称为皂化性油；另一类为矿物油，如全损耗系统用油、柴油、凡士林和石蜡等，其主要成分是碳氢化合物，它与碱不起皂化反应，故称非皂化性油。非皂化性油可用表面活性剂的乳化作用去油。

（1）有机溶剂脱脂　有机溶剂对上述两类油污均有脱脂洁净作用，其脱脂效率很高，是理想的清洗剂。脱脂方法常见的有以下几种：

1）溶剂擦拭。用脱脂棉浸有机溶剂，擦拭被粘表面。一般需反复多次擦洗才可达到完全脱脂的目的。常用的材料有酒精、丙酮、汽油、煤油、甲苯、氯仿及三氯乙烯等。

2）溶剂浸泡。将被粘物体整件浸入溶剂中清洗。此法的溶剂很快就被污染，无法彻底清洗干净。它适于作预浸脱脂，一般应与擦洗相结合，才能达到完全脱脂。

3）溶剂蒸汽脱脂。其原理是脱脂能力强的溶剂，封闭于容器中，经加热蒸发、冷凝，使容器中被粘物体表面的油脂迅速清除。常用的溶剂有三氯乙烯、四氯乙烯等。操作过程应控制温度，以免温度过高造成溶剂分解。三氯乙烯在光、热、氧和水的作用下，尤其在铝、镁等金属的催化下，极易分解并产生光气和氯化氢。光气毒性大，因此，铝、镁零件脱脂时，应避免使用此溶剂。操作时，应适时将污染了的溶剂蒸馏、再生，以免影响清洗效果。

（2）碱液脱脂和表面活性剂脱脂　碱液脱脂是粘接中常用的脱脂方法之一。与溶剂脱脂相比，它具有无毒、不燃、操作工艺简单、设备简单、经济等优点，但脱脂速度较慢。碱液脱脂是应用了碱与脂肪发生皂化反应的原理。

矿物油是碳氢化合物，不起皂化反应，但可利用表面活性剂的乳化作用脱脂。这类乳化剂常用的有 OP 乳化剂、6501（椰子油酸二乙醇酰胺）、三乙醇胺油酸皂等。

表面活性剂脱脂时，常用的乳化剂有肥皂、硅酸钠（水玻璃）、拉开粉（二丁基萘磺酸钠）等。碱液中除 NaOH 外，还加入 Na_3PO_4 和 Na_2CO_3 等，以稳定碱液 pH 值。

2. 机械处理

被粘表面除了有油污外，金属表面可能有氧化物或其他污垢。为了获得满意的粘接强度，需要将这些污物清除，制备新生的活性表面和具有一定表面粗糙度的粘接表面。机械处理一般是在脱脂后，通过钢丝刷、砂纸等进行手工打磨“刷光”，或用喷砂等机械方法来实现的。

手工打磨表面的方法操作简便，但难于获得相同的重复结果，操作均匀性较差。因此，它只在要求不太严格的情况下才使用。喷砂方法不适用于极薄的材料及形状复杂的零件表面处理，也不适用于高分子材料表面处理。这是因为喷砂产生的凸凹表面缺口，最终将导致高分子材料的内聚性破坏而大大地降低其粘接强度。

3. 化学处理

所谓化学处理方法，通常指用铬酸盐和硫酸的溶液及其他酸液、碱液或某些无机盐溶液处理被粘表面的方法。但是，从广义上说，化学处理还包括氧化、卤化、磺化等处理方法，还应包括辐射接枝共聚等特殊处理方法。它适用于常用金属材料和某些聚合物的表面处理。它是在上述处理方法处理后，进一步清除被粘接表面的残留污物，以改善表面的可粘性的。对金属而言，化学处理可在表面形成一层致密、坚固、内聚强度高、极性强的金属氧化膜，从而提高了表面能，使胶粘剂易于浸润，可显著提高粘接强度。对于某些聚合物而言，经化学处理后，可使化学惰性表面变成极性基团的活性表面，从而获得自由能高、浸润性好、可粘性优良的被粘接表面。

4. 漂洗和干燥

被粘接表面不管经历几种表面处理方法，粘接前都应进行漂洗、干燥。漂洗时，先用自来水，再用去离子水漂洗。干燥时，晾干，或用冷、热风吹干，或用烘箱烘干皆可；当然，用丙酮或酒精等擦干也可以。不同的被粘接表面，不同的表面处理方法，其漂洗、干燥工艺也应有所不同。

1.7.2 特殊的表面处理方法

被粘接表面的处理方法很多，难粘聚合物采用通常的表面处理方法效果不理想，需要采用某些特殊的物理化学处理方法，以提高被粘接表面的化学活性及表面能，使表面具有较高的反应能力，产生化学键粘接，以获得良好的粘接特性。聚合物表面物理化学改性可划分为表面辐射接枝、表面化学接枝和表面化学处理三类。表面辐射接枝包括高能辐射接枝（如γ射线、X射线及高能电子束等的辐射引发聚合）和低能辐射接枝（如紫外线引发聚合、等离子体引发聚合等）。表面化学接枝主要通过化学引发剂，如过氧化物、臭氧等引发聚合。表面化学处理除了酸、碱处理外，还包括氧化、卤化和磺化作用以及氯硅烷处理等。含氟聚合物用液氨中的碱金属改性也属于这一类。

1.8 胶粘剂的使用

1.8.1 胶粘剂的选用原则

胶粘剂品种繁多、性能各异。如何根据被粘材料的性质、接头的用途及环境应力和体系固化时许可的工艺条件正确选用胶粘剂，是非常重要的。它往往也是粘接成败的关键因素之一。

1. 按被粘材料的性质选用胶粘剂

不同的材料需选择不同的胶粘剂和不同的粘接工艺条件进行粘接。下面简要介绍各类材料粘接时所使用的胶粘剂。

（1）金属材料　金属材料是高强度材料。在粘接金属时，应考虑载荷、工作环境等条件来选择适当的胶粘剂。对于铁和铝，大多数混合型胶粘剂都能适用；铜、锌、镁、钛则次之，而对于银、铂、金，适用的胶粘剂很少。粘接金属的胶粘剂主要有改性环氧胶、丙烯酸酯胶、改性酚醛胶及聚氨酯胶等。杂环化合物胶种及聚苯硫醚（PPS）也是较好的金属胶粘剂。由于金属是致密材料，不能吸收水分和溶剂，所以一般不宜采用溶剂型或乳液型胶粘剂。粘接金属时，表面处理至关重要。表1-2列出了金属与非金属粘接用胶粘剂。

表1-2　金属与非金属粘接用胶粘剂

被粘物	常用胶粘剂类型	被粘物	常用胶粘剂类型
金属—木材	环氧胶、氯丁胶、聚醋酸乙烯酯胶	金属—玻璃	环氧胶、α-氰基丙烯酸酯胶、第二代丙烯酸酯胶
金属—织物	氯丁胶		
金属—纸张	聚醋酸乙烯酯胶	金属—混凝土	环氧胶、聚酯胶、氯丁胶
		金属—橡胶	氯丁胶、氰基丙烯酸酯胶
金属—皮革	氯丁胶、聚氨酯胶	金属—PVC	聚氨酯胶、丙烯酸酯胶、氯丁胶

（2）塑料、橡胶　塑料用胶粘剂见表1-3。

表1-3　塑料用胶粘剂

塑　料	胶 粘 剂	塑　料	胶 粘 剂
PMMA	不饱和聚酯、聚氨酯胶	软PVC	溶液胶、氯丁胶
醋酸纤维素	溶液胶、聚氨酯胶、磷干胶	聚偏氯乙烯	酚醛—丁腈胶
醋酸丁酸纤维素	同上	聚苯乙烯	磷干胶、环氧胶、聚氨酯胶
硝酸纤维素	同上	聚氨酯	同上
乙基纤维素	环氧胶、溶液胶、酚醛—丁腈胶	聚缩醛	氯丁胶、聚氨酯胶、环氧胶
聚乙烯	热熔胶	尼龙	聚乙烯醇缩醛、改性环氧胶、溶液胶
聚乙烯（经表面处理）	环氧胶、酚醛—丁腈胶		
		邻苯二甲酸烯丙酯	环氧胶、不饱和聚酯
聚丙烯	热熔胶		
聚丙烯（经表面处理）	环氧胶、酚醛—丁腈胶	环氧树脂	环氧胶、酚醛胶不饱和聚酯胶
		聚酯	同上
聚四氟乙烯	氟塑料胶	呋喃树脂	呋喃胶、环氧胶
聚四氟乙烯（经表面处理）	环氧胶、酚醛胶	三聚氰胺树脂	环氧—酚醛胶、聚氨酯胶
聚碳酸酯	不饱和聚酯、磷干胶、环氧胶	酚醛树脂	环氧胶、酚醛胶
硬聚氯乙烯	环氧胶、聚氨酯胶		聚氨酯、酚醛—缩醛

橡胶与橡胶粘接可用橡胶胶泥、氯丁胶粘剂等。橡胶与其他非金属的粘接，一般可视另一材料的情况来选择胶粘剂。橡胶—皮革可用氯丁胶、聚氨酯胶。橡胶—塑料、橡胶—玻璃及橡胶—陶瓷可用硅橡胶胶粘剂。橡胶—玻璃钢、橡胶—

酚醛塑料可用氰基丙烯酸酯、聚丙烯酸酯等胶粘剂。橡胶—混凝土、橡胶—石材可用氯丁胶、环氧胶、氰基丙烯酸酯胶等。橡胶—金属的粘接一般可选用改性的橡胶胶粘剂，如氯丁—酚醛胶、氰基丙烯酸酯胶等。

（3）玻璃　用于粘接玻璃的胶粘剂，除考虑强度外，还要考虑透明性以及与玻璃热膨胀系数的匹配。常用的有环氧树脂胶、聚醋酸乙烯酯胶、聚乙烯醇缩丁醛、氰基丙烯酸酯胶、有机硅胶、天然的加拿大香脂等。

（4）混凝土　粘接混凝土一般均采用环氧树脂胶粘剂，对载荷不大的非结构件也可用聚氨酯胶。混凝土与其他材料粘接时常用的胶粘剂见表1-4。

表1-4　混凝土与其他材料粘接时常用的胶粘剂

粘接材料	胶　种	粘接材料	胶　种
混凝土—木材	环氧胶、聚醋酸乙烯酯胶、聚乙烯醇缩醛、氯丁胶	混凝土—陶瓷	环氧树脂酸、聚醋酸乙烯酯胶
混凝土—塑料	聚氨酯胶、氯丁胶、丙烯酸酯胶	混凝土—金属	环氧树脂胶、丙烯酸酯胶、聚氨酯胶
混凝土—橡胶	氰基丙烯酸酯胶、氯丁胶		
混凝土—石材	环氧树脂胶、聚醋酸乙烯酯胶	混凝土—织物	氯丁胶

2. 按接头的应用功能要求选胶粘剂

粘接接头的功能要求是多方面的，一般包括力学强度、耐热、抗油、防水、导电等特性，以及耐环境应力的功能要求。选用的胶粘剂也必须具有相应的功能。以下按典型功能要求介绍有关的胶粘剂。

（1）力学强度　这类胶粘剂应具有良好的力学强度，其中包括拉伸强度、剪切强度及剥离强度等。常用的胶粘剂为环氧树脂胶粘剂，但它的剥离强度较差。如选用环氧—丁腈胶和酚醛—丁腈胶，则可获得满意的效果。在机床导轨磨损的修复中，需要耐磨性胶粘剂，可采用 AR-5 耐磨胶，其硬度达 11.8HB，它是由环氧树脂和无机填料组成的。对塑料地毯和饮料瓶标签用胶粘剂，则要求较高的剪切强度和较低的剥离强度。

（2）耐热性能　一般高分子胶粘剂的长期使用温度都在200℃以下。但在某些特殊的用途中，却要求长期使用温度在200℃以上。例如微电子元件中的胶粘剂，要在惰性气氛中与400℃的基材粘接；超音速飞机所用结构胶，要求在230℃下使用几万小时；导弹上使用的胶粘剂，要求在540℃下保持力学性能1min以上。这些都属于特殊用途的专用胶粘剂。又如钼—不锈钢粘接，要求耐温高达538℃，可选用聚苯并咪唑胶、聚喹恶啉胶。又如钛—钛钢粘接，要求耐温232℃，可采用聚酰亚胺胶、聚苯基喹恶啉胶和聚亚胺砜胶。硅橡胶可在-40~200℃下正常使用，具有广泛的用途。

(3) 耐油特性　输油管道接头和润滑油中零件的粘接，要求胶粘剂在油污、湿气的环境中，在无法进行表面处理的情况下进行粘接，并获得足够的强度。这类胶粘剂的基料是油类的活性溶剂，能溶解被粘表面上的油和水，因而不需脱脂处理而获得良好的粘接效果。第二代丙烯酸酯类胶粘剂属于这类，例如 J-39、J-50 胶粘剂。

(4) 耐水性能　一般地，极性胶粘剂亲水性较强，在潮湿环境中，接头强度会急剧下降。胶粘剂的分子结构中含有—CN、—OH、—NH_2 等基团，均会吸湿。如 α-氰基丙烯酸酯胶、聚酰胺胶、厌氧胶和氨基树脂胶等。如果是以烃基为主，再引入 F—、—Si—O—等基团使其具有疏水性，且材料密度较高，吸湿性小，就具有一定的抗湿能力。

(5) 光学特性　光学零件用胶除了具有一定的粘接强度外，还必须满足透光率的要求，一般都在 90% 以上。可选用光固化的第二代丙烯酸酯胶粘剂。它以紫外线使引发剂产生自由基而聚合固化，主要用于光学透镜、玻璃制品和液晶元件的密封粘接。也可选用光学用环氧树脂胶。飞机的安全玻璃粘接常用聚乙烯醇缩丁醛胶，它具有良好的粘接强度和极高的透光率。

(6) 其他功能　粘接接头的功能要求是多种多样的，例如电磁、音响、生理效应等功能。应用时，根据接头的功能要求，选取不同类型的胶粘剂，才能满足要求。

3. 按许可的固化条件选用胶粘剂

胶粘剂固化过程的温度、压力和时间是影响粘接强度及其他性能的三个主要因素。每一种胶粘剂都有最佳的固化条件。在实际中，某些有特殊限制的应用场合影响了固化工艺的实施，必须选择适宜的胶粘剂或适当地改变固化工艺。因此，应将这类固化工艺条件作为选择胶粘剂的依据之一。例如某些被粘材料或零件的形状及部位不宜加压粘接时，应选择常压固化的胶粘剂，将压力条件作为选胶的约束条件之一；电子元器件的最高使用温度，限制不能采用高温固化胶粘剂，在某些特殊环境下的粘接，如水下、油中或其他酸、碱介质中进行粘接，以及在具有一定压力的流体输送管道上密封、补漏等粘接，应当依据环境应力条件，选择相应的胶粘剂。

总之，粘接接头设计时，胶粘剂的正确选用十分重要，在一定程度上决定了接头设计的成败。选择胶粘剂的几条原则应灵活应用。一般情况下，首先根据被粘材料的可粘性确定胶粘剂的类型，其次按接头功能选取可满足指标要求的胶粘剂，最后根据实施工艺可能性，最终确定选用的胶粘剂。当无法找到适宜的胶粘剂时，则可通过开发新的胶粘剂、新的表面处理方法和新的粘接工艺而获得解决。

1.8.2 胶粘剂的配制及使用

1. 胶粘剂的配制

表面处理之后，就要进行调胶配胶。对于单组分胶粘剂，一般是可以直接使用的，但是一些相容性差、填料多、存放时间长的胶粘剂会沉淀或分层，在使用之前必须要混合均匀。若是溶剂型胶粘剂因溶剂挥发而导致浓度变大，还得用适当的溶剂稀释。

对于双组分或多组分胶粘剂，必须在使用前按规定的比例严格称取。因为固化剂（交联剂）用量不够，则胶层固化不完全；固化剂用量太大，又会使胶层的综合性能变差。因此，一般称取各组分时，相对误差最好不要超过2%～5%，以保证较好的粘接性能。

每次配胶量的多少，根据不同胶的适用期、季节、环境温度、施工条件和实际用量大小决定，做到随用随配，尤其是室温快速固化胶粘剂，一次配制量过多，放热量大，容易过早凝胶，影响涂胶，也会造成浪费。有的胶粘剂配方中，固化剂或促进剂用量给出了很大范围。一般地说，在夏天气温高时选用含量小的配方，其他情况下选用含量高的配方。由于胶粘剂固化时要放热，因此，对于一些在常温下反应缓慢的胶粘剂，可以一次配足所需要的使用量，而对于一些室温下反应快或固化反应放热量大的胶粘剂，则应该少配、勤配，否则会由于配好的胶液因反应放出的热来不及散发而使胶液温度升高，进一步加快反应速度，结果使胶液在短时间内凝胶，甚至“暴聚”。

调胶时各组分搅拌均匀非常重要。例如双组分环氧胶，若是固化剂分散不均匀，就会严重损害粘接性能，不是固化不完全，就是局部发粘发泡。

称取时还应当注意，取各组分的工具不能混用，调胶的工具也不能接触盛胶容器中未用的各组分，以防失效变质。

配胶的容器和工具最好在购胶时配套购置。若买不到配套器具时，可选用玻璃、陶瓷、金属的干净容器，搅拌工具可用玻璃棒、金属棒代替。但应当注意，这些器具中不能有油污、水或其他污染物，使用前最好用溶剂清洗干净。

配胶的场所宜明亮干燥、灰尘尽量少，对有毒性的胶，应在通风的环境中配制。

配胶原则上应由专人负责，应有适当的技术监督，从而保证获得优质的胶粘剂。胶粘剂的配制应该严格按照胶粘剂研究、生产单位规定的配制程序进行。

2. 涂胶

所谓涂胶，就是以适当的方法和工具将胶粘剂涂布在被粘物表面。涂胶操作正确与否，对粘接质量有很大的影响。涂胶的难易与其粘度的大小有很大关系。对于无溶剂胶粘剂，如果本身粘度太大，或因温度低变得粘稠，而造成涂胶困难，可将被粘物表面用电吹风预热至 40~50℃。当被粘物尺寸较大时，也可用氧乙炔火焰加热，使涂布后的胶粘剂粘度降低，易于浸润被粘表面。如果是溶剂型胶粘剂粘度过大，可用相应的溶剂进行稀释，再进行涂布，有利于浸润。

涂胶最好在被粘物表面处理好后马上就进行，或者在处理后 8h 内进行。涂胶的方法很多，可采用刷、刮、压滚等方法，依尺寸的大小以及制件的多少来决定。手工刷胶是用漆刷或油画笔等将胶液涂在被粘物表面，这种方法只适用于粘度较小的胶粘剂（一般含有溶剂）和形状复杂的制件。手工刷胶是用玻璃棒或刮板等工具均匀地将胶刮在被粘物表面，这种方法适用于粘度大的胶和平面制件。压滚主要用来贴合胶膜或压敏胶带。对于大型制件的涂胶，可用包有毛毡的辊轴。喷涂法使用与喷漆相同的设备，适合于大面积涂胶。

胶粘剂涂敷不当，会出现胶层不匀、过厚、夹裹气泡和缺胶等缺陷。这些缺陷都会导致粘接强度下降。

涂胶量的大小会直接关系到胶层厚度，而胶层厚度又是决定粘接强度的因素之一。胶层厚度过大，会因胶层的内部缺陷增加和固化时的体积收缩引起内应力增大而导致粘接强度下降。对于不同热膨胀系数材料的粘接，则容易因为胶层太薄而产生形变应力。此外，胶层太薄也容易缺胶。对大多数胶粘剂和被粘物而言，胶层厚度以 0.05~0.2mm 为宜。

涂胶时最好顺着一个方向，要慢些，尽量保持厚度均匀。对含有高相对分子质量聚合物的胶液，如含有橡胶或聚乙烯醇缩醛等，往复涂胶会使胶粘剂严重聚集，胶层包裹气泡和缺胶会导致粘接强度下降。

涂胶量的大小与被粘物的种类和胶粘剂的品种有关。对于零件磨损或划伤的修复，胶层一般要达到尺寸要求并留出一定的加工余量。对于结构粘接，在胶层完全浸润被粘物表面的情况下，越薄越好。因为胶层越薄，缺陷越少、变形小、收缩小、内应力小，粘接强度也越高。一般认为胶层厚度控制在 0.08~0.15mm 为宜。

此外，应注意对接头的每个被粘接面分别涂胶，这样才能保证每个粘接面都被胶粘剂充分浸润。

3. 晾置

胶粘剂涂敷后是否需要晾置、应在什么条件下晾置以及晾置多长时间，要根据胶粘剂的性质而定。

对于快速固化胶粘剂，如 α-氰基丙烯酸酯（502 胶等），晾置时间越短越好。502 胶的晾置时间与粘接强度的关系见表 1-5。

对于无溶剂的胶粘剂，如环氧胶，涂胶后进行晾置也是不可缺少的。因为胶液在混合、涂刷过程中不可避免地会裹进一些空气，粘度越大，包裹的空气越多。因此，要等涂于表面的胶液呈现透明无气泡时，才能装配并粘接在一起，否则会严重降低粘接强度。

表1-5　502胶的晾置时间与粘接强度的关系

被粘材料	拉伸强度/MPa					
	1s	30s	60s	3min	10min	15min
硬聚氯乙烯	35.0	33.9	24.1	2.8	7.6	1.8
ABS	18.0	17.6	17.2	10.0	6.5	1.4
铁	14.3	14.0	13.0	11.3	9.5	2.5

对于含溶剂的胶粘剂，如含橡胶和塑料等高分子材料的胶粘剂，应采用多次涂敷，并且每涂一层晾置20～30min，以保证溶剂充分挥发。有时还需要在一定温度下烘干，如酚醛—缩丁醛胶在40～60℃下烘干、酚醛—缩醛—有机硅胶粘剂（J-08胶）需要在更高温度（80℃）下烘干。

环境温度太低时，胶液粘度大，溶剂挥发慢；环境温度太高时，胶液使用期缩短。因此，粘接时环境温度一般要求在15～30℃之间。

晾置环境的温度一般越低越好，否则会因溶剂挥发，降低胶层表面温度而凝聚水气，影响粘接强度。对潮气敏感的聚氨酯胶、氯丁胶等，受湿度的影响更大。对于高温固化的胶粘剂，加温晾置可减少湿气的影响。一般要求操作环境的温度不超过70～75℃。

4. 粘接

粘接是将涂胶后或经过适当晾置的被粘表面叠合在一起的过程。对于液体无溶剂的胶粘接，粘接后最好错动几次，以利于排出空气，紧密接触，对准位置；对于溶剂型胶粘剂，粘接时一定要看准时机，过早过晚都不好。对于一些初始粘接力大、固化速度极快的胶粘剂，如氯丁胶粘剂、聚氨酯胶、502胶等，粘接时要一次对准位置，不可来回错动，粘接后适当按压、锤压或滚压，以赶出空气，密实胶层。粘接后以挤出微小胶圈为好，表示不缺胶。如果发现有缝隙或缺胶，应补胶填满。

5. 固化

固化又称硬化，对于橡胶型胶粘剂也叫硫化，是胶粘剂通过溶剂挥发、熔体冷却、乳液凝聚的物理作用，或交联、接枝、缩聚、加聚的化学作用，使其变为固体，并且具有一定强度的过程。固化是获得良好粘接性能的关键过程，只有完全固化，强度才会最大。

固化可分为初固化、基本固化、后固化。在一定温度条件下，经过一段时间达到一定的强度，表面已硬化、不发粘，但固化并未结束，此时称为初固化或凝胶。再经过一段时间，反应基团大部分参加反应，达到一定的交联程度，称为基本固化。后固化是为了改善粘接性能，或因工艺过程的需要而对基本固化后的粘接件进行的处理。一般是在一定的温度下保持一段时间，能够补充固化，进一步提高固化程度，并可有效地消除内应力，提高粘接强度。对于粘接性能要求高的情况或具有可能的条件下，都要进行后固化。

为了获得固化良好的胶层，固化过程必须在适当的条件下进行。固化条件包括温度、时间、压力，也称为固化过程三要素。

（1）固化温度　固化温度是指胶粘剂固化所需的温度。胶粘剂固化都需要一定的温度，只是胶粘剂的品种不同，固化温度不同而已。有的能在室温固化，有的需要高温固化，有的可在低温固化。温度是固化的主要因素，不仅决定固化完成的程度，而且也决定固化过程进行的快慢。每种胶粘剂都有特定的固化温度，低于此温度是不会固化的。适当地提高温度，会加速固化过程，并且提高粘接强度。对于室温固化的胶粘剂，如能加温固化，除了能够缩短固化时间、增大固化程度外，还能大幅度提高强度、耐热性、耐水性和耐蚀性等。

加热固化的升温速率不能太快，升温要缓慢，加热要均匀，最好阶梯升温，分段固化，使温度的变化与固化反应相适应。所谓分段固化，就是室温放置一段时间，再开始加热到某一温度，保持一定时间，再继续升温到所需要的固化温度。加热固化不要在涂胶装配后马上进行，需凝胶之后再升温。如果升温过早、温度上升太快、温度过高，会因胶的粘度迅速降低而使胶的流动性太大，导致溢胶过多，造成缺胶，达不到加热固化的有利效果，还会使被粘件错位。

加热固化一定要严格控制温度，切勿温度过高，持续时间太长，否则会导致过固化，使胶层炭化变脆，损害粘接性能。

加热固化到规定时间后，不能将粘接件立即撤出热源，急剧冷却，这样会因收缩不均而产生很大的热应力，带来后患。应缓慢冷到较低温度后，方可从加热设备中取出，最好是随炉冷却到室温。

（2）固化压力　胶粘剂在固化过程中施加一定的压力是很有利的。这样不仅能够提高胶粘剂的流动性、易润湿、渗透和扩散，而且可以保证胶层与被粘物紧密接触，防止气孔、空洞和分离，还会使胶层厚度更为均匀。施加压力的大小随胶粘剂的种类和性质不同而异，一些相对分子质量低、流动性好、固化不产生低分子产物的胶粘剂，如环氧型胶粘剂、氰基丙烯酸酯胶、第二代丙烯酸酯胶、不饱和聚酯胶、聚氨酯胶等，只要接触压力就足够了。所谓接触压力，就是被粘物本身重量产生的压力，不需要另外施加压力。一些溶剂型胶粘剂或固化过程中放出低分子产物的胶粘剂，如酚醛—缩醛胶、酚醛—丁腈胶、环氧—丁腈胶等都需要施加0.1~0.5MPa的压力。

加压要均匀一致，施压时机也要合适。当胶流动性尚大时，施压会挤出更多的胶，应在基本凝胶后施压。

（3）固化时间　固化时间是指在一定的温度压力下，胶粘剂固化所需的时间。由于胶粘剂的品种不同，其固化时间差别很大。有的可在室温下瞬间固化，如α-氰基丙烯酸酯胶、热熔胶；有的则需几小时进行固化，如室温快速固化环氧胶；有的要长达几十小时进行固化，如室温固化环氧—聚酰胺胶。固化时间的长短与固化温度密切相关。升高温度可以缩短固化时间，降低温度可以适当延长固化时间，不过如果是在低于胶粘剂固化的最低温度下，无论多长时间也不会固化。

无论是室温固化还是加热固化，都必须保证足够的固化时间才能固化完全，获得最大粘接强度。

6. 检验

粘接之后，应当对质量进行认真检验。目前，检验方法包括一般检验和无损检测两大类。

（1）一般检验

1）目测法。就是用肉眼或放大镜观察胶层周围有无翘曲、脱胶、裂纹、疏松、错位、炭化、接缝不良等。若是挤出的胶是均匀的，说明不可能缺胶，没有溢胶处很可能缺胶。

2）敲击法。用圆木棒或小锤敲击粘接部位，发出清脆声音表明粘接良好；声音变得沉闷沙哑，表明里面很可能有大气孔或夹空、离层和胶粘剂缺陷。

3）溶剂法。胶层是否完全固化，可用溶剂去检验。最简单的方法是用丙酮浸脱脂棉敷在胶层表面，浸泡1～2min，看胶是否软化、粘手、溶解、膨胀，若出现以上现象，说明胶固化不完全。

4）试压法。对于密封件（如机体、水套、油管、缸盖等）的粘接堵漏，可用水压法或油压法检查是否有漏水、漏油现象。

5）测量法。对于尺寸恢复的粘接，可用量具测量其是否达到所要求的尺寸。

（2）无损检测　工业生产中，已采用的无损检测方法包括声阻法、液晶检测法等。

1）声阻法。声阻法粘接质量检测装置由三个基本部分组成，即振荡器、换能器和测量放大器。振荡器是能源装置，提供频率为1～9kHz的等幅连续的音频信号（该频段适用于检查金属蜂窝夹层结构的粘接质量）。换能器将音频信号转变为相应频率的机械振动，并作用于被检测件的表面。试件粘接质量不同，其振动阻抗亦不同。通过换能器又将机械振动阻抗转化为电信号，并通过测量放大器直接测量粘接件的机械阻抗，根据测得的机械阻抗来检测粘接质量。

2）液晶检测法。液晶检测法是利用不同物质（或结构）的热传导差异对粘接质量进行检测的方法。其主要原理是：根据粘接结构内部粘接质量的不均匀或缺陷导致结构密度、比热容和热导率的不同，而引起结构对外部热量传导的不一致，造成结构表面温度的不均匀分布；然后利用液晶随温度不同呈现不同颜色的特性，观测结构表面的温度分布，即可探测结构的粘接质量。

7. 修整或后加工

经初步检验合格的粘接件，为了装配容易和外观漂亮，需进行修整加工，刮掉多余的胶，将粘接表面磨削得光滑平整；也可进行锉、车、刨、磨等机械加工。在加工过程中，要尽量避免胶层受到冲击力和剥离力。

第2章　环氧树脂胶粘剂

环氧树脂是指一个分子中含有两个或两个以上环氧基，并在适当的固化剂的存在下能够形成三维网络结构的低聚物，属于热固性树脂。环氧树脂具有优良的力学性能、电绝缘性能、耐药品性能和粘接性能。

人类使用胶粘剂已有几千年的历史，然而环氧树脂胶粘剂从20世纪50年代出现至今，只有50余年的历史。随着各种粘接理论的相继提出，粘接界面化学、胶粘剂流变学和粘接破坏机理等基础研究工作的深入开展，胶粘剂的性能、品种和应用有了突飞猛进的发展。环氧树脂及其固化体系以其独特的优异性能和新型环氧树脂、新型固化剂和添加剂的不断涌现，而成为性能优异、品种众多、适应性广泛的一类重要的胶粘剂。由于环氧胶粘剂的粘接强度高、通用性强，对各种金属材料、非金属材料、热固性材料等都有优良的粘接性能，因此有“万能胶”之称，已在航空、航天、汽车、机械、建筑、化工、轻工、电子、电器以及日常生活等领域得到了广泛的应用。

2.1　环氧树脂胶粘剂的组成

环氧树脂胶粘剂的基本组分是环氧树脂和固化剂。根据不同的应用要求，可添加增韧剂、增塑剂、稀释剂、促进剂、填充剂、偶联剂及抗氧剂等。

2.1.1　环氧树脂

环氧树脂品种很多，在胶粘剂配方中，常用的环氧树脂按分子结构可分为缩水甘油基型环氧树脂和环氧化烯烃型环氧树脂两类。缩水甘油基型环氧树脂是由环氧氯丙烷与含活泼氢原子的有机化合物，如多元酚、多元醇、多元酸、多元胺等缩聚而成。环氧化烯烃型环氧树脂是从含不饱和双键的低相对分子质量或高相对分子质量的直链、环状化合物制备得到。

1. 缩水甘油醚型环氧树脂

这类环氧树脂是由多元酚或多元醇与环氧氯丙烷经缩聚反应而制得的，最具代表性的品种是双酚A型环氧树脂。在世界范围内，其产量占环氧树脂总量的75%以上，其应用遍及国民经济的各个领域，因此被称为通用型环氧树脂。

(1) 双酚A型环氧树脂　亦称为E型环氧树脂，是由环氧氯丙烷与双酚A在NaOH作用下反应而成的。通过控制环氧氯丙烷与双酚A的摩尔比，可制得各种相对分子质量的环氧树脂。它具有粘接强度高、粘接面广、固化收缩率低、稳定性好、耐化学药品性好、力学强度高及电绝缘性优良等性能，但也存在耐候性差、冲击强度低和不太耐高温等缺点。

(2) 四溴双酚 A 型环氧树脂　除了具有双酚 A 型环氧树脂的通性外，由于结构中含有溴，因此具有优良的阻燃性能。

(3) 氢化双酚 A 型环氧树脂　由双酚 A 加氢后制成的脂环状二元醇与环氧氯丙烷缩聚反应而制得的。固化产物除了具有双酚 A 型环氧树脂的特性之外，还具有粘度小、耐候性好、耐电晕、耐漏电痕迹性好及耐紫外线照射等特点，且抗冲击强度要优于一般的脂环族环氧树脂。

(4) 双酚 F 型环氧树脂　具有通用环氧树脂的基本性能，其特点是粘度低、流动性好。其粘度约是相同相对分子质量的双酚 A 型环氧树脂的一半，适用于低温场合。

(5) 双酚 S 型环氧树脂　粘度低，反应活性高，其固化产物热变形温度比双酚 A 型环氧树脂提高 40～60℃。

(6) 脂肪族醇多缩水甘油醚　这种树脂是以长链的脂肪族链为主链，链段可以自由旋转，具有卓越的柔韧性，主要用来改善双酚 A 型环氧树脂及线型酚醛树脂固化产物的脆性。但若用量过多，可使固化物的耐热性、耐药品性、耐溶剂性大幅度下降。

(7) 线型酚醛多缩水甘油醚　由线型酚醛树脂与环氧丙烷反应而得，主链含有多个苯环，环氧基在 3 个以上。因此，其固化产物交联密度大，耐热性较双酚 A 型环氧树脂高 30℃左右，刚性好，力学强度、耐碱性优于酚醛树脂，主要用于耐高温胶粘剂。

(8) 线型邻甲酚甲醛多缩水甘油醚　其结构和线型酚醛多缩水甘油醚基本相同，只是在邻位苯环上有甲基存在，在耐水性和低熔体粘度等方面都优于前者。它和酚醛树脂固化后的产物的 T_g 达到 180℃以上，经高压水蒸煮 24h 后仍保持良好的电性能及力学性能。

(9) 间苯二酚甲醛环氧树脂　间苯二酚与甲醛在草酸催化下缩合成低相对分子质量的间苯二酚甲醛树脂后，再在 NaOH 作用下与环氧氯丙烷反应制得间苯二酚甲醛四缩水甘油醚环氧树脂。该树脂的特点是具有较高的活性，固化物的耐热性、耐蚀性及电性能优良，可用做耐高温胶粘剂，也可用做其他环氧树脂的改性剂。

2. 缩水甘油酯型环氧树脂

以苯二甲酸二缩水甘油酯为例，该树脂的特点是粘度低，与常温固化剂反应速度快；与中、高温固化剂配合适用期长，在一定温度下具有高反应性；与酚醛树脂及环氧树脂相容性好。其固化物的力学性能与双酚 A 型环氧树脂大体相同，耐热性低于双酚A型环氧树脂，耐水、酸、碱性不如双酚A型环氧树脂，但有优良的耐候性及耐漏电痕迹性。

缩水甘油酯树脂的固化反应活性比双酚A型环氧树脂高，固化产物在超低温度（-196℃）下仍具有良好的粘接强度（铝—铝粘接）。

二聚二缩水甘油酯是以不饱和脂肪酸二聚体为原料制备的树脂，具有固化后尺寸稳定性好、抗冲击强度高、耐水防潮性好的优点，主要用于制造土木建筑用的密封胶。

3. 缩水甘油胺型环氧树脂

这类树脂是由多元胺同环氧氯丙烷反应脱去氯化氢而制得。缩水甘油胺固化产物的耐热性、力学强度都远远超过双酚A型环氧树脂。它们和二氨基二苯甲烷或二氨基二苯砜的组成物对碳纤维有良好的浸润性和粘接强度。这类复合材料主要用于飞机、航天器材和运动器材的制造。

4. 脂环族环氧化物

脂环族环氧化物由丁二烯、丁烯醛、环戊二烯按Diels-Alder反应制成的脂环族二烯烃，再用过氧化醋酸等氧化制得。这类环氧化物的环氧基直接连在脂环上。它们和酸酐、芳香胺固化后得到的产物具有较高的耐热性、电绝缘性和耐候性，但是固化物性脆，耐冲击性能较差，有些产品经多元醇醚化后可以改善脆性。

5. 线型脂肪族环氧化物

它是以脂肪族烯烃的双键用过氧化物环氧化而制得的环氧树脂，在其分子结构中没有苯环、脂环和杂环，只有脂肪链。国产脂肪族环氧化物主要有环氧化聚丁二烯树脂，型号为D-17（2000#环氧树脂、62000#环氧树脂），是由低相对分子质量的液体聚丁二烯树脂分子中的双键经环氧化而得，其分子结构中有环氧基、双键、羟基和酯基侧链。

聚丁二烯环氧化物易溶于苯、甲苯、乙醇、丙酮、汽油等溶剂中，易与酸酐类固化剂反应。固化后的产物有良好的热稳定性，马丁耐热温度大于230℃，具有突出的抗冲击性，但是固化后产品收缩率较大。

6. 混合型环氧树脂

4，5-环氧环己烷-1，2-二甲酸二缩水甘油酯（TDE-85环氧树脂、712环氧树脂）是由四氢邻苯二甲酸二缩水甘油酯（711环氧树脂）用过氧化物环氧化而成，是一种分子中含有两个缩水甘油酯基和一个脂环族环氧基的新型三官能团环氧树脂。

7. 改性环氧树脂

（1）有机硅改性环氧树脂 用有机硅聚合物（聚硅氧烷）来改性环氧树脂，能大大改善环氧树脂耐热性、耐水性、韧性、耐候性较差的缺点。聚硅氧烷和环氧树脂的相容性较差，不易共混，因此通常采用反应的方法来改性。一般在催化剂作用下，由低相对分子质量聚硅氧烷的烷氧基、羟基、氨基、羧基、巯基等活性基团与低相对分子质量环氧树脂的仲羟基及环氧基反应而得。主要反应方式如下：

1）以二酚基丙烷环氧树脂与含有烷氧基、羟基的低相对分子质量聚硅氧烷在催化剂的作用下，缩合制得有机硅环氧树脂。

2）以环氧丙醇与聚硅氧烷中的烷氧基起脱醇反应，制得有机硅环氧树脂。

3）以环氧丙烷丙烯醚与聚硅氧烷中的活泼氢起加成反应，制得有机硅环氧树脂。

4）用过氧化物氧化聚硅氧烷上的不饱和双键而得到有机硅环氧树脂。

5）用二酚基丙烷的钠盐、环氧氯丙烷与带有烷基卤的聚硅氧烷反应，制得有机硅环氧树脂。

由于有机硅和环氧树脂两者的结合发挥了各自的特点又弥补了各自的缺陷，因此这一产品得到普遍的重视，发展很快，品种极多，主要产品有665#有机硅环氧树脂等。有机硅改性环氧树脂具有优异的力学性能、电性能、耐热性、耐水性和粘接性能，可用于高温、高湿、温度剧变环境下使用的防护涂料和绝缘材料，如矿用机械、电气机车、电缆接头、水下装置，以及H级电动机、潜水电动机线圈浸渍材料等。

（2）增韧改性环氧树脂　虽然环氧树脂胶粘剂具有粘接强度高、收缩率低、稳定性好等一系列优点，但其问题一直以来也比较突出，其中最主要的是环氧树脂的柔韧性问题。由于环氧树脂的分子链上含有大量苯环，因而环氧树脂分子链表现出较强的刚性，外加环氧树脂固化体系中含有较多的羟基、氨基、酯基等强极性基团，分子链之间的结合异常紧密，使得环氧树脂固化物的柔韧性和耐冲击性较差。表现出来的现象往往是被粘物受到冲击甚至弯曲时，胶层产生裂纹，并迅速扩展，导致胶层开裂或者从被粘物上剥离，从而使粘接失败，这极大地限制了环氧树脂胶粘剂的应用。在环氧树脂胶粘剂改性方面，环氧树脂的增韧早已成为研究的焦点。

所谓增韧，是指在不降低环氧树脂胶粘剂其他主要性能的前提下，降低脆性，增加韧性。而实际应用中，往往存在增韧剂与树脂基体间的界面粘接性较差的问题，所以韧性的改善经常以牺牲材料强度、模量及耐热性为代价，使其力学性能和热性能的提高受到限制。

目前，增韧环氧树脂的途径大致有以下4种：

1）在环氧基体中加入橡胶弹性体、热塑性树脂或液晶聚合物等分散相来增韧。

2）用热固性树脂连续贯穿于环氧树脂网络中，形成互穿、半互穿网络结构来增韧。

3）用含有“柔性链段”的固化剂固化环氧，在交联网络中引入柔性链段，提高网链分子的柔顺性，达到增韧的目的。

4）刚性粒子与纳米粒子增韧。

（3）有机钛改性环氧树脂　有机钛改性环氧树脂是由正钛酸丁酯和低相对分子质量双酚A型环氧树脂的羟基进行脱醇反应而得。用有机钛来改性双酚A型环氧树脂，可提高其防潮性、电气性能及热老化性，主要产品有670#环氧树脂等。由于有机钛环氧树脂有较好的电性能、耐热性和粘接性，因而广泛地应用于电气、电机工业。

（4）氟化环氧树脂　主要是氟化双酚型缩水甘油醚环氧树脂，由各种氟化双酚化合物与环氧氯丙烷聚合而成。氟化环氧树脂的特点是疏水性、耐湿性、热稳定性、耐老化性、阻燃性、韧性、介电性好，摩擦因数小，表面张力小，浸润性好，粘接强度高。氟化环氧树脂价格昂贵，多用于特殊用途。其折射率低，与双酚A型环氧树脂共混，可调整其折射率，并能提高浸润性和粘接强度，用做光纤的胶粘剂。

（5）（甲基）丙烯酸环氧酯　环氧树脂的环氧基和（甲基）丙烯酸开环酯化后生成的（甲基）丙烯酸环氧酯又称为乙烯树脂。它既保持了环氧树脂固化收缩率低，耐化学药品性、电绝缘性能优异的特点，又能像不饱和聚酯那样可以在过氧化物引发下室温固化，且能在紫外线辐射下快速光固化。

2.1.2 固化剂

环氧树脂本身是一种热塑性高分子的预聚体，单纯的树脂几乎没有多大的使用价值。用环氧树脂作胶粘剂时，需在固化剂的作用下才能发挥作用。加入固化剂的作用是使线型分子转变为三维网状立体结构、不溶不熔的高聚合物（常称固化产物）。环氧树脂用固化剂的种类很多，由于固化剂种类不同，可用时间、固化温度、固化时间、发热现象、固化后的性能等皆不同，要根据使用目的、操作条件加以选择。

1. 固化剂的分类

固化剂品种繁多，目前尚无统一的分类方法，一般可按照固化剂和环氧树脂的固化反应机理及固化剂的化学结构来分类。固化剂的分类见图2-1。

显在型固化剂即为普通的固化剂。潜伏型固化剂是与环氧树脂以配合的形式在一定温度（25℃）下长期贮存稳定，一旦暴露在热、光、湿气中，则容易发生固化反应。这类固化剂基本上是用物理和化学方法封闭其固化活性。

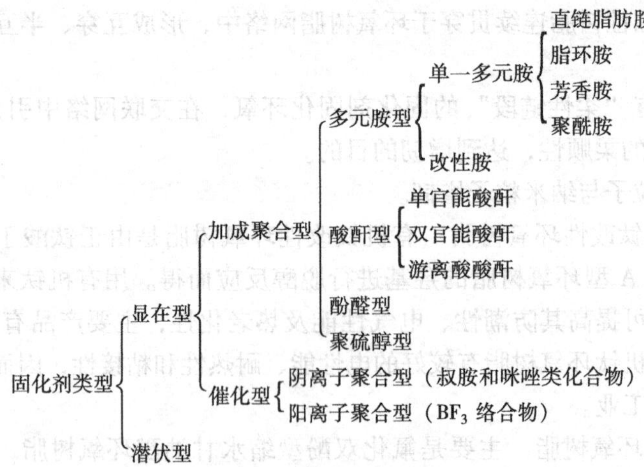

图 2-1　固化剂的分类

按固化温度区分，固化剂可分为四种：在室温下能固化的低温固化剂、在室温至50℃固化的室温固化剂、50～100℃固化的中温固化剂、100℃以上固化的高温固化剂。低温固化剂的种类很少，仅有多元异氰酸酯和聚硫醇两种固化剂；室温固化剂的种类很多，如脂肪族多胺、脂环族多胺、低相对分子质量聚酰胺以及改性的芳香胺等；中温固化剂有脂环族多胺、叔胺、咪唑类以及三氟化硼络合物等；高温型固化剂有芳香胺、酸酐、甲阶酚醛树脂、氨基树脂、双氰胺以及酰肼等。对于高温固化体系来说，固化过程分为两阶段：最初用较低的温度固化；在达到凝胶状态或比凝胶状态稍高的状态（称为预固化）时，用高温加热后进行固化。

2. 多元胺类固化剂

多元胺类固化剂有脂肪胺、芳香胺、脂环胺及改性胺等，可在一定条件下固化环氧树脂，形成特定性能的固化物。多元胺固化剂除了单独使用或者改性外，还可以混合使用。由于多元胺的混合而使多元胺混合物的熔点降低，使之易与环氧树脂互溶，从而方便了使用。常用的多元胺类固化剂见表 2-1。

表 2-1　常用的多元胺类固化剂

类别	名称	室温状态	粘度/(Pa·s)	熔点/℃
脂肪胺	二亚乙基三胺(DETA)	无色液体	0.005	—
	三亚乙基四胺(TETA)	无色液体	0.019	—
	四亚乙基五胺(TEPA)	无色液体	0.001	—
	二乙基丙二胺(DEPA)	液态	—	—

（续）

类别	名称	室温状态	粘度/(Pa·s)	熔点/℃
脂环胺	孟烷二胺(MDA)	液态	0.019	—
	异佛尔酮二胺(IPDA)	液态	0.018	—
	N-氨乙基哌嗪(N-AEP)	液态	—	—
	3,9-双(3-氨丙基)-2,4,8,10-四氧杂螺十一烷加合物(ATU加合物)	液态	因加合物种类而异	—
	双(4-氨基-3-甲基环己基)甲烷(C-260)	液态	0.06	
	双(4-氨基环己基)甲烷(HM)	固体		40
芳香胺	间苯二甲胺(m-XDA)	结晶体液体	—	—
	4,4′-二氨基二苯甲烷(DDM)	固体		89
	4,4′-二氨基二苯砜(DDS)	固体		175
	间苯二胺(m-PDA)	固体		62

（1）直链脂肪族多元胺　直链脂肪族多元胺毒性较大，固化反应快，能常温固化，但是放热量大，可用时间短。这类固化剂在常温下可固化，与其相适应的添加剂量为理论量或接近理论量，如含有叔胺结构时，其添加剂用量要减少。为了加快固化速度或在室温以下使之固化，则必须添加促进剂，例如酚类、DMP-30等，均有一定的效果。一般地，用直链脂肪族多元胺固化的环氧树脂产物韧性好、粘接性优良，而且对强碱和若干种无机酸有优良的抗腐蚀性，但耐溶剂性不一定能满足要求。

（2）脂环族多元胺　多元胺由于胺基的结合形式和反应活性不同，所以与环氧树脂所生成的固化物的性能区别很大。从性能上来看，不是属于脂肪族多元胺，就是属于芳香族多元胺。若属于直链脂肪族多元胺，则胺基通过甲基连在脂环上（如MDA、IPDA、ATU加成物）；若属于芳香族多元胺，由胺基直接连在脂环上，即为芳香族多元胺加氢结构的多元胺（如C-260及HM等）。但有趣的是，在化学结构上属于芳香胺的m-XDA，却在反应活性上像脂肪胺，而固化物的性能像芳香胺。

（3）芳香族多元胺　芳香族多元胺指胺基直接与芳香环相连接的胺类固化剂，常用的有间苯二胺、4，4′-二氨基二苯甲烷、4，4′-二氨基二苯砜等。与脂肪族多元胺相比，芳香族多元胺有以下特点：毒性小，碱性弱；反应受芳香环空间位阻影响，固化反应慢；固化过程中形成B阶段的时间长，因此必须加热才能进一步固化。芳香族多元胺为固体，与环氧树脂混合时往往需要加热，因此使用期短。为了克服这一缺点，常常做成熔融—过冷物、共熔混合物、改性物或芳胺溶液等来使用。最佳使用量为化学理论量或稍过量，加入少量促进剂（酚类、叔胺等均可）。固化分两个阶段：第一阶段为抑制放热，在较低温度下进行；第二阶段要想达到最好性能，必须在高温下进行。第一阶段固化所得到的环氧树脂固化物性能不如第二阶段固化所得到的环氧树脂固化物性能好。芳香族多元胺环氧树脂体系的固化物耐热性好，热变形温度最高可达190℃，电性能和耐化学腐蚀性能好，特别是耐碱、耐溶剂和耐水性。

（4）改性多元胺　由于单独使用多元胺对人的皮肤和粘膜有刺激性、与环氧树脂配比要求严格、多元胺的强碱性以及易与空气中的 CO_2 生成盐等弊病，所以经常使用改性多元胺。改性多元胺是在不损害原来多元胺性能的前提下，为了使用方便和改善环氧树脂固化物的性能而对多元胺进行改性得到的改性物，即按照其应用目的而进行的化学改性。根据改性方法，可分为环氧化合物加成的多元胺、迈克尔加成的多元胺、曼尼斯加成的多元胺、硫脲加成的多元胺和酮封闭的多元胺（即酮亚胺）。常用的改性胺类固化剂见表2-2。

表2-2　常用的改性胺类固化剂

牌号	名　称	外　观	用量(g/100g)	固化条件	特　点
120	β-羟乙基乙二胺	淡黄色粘性液体	16~18	室温/1天或80℃/3h	粘度低，毒性小，易吸潮
590	间苯二胺与环氧丙烷苯基醚缩合反应物	黄至棕黑色粘稠液体，软化点<20℃	12~20	室温/1天或80℃/2h+150℃/2h	毒性小，韧性较大
593	二乙烯三胺与环氧丙烷丁基醚缩合反应物	浅黄色粘性透明液体	23~25	室温/1天	吸水性强，需密封保存
701	苯酚甲醛己二胺缩合反应物	棕红色粘稠液体	25~35	室温/4~8h	挥发性小，用量要求不严，可在0~15℃及潮湿条件下固化

（5）共熔混合多元胺　当芳香族多元胺（如间苯二胺、4，4′-二氨基二苯甲烷、4，4′-二氨基二苯砜）与环氧树脂混合时，难以形成均一体系，因此需要进行加热才能使其均匀地分散于环氧树脂中，但是加热会使实际使用期变短。为了解决这一问题，人们常采用共熔混合的办法，这样可以使单一芳香胺的熔点降

低，甚至当两个熔点都较高的芳香胺共熔混合后可以变成液体。最普通的方法是用60%～75%的间苯二胺（m-PDA）和25%～40%的4，4′-二氨基二苯甲烷（DDM）混合而得到共熔混合物，用其固化的环氧树脂固化物的性能与单独使用芳香族多元胺固化环氧树脂固化物的性能没有差异。

（6）叔胺及咪唑类固化剂　叔胺属于碱性化合物，是阴离子型的催化型固化剂。因其固化速度和固化物性能随固化剂用量变化较大，固化时放热量大，因而一般不单独使用。咪唑类化合物是一种新型固化剂，可在较低温度下固化而得到耐热性能优良的固化物，并且具有优异的力学性能。

（7）其他胺类固化剂

1）双氰双胺的固化机理十分复杂，除了四个活泼氢参加反应以外，氰基在高温下还可以与羟基或环氧基发生反应，并具有催化型固化剂的作用。双氰双胺作为环氧树脂胶粘剂的固化剂时的固化反应温度较高，为了降低其固化反应温度，通常加入叔胺、咪唑、脲及其衍生物等促进剂。加入这些促进剂后，有的贮存使用期与双氰双胺/环氧树脂体系一样长。

2）有机酰肼。乙二酸二酰肼（AADH）在常温下与环氧树脂的配合物贮存稳定，只有在加热后，才可以缓慢溶解发生固化反应；也可以加入叔胺、咪唑等促进剂加快其固化反应。

3）酮亚胺化合物是由多脂肪族多元胺和酮合成的，而且酮亚胺中残存的多元胺必须用单环氧化物封闭。含有酮亚胺的环氧树脂胶粘剂吸收空气中的水分，可再生成多元胺，此时在室温下就可以固化，而且固化速度不是太快，使用期也较长。

3. 酸酐类固化剂

环氧树脂和多元酸反应速度很慢，由于不能生成高交联度产物，因而不作为固化剂用。酸酐由于具有使用寿命长；对皮肤基本上没有刺激性；固化反应缓慢，放热量小，收缩率低，产物的耐热性高；产物的力学强度、电性能优良等优点而成为一类重要的固化剂。酸酐大多是固体，在室温下难与环氧树脂混合，因此，常采用在室温下呈液态的酸酐共熔混合物，或者把酸酐与环氧化物反应生成加成物来使用。

酸酐固化剂种类很多。从使用方面分为单一混合、简单混合、共熔混合和改性酸酐，不过改性酸酐类型较少。从化学结构方面可以分为直链脂肪族、芳香族和脂环族酸酐。从官能团方面可以分为单官能团、双官能团和多官能团酸酐，一般多官能团酸酐几乎无实用价值。另外，酸酐也可按游离酸的存在与否进行分类，游离酸的存在对固化反应起促进作用。表2-3列出了几种典型的酸酐类固化剂。在实际应用中，应根据价格、工艺性能及其性质的综合平衡指标来选择适当的酸酐类固化剂。下面对几种比较重要、常用的酸酐类固化剂作简要介绍。

表 2-3 几种典型的酸酐类固化剂

类别	名 称	状态	熔点/℃	粘度/(Pa·s)
单官能团酸酐	邻苯二甲酸酐(PA)	粉末	128	—
	四氢邻苯二甲酸酐(THPA)	固体	100	—
	六氢邻苯二甲酸酐(HHPA)	固体	34	—
	甲基四氢邻苯二甲酸酐(MeTHPA)	液体	—	0.03~0.06
	甲基六氢邻苯二甲酸酐(MeHHPA)	液体	—	0.05~0.08
	甲基纳迪克酸酐(MNA)	液体	—	0.138
	十二烷基顺丁烯二酸酐(DDSA)	液体	—	15
	氯茵酸酐(HEWT)	粉末	235~239	—
双官能团酸酐	均苯四甲酸酐(PMDA)	粉末	268	—
	苯酮四酸二酐(BTDA)	粉末	227	—
	甲基环已烯四酸二酐(MCTC)	粉末	167	—
	二苯醚四酸二酐(DPEDA)	固体	222	—
游离酸酸酐	偏苯三酸酐(TMA)	粉末	168	—
	聚壬二酸酐(PAPA)	固体	57	—

(1) 邻苯二甲酸酐（PA） 是一种较为传统的固化剂，价格便宜，在固化环氧树脂胶粘剂时放热量较小，特别适用于大型浇注品，其固化物的电学性能和耐化学药品性能优异。但 PA 为固态，使用时不太方便。

(2) 六氢邻苯二甲酸酐（HHPA） 是由邻苯二甲酸酐经加氢制得的。其最大的特点是熔化后粘度较低，可以制成低粘度的 HHPA/环氧树脂配合物，对操作工艺十分有利，同时具有优良的耐热性能。

(3) 甲基四氢邻苯二甲酸酐（MeTHPA） 由于异构化而成液态，所以其最大的特点是 MeTHPA/环氧树脂配合物的粘度非常低，而且难以从环氧树脂中析出结晶，是酸酐类固化剂中使用最为广泛的一种固化剂。

(4) 甲基六氢邻苯二甲酸酐 为无色透明液体，使用期长，其固化物颜色稳定，耐候性能优异。

(5) 甲基纳迪克酸酐（MNA） 是由甲基环戊二烯与顺丁烯二酸酐以等摩尔比合成的液体酸酐，是顺反异构的混合物，室温下粘度低。MNA/环氧树脂配合物的使用期长，反应速率慢，固化收率小，固化物的耐热性能、耐老化性能优异。该固化剂使用较为广泛。

（6）均苯四甲酸酐（PMDA） 为高熔点固体，难溶于环氧树脂中，因其反应活性过高，难以操作，通常不单独使用，而与甲基四氢邻苯二甲酸酐或甲基六氢邻苯二甲酸酐等液体酸酐混合使用才能取得更好的效果。

（7）二苯醚四酸二酐（DPEDA） 虽然是高熔点白色晶体，但它的固体粉末可以均匀地分散于环氧树脂中，随着加热升温而溶解在环氧树脂中。它与环氧树脂形成的固化物交联密度高，又因分子结构中有柔性醚键，所以固化物的综合物理性能优异。

（8）偏苯三酸酐（TMA） 为高熔点的白色固体。由于熔点高，它与环氧树脂的配合上存在困难。但TMA中存在的游离酸有促进环氧树脂胶粘剂固化的作用，而且固化速度较快，固化物的耐热性能和力学性能较好。

4. 高分子预聚体

某些带有氨基、酚羟基、羧酸基等活性基团的高分子预聚体广泛用做环氧树脂固化剂，例如低相对分子质量的聚酰胺、酚醛树脂、氨基树脂、端羧基聚酯。它们在使环氧树脂固化的同时，较多地赋予本身的性能。

（1）低相对分子质量聚酰胺 低相对分子质量聚酰胺是一种改性的多元胺，常常由亚油酸二聚体和脂肪族多元胺反应制得，相对分子质量通常在500~9000之间。聚酰胺树脂几乎没有挥发性和毒性，可与其他固化剂配合使用；用量范围大，与环氧树脂配合后可用时间长；能室温固化，固化树脂的粘接性非常好，可粘接金属（如钢、铝等）或非金属（如玻璃、陶瓷、皮革、塑料、木材等）。表2-4中列出一些常用的低分子聚酰胺固化剂。

表2-4 一些常用的低分子聚酰胺固化剂

牌号	组　成	外　观	胺值/(mgKOH/g)	用量/(g/100g)
650	低分子聚酰胺	棕色液体	200±20	80~100
651	低分子聚酰胺	浅黄色液体	400±20	45~65
200	亚油酸二聚酯与三亚乙基四胺反应物	粘稠液体	215±5	40~100
203	亚油酸二聚酯与二亚乙基三胺反应物	棕黄色液体	200±20	40~100
300	亚油酸二聚酯与三亚乙基三胺反应物	棕红色液体	305±15	40~100
305	亚油酸二聚酯与四亚乙基五胺反应物	棕红色液体	350±20	40~100
400	二聚桐油酸与二亚乙基三胺反应物	棕红色粘稠液体	200±20	40~100
500	二聚酮油酸甲酯与三亚乙基四胺反应物	棕黄色液体	400±20	45~65
600	己内酰胺与二亚乙基三胺反应物	棕黄色液体	600±20	20~30

（2）线型酚醛树脂固化剂　在酚醛树脂中含有大量的酚羟基，在加热条件下可以固化环氧树脂，形成高度交联的结构。这个体系既保持了环氧树脂良好的粘附性，又保持了酚醛树脂的耐热性，使酚醛树脂/环氧树脂可以在260℃下长期使用。

（3）聚酯树脂固化剂　聚酯树脂末端的羟基或羧基可以与环氧树脂中的环氧基发生反应而使环氧树脂固化，固化物韧性、耐湿性和电性能以及粘接性都十分优良。

（4）液体聚氨酯固化剂　聚氨酯中的氨基可以与环氧树脂中的环氧基发生开环反应，异氰酸酯基可以和环氧树脂中的羟基或开环反应生成的羟基发生反应而使环氧树脂固化。由于把聚氨酯中醚键引进到环氧树脂交联网络中，所以固化物的韧性较好；此外，固化物具有低的透湿性和吸水性能。

（5）聚硫橡胶固化剂　聚硫橡胶固化剂以液态聚硫橡胶和多硫化合物的形式使用。液态聚硫橡胶是一种低相对分子质量的粘稠液体，其相对分子质量一般为800～3000，以多种样品提供使用。

聚硫橡胶本身硫化后，具有很好的弹性和粘附性，并且耐各种油类和化学介质作用，是一种通用的密封材料。当液态聚硫橡胶和环氧树脂混合后，末端的硫醇基（—SH）可以和环氧基发生化学反应，从而参加到固化后的环氧树脂结构中，赋予环氧树脂固化物较好的柔韧性。

一般结构的多硫化物的末端有硫醇基（—SH）结构，是一种低相对分子质量的齐聚物，与普通叔胺或多元胺固化剂并用，可在室温下固化。

5. 潜伏性固化剂

环氧树脂潜伏性固化剂可通过物理或化学方法，对普通使用低温和高温固化剂的固化活性加以改进而得到。它既可将一些反应活性高而贮存稳定性差的固化剂的反应活性进行封闭、钝化，也可将一些贮存稳定性好而反应活性低的固化剂的反应活性提高、激发，最终达到使固化剂在室温下加入到环氧树脂中时具有一定的储存稳定性。而在使用时，通过光、热等外界条件将固化剂的反应活性释放出来，从而达到使环氧树脂迅速固化的目的。

潜伏性固化剂的种类主要有改性酯类及胺类（如酮亚胺型固化剂）、咪唑类、胺—三氟化硼络合物及其盐类、硼酸酯类的硼胺络合物、双氰胺、有机酰肼、氨基—亚胺化合物及微胶囊型固化剂等。双氰胺和有机酰肼用做固化剂时，固化温度高，一般需加入固化促进剂以降低固化温度。

2.1.3 促进剂

环氧树脂与固化剂反应，除一般的脂肪胺和部分脂环胺类固化剂可在常温下固化外，其他大部分脂环胺、芳香胺以及几乎全部的酸酐固化剂都需要在较高温度下才能发生固化交联反应。采用固化促进剂能降低固化温度，加速环氧树脂固化，缩短固化时间。常用的固化促进剂见表2-5。

表2-5 常用的固化促进剂

名 称	适用范围
苯酚	胺类固化剂
双酚A	胺类固化剂
三(二甲胺基甲基)苯酚(DMP-30)	胺类固化剂,酸酐类固化剂,低分子聚酰胺
吡啶	酸酐类固化剂,低分子聚酰胺
苄基二甲胺	酸酐类固化剂
2-乙基-4-甲基咪唑	双氰双胺
三氟化硼单乙胺	胺类固化剂
三乙胺	酸酐类固化剂,低分子聚酰胺
脂肪胺	低分子聚酰胺

常用的促进剂一般包括三大类：亲核型促进剂、亲电型促进剂、金属羧酸盐促进剂。亲核型促进剂对胺类固化的环氧树脂起到单独催化的作用，而对酸酐类固化的环氧树脂则起双重催化作用，即不但对酸酐而且对环氧树脂都起催化作用。亲核型促进剂大多属于路易斯碱，它们对环氧树脂具有较强的催化活性，其碱性越强，催化活性越大。亲电型促进剂是胺类固化环氧树脂体系中常用的促进剂，主要是采用路易斯酸或HA。在环氧树脂与酸酐类进行固化交联反应时，采用的亲电型促进剂主要有路易斯酸及其配合物。金属羧酸盐可在环氧树脂/酸酐类固化体系中作为促进剂使用。金属羧酸盐中的金属离子在反应前期，有空轨道能与环氧基形成配合物催化聚合反应；后期由于固化体系反应放热量的增加，金属羧酸盐解离，这样由羧酸根阴离子进行催化聚合反应。

2.1.4 增韧剂

增韧剂是一类增加固化产物韧性的物质，可分为非活性增韧剂和活性增韧剂两类。非活性增韧剂分子中不带活性基团，不参与固化反应，仅仅是物理变化的添加物，本身粘度小，有利于浸润扩散和吸附。常用的非活性增韧剂见表2-6。

活性增韧剂带有活性基团，直接参加固化反应，它可在很大程度上改善环氧树脂的脆性大、容易开裂的缺点，可提高树脂冲击强度和伸长率。常用的活性增韧剂见表2-7。

表 2-6 常用的非活性增韧剂

名称	代号	相对分子质量	密度/(g/cm³)	沸点/℃	外 观
邻苯二甲酸二甲酯	DMP	194.18	1.193	283	无色液体
邻苯二甲酸二乙酯	DEP	222.24	1.118	295	无色液体
邻苯二甲酸二丁酯	DBP	278.35	1.050	340	无色液体
邻苯二甲酸二戊酯	DPP	306.39	1.022	342	无色液体
邻苯二甲酸二辛酯	DOP	396.40	0.987	384	无色液体
癸二酸二辛酯	DOS	426.26	0.918	248(533.3Pa)	淡黄色液体
磷酸三乙酯	TEP	182.16	1.068	210	无色液体
磷酸三丁酯	TBP	226	0.973	289	无色液体
磷酸三甲酚酯	TCP	368.36	1.167	240	无色液体
磷酸三苯酯	TPP	326.28	1.185	熔点 49~50	白色结晶
亚磷酸三苯酯		310.28	1.184	360	无色液体易结晶
乙二醇酯	304				黄至褐色高粘度液体
蓖麻油酯	302				黄至褐色高粘度液体
缩乙二醇酯	305				黄至褐色高粘度液体

表 2-7 常用的活性增韧剂

名称	代号	外 观	名称	代号	外 观
聚酰胺	650	棕黄色粘稠液体	端羧基丁腈橡胶	CTBN	高粘性液体
	651	浅黄色粘稠液体	液体丁腈橡胶	丁腈-26	高粘性液体
聚硫橡胶	LP-1	深褐色粘稠液体		丁腈-40	高粘性液体
	LP-2	深褐色粘稠液体	不饱和聚酯树脂	182	中粘性液体
	LP-3	深褐色粘稠液体		304	中粘性液体

2.1.5 稀释剂

为了提高环氧树脂胶粘剂的性能以及粘接工艺的方便性，往往需要加入稀释剂来降低环氧树脂的粘度，从而可以提高其浸润性，便于混合均匀；同时可以使用更多的填料，延长使用期，改善固化物的性能。稀释剂一般可分为非活性稀释剂和活性稀释剂。非活性稀释剂与环氧树脂相容，但并不参加环氧树脂的固化反应。因此，它与环氧树脂互容性差的部分在固化过程中分离出来，完全互容的部分也依沸点的高低不同而从环氧树脂固化物中挥发掉。由于这种非活性稀释剂的加入，环氧树脂固化物的强度和模量下降，但伸长率得到了提高。最常用的非活性稀释剂有邻苯二甲酸二丁酯及二辛酯。此外，丙酮、松节油、二甲苯、醋酸乙酯、二甲基甲酰胺等亦可作为非活性稀释剂。某些酚类化合物同样可作为稀释剂，同时又是胺类固化剂的活性促进剂，如煤焦油。

活性稀释剂主要是指含有环氧基团的低分子环氧化合物。它们可以参加环氧树脂的固化反应，成为环氧树脂固化物的交联网络结构的一部分。一般地，活性稀释剂分为单环氧基、双环氧基和三环氧基活性稀释剂。某些单环氧基稀释剂，如丙烯基缩水甘油醚、丁基缩水甘油醚和苯基缩水甘油醚对于胺类固化剂反应活性较大，某些烯烃或脂环族单环氧基稀释剂对酸酐固化剂反应活性较大。典型的活性稀释剂见表2-8。

表2-8　典型的活性稀释剂

牌号	名称	结构式	沸点/℃	粘度/($\times10^{-3}$ Pa. s, 25℃)	环氧值
500	烯丙基缩水甘油醚(AGE)	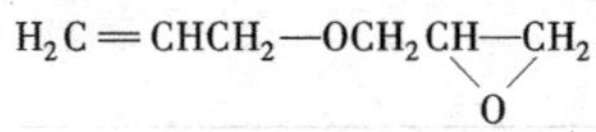	154	1.2 (20℃)	98~102
501 (660)	正丁基缩水甘油醚(BGE)	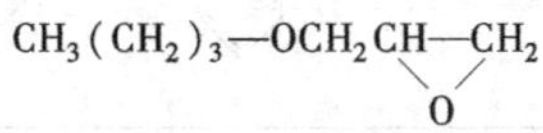	165	1.5	130~140
503	2-乙基己基缩水甘油醚(EHAGE)	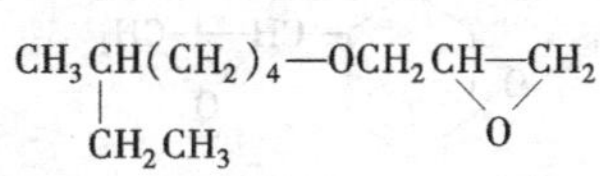	257	2~4	195~210
690	苯基缩水甘油醚(PGE)	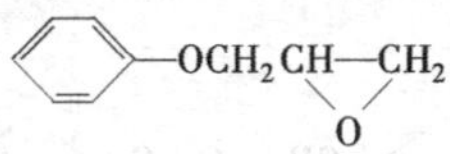	245	7 (20℃)	151~163
	甲酚缩水甘油醚(CGE)	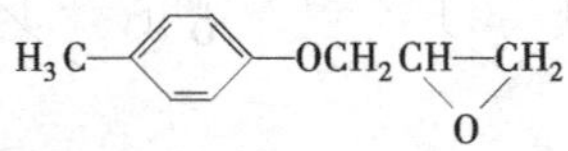	—	6	182~200
	苯乙烯氧化物(SO)	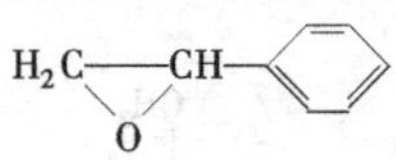	191	2 (20℃)	120~125
	甲基丙烯酸缩水甘油醚(GMA)	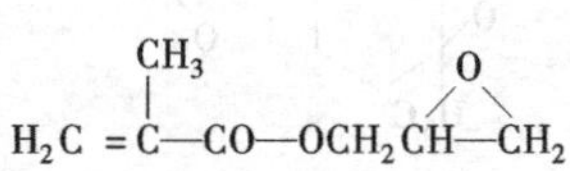	189	1.5	142

（续）

牌号	名称	结构式	沸点/℃	粘度/(×10^{-3} Pa.s, 25℃)	环氧值
512 (Zh-60)	聚乙二醇双缩水甘油醚(PEGGE)	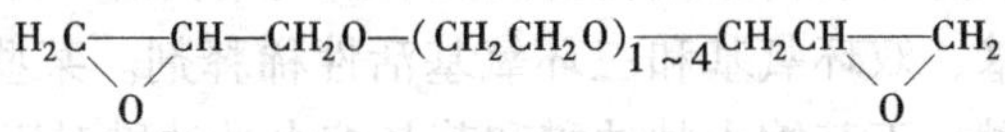	—	15 ~ 17	130 ~ 300
600 (Zh-122)	二缩水甘油醚(DGE)	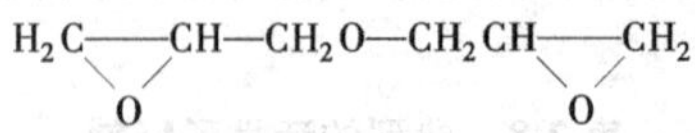	—	—	130
	聚丙二醇双缩水甘油醚(PPGGE)	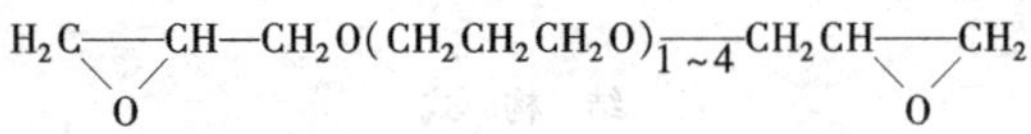	—	20 ~ 80	150 ~ 360
	丁二醇双缩水甘油醚(BDGE)	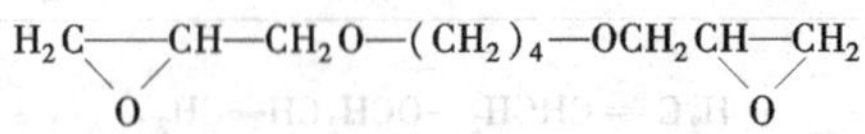	—	10 ~ 30	130 ~ 175
680	间苯二酚双缩水甘油醚	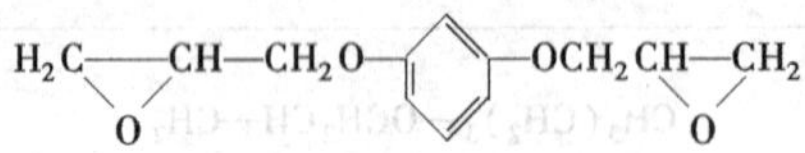		200 ~ 600	
6206	乙烯基环己烯双环氧	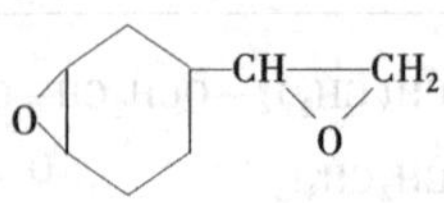	227	8	
6221	3,4-环氧基环己烷甲酸、3′,4′-环氧基环己烷甲酯	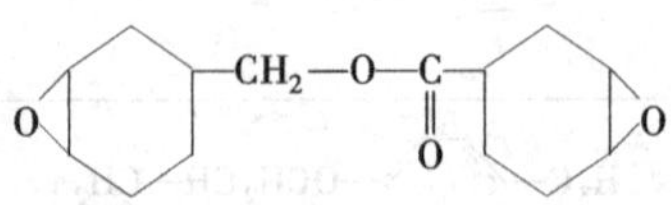	198/667 kPa	350 ~ 450	
6269 (269)	二甲基二氧化乙烯基环己烯(萜烯双环氧)	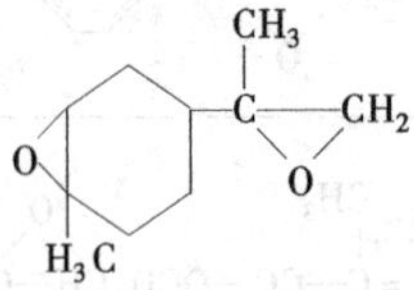		8	

（续）

牌号	名称	结构式	沸点/℃	粘度/($\times10^{-3}$ Pa.s，25℃)	环氧值
	丙三醇三缩水甘油醚（GGE）	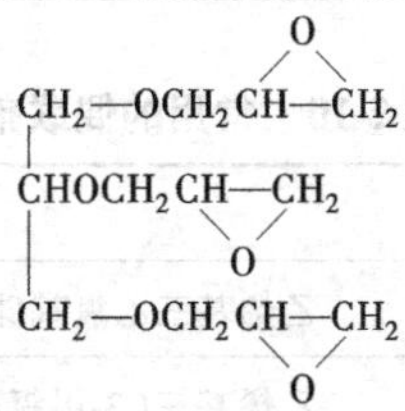	—	115 ~ 170	140 ~ 170
	三甲醇基丙烷三缩水甘油醚（TMPGE）	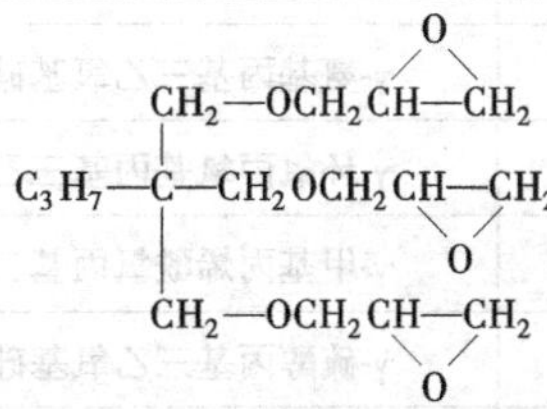	—	100 ~ 160	135 ~ 160

2.1.6　填料

填料一直广泛地作为增量剂，以期降低制造成本，改善某些性能。填料可以降低固化时的收缩率和热膨胀系数；增加热导率，提高耐热性能；提高粘着力；提高硬度，抗压强度、耐腐性能；调节润滑性能；改善操作工艺环境。常用填料的选择见表2-9。

表2-9　常用填料的选择

名　　称	作用	名　　称	作用
铝粉、玻璃纤维、石棉纤维、云母粉	提高冲击性能	银粉、石墨粉、铜粉、铝粉、铁粉	增加导电性能
氧化铝粉、石英粉、瓷粉、还原铁粉、水泥	提高抗压强度	硅酸铝、硅酸锆、云母粉	吸湿稳定性
		铝粉、铜粉、还原铁粉	增加导热性能
氧化铝、瓷粉、钛白粉	提高粘接性能	羰基铁粉	增加磁性
石棉、硅胶粉、酚醛树脂、云母粉	提高耐热性能	三氧化二铬	提高耐蚀性能
		云母粉、瓷粉、石英粉	提高耐电弧性能
石墨粉、硅酸镁、石英粉、滑石粉	提高耐磨性能	金刚砂、白刚玉	制造研磨工具
		白炭黑、膨润土	要求触变性
石英粉、滑石粉、二硫化钼	提高润滑性能	铬酸锌	提高耐盐雾性能

2.1.7 偶联剂

偶联剂就是分子两端含有性质不同基团的化合物。其一端能与被粘物表面反应，另一端能与胶粘剂分子反应，以化学键形式将被粘物及胶粘剂紧密地连接在一起，改变了界面性质，增大了粘接力，提高了粘接强度、耐热性和耐湿热老化性能。常用的偶联剂见表2-10。

表2-10 常用的偶联剂

牌号	名称
A-151(KH-151)	乙烯基三乙氧基硅烷
A-172(KH-172)	乙烯基三(β-甲氧乙基硅烷)
A-1100(KH-550)	γ-氨基丙基三乙氧基硅烷
A-187(KH-560)	γ-环氧丙氧基丙基三乙氧基硅烷
A-174(KH-570)	γ-甲基丙烯酰氧丙基三甲氧基硅烷
KH-580	γ-硫醇丙基三乙氧基硅烷
KH-590	乙烯基三叔丁基过氧化硅烷
南大-42	苯胺甲基三乙氧基硅烷
B-201	二亚乙基三胺基丙基三乙氧基硅烷
南大-73	苯胺甲基三甲基硅烷
702	N,N-双-(β-羟乙基)γ-氨基丙基三乙氧基硅烷

2.2 环氧树脂胶粘剂的性能及典型种类

2.2.1 环氧树脂胶粘剂的性能特点

环氧树脂胶粘剂与其他类型胶粘剂相比较，具有以下优点：

1）环氧树脂含有多种极性基团和活性很大的环氧基，因而与金属、玻璃、水泥、木材、塑料等多种极性材料，尤其是表面活性高的材料之间具有很强的粘接力，同时环氧固化物的内聚强度也很大，所以其粘接强度很高。

2）环氧树脂固化时，基本不产生小分子易挥发物；胶层的体积收缩率小，约为1%~2%，是热固性树脂中固化收缩率最小的品种之一，加入填料后，收缩率可降到0.2%以下。环氧固化物的线膨胀系数也很小，因此内应力小，对粘接强度影响小；加之环氧固化物的蠕变小，所以胶层的尺寸稳定性好。

3）环氧树脂、固化剂及改性剂的品种很多，可通过合适的配方设计，使胶粘剂具有所需要的工艺性（如快速固化、室温固化、低温固化、水中固化、低粘度、高粘度等），并具有所要求的使用性能（如耐高温、耐低温、高强度、高柔性、耐老化、导电、导磁、导热等）。

4）与多种有机物（单体、树脂、橡胶）和无机物（如填料等）之间具有很好的相容性和反应性，易于进行共聚、交联、共混、填充等改性，以提高胶层的性能。

5）耐蚀性及介电性能好，能耐酸、碱、盐、溶剂等多种介质的腐蚀，体积电阻率为$10^{13}\sim10^{16}\Omega\cdot cm$，介电强度为16～35kV/mm。

当然，环氧树脂胶粘剂也存在以下不足：

1）未增韧时，固化物一般偏脆，抗剥离、抗开裂、抗冲击性能较差。

2）对极性小的材料（如聚乙烯、聚丙烯、氟塑料等），粘接力小，必须先进行表面活化处理。

3）有些原材料（如活性稀释剂、固化剂等）有不同程度的毒性或刺激性，设计配方时应尽量避免选用，施工操作时应加强通风和防护。

2.2.2 环氧树脂胶粘剂的分类

环氧树脂胶粘剂的品种很多，其分类的方法和指标尚未统一。按胶粘剂的形态可分为无溶剂型胶粘剂、溶剂型胶粘剂、水性胶粘剂（又可分为水乳性和水溶性两种）、膏状胶粘剂、薄膜状胶粘剂（环氧胶膜）等；按固化条件可分为冷固化胶（不加热固化胶）、热固化胶及光固化胶、潮湿面及水中固化胶、潜伏性固化胶等；按粘接强度可分为结构胶、次受力结构胶和非结构胶；按用途可分为通用型胶粘剂和特种胶粘剂；按固化剂的类型可分为胺固化环氧胶、酸酐固化胶等。还可按组分或组成来分类，如双组分胶和单组分胶，纯环氧胶和改性环氧胶（如环氧—尼龙胶、环氧—聚硫橡胶、环氧—丁腈胶、环氧—聚氨酯胶、环氧—酚醛胶、有机硅—环氧胶、丙烯酸—环氧胶等）。

2.2.3 环氧树脂胶粘剂的典型种类

1. 通用环氧树脂胶粘剂

通用环氧树脂胶是指可在常温下固化，使用方便，对多种金属、非金属材料具有良好粘接性的胶种（这种胶经加热后性能更好）。固化的胶层有一定的耐温、耐水、耐化学品性，主要用于承受力不大的零部件，如一般设备零件的定位、装配及修理。几种典型通用环氧树脂胶粘剂的性能及用途见表2-11。

表 2-11 几种典型通用环氧树脂胶粘剂的性能及用途

<table>
<tr><th>牌号</th><th>组分</th><th>主要成分</th><th>固化条件</th><th>主要性能</th><th>主要应用</th></tr>
<tr><td>JW-1</td><td>双组分</td><td>环氧树脂、聚酰胺、聚醚、KH-550</td><td>接触压 60℃/2h 或 80℃/1h</td><td>剪切强度(MPa)如下：
<table>
<tr><td>材料</td><td>-60℃</td><td>25℃</td><td>60℃</td></tr>
<tr><td>铝合金</td><td>15</td><td>18</td><td>15</td></tr>
<tr><td>不锈钢</td><td>31.3</td><td>25</td><td>16.5</td></tr>
<tr><td>45 钢</td><td>28</td><td>26</td><td>19</td></tr>
<tr><td>玻璃钢</td><td>—</td><td>试片断</td><td>—</td></tr>
<tr><td>胶木</td><td>—</td><td>试片断</td><td>—</td></tr>
</table>
不均匀扯离强度(铝)>20kN/m</td><td>各种金属、玻璃钢、胶木的粘接，可用于飞机副油箱的修补</td></tr>
<tr><td>SW-2</td><td>双组分</td><td>环氧树脂、聚醚、酚醛胺、KH-550</td><td>接触压 25℃/24h</td><td>剪切强度(MPa)如下：
<table>
<tr><td>材料</td><td>-60℃</td><td>25℃</td><td>60℃</td></tr>
<tr><td>45 钢</td><td>≥9.8</td><td>≥15</td><td>≥9.8</td></tr>
</table>
不均匀扯离强度(铝)≥15kN/m</td><td>各种金属、非金属、玻璃钢等的粘接，固化速度快，25℃下 10g 胶的适用期约为 20min</td></tr>
<tr><td>农机 1 号</td><td>双组分</td><td>E-44 环氧树脂、聚硫橡胶、生石灰、硫脲缩胺、KH-550</td><td>25℃/2～3h 或 60℃/1h</td><td>剪切强度(MPa)如下：
<table>
<tr><td>材料</td><td>-60℃</td><td>25℃</td><td>60℃</td></tr>
<tr><td>硬铝</td><td>≥15.7</td><td>≥20.5</td><td>≥15.7</td></tr>
</table>
不均匀扯离强度(铝，25℃)≥20kN/m</td><td>农业机械、铝、铜、钢等金属的粘接，特点是固化速度快</td></tr>
<tr><td>农机 2 号</td><td>双组分</td><td>E-44 环氧树脂、增塑剂、生石灰、硫脲缩胺、DMP-30</td><td>25℃/2～3h 或 60℃/1h</td><td>剪切强度(MPa)如下：
<table>
<tr><td>材料</td><td>硬铝</td><td>45 钢</td><td>铜</td></tr>
<tr><td>25℃</td><td>>15.7</td><td>>19.6</td><td>>7.8</td></tr>
<tr><td>60℃</td><td>>14.7</td><td>—</td><td>—</td></tr>
</table>
不均匀扯离强度(铝，25℃)≥15kN/m</td><td>农业机械、铝、铜、钢等金属的粘接，特点是固化速度快</td></tr>
<tr><td>CL-2 胶</td><td>双组分</td><td>甲：E-51 或 E-44）环氧树脂
乙：650 聚酰胺、氧化铝等</td><td>甲：乙 =1：1.2
室温 1 天或 80℃/3h 或 100℃/1h</td><td>剪切强度(MPa)如下：
<table>
<tr><td>材料</td><td>-60℃</td><td>25℃</td><td>60℃</td></tr>
<tr><td>硬铝</td><td>13.3</td><td>18.1</td><td>15.7</td></tr>
<tr><td>45 钢</td><td>—</td><td>27.1</td><td>—</td></tr>
<tr><td>铜</td><td>—</td><td>24</td><td>—</td></tr>
</table>
不均匀扯离强度(铝，25℃)≥25kN/m</td><td>适用于 -60～60℃下使用的金属、非金属的粘接</td></tr>
</table>

2. 室温固化环氧树脂胶粘剂

室温固化环氧树脂胶粘剂是指在室温（15～40℃）下不加热就能固化的环氧树脂胶粘剂，它具有很大的优越性。因为在许多场合下，不希望或不允许甚至不可能加热固化，例如在航空、机械及电子工业中某些大型或精细部件的粘接，飞机破损的快速修补，土木建筑、桥梁、水坝的修补加固和补强，农机修配，文物的修复和保护，潮湿表面和水中的粘接等，所以这种胶粘剂发展很快、用量很大，成为环氧树脂胶粘剂的一个重要品种。

室温固化环氧树脂胶粘剂的种类主要有通用型室温固化胶粘剂、室温快速固化环氧树脂胶粘剂、潮湿面和水下固化环氧树脂胶粘剂等。室温快速固化环氧树脂胶粘剂可以在几个小时、甚至在几十分钟内固化，适用于快速定位、装配、灌封、快速修补和应急粘接等场合，因此，要求环氧树脂和固化剂具有很高的活性，其主要类型有高活性环氧树脂—低分子聚酰胺、环氧树脂—酚醛胺—DMP-30、环氧树脂—聚硫橡胶—多元胺—DMP-30、环氧树脂—硫脲、多元胺—DMP-30、环氧树脂—BF_3络合物。水下固化环氧树脂胶粘剂与普通环氧树脂胶粘剂的最大不同点是水下固化环氧树脂胶粘剂中采用了能在水中固化的固化剂（如酮亚胺、酚醛胺及其改性物），以及相当数量的吸水性填料（如氧化钙、氧化镁等）。

3. 耐高温环氧树脂胶粘剂

随着科学技术的发展，航空航天、电子等现代高新科技领域对胶粘剂的耐热性提出了更高的要求，例如要求用耐温120℃以上的胶粘剂来粘接高马赫数超音速飞机的结构件；大型发电机组、核电站的一些重要部位要求使用耐温180～200℃的绝缘胶粘剂；车辆离合器摩擦片、制动带的粘接需要能在250～350℃工作的结构胶粘剂。现代工业对耐高温胶粘剂的需求正在不断增长，而耐高温环氧树脂胶粘剂是耐高温胶粘剂中的一个重要品种。

与其他耐高温胶粘剂相比，耐高温环氧树脂胶粘剂的特点是粘接强度高，综合性能好，使用工艺简便。其突出的优点是固化过程中挥发物少，仅（0.5～1.5）%左右；收缩率小，一般在（0.05～0.1）%左右；可在－60～232℃下长期工作；最高使用温度可达260～316℃。

耐高温环氧树脂胶粘剂一般由耐高温环氧树脂、耐高温固化剂、增韧剂、填料和抗热氧剂等组成。耐高温环氧树脂主要有双酚S型环氧树脂、酚醛环氧树脂、缩水甘油型多官能环氧树脂、脂环族环氧树脂等。耐高温固化剂主要有芳香胺、芳环或脂环酸酐、酚醛树脂、有机硅树脂、双氰胺等。常用的增韧剂有端羧基丁腈橡胶、聚酚氧树脂、聚砜树脂、聚芳砜、聚醚酮、聚醚醚酮等。

4. 环氧树脂结构胶粘剂

在结构件的连接上，粘接比传统的铆接、螺纹联接、焊接具有更大的优越性。结构胶粘剂是指粘接受力结构件的一类胶粘剂，环氧结构胶粘剂则是其中一个十分重要的品种。

环氧树脂结构胶粘剂的特点是强度和韧性大，综合性能好，粘接的安全可靠性高；配方设计灵活，可选择性大，能适应各种使用要求，使用工艺简便。

环氧树脂结构胶粘剂在航空和宇航工业中大量用于制造蜂窝夹层结构、全粘接钣金结构、复合金属结构（如钢—铝、铝—镁、钢—青铜等）和金属—聚合物复合材料的复合结构，如机翼蒙皮、机身壁板、人造卫星结构、火箭发动机壳体等；在造船工业中用于螺旋桨与艉轴的粘接，曲轴的粘接；在机械制造工业中用于重型机床丝杠的套镶粘接，其精度和强度均大于整体丝杠。近年来，环氧树脂结构胶粘剂的应用在土木建筑中也得到快速发展，广泛用于房屋、桥梁、隧道、大坝等的加固、锚固、灌注粘接、修补等方面。

环氧树脂结构胶粘剂均为环氧增韧体系，为聚合物复合型结构胶粘剂。常用的增韧剂有低聚物和高聚物两类。增韧环氧树脂的低聚物主要是液体聚硫橡胶、液体丁腈橡胶、低分子聚酰胺、异氰酸酯预聚体等。其特点是本身柔性好、大多含有能与环氧树脂反应基团的低分子聚合物，固化后成为环氧固化物的柔性链段。增韧环氧树脂主要用来配制室温或中温固化，具有中等强度和韧性，耐热性不很高的无溶剂环氧树脂结构胶粘剂。环氧树脂增韧用的高聚物主要是相对分子质量高的橡胶和热塑性树脂，尤其是耐热性高的热塑性树脂，如丁腈橡胶、尼龙聚砜、聚醚酮、聚醚醚酮等，它们的特点是本身的韧性大、强度高，有的耐热性很高，与环氧树脂有一定的相容性，固化过程中能产生相分离，在固化物中形成海岛结构或互穿网络结构，从而使固化物具有高强度和高韧性。它们主要用来配制中温或高温固化的，具有高强度、高韧性和较高耐热性的环氧树脂结构胶粘剂；用于主受力结构件的粘接，如金属蜂窝结构和钣金结构的粘接，飞机、火箭、船舶、车辆、重型机械等的受力结构件的粘接。

5. 水性环氧树脂胶粘剂

水性环氧树脂通常是指普通的环氧树脂以颗粒或胶体形式分散于水中所形成的乳液、水分散体或水溶液，它们之间的区别在于环氧树脂分散相的粒径大小范围不同。与溶剂型或无溶剂环氧体系相比，水性环氧体系的优势在于：

1）低 VOC 含量和低毒性，适应环保要求。

2）在无溶剂或仅有少量助溶剂的情况下，具有很大的粘度可调范围。

3）对水泥基材有很好的渗透性和粘接力，可以与水泥或水泥砂浆配合使用。

4）可以在潮湿条件下固化。

5）可以很方便地与其他水性聚合物体系混合使用，在性能上相互取长补短。

水性环氧树脂胶粘剂是以环氧树脂乳液的发展为基础的，分为双组分水性环氧树脂胶粘剂和单组分水性环氧树脂胶粘剂。单组分水性环氧胶粘剂出售前已放入潜伏性固化剂，可以通过加热或改变介质 pH 值使固化剂活化，实现环氧树脂的固化。水性环氧树脂胶粘剂经过几十年的研究开发，配方和制造技术不断改进，品种不断增多，应用领域不断扩大。目前，水性环氧树脂胶粘剂主要是应用于建筑领域，因为单组分水性环氧树脂胶粘剂在建筑领域的使用具有下列优点：

1）可用水稀释以降低粘度，无毒、无刺激性，不污染环境。

2）单组分，在施工现场不需要严格称量混配即可使用。

3）被粘接面不需要干燥处理，对潮湿表面有良好的粘接性。

4）固化速度快，在 20～30℃/6h 便可达到足够强度，可加快施工进度。

5）可对混凝土、金属、瓷砖、花岗石、大理石等多种建筑材料进行粘接。

随着人们环保意识的加强，环保法规日趋严格。近年来，水性环氧树脂胶粘剂倍受重视，研究开发活跃。单组分水性环氧树脂胶粘剂在建筑领域应用有其突出优点，值得大力开发和推广应用。还应针对该领域实际应用中不断提出的新要求，开发系列化新产品。另外，水性环氧乳化技术、环氧树脂改性、配方选择等方面的研究较多，但在胶粘剂应用市场的开发方面还显不够。如在汽车制造、复合材料、无纺布等领域都显示出较好的市场前景，应加大推广应用的力度。

2.3 环氧树脂胶粘剂的应用

环氧树脂胶粘剂的粘接过程是一个复杂的物理和化学过程，包括浸润、粘附、固化等步骤，最后生成三维交联结构的固化物，把被粘物结合成一个整体。粘接性能（强度、耐热性、耐蚀性、抗渗性等）不仅取决于胶粘剂的结构与性能以及被粘物表面的结构和粘接特性，而且和接头设计、胶粘剂的制备工艺和贮存以及粘接工艺等密切相关，同时还受周围环境（应力、温度、湿度、介质等）的制约，因此环氧树脂胶粘剂的应用是一个系统工程。环氧树脂胶粘剂的性能必须与上述影响粘接性能的诸因素相适应，才能获得最佳结果。用相同配方的环氧树脂胶粘剂粘接不同性质的物体，或采用不同的粘接条件，或在不同的环境中使用，其性能会有极大的差别，应用时应充分给予重视。

2.3.1 应用概况

由于粘接与传统的铆接、焊接、螺纹联接相比较，无论在改善受力情况、提高结构性能、减轻制件质量，还是在改进工艺操作、降低成本等方面都具有无可争议的优越性，因此发展很快。环氧树脂胶粘剂具有优异的粘接性能，并且其他性能也较均衡，能与多种材料及异种材料粘接，通过配方设计，几乎可以满足各种使用性能和工艺性能的要求，因此从日常生活到尖端技术等各领域都得到广泛的应用，已成为飞机、导弹、火箭、卫星、飞船、汽车、舰艇、机械、电子、土木建筑等领域不可缺少的材料。环氧树脂胶粘剂的主要用途见表2-12。

表2-12 环氧树脂胶粘剂的主要用途

应用领域	被粘材料	主要特征	主要用途
土木建筑	混凝土、木、金属、玻璃、热固性塑料	低粘度，能在潮湿面（或水中）固化，低温固化	混凝土修补（新旧面的衔接），外墙裂纹修补，嵌板的粘接，下水管道的连接，地板粘接，建筑结构加固
电子电器	金属、陶瓷、玻璃、FRP（纤维增强塑料）等热固性塑料	电绝缘性，耐湿性，耐热冲击性，耐热性，耐蚀性	电子元件，集成电路，液晶显示器，光盘，扬声器，磁头，铁心，电池盒，抛物面天线，印制电路板
航天航空	金属、热固性塑料、FRP	耐热、耐冲击、耐湿性、耐疲劳、耐辐射线	同种金属、异种金属的粘接，蜂窝芯和金属的粘接，复合材料，配电盘的粘接
汽车机械	金属、热固性塑料、FRP	耐湿性，防锈，油面粘接，耐磨耐久性（疲劳特性）	车身粘接，薄钢板补强，FRP粘接，机械结构的修复、安装
体育用品	金属、木、玻璃、热固性塑料、FRP	耐久性、耐冲击性	滑雪板、高尔夫球杆、网球拍等的粘接
其他	金属、玻璃、陶瓷	低毒性，不泛黄	文物修补，家庭用

土木建筑用环氧胶粘剂顺应了现代土木建筑发展的总趋势，所以近十几年来发展迅速。胶种向着低毒、能在特殊条件下（如潮湿面、水下、油面、低温）固化、室温固化高温使用、高强度、高弹性等方向发展。其应用面从单一的新老水泥的粘接、建筑裂纹的修补发展到基础结构、地面、装潢、电气、给排水等施工工程中。

环氧胶粘剂在航空、航天工业中已大量应用，主要用于制造蜂窝夹层结构、全胶接钣金结构、复合金属结构（如钢—铝、铝—镁、钢—青铜等）和金属—聚合物复合材料的复合结构，其应用已成为整个飞机设计的基础之一，例如一架波音747客机需用胶膜2500m^2，三叉戟飞机的粘接面积占全部连接面积的67%。

环氧胶粘剂在电器工业中的应用有：电动机槽楔钢棒间的绝缘固定、变压器中硅钢片之间的粘接、电子加速器的铁心及长距离输送的三相电流的位相器的粘接等。在电子工业中，颇具特色的应用有环氧导电胶和环氧导热胶等。

目前，环氧树脂胶粘剂因其综合性能优良，特别是绝缘性能突出，已更广泛地应用于电子、电气领域。但是在电子、电气领域以及结构胶领域为代表的应用方面，市场上提出了更加严格的要求，而且还提出了速固化、油面粘接等要求，因此环氧树脂胶粘剂必须不断进行改性，才能不断发展，满足各个方面的应用要求。

2.3.2 环氧树脂胶粘剂在机械工业中的应用

1. 用于机械维修方面的应用

环氧树脂胶粘剂在机械设备维修方面有着较多的应用。例如 AR 耐磨胶在维修表面被磨损的零件（如轴、孔、机床导轨等）时有较好的效果。使用以环氧树脂和无机填料为主体的双组份胶粘剂，可以代替通常采用的电焊、电镀、镶套工艺来恢复这些零件原来的几何形状和尺寸规格，具有工艺简单、成本低、工期短的优点。AR 型耐磨胶的主要技术指标见表 2-13。

表 2-13 AR 型耐磨胶的主要技术指标

主要指标	AR-4	AR-5
外观	粘稠液体	粘稠液体
固化条件	25℃/24h + 60℃/2h	25℃/24h + 60℃/2h
剪切强度(铝—铝)/MPa	14.7 ~ 15.7	17.9 ~ 19.6
剥离强度/(kN/m)	5.49	4.08
布氏硬度/kPa	5.0 ~ 6.8	11.7 ~ 11.9
使用温度/℃	-45 ~ 120	-45 ~ 120

应用实例如下：

（1）缸体拉伤的修复　1 台 400kg 空气锤缸体，其内表面有一拉痕，宽 5 ~ 9mm，深 0.5 ~ 1mm，长 300mm。按常规修复，应进行镗缸，更换新活塞和活塞环，修复期至少得半个月以上，既费工又费钱。采用 AR-4 型耐磨胶修复，仅用了两天半时间。

（2）汽车漏油修复　1 台载重 12t 的汽车因使用多年，发动机曲轴前油封座孔与油封配合处因间隙过大而漏油，用 AR-4 型耐磨胶修复轴孔的几何尺寸，经多年使用，效果良好，不再漏油。

（3）机床导轨的修复　1 台 C-666 型普通车床因发生事故，其溜板箱横向下导轨上的宽 15mm、长 80mm 的燕尾块断裂。按常规该零件应报废，后经研究，用 AR-4 型耐磨胶将断裂的燕尾块按原位粘接、固化并刮研，经多年使用无异常现象。

（4）机床斜铁的修复　车床、磨床等机床的纵横溜板的斜铁常因使用过久而磨损。虽可用铸铁条接长并加工，但焊接工艺复杂，而加工困难。采用 AR-5 型耐磨胶以 0.5 ~ 2mm 的钢板粘贴在斜铁的非滑动面，经刮研后恢复使用。

（5）机床导轨拉痕的修复　1台T58卧式镗床工作台与床身导轨因滑动面进入切屑后，上下导轨发生拉伤深度30～300mm、总长约1090mm的4条拉痕。按常规修复，需停工20～30天，但用AR-5型耐磨胶并添加适量的还原铁粉进行粘补，仅用3天时间就修复了。

2. 用于精密机械、模具、工夹具的修补

精密机械零件、模具、工夹具在长期使用后，往往会产生层损裂纹，有时也会因使用不当而发生人为的损伤，从而影响其正常的使用。以前，通常采用焊接或等离子喷涂的方法将 $NiCO_4$ 或 TiN_3 等高硬度金属合金沉结来修复。要恢复到原来的尺寸和精度是很难的，不仅费工费钱，还需要高技术的技工才能修补。

自从20世纪80年代起，德国、美国发明了含金属的环氧树脂修补胶后，上述的修复工作变得简单而经济得多。含金属修补胶有多种填料类型，如还原铁粉、还原铜粉、石墨、陶瓷粉、铝粉等。这些胶粘剂都能在室温下固化，但是在中等温度下（60℃～80℃）固化性能更好。粘接对象为：钢—钢、钢—生铁、钢—铝、钢—黄铜—纯铜、金属—层压板、金属—混凝土、金属—陶瓷、金属—玻璃。

我国在含金属环氧树脂胶粘剂方面的产品有中国科学院长春应用化学研究所研制的Jn-2胶、上海材料研究所研制的GHJ-1耐热快固铁胶泥等。

精密机械、模具、工夹具修补胶在配方设计时，十分注意固化物的线膨胀系数和体积膨胀系数，使之与相对应的金属匹配。填料平均粒度为3～5μm，固化物能经受机械切削和抛光等处理。

2.3.3　环氧树脂胶粘剂在汽车工业中的应用

各类交通工具（如飞机、船舶、汽车等）为了减轻自重，减少接头的应力集中，以提高运行安全性或降低制造成本，目前都尽量采用粘接技术，用胶粘剂来代替以前的铆接、焊接扣螺栓联接。在轿车生产中，这种技术特征尤为明显，汽车用胶粘剂的品种和用量在不断增加。据统计，环氧树脂胶粘剂主要是作为结构胶使用，占整个汽车用胶粘剂总量的25%左右。其特点是：油面粘接性能提高；单组分化，能在40℃下保存半年，150℃左右与电泳底漆同步固化；完全固化前能经受磷化处理，不渗流、不污染电泳漆；为高强度结构胶。环氧树脂胶粘剂在汽车上的主要用途见表2-14。

1. 用于汽车蜂窝夹心板的粘接

蜂窝夹心板以铝箔、塑料等为蜂窝芯，采用胶粘剂粘接成许多六角形体呈蜂窝状结构，表面再蒙上铝板或玻璃纤维增强塑料的板材。蜂窝芯仅占容积比率约为10%，空气质量分数约为90%，因此质量很轻，而且有很高的强度和刚性。

表2-14 环氧树脂胶粘剂在汽车上的主要用途

用 途	被粘材料	粘接部位	典型组成
卷边、点焊	钢板—钢板	发动机罩、门、行李箱底	单组分,环氧树脂—聚氨酯
补强	钢板—FRP 钢板—发泡材料	门中部、门把手	环氧树脂—偏磷酸三甲酯 环氧树脂—聚酰胺
结构粘接	碳、玻璃纤维钢、生铁	驱动轴、制动片	单组分环氧树脂原浆料
粘接密封	FRP—涂装钢板	车顶、窗框	环氧树脂—聚硫橡胶
装饰粘接	聚丙烯酸酯—聚丙烯	后背灯座	改性环氧树脂
组装	金属摩擦片	制动器	耐热性环氧树脂结构胶
组装	金属—透镜	车头灯	环氧树脂结构胶

这种蜂窝夹心板隔热、吸收冲击力，表面平整、光滑，已是汽车及飞机制造中广泛采用的轻质材料。蜂窝芯和蒙皮粘接用胶粘剂绝大多数用可挠性的环氧树脂胶粘剂，它们在轿车中的应用见图2-2。

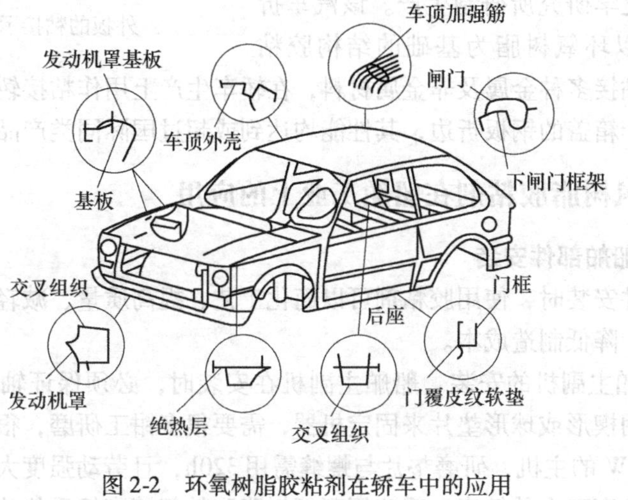

图2-2 环氧树脂胶粘剂在轿车中的应用

2. 用于汽车钣金折缝补强粘接

采用原位聚合得到的0.2 ~1μm橡胶粒子分散体来改性环氧树脂，且以双氰双胺和二甲基咪唑作为固化剂所制成的胶粘剂，可用于汽车钣金折缝粘接，粘接工艺见图2-3。这种高强度胶的应用改变了以往繁琐的生产工艺。以前的工艺是在折缝中涂布环氧树脂胶后，再涂装底漆，在烘烤底漆的同时使环氧树脂胶最终固化。为了保持折缝胶的粘接强度，中间需采用临时点焊，这个凸起的焊点以后要费很大功夫去修平。自从采用了这种新型胶粘剂后，不再需要临时点焊，工艺简单又降低了成本。

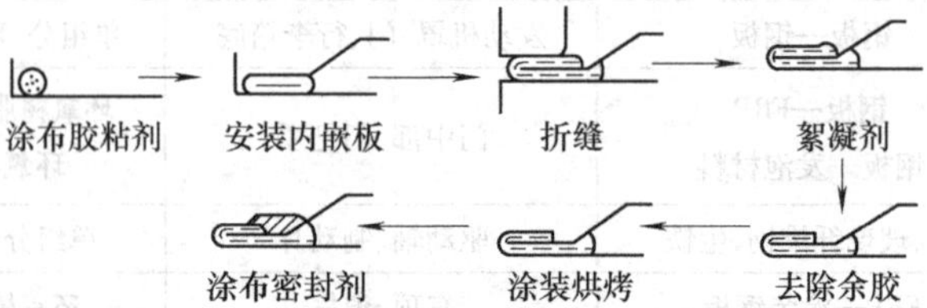

图 2-3　汽车钣金折缝粘接工艺

环氧树脂胶粘剂还可用于车门钣金补强材料和外板的粘接，见图 2-4。

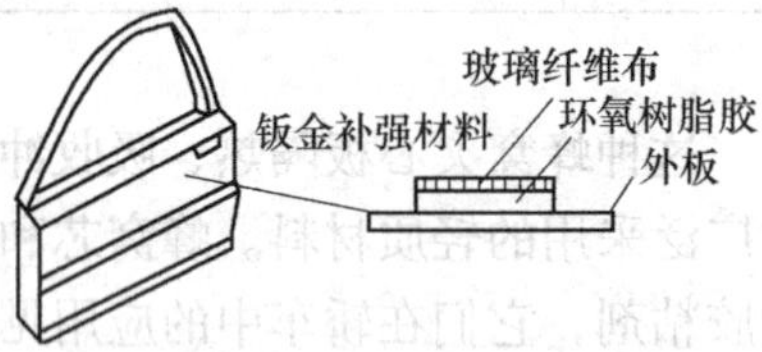

图 2-4　车门钣金补强材料和外板的粘接示意图

环氧树脂胶粘剂作为轿车工业用结构胶，需要在保持粘接强度的基础上具有一定的其他性能，以满足汽车工业的需要。目前，我国自行研发的汽车折边胶粘剂已在国产轿车上使用，由天津合成材料工业研究所、中科院化学研究所研制生产。该汽车折边胶粘剂是以环氧树脂为基础的结构胶粘剂，它可以粘接多种金属及非金属材料，在轿车生产上用作粘接轿车的车门、发动机罩和行李箱盖的钢板折边，其性能均达到或超过国际同类产品的标准。

2.3.4　环氧树脂胶粘剂在船舶工业上的应用

1. 用于船舶部件安装

船舶部件安装时，使用胶粘剂可以简化工艺、提高质量、减轻劳动强度、缩短造船周期、降低制造成本。

（1）船舶主副机的安装　船舶主副机在安装时，必须保证轴系直线的一致性。以往是用楔形或球形垫片来固定机器，需要很多钳工研磨，很费时间。如安装 1 台 2000kW 的主机，研磨垫片与螺缝需用 320h，且劳动强度大，研磨时铁砂飞扬，严重危害工人的健康。现改用环氧树脂胶粘剂填满钢质垫片与机座间的缝隙来安装主副机，可以不用研磨，同样安装 1 台 2000kW 主机只需要 60h，大大减轻了工人的劳动强度。用环氧树脂胶粘剂安装主副机垫片，不仅对金属有较大的粘接力，而且环氧树脂胶粘剂本身具有一定的压缩、冲击、剪切等力学强度，尤其是抗压强度作为垫片使用是足够的。

另外，船舶主副机在安装中需用一定数量的定位螺钉。安装时，研磨工作量大，劳动强度高，且接触面最好也不过 60% ~70%。采用胶粘剂粘接后，省去研磨，不但大大减轻劳动强度，而且提高安装质量，使接触面增加到 90% 以上，提高工效约40%。

（2）船舶艉轴与螺旋桨的安装 船舶艉轴与螺旋桨的安装，过去一直采用键紧配连接。这种连接方法对艉轴与轴孔接触面要求很高，至少要求有75%的接触面积，并要在配合面上每625mm^{2}中要有三点相靠，艉轴表面粗糙度Ra为0.4～0.7μm，键的两侧要求0.05mm的塞片塞不进去。这样不仅要花费很多加工工时，而且研磨劳动强度大、效率低、修造船周期长。以一艘447.6kW拖轮为例，研磨1件铜质螺旋桨的孔，要用约150个工时；采用环氧树脂胶粘剂安装，从根本上省去了对艉轴的研磨工作，大大简化了工艺，仅需2～3h就够了，不仅大大减轻了工人的劳动强度、缩短了修造船周期，而且还改善了艉轴的防腐蚀性能、解决了拆卸螺旋桨的困难。以往大型的螺旋桨由于海水的侵入造成锥体的锈蚀或其他原因，导致很难拆卸。一般大型的螺旋桨拆卸，顺利时需要4～8h，困难的需要8～16h，最困难的要用24h才能拆卸下来。现采用环氧树脂胶粘剂安装后，只需0.5～1h就能拆卸下来。

艉轴与螺旋桨粘接，必须待胶粘剂固化才能下水，在常温下需要24h左右。

拆卸粘接的螺旋桨，可以采用火焰加热法，步骤是：旋掉螺母，用斜垫片压紧艉轴与螺旋桨大头根部，用氧乙炔火焰或喷灯对粘接处加热，边加热边压紧斜垫，待螺旋桨根部表面温度到达150～200℃时，就可拆下螺旋桨。这种加热拆卸对螺距没有影响。

（3）主机导板中心的校正 以前，船舶主机导板一直用拉线方法校正中心，其工艺复杂，且质量不易保证。现用胶粘剂填满导板间隙，一次定出中心，固化后中心位置即可完全保证，大大节省了工时，减轻了工人的劳动强度。

（4）粘固各种套件以代替压配合 各种阀的阀座固定过去均用压配合，加工精度高，装配困难，质量不易保证。另外，加工时由于工作不慎而车松的轴套、轴孔松动等也可采用胶粘剂粘接，可简化工艺，大大节约了劳动力，减少了损失。

（5）艉轴与铜套粘接 船舶艉轴与铜套一般是采用过盈配合，即将铜套加热后套入艉轴上的。这种施工方法不但劳动强度大、工作紧张、费工费时，且因加热温度难以掌握，温度过高会产生铜套破裂，温度过低或施工动作稍慢又会造成铜套套入一半后既不能进又不能退，造成报废。例如某厂在安装一艘3000t客货轮艉轴铜套时，由于铜套接触面大、散热快，就造成套到一半时再也无法套进，同时也无法拉出，造成返工，损失很大。现采用胶粘剂粘接，可大大节省工时，简化工艺，避免以上情况发生。艉轴与铜套的粘接见图2-5。

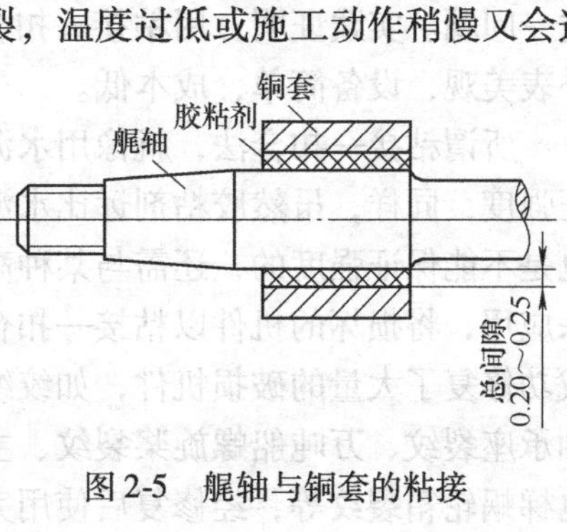

图2-5 艉轴与铜套的粘接

2. 船舶零件设备的修补

船舶零件与设备由于长期接触河水与海水，会发生严重的腐蚀；或因为工作条件的恶劣产生裂纹、裂断等破坏；或长期工作产生磨损、松动；也有的是毛坯经精加工后发现疏松和气孔等缺陷；有的还会发生人为的损伤等。一般采用焊补、机械加固等方法修复。但因为各种损坏形式的不同，加上船舶条件的限制，往往只能报废换新。有些零部件因为船上无备货或来不及制造而影响了运输或延长了修船周期。采用胶粘剂修补，工艺简单、时间短、成本低，因此得到了广泛的应用。

(1) 一般裂纹与裂断的修复

1) 受力、受压不大（<1MPa）的机件裂纹修补。如小型发动机的气缸、各种薄壁泵壳、低压容器壁等，对这类受力、受压不大的零件可按下述方法修理：首先清除零件油污，找出零件裂纹的走向；然后沿裂纹开出V形槽，长度超过裂纹两端各5～10mm，深度视零件厚度而定，在零件壁厚允许的情况下，最好将裂纹全部凿去，以便消除应力，避免裂纹的进一步扩展；再用丙酮或四氯化碳等有机溶剂仔细地清洗裂纹及周围部分，一般清洗2～3次，在V形槽内涂上调配好的胶粘剂，自然干燥2～4h后，有条件的话，加温固化（80℃左右）4h或自然固化1～2d；最后用锉刀与砂布进行表面修饰，然后进行水压试验。参考配方（质量份）为：E-44环氧树脂100份，铁粉（200目）30份，650聚酰胺树脂75份，石棉绒适量。

2) 薄壁（壁厚在3mm以下）机件裂纹的修补。因为这类机件壁太薄、容易损坏，很难用凿子凿去裂纹，因此可采用在裂纹处糊玻璃布的方法。工件清洁方法同上，玻璃布采用0.2mm厚的无碱方格布。

(2) 厚壁与受力机件裂纹、裂断的修补方法　船舶许多大型机件，如发动机的机座、机架、气缸体、气缸盖、曲轴箱等，因受燃气（蒸汽）的压力及惯性力所产生的巨大动负荷，往往会发生裂碎。因为这些机件大多是铸铁材料，不易用焊接方法修复，以往有些只能报废换新。现采用粘接—扣合法可很好地解决这一问题。实践证明，用粘接—扣合法修复大型设备的裂纹、裂断，质量可靠，外表美观，设备简单，成本低。

所谓粘接—扣合法，就像用水泥、钢筋建造高楼大厦一样，单用水泥不能保证强度，同样，虽然胶粘剂远比水泥的粘接力强，但单用胶粘剂修复机件的裂纹也是不能保证强度的，还需与某种高强度合金材料制成的一种特殊连接件结合起来应用，将损坏的机件以粘接—扣合法连接起来，达到修复的目的。采用该办法成功修复了大量的破损机件，如绞缆机马达齿轮箱、舵机、主机气门裂纹、主机轴承座裂纹、万吨船螺旋桨裂纹、主机机架裂断、气缸盖裂纹、污水泵裂纹、5t电梯蜗轮箱裂纹等，经修复后使用完全可靠。污水泵裂纹的修补见图2-6。

2.3.5　环氧树脂点焊胶在飞机上的应用

能满足粘接点焊用的专门胶粘剂称为点焊胶。粘接点焊具有连接强度高、密封性好、应力分布均匀、耐疲劳性好、结构重量轻、可以进行阳极氧化、生产效率高等特点，已在航空工业上广泛应用。粘接点焊工艺有两种：一种是涂胶后进行点焊；另一种是点焊后进行灌胶。点焊胶除满足胶粘剂的一般要求以外，还应满足以下要求：

1）胶粘剂应有一定的流动性，以利于涂或灌时能渗入搭接间隙，或在点焊时能从接触面内挤出（指先胶后焊者），同时还应有较长的适用期，以便有充分的时间涂胶而不至于固化。

2）固化后的胶层有较好的耐酸、耐碱性能。

3）对点焊金属无腐蚀作用，粘接强度高。

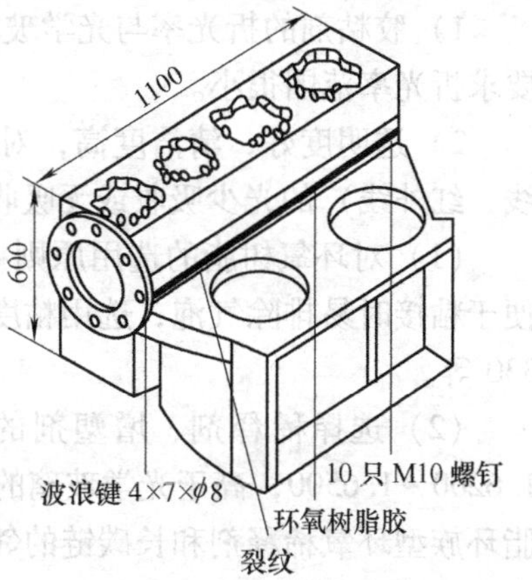

图2-6　污水泵裂纹的修补

4）毒性小或无毒性。

5）用于先胶后点焊的胶粘剂，固化时不产生气体气孔或焊接时不产生裂纹。

几种国产点焊胶及其性能见表2-15。

表2-15　几种国产点焊胶及其性能

牌号	J14环氧树脂胶粘剂	425环氧树脂胶粘剂	E-3环氧树脂胶粘剂
组分	300环氧树脂、400环氧树脂、羧基丁腈胶、缩丁醛	环氧树脂、聚丁二烯环氧树脂、聚硫橡胶、咪唑等	环氧树脂、聚丁二烯环氧树脂、聚硫橡胶、咪唑等
固化条件	接触压力150℃/3h	25℃/24h+140℃/3h	接触压力室温/12h+70℃/1h+100℃/3h
性能	使用温度-60~150℃ 铝合金剪切强度为18~27MPa 室温不均匀扯离强度>5.8kN/cm	使用温度-60~60℃ 铝合金剪切强度>17.6MPa 室温不均匀扯离强度>4kN/cm	使用温度-60~60℃ 铝合金剪切强度>17.6MPa 室温不均匀扯离强度≥3.5kN/cm
使用范围	高温点焊胶，适用于铝合金、玻璃钢	铝合金粘接点焊	铝合金粘接点焊、金属材料结构胶或灌封胶

2.3.6 环氧树脂胶粘剂在光学仪器制造中的应用

光学仪器制造过程中，经常采用胶粘剂将光学零件粘接组合。

1. 环氧树脂光学胶的组成

环氧树脂光学胶的组成必须满足以下光学性能的要求：

1）胶粘剂的折光率与光学玻璃折光率相近，一般为1.50～1.60，有些场合要求折光率范围很小。

2）透明度好，清洁度高，对可见光和其他要求透过特定光谱区域（紫外线、红外线）的光少吸收或无吸收，固化后的胶层是无色或接近无色。

（1）对环氧树脂的选用原则　选用无色或接近无色的精品环氧树脂。为了便于粘接时易排除气泡，选用粘度低的树脂，如双酚A型环氧树脂E-53和CGY-330等。

（2）选择稀释剂、增塑剂的原则　由于双酚A型环氧树脂的折光率为1.6200～1.6500，高于光学玻璃的折光率，因此必须选用低折光率的化合物，如脂环族型环氧稀释剂和长碳链的邻苯二甲酸酯。被选用的化合物必须和环氧树脂完全互溶成透明液体。

（3）选择固化剂的原则　能室温固化，和光学胶甲组分完全溶解成无色或浅色透明液体，无固体物析出。长碳链胺类改性体最适宜。

（4）膨胀聚合单体的选用　在大直径光学零件粘接时，需要使固化时胶粘剂的体积收缩趋近于零，无内应力作用。根据螺环单体在聚合时体积膨胀的现象，可以选择与环氧树脂易起加成反应的螺环醚作为膨胀单体使用。

2. 650光学胶粘剂

650光学胶粘剂为双组分，甲组分由低相对分子质量环氧树脂、环氧树脂稀释剂、增塑剂等组成，乙组分为651聚酰胺。使用时，一般按甲组分/乙组分=10/(2～3)（质量份）配胶。650光学胶粘剂甲组分的技术指标见表2-16。

表2-16　650光学胶粘剂甲组分的技术指标

项目	指　标
外观	浅黄色透明液体
净度	在投射光线下用6倍放大镜观察，每5mL产品中可见轻尘不超过5个
折光率(20℃)	1.5000～1.5520
环氧基质量分数（%）	17～20（即环氧值为0.395～0.465）
粘度(20℃)/mPa·s	30～50

3. 在光学加工研磨抛光材料中的应用

光学加工高效生产用研磨抛光材料的超精磨片、抛光片，是用于光学零件研磨及抛光的工艺性材料。其基本组分分别以金刚石微粉或氮化硼、碳化硼微粉及氧化铈或氧化铁抛光粉为磨料，加入无机填料及其他助剂，借助胶粘剂将其粘接起来，并经冷压成型后固化处理，使其成为具有一定形状的研磨抛光材料。胶粘剂在研磨抛光过程中起粘接支撑磨料的作用。

作为研磨抛光材料胶粘剂的环氧树脂，主要是双酚A缩水甘油醚型。为了提高磨料和填料在超精磨片及抛光片中的填充量和分散性，一般是用粘度低、流动性好的液体环氧树脂，并使用反应热小、适用周期长、毒性低的固化剂。在环氧树脂胶料中添加钛偶联剂后，能显著降低磨料和填料造成的高粘度，并进一步提高成型料中磨料和填料的填充量和分散性。但上述环氧体系仅能采用浇注成型工艺。从研磨抛光材料的工艺性能来看，其树脂含量仍偏高，温度特性变化大、弹性高、自锐性能差，加工的抛光材料不能做到清水抛光，仅可用做高速抛光的抛光膜层材料。

为改善制品的成型性能，改用了潜伏性固化环氧树脂，即由液体环氧树脂、潜伏性固化剂、促进剂等配制而成的单组分胶粘剂。使用前，用丙酮稀释至一定浓度再配制研磨抛光材料，用较少的胶就可以达到较好的粘接效果。另外，采用冷压成型工艺加工的超精磨片或抛光片较浇注成型的制品受温度的影响小、尺寸稳定性好、自锐性能好，加工的抛光片可以做到清水抛光。潜伏性固化剂在常温下短时间不溶于环氧树脂及常用有机溶剂，提高温度才能使其逐渐溶解于环氧树脂，并随之开始交联固化。

为了克服液体环氧树脂在加工研磨抛光材料时带来的性能上的不足，常以固体环氧树脂代替。用做环氧树脂固化剂并为之改性的热塑性线型结构的酚醛树脂，其分子结构中不含羟甲基，但基于酚醛树脂中的羟基可以和环氧树脂起醚化反应，亦可看作是环氧树脂与线型酚醛树脂的嵌段共聚。它是通过酚核上的羟基与环氧基作用，合成耐热性很好的嵌段共聚物。因此，线型结构的酚醛树脂可以固化环氧树脂。它们在加热条件下相互反应，形成高度交联的体型结构聚合物。这个固化体系既为环氧树脂保持了良好的粘接性，又为酚醛树脂提供了高的力学强度。

选用高相对分子质量固体环氧树脂与低相对分子质量的固体线型酚醛树脂，分别用气流法粉碎成精细的树脂粉末，以制备研磨抛光材料成型料。经冷压成型及后固化处理，制作的研磨抛光材料结构紧密、强度高，只是在制作工艺上没有单组分环氧胶粘剂方便。其实，作为一般光学用研磨抛光材料，无需使用这样高强度的胶粘剂，而将其用在金属研磨抛光材料上就很有必要。

4. 用于安全夹层玻璃的灌封

公共场所用的玻璃门、玻璃屏风、高层建筑用的窗玻璃，为了安全起见，应该使用安全夹层玻璃。安全夹层玻璃通常的结构是两层玻璃中间夹一层聚乙烯醇缩丁醛膜。这种工艺适宜于制造通常幅面和几何形状不太复杂的玻璃件。特大幅面和几何形状复杂的夹层安全玻璃就不能用上述工艺了，因为聚乙烯醇缩丁醛薄膜的幅面有限，几何形状复杂的玻璃制件经受不起热压成型。用光学透明胶则不受此限制，且可以在现场成型。

2.3.7 环氧树脂导电胶在电子电器上的应用

1. 环氧树脂导电胶

环氧树脂导电胶具有很好的粘接强度，根据选用的固化剂不同，可以配制成单组分或多组分，也可以配成室温固化型、中温固化型或高温固化型，还可以配成无溶剂型或有溶剂型。环氧导电胶的优异性能和多样性，使它成为导电胶中应用最广的品种。

环氧树脂导电胶粘剂由环氧树脂、固化剂、导电填料、增韧剂、固化促进剂及其他助剂配制而成。它是电子传导宏观复合物，其中，导电填料对导电胶的导电性起着决定性作用。常用的填料有：

1）颗粒状的有炭黑、金属粉末（金、银、铜、镍、钯、铂、铁等）。

2）纤维状的有碳纤维、金属纤维、金属化玻璃纤维。

环氧树脂导电胶的主要用途见表2-17。

表2-17 环氧树脂导电胶的主要用途

主要用途	性能要求	主要组成
电子管散热片、场致发光管引出线粘接	电阻率：$(5\sim6)\times10^{-3}\Omega\cdot cm$ 铜或铝剪切强度：室温时，大于14.7MPa；200℃时，大于9.8MPa	缩水甘油胺环氧树脂、丁腈橡胶、咪唑、银粉
石墨银电极粘接	电阻率：$(1\sim2)\times10^{-3}\Omega\cdot cm$ 黄铜剪切强度：室温时，大于10.9MPa；120℃时，大于7.8MPa	双酚A环氧树脂、邻苯二甲酸二烯丙酯、咪唑、银粉
代替焊锡用于电子元件和印制电路板、玻璃、陶瓷粘接	电阻率：$(1\sim2)\times10^{-3}\Omega\cdot cm$ 铝剪切强度：室温时，大于12.7MPa；150℃时，大于7.8MPa	环氧树脂、聚乙烯醇缩甲乙醛、咪唑、还原银粉
导热结构胶粘接各种金属	热导率(58~120℃)：1.08~1.04W/(m·K) 剪切强度（铝—铝）：室温时，大于24.5MPa；120℃时，大于7.8MPa	环氧树脂、丁腈橡胶、银粉、乙炔炭黑、间苯二胺

2. 环氧树脂导热、导磁胶

环氧树脂导热、导磁胶是一种具有导热和导磁功能的胶粘剂。导热胶粘剂的填料一般为金属粉及其氧化物或无机填料。配制时，多用价廉质轻的铝粉。在考虑到有电绝缘性能时，应选用氧化铍。环氧导热胶广泛用于电器中的金属零件和电工陶瓷的粘接等。导磁胶粘剂的填料常用羰基铁粉。导磁胶主要用于磁性原件的粘接，以提高其连接处的导磁性能。

以环氧树脂为基体调配出来的导热、导磁胶，对各种金属材料及非金属材料均有较好的粘接强度，因此可以广泛应用于电子电气领域。根据应用场合的不同，可以对环氧树脂的种类、固化剂的种类等进行选择和调整，以适应电气绝缘领域的实际应用。

2.3.8 环氧树脂胶粘剂在土木建筑上的应用

现代土木建筑的特点是建材的多样轻质化，施工的规范化和周期的缩短，对于抗地震、风蚀的要求提高，维修保养要便捷。环氧树脂建筑胶顺应了现代土木建筑发展的总趋势，近十几年来，其发展迅速，胶种向着低毒、能在特殊条件下（例如环氧树脂胶粘剂潮湿面、水下、油面、低温）固化、室温固化、高强度的结构胶、高弹性的方向发展，应用面从单一的新老水泥的粘接、建筑裂纹的修补发展到基础结构、地面、装潢、电气、结构件、给排水等施工工程中。环氧树脂胶在土木建筑上的主要用途见表2-18。

表2-18 环氧树脂胶在土木建筑上的主要用途

工程类别	粘接对象	典型用途	主要组成
基础结构	岩石—岩石 金属—石或混凝土 金属—混凝土 金属—金属	疏松岩层的补强、基础加固、预埋螺栓、底脚等，柱子、桩头、接长、悬臂梁加粗、桥梁加固、路面设施敷设	环氧—稀释剂—改性胺 环氧—填料—改性胺 双酚S环氧—缩水甘油胺树脂—丁基橡胶—改性胺
地面	瓷砖、花岗石—混凝土 金属—混凝土 沙石—混凝土 PVC—橡胶—金属	耐蚀地坪制造中粘接及勾缝，地面防滑和美化、净化，地板的铺设	环氧—填料—改性胺 环氧—聚硫橡胶—改性胺 丙烯酸酯—环氧共聚乳液
维修	混凝土、钢筋、灰浆	堤坝、闸门、建筑物的裂纹、缺损、起壳的修复，新旧水泥粘接	环氧—糠醇—改性胺 环氧—沥青—改性胺 环氧—活性石灰—改性胺

（续）

工程类别	粘接对象	典型用途	主要组成
装潢	金属、玻璃、大理石、瓷砖、有机玻璃、聚碳酸酯	门面、招牌、广告牌的安装和装潢	环氧—聚氨酯 环氧—有机硅橡胶
给排水	金属、混凝土	管道、水渠衬里、管接头密封	环氧—改性芳香胺

1. 环氧树脂混凝土的应用

近几年，随着新型环氧材料的出现，环氧树脂材料在水利水电、工民建等各领域的工程应用也越来越多。随着研究的不断深入，树脂混凝土正被广泛应用于土木工程的各行各业中，特别是环氧树脂混凝土加固技术在建筑结构加固补强中的应用。

近年来，以环氧树脂制成的环氧胶性能优越、改性途径较多，在混凝土领域中得到了很多应用，且发展较快。它多用于混凝土构件的粘接和修补、桥梁工程、飞机跑道、公路修造、混凝土结构裂纹补强加固或防渗堵漏灌浆等。混凝土及钢筋混凝土结构虽以经久耐用而著称，但其在使用过程中引起其损坏的原因多，既有结构设计、施工方面的原因，又有原材料及结构使用环境方面的原因。如果按混凝土及钢筋混凝土结构损坏的特征加以归纳分类，可分为以下几种：

（1）表面损坏　因环境作用、热化学作用及机械作用等引起的混凝土表层风化、剥落、起鼓及集料外露等缺陷。

（2）开裂　混凝土结构因收缩及温度应力、碱集料反应、火灾、地震、不均匀沉降等引起的各种裂纹，这种缺陷在混凝土结构中是比较普遍的。

（3）断面损伤　因混凝土强度不足、环境作用及疲劳应力等引起混凝土强度下降，导致结构断面受损。

（4）挠度增大　因结构刚度不足或混凝土徐变变形，因此，结构挠度增大最终导致混凝土结构破坏。

因此，对于混凝土及钢筋混凝土结构的评价鉴定，以及维修改造方面应加以重视。环氧树脂混凝土就是在此背景下的新兴建筑材料之一。

环氧树脂混凝土应用最多的是混凝土构件的粘接和修补。首先是新旧混凝土的粘接，传统的新旧混凝土接槎方法是先在清洗好的槎口上浇一层稀砂浆；然后浇灌新混凝土。该方法粘接度低、防水性差，为了获得高强度的粘接而在混凝土槎口上涂敷环氧胶粘剂，是目前较为流行的方法。新旧混凝土的粘接难点是胶粘剂必须同含水率较高的新混凝土接触，通过选用不溶于水的聚酰胺、多元芳香胺及潜性脂肪胺固化的环氧胶粘剂来粘接潮湿混凝土，可获得满意效果。此外，环氧胶粘剂如用煤焦沥青改性，并掺入适量吸水材料如石棉纤维和氧化钙等，则在潮湿介质中也有很好的效果。

环氧树脂在混凝土材料中的另一个重要应用是在桥梁工程中的应用。桥梁是承受应力较大的土木工程，大量的预应力钢筋混凝土用于桥梁的制造。为了防止桥基下相邻的预应力钢筋混凝土由于长期的振动而产生间隙，往往采用压缩强度较高的胶粘剂进行粘接使其成为整体。在桥面与桥墩的混凝土连接处产生裂纹时，一般都是用初期粘接强度较高的环氧树脂胶施工，也可以用低粘度的环氧树脂胶进行注入式修补，同时可用于大桥伸缩缝施工中。过去在公路桥梁伸缩缝施工中，大多采用高标号混凝土填充梁体与橡胶伸缩体之间的空隙，但此施工方法的缺点是车辆在行驶过程中通过伸缩缝时，从刚性的混凝土直接到柔性的橡胶伸缩体，易产生"跳车"现象。当在梁体与橡胶伸缩体之间采用环氧树脂混凝土填充，由于环氧树脂混凝土具有强度高、抗冲击强度大的特点，较好地解决了车辆在通过桥梁伸缩缝时的"跳车"现象。

环氧树脂作为混凝土结构的补强，正越来越发挥其重要作用。环氧树脂因高强度、耐磨、抗渗、抗冻和抗冲击性能好等特点，越来越受人们重视，已成为现今研究和应用发展最快的建筑材料之一。虽然近年来其应用效果显著，但其自身的一些性能仍有待改善。

2. 环氧树脂建筑结构胶的应用

随着建筑工业的发展和胶粘剂研究开发工作的深入，建筑结构胶现已作为一种新型的结构件粘接材料及装饰用材料应用于建筑施工中。

环氧树脂建筑结构胶在性能、应用上的突出优点，使其应用领域不断扩展、增多。在应用施工中，早年主要为单一的在梁、板构件上粘贴加固，而且当时并不带有其他应用，甚至在钢板粘接后也不进行锚固处理。现在一方面出于安全、节省考虑，在粘贴钢板后即在钢板与构件间进行锚固施工；另一方面，由于加固设计理论的逐步成熟、加固施工经验的积累，往往对一个项目进行环氧树脂建筑结构胶加固时，会有两种或多种加固方法（工艺）同时使用。如粘贴钢板、植筋锚固、螺栓固定常常联合使用；在碳纤维加固中也常有植筋加固并用；在灌注粘钢加固时，更有锚栓固定同时进行；在纤维片材加固时，同时有板材加固并用；在板材粘贴时，可能并用纤维缠绕加固等。在复合构件材料的制造与生产中，也是会用多种加固施工方法联合使用。至于在构件加固前，对基材进行裂纹灌浆处理、基材表面增强和平整修复，更要伴随其他加固方法（工艺）并用。现在稍大一点的加固改造项目，无一不是多种施工工艺联合使用。随着新加固技术与材料的不断出现，如不锈钢绞丝网—聚合物砂浆加固新技术、薄钢板加固新技术、无收缩密实性自流混凝土加固材料等，此种联合施工会是一个新的发展趋势。当然这一新的发展动向在适用联合化施工的新要求时，既扩展了环氧建筑结构胶的市场需要，又对其性能提出了更高的要求。

2.3.9 环氧树脂胶粘剂在火工品中的应用

环氧树脂胶粘剂是火工品常用的一种辅助材料，主要用于密封、粘接零部件和产品结构的加固，其目的是保证火工品的密封防潮性、结构牢固性和作用可靠性。

环氧树脂胶粘剂品种较多，如通用胶、结构胶、非结构胶。目前，国内火工品大多数选用通用胶 E-51、HY-91、SY-37 等；增韧剂选用液体聚硫橡胶、丁腈橡胶；固化剂用芳香胺、低分子聚酰胺及改性胺等。正确、合理地使用环氧树脂胶粘剂，对火工品性能是否能满足技术要求有重要影响。

第3章　不饱和聚酯胶粘剂

不饱和聚酯树脂（UPR）是近代塑料工业发展的一个重要的热固性树脂品种。因其突出的耐候性、耐水性、耐油性以及硬度高、光泽好、电气绝缘性优良和良好的加工特性等优点，可以在室温（不低于15℃）常压下固化成型，不释放出任何副产物，而且树脂的粘度比较适宜，可采用多种加工成型方法，如手糊成型、喷射成型、挤拉成型、注塑成型、缠绕成型等，被广泛应用于玻璃纤维增强材料（即玻璃钢）、浇注制品、木器涂层、卫生洁具和工艺品等，在建筑、化工防腐、交通运输、造船工业、电气工业材料、娱乐工具、工艺雕塑、文体用品、宇航工具等领域中发挥着重要的作用，尤其是玻璃纤维增强UPR复合材料在玻璃钢工业中应用非常广泛。目前，UPR还用于制造工艺品、人造玛瑙、人造大理石、食品容器以及胶粘剂和家具漆等。

随着科技的进步以及各行业的需求，UPR的应用领域日益扩大，产量也相应增加。据报道，2000年国外UPR的生产量为186万t，消费量为183.5万t；2002年我国UPR产量达到56万t，国内实际消耗树脂达70多万t，进口14万t。2008年国内UPR因内需玻璃钢复合材料市场的不断扩大，总量实现145万t，比上年135万t增长了10%。

不饱和聚酯树脂胶粘剂粘度低，湿润速度快，使用方便，工艺性好，能在常温下快速固化，对多种金属和非金属材料具有良好的粘接力，价格低廉，自20世纪80年代以来，国内都十分重视不饱和聚酯胶粘剂的开发应用，其在许多领域中得到应用，前景十分广阔。

3.1　不饱和聚酯胶粘剂的组成及制备

3.1.1　配方组成

不饱和聚酯胶粘剂由不饱和聚酯、交联剂、引发剂、促进剂、填料和偶联剂等组成。

1. 不饱和聚酯

不饱和聚酯是由不饱和多元酸或酸酐（如顺丁烯二酸或酸酐）与饱和二元醇（如乙二醇、丙二醇、二乙二醇等）缩聚制取。为了改性，有时还加入饱和二元酸或酸酐（如邻苯二甲酸酐）。通常，将不饱和聚酯溶解在烯类单体（一般称为交联剂，如苯乙烯或甲基丙烯酸甲酯）里制粘稠状树脂液。典型的不饱和聚酯配方见表3-1。

表3-1　典型的不饱和聚酯配方

原料名称	摩尔比	质量比	原料名称	摩尔比	质量比
丙二醇	2.20	167.40	理论缩水量	2.00	36.04
顺酐	1.00	98.06	不饱和聚酯产量		377.53
苯酐	1.00	148.11	苯乙烯	2.00	208.28

其制备方法为将二元醇（OH/COOH，一般为1∶1）加入反应釜，有时使用带水剂（如甲苯、二甲苯）；内温约100℃时，逐渐加入二元酸或酐，通入二氧化碳或氮气保护；逐步升温至150℃就有水分离出来；控制分离速度，慢慢升温至190~210℃，反应到测定聚酯溶液粘度达到要求的缩聚度为止；反应终止后，可用真空除去残余的水与带水剂，控制酸值（40~50mgKOH/g）、羟值、粘度，即得一定规格的树脂。反应时间约需6~30h。温度降至80℃以下，缓缓加入交联剂（如苯乙烯）和阻聚剂（如对苯二酚），搅拌均匀即成产品。

改变二元酸、二元醇、交联剂的种类、配比，可制得不同性能的产品以适应各种要求。国内外已工业化生产的不饱和聚酯品种很多，从产品性能上可分为11个类型，即通用型、柔韧型、弹性型、耐化学药品型、阻燃型、耐热型、光稳定型和耐气候型、空气干燥型、低收缩低放热型、胶衣树脂和特殊用途树脂（电气上应用的树脂和光敏树脂）。常用于胶粘剂的国产不饱和聚酯树脂见表3-2。

表3-2　常用于胶粘剂的国产不饱和聚酯树脂

类型	牌号	组　成	酸值/(mgKOH/g)	粘度①/Pa·s	特　性
通用型	191	苯酐、顺酐、丙二醇	<16		较柔韧，透明性好
	303	苯酐、顺酐、乙二醇、一缩二乙二醇	40~50		较柔韧，耐水性较差
	306	苯酐、顺酐、乙二醇、环己醇	30~50	0.13~0.18	刚性较大，耐水性较好
	307	苯酐、顺酐、丙二醇	30~50	0.15~0.18	透明度好，坚硬，耐水性好
	314	苯酐、顺酐、乙二醇	≤20		电气性能和耐水性好
	318	顺酐、丙二醇、二甲苯甲醛树脂	30~50		与邻苯二甲酸二丙烯酯并用，耐热性较好
	7541	苯酐、顺酐、乙二醇、环氧丙烷		2	综合性能好，耐水性优异

（续）

类型	牌号	组　成	酸值/(mgKOH/g)	粘度①/Pa·s	特　性
韧性型	182	苯酐、顺酐、一缩二乙二醇	16~30	30~90s	韧性好，多与其他树脂混用
	196	苯酐、丙二醇、一缩二乙二醇	17~25	60~120s	韧性好
	304	苯酐、顺酐、乙二醇、蓖麻油	20~25		韧性较好，色泽较深
	712	苯酐、顺酐、乙二醇、癸二酸	20~40	60~120s	粘度低，韧性较好
	309	苯酐、甲基丙烯酸、二缩三乙二醇	≤5	0.1~0.3	韧性较好，强度高，耐热好
	3193	苯酐、顺酐、乙二酸、已二醇	<40	0.09~0.1	韧性好，多与其他树脂混用
耐热型	198	苯酐、顺酐、丙二醇	20~40	60~240s	最高耐热可达250℃
	311	苯酐、甲基丙烯酸、甘油	≤15	0.4~2.1	耐热好，强度高
	313	甲基丙烯酸、二缩三乙二醇	≈5	0.005~0.02	耐热好，强度高
耐腐蚀型	189	苯酐、顺酐、乙酰化乙二醇	20~30	2.5~4.5	耐水、耐化学介质腐蚀
	199	间苯二甲酸、反丁烯二酸、丙二醇	35~45	90~240s	
	3301	顺酐、双酚A、丙二醇、环氧丙烷		60~180s	耐化学腐蚀、耐热好
	339	顺酐、33单体、丙二醇	16~27	60~240s	耐酸性好，有一定的耐碱性
光稳定型	191	苯酐、顺酐、丙二醇、紫外线吸收剂	35~46	60~180s	耐光老化
	193	苯酐、顺酐、丙二醇、一缩二乙二醇、光稳定剂			耐光、耐紫外线性能较好
	195	苯酐、顺酐、丙二醇、光稳定剂			耐光性好，透光度高（>82%）
阻燃型	317	顺酐、氯菌酸酐、乙二醇	24~28	0.15~0.25	不燃烧
	320	顺酐、氯菌酸酐、乙二醇、二氯乙基磷酸脂			不燃烧
	7901	苯酐、顺酐、环氧氯丙烷	<20	60~180s	具有自熄性，难燃性
	734				耐光自熄聚酯，半透明
	735				自熄聚酯，耐火性好

① 单位为s时，为涂-4杯粘度。

2. 交联剂

由酯化反应制得的线型缩聚产物一般是与活性稀释剂（也称为交联剂，如苯乙烯）混溶制成树脂。从理论上讲，凡是能用于共聚合的烯类单体，都可以作为不饱和聚酯的交联剂，但由于受到不饱和聚酯在其中的混溶性、常温下的挥发性、固化的难易以及原材料的来源及价格等限制，需要综合考虑，择优选用。选择交联剂的条件是：

1）能溶解和稀释不饱和聚酯，并参加共聚合反应，生成网状交联产物。

2）能以一定的速度与之共聚。

3）对固化后树脂的性能有所改进。

4）挥发性越低越好，低毒或无毒。

5）来源丰富，制备容易，成本要低。

最常用的交联剂是苯乙烯，占用量的95%；其次是α-甲基苯乙烯、丙烯酸及其丁酯、甲基丙烯酸及其甲酯、邻苯二甲酸二烯丙酯等。

苯乙烯与不饱和聚酯的共聚性好，固化速度快；经与不饱和聚酯混溶后的粘度较小，便于施工；固化后的共聚物有良好的电性能和力学性能，且价格低廉。

3. 引发剂

引发剂的作用是能在一定条件下产生自由基而引发不饱和聚酯树脂中的双键与交联剂发生共聚、交联而固化。它们大多数是过氧化物，均有易爆性，为了安全起见，一般都与增韧剂配成糊状物使用。常用引发剂的种类及特点见表3-3。

表3-3 常用引发剂的种类及特点

名称	组　　成	用量（质量份）	适用条件
1#引发剂	过氧化苯甲酰的增韧剂的糊状分散液	2～3	热固化 100～140℃/1～10min
2#引发剂	过氧化环己酮的邻苯二甲酸二丁酯糊状分散液（质量分数10%）	4	冷固化
3#引发剂	过氧化甲乙酮的溶液	4	冷固化

注：用量以100份质量的树脂为基础。

在常温固化成型中，2#引发剂最常用，它在20℃时的贮存期达6个月。另外，常用的过氧化物引发剂及固化温度范围见表3-4。

另外，一种能引发不饱和树脂固化的物质是光，光谱中能量最高的紫外线产生的活化能能够使树脂的C—C键断裂，产生自由基，从而使树脂固化。即使是在0℃以下，如果把树脂放在阳光直接照射的地方，树脂也能在一天内交联固化。当UPR中加入光敏剂后，用紫外线或可见光作能源引发，也能使树脂很快发生交联反应而固化。

表3-4 常用的过氧化物引发剂及固化温度范围

引发剂名称	固化温度范围/℃	引发剂名称	固化温度范围/℃
过氧化丁酮 异丙苯过氧化氢 过氧化环己酮 叔丁基过氧化氢 过氧化苯甲酰 2，4-二氯过氧化苯甲酰	低温 20～60	过氧化二异丙苯 过氧化萘甲酰 过氧化丁酮 过氧化庚酮	中温 60～120
		二叔丁基过氧化物 过氧苯甲酸叔丁酯	高温 120～150

4. 促进剂

一般的过氧化物分解的活化能较高，固化较困难，需要加入促进剂构成氧化—还原体系。其分解活化能较低，可在室温下固化不饱和聚酯树脂胶粘剂。

促进剂有三种类型：有机金属化合物、叔胺和硫醇类化合物。常用的促进剂是有机金属化合物环烷酸钴（萘酸钴）。有机金属化合物的促进剂还可以通过第二种促进剂强化，例如N，N-二甲基苯胺（1#促进剂）与环烷酸钴（2#促进剂）配合，能够在室温下快速引发固化。

经验表明，过氧化酮类-环烷酸钴引发体系中加入少量酮类（如丙酮）后，它能与钴盐形成络合物，使固化反应速度显著增大。二甲基苯胺也有类似的促进作用。

5. 阻聚剂

为了防止不饱和聚酯树脂中的乙烯基单体（如苯乙烯、甲基丙烯酸甲酯）在合成、稀释、贮存或运输中发生聚合变质，需要加入阻聚剂。阻聚剂能抑制单体的聚合反应，它能引发自由基及增长自由基反应，使它们成为非自由基或没有活性的自由基而使链增长反应停止。

自由基聚合反应的阻聚剂可分为下列几种：

1）无机物：硫磺、铜盐、亚硝酸盐。

2）多元酚：对苯二酚、邻苯二酚、对叔丁基邻苯二酚、联苯三酚。

3）醌：萘醌、1，4-苯醌、菲醌。

4）芳香族硝基化合物：二硝基苯、三硝基甲苯、苦味酸。

5）胺类：吡啶、N-苯基-β-萘胺、吩噻嗪。

为了有效地达到阻聚效果，可以根据阻聚剂的特性，将几种阻聚剂搭配使用。例如现在生产不饱和聚酯树脂时，一般加入三种阻聚剂：对苯二酚、叔丁基邻苯二酚和环烷酸铜，这就是从其阻聚特性来考虑的。对苯二酚是活性最强的，它在不饱和聚酯与苯乙烯相混溶时，可耐130℃左右的高温，在1min内不引起共聚作用，所以缩聚反应釜内的聚酯在反应终止后，可以在170℃下放入稀释釜的苯乙烯中，在搅拌条件下，半分钟即可降温至100℃以下，达到安全混合稀释的目的。叔丁基邻苯二酚在高温下，阻聚效果很差，但是在低温下，例如在60℃时，其阻聚效果比对苯二酚强25倍，可以有效地在较长的时间内阻止树脂胶凝。环烷酸铜在室温起阻聚作用，高温能起促进作用。

6. 填料

不饱和聚酯树脂胶粘剂固化时，体积收缩很大，约为10%～15%，比环氧树脂高1～4倍，因而产生很大的内应力，使得粘接强度降低，也容易开裂。加入一些热塑性高分子化合物和无机填料，可以降低收缩率，提高粘接强度。

常用的高分子化合物有聚乙烯醇缩醛、聚醋酸乙烯酯、聚酯等，由于在固化过程中的溶度参数的改变而使部分高分子化合物析出，在相分离时发生体积膨胀，便可抵消一部分体积的收缩。

加入适当的无机填料，如铝粉、铜粉、石墨、氧化铁、氧化锌、氧化铝、石英粉、二氧化钛粉、云母粉和石棉粉等，可以降低成本、抑制反应热、改进树脂固化产物的某些性能和使树脂具有触变性或耐热自熄性等。加入无碱无捻玻璃纤维（布），可增强树脂固化后的强度。

7. 偶联剂

在不饱和聚酯胶粘剂中加入少量有机硅烷偶联剂，如A-151、KH-570等，可使粘接强度大大提高，并可改善耐热、耐水和耐湿热老化性能。

8. 不饱和聚酯胶粘剂配方实例

不饱和聚酯胶粘剂配方的组成及作用见表3-5。

表3-5 不饱和聚酯胶粘剂配方的组成及作用

配方组成	质量份	各组分作用分析
异酞型聚酯树脂	83	粘料
二丙酮丙烯酰胺	17	交联剂
50%过氧化苯甲酰糊精	2.0	引发剂，快速固化
2，6-二叔丁基对甲酚	0.06	抑制剂，防止树脂过早反应，使其较长的活动期
胶质二氧化硅	2	填料，提高树脂的热熔粘度
正磷酸有机酯	0.3	脱模剂
丁酮	36	溶剂
丙酮	18	溶剂

3.1.2　不饱和聚酯胶粘剂的制备

1. 不饱和聚酯树脂的制备

通用的不饱和聚酯是由1，2-丙二醇或二乙二醇、邻苯二甲酸酐（简称苯酐）和顺丁烯二酸酐缩聚而得。工业生产中，常把不饱和聚酯和乙烯基单体（交联剂）混合后得到的粘稠溶液称为“不饱和聚酯树脂”。因不饱和聚酯的固化是自由基型共聚反应，反应中没有小分子副产物生成，所以它能在低压与常温上进行固化。

不饱和聚酯树脂制备实例如下：

（1）配方（质量份）　邻苯二甲酸酐5.25份，反丁烯二酸9.0份，乙二酸0.75份，对苯二酚1.65份，乙二醇16.5份，苯乙烯780份。

（2）工艺流程　生产工艺流程图见图3-1。

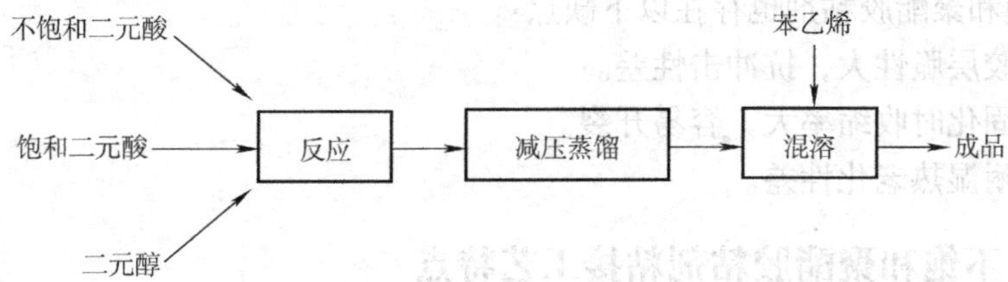

图3-1　生产工艺流程图

（3）生产工艺　在配备有搅拌器、温度计和二氧化碳进气口及冷的反应釜中加入上述各组分，并通入CO_2气体，加热升温，在40min内升温至140℃；收集生成的水，并在140~160℃的范围内保温2h；然后升温至190~205℃，维持2h，测定酸值为56mgKOH/g时停止加热。降温至70℃时，加入1.65份对苯二酚和780份苯乙烯，待混溶后放料得到成品。

2. 不饱和聚酯胶粘剂制备实例（S-40胶）

（1）配方（质量份）　309聚酯树脂100份，丙烯酸12份，307聚酯树脂20份，过氧化环已酮2份，乙酸乙酯10份。

（2）制备方法　依次称量，混合均匀，于0.05MPa压力下，在60℃/12h条件下固化。

（3）性能　粘接硬铝的剪切强度17.3MPa，耐振动、耐冲击，辐射后外观、强度无明显变化。

3.2 不饱和聚酯胶粘剂的性能

3.2.1 不饱和聚酯胶粘剂的性能特点

不饱和聚酯胶粘剂具有以下优点：

1）粘度低，易浸润所要粘接材料的表面。

2）粘接强度较高，胶层硬度大。

3）颜色较浅，透明性好。

4）电绝缘性好，耐磨性、耐热性较好。

5）工艺性好，操作方便，室温或加温均能固化。

6）配制容易，价格低廉。

7）固化时不产生副产物，因此只需接触压力。

不饱和聚酯胶粘剂也存在以下缺点：

1）胶层脆性大，抗冲击性差。

2）固化时收缩率大，容易开裂。

3）耐湿热老化性差。

3.2.2 不饱和聚酯胶粘剂粘接工艺特点

引发剂和促进剂不能同时加入胶液，要先加入一种，搅拌后再加入另一种。因为在低温下促进剂会激发引发剂，使之发生分解，如果二者一旦接触，就会使引发剂在短时间内产生连锁分解反应，以致发生爆炸。

不饱和聚酯树脂胶粘剂的固化反应是放热反应，因此胶液一次不能配制过多；同时在室温固化时有厌氧特性，即氧气会阻止其交联反应。为了防止这种现象发生，可以在胶液中加入一些苯乙烯石蜡溶液（石蜡量为胶液量的万分之一左右）。一般修补用胶粘剂需加入苯乙烯石蜡溶液；而搭接接头用胶为提高粘接强度，则不需加苯乙烯石蜡溶液。

常用不饱和聚酯树脂胶粘剂组成及性能见表3-6。

3.2.3 不饱和聚酯树脂胶粘剂改性

1. 一般改性

由于不饱和聚酯树脂胶粘剂胶层的收缩率大，粘接接头容易产生内应力，因此在很大程度上影响了它的应用。为此，可采取以下方法加以改性：

1）通过共聚以降低树脂中不饱和键的含量。

2）采用在固化反应时收缩率低的交联单体。

表3-6 常用不饱和聚酯树脂胶粘剂组成及性能

序号	牌号	组分与配比(质量份)		固化条件			性能	用途
				压力/kPa	温度/℃	时间/h		
1	307#不饱和聚酯胶粘剂	307#不饱和聚酯树脂 过氧化环已酮(50% DBP 溶液) 环烷酸钴(2%溶液) 苯乙烯石蜡液(0.5%)(修补时加入)	100 3~4 2 2~4	50	20	24	剪切强度如下： 材料：铝 / 有机玻璃 / 聚苯乙烯 / 玻璃钢 剪切强度/MPa：8 / 6 / >8.5 / 7.5	用于有机玻璃、玻璃钢、聚苯乙烯、聚碳酸酯、木材和陶瓷等粘接
2	306#不饱和聚酯胶粘剂	306#不饱和聚酯 3193#不饱和聚酯 过氧化环已酮(50% DBP 溶液) 环烷酸钴(2%溶液) 苯乙烯石蜡液(0.5%)(修补时加入)	50 50 3~4 2 2~4	50	20	24	剪切强度如下： 材料：铝 / 有机玻璃 / 聚苯乙烯 / 玻璃钢 剪切强度/MPa：7.5 / 6 / 8 / 7.5	韧性较好，用于金属，有机玻璃、聚苯乙烯，ABS、聚碳酸酯的粘接
3	199#不饱和聚酯胶粘剂	199#不饱和聚酯 过氧化二苯甲酰	100 1~2	50	120	1	剪切强度铝合金：20℃，12MPa 100℃，10MPa	用于玻璃钢粘接
4	195#不饱和聚酯胶粘剂	195#不饱和聚酯 过氧化环已酮(50% DBP 溶液) 环烷酸钴(2%溶液) 苯乙烯石蜡液(0.5%)(修补时加入)	100 3~4 2 2~4	50	20	24	剪切强度铝合金：20℃，12MPa 100℃，10MPa	用于玻璃钢粘接
5	301#不饱和聚酯胶粘剂	301#不饱和聚酯 过氧化环已酮(50% DBP 溶液) 环烷酸钴(2%) 苯乙烯石蜡液(0.5%)	100 3~4 2 2~4	50	20	24	剪切强度如下： 材料：铝 / 聚苯乙烯 / 玻璃钢 剪切强度/MPa：7 / 7.5 / 6.5	用于玻璃钢粘接
6	BS-1 胶粘剂	311#聚酯树脂 60%过氧化丁酮液 环烷酸钴	100 2~2.5 1~1.3	50	60	4	①有机玻璃剪切强度：>40MPa ②抗高、低温交变性能：经 -60℃ ~60℃交变三次后，剪切强度为30MPa	用于有机玻璃件粘接

（续）

<table>
<tr><th rowspan="2">序号</th><th rowspan="2">牌号</th><th colspan="2" rowspan="2">组分与配比（质量份）</th><th colspan="3">固化条件</th><th rowspan="2">性能</th><th rowspan="2">用途</th></tr>
<tr><th>压力
/kPa</th><th>温度
/℃</th><th>时间
/h</th></tr>
<tr><td>7</td><td>BS-2 胶粘剂</td><td>313#聚酯树脂
甲基丙烯酸
过氧化氢（丁酮液）
二甲基苯胺
邻苯二甲酸二丙烯酯
丙烯酰胺</td><td>45.2
19
3.6
0.4
9.6
26.2</td><td>50</td><td>65～70
或 100</td><td>6
2</td><td>①铝合金剪切强度如下：
温度/℃：-70 | 30 | 100 | 150
剪切强度/MPa：16 | 17.5 | 14 | 10
②铝合金拉伸强度:50MPa
③铝合金不均匀扯离强度:0.9MPa
④耐热老化性能:经 150℃、1000h，剪切强度保持 75%
⑤耐介质性能:在海水、水中浸泡 30 天，在乙醇、丙酮、甲苯、3%硫酸中浸泡 7 天，性能基本不变</td><td>用于 150℃以下金属件及有机玻璃、聚碳酸酯等的粘接</td></tr>
<tr><td>8</td><td>ES-3 胶（铁锚 301 胶）</td><td>共聚溶液①
307#不饱和聚酯
过氧化环己酮
环烷酸钴
丙酮</td><td>100
10
3
1
适量</td><td>50</td><td>40 或
60 或
100</td><td>5
2
1</td><td>①剪切强度如下：
材料：不锈钢 | 耐热钢 | 有机玻璃 | 聚碳酸酯
剪切强度/MPa：22 | 21.4 | 37.8 | 7～8
②铝合金不同温度下的剪切强度如下：
温度/℃：-80 | 20 | 60 | 80
剪切强度/MPa：19～21 | 19～21 | 10 | 5
③铝合金不均匀扯离强度:300N/cm
④纯铜箔—ABS 剥离强度:18～25N/cm
⑤耐老化性能:铝试片老化试验 600h，剪切强度为 14.5MPa
⑥耐介质性能:在盐水、水、乙醇、汽油中浸 30 天，性能基本不变</td><td>用于金属、有机玻璃、聚碳酸酯、ABS、聚氯乙烯、聚苯乙烯等的粘接</td></tr>
<tr><td>9</td><td>S-40 胶粘剂</td><td>309 聚酯
307#聚酯
乙酸乙烯酯
丙烯酸
过氧化环己酮
环烷酸钴</td><td>100
20
100
12
2
1</td><td>50</td><td>60</td><td>12</td><td>铝合金剪切强度:173MPa</td><td>金属、塑料件粘接</td></tr>
</table>

① 共聚溶液是由甲基丙烯酸甲酯、66-1#氯丁胶和苯乙烯用偶氮二异丁腈引发共聚而成。

3）加入适量与粘接材料线胀系数接近的填充剂。

4）加入适量热塑性高分子化合物。

2. 增韧改性

不饱和树脂固化后脆性大、冲击强度差，实际应用中受到限制。为了提高聚酯制品的抗冲击性能，往往需要对UPR进行韧性改性。从UPR分子主链角度考虑，引入的长链结构越多，分子越柔顺，在力学性能上则表现为冲击强度提高。在合成UPR时，引入长链醇与长链酸是最简便的方法。常见的二元醇有一缩二乙二醇、二缩三乙二醇、聚乙二醇，常见的二元酸有已二酸等。长链醇与长链酸被引入后，都能使UPR柔韧性提高，同时降低了树脂的强度。长链醇使强度下降更多，价格又比长链酸贵，所以柔性树脂更多地采用已二酸。将已二酸作为饱和二元酸，引入到不饱和聚酯分子主链中，制成了双环戊二烯型不饱和聚酯树脂，使其韧性得到了显著提高。使用已二酸和一缩二乙二醇合成不饱和聚酯树脂，得出了已二酸与一缩二乙二醇对不饱和聚酯树脂具有相似的增韧效果。使用已二酸与一缩二乙二醇同时增韧不饱和聚酯树脂，具有更好的增韧效果。

提高分子主链对称性，也可以提高UPR的柔韧性。采用间苯二甲酸作饱和二元酸，制备高分子质量的间苯型UPR，其冲击强度优于邻苯型UPR，因为间苯型UPR比邻苯型UPR对称性好。

通过对UPR添加某些热塑性弹性体，也可以提高树脂制品的韧性。常用的共混改性用的热塑性弹性体有液体橡胶、液体聚氨酯等。采用液体橡胶增韧的原因在于液体橡胶容易在UPR中分散均匀，如果使用含有活性端基的液体橡胶作热塑性增韧剂，活性端基可以与UPR分子主链发生反应，提高了橡胶与聚酯之间的作用力。这种改性体系呈现均相结构的特点，能有效地传递应力，充分发挥橡胶本身的柔韧性，减少了外力对树脂基体的破坏。液体橡胶添加量达到30%时，UPR的冲击强度从未增韧时的9.75kJ/m^2提高到41.6kJ/m^2。用已废硫化胶粉（RP）作为活性填料来改性以UPR为基体树脂的团状模塑料（BMC），当RP填充到树脂中时，发现冲击强度得到提高，固化收缩率也进一步降低。

3.3 不饱和聚酯胶粘剂的应用

3.3.1 应用概述

1. 不饱和聚酯胶粘剂应用范围

不饱和聚酯树脂胶粘剂可用于金属、硬质塑料、增强塑料、有机玻璃、聚碳酸酯、玻璃、陶瓷、混凝土、水泥制品等各种材料的粘接，也可用于配制多种新型的高强、多功能建筑材料，如玻璃钢波形瓦、平板、墙壁材料，装饰板桌面板、人造大理石、浴缸、水槽、容器、管子、家具等，在建筑上具有广泛的用途。但由于其粘接强度低，一般用做非结构胶。

2. 不饱和聚酯胶粘剂使用注意事项

不饱和聚酯胶粘剂使用时，需要注意的是：在配制过程中，引发剂（过氧化物）不能直接与促进剂混合，否则会发生强烈反应，甚至引起爆炸。空气中的含硫物质、铜、铅、汞等都能抑制大多数乙烯基的聚合反应，所以在固化时不要接触这些物质。解决这个问题的方法是在配好的胶液中加入液体石蜡，使其浮在树脂表面上，隔绝空气，使固化反应能够正常进行。

3.3.2 不饱和聚酯密封胶的配制与应用

配制不饱和聚酯密封胶时，只需将树脂引发剂、促进剂、交联剂及其他物质混合在一起后使用就行了。作为产品销售，一般制成双组分的，即将促进剂加入到树脂中，引发剂单独包装；也有将引发剂、促进剂都分开的三组分形式。

1. 电器设备、元器件的灌注与包封

利用不饱和聚酯具有良好的电气性能并可室温固化的特点，来封装无线电电子元件、电器设备、高温条件下工作的线圈等，效果很好。表3-7列出了无填料的不饱和聚酯树脂浇注件的典型性能。

表3-7 无填料的不饱和聚酯树脂浇注件的典型性能①

项目	数据	项目	数据
密度/(g/cm³)	1.22~1.28	线胀系数/(10^{-6}/℃)	97
巴氏硬度(934-1)	50	吸水率(24h,20℃)(%)	0.15
洛氏硬度HRA	110	介电常数(50Hz)	3.7
压缩强度/MPa	118	介电常数(5Hz)	3.2
弯曲强度/MPa	50~80	功率因素(50Hz)	0.008
拉伸强度/MPa	20~30	功率因素(5Hz)	0.019
冲击强度/(kJ/m²)	3~5	击穿电压/(kV/mm)	20
拉伸弹性模量/GPa	35	表面电阻率/Ω	10^{13}~10^{15}
伸长率(%)	2	体积电阻率/Ω·cm	10^{12}~10^{14}
比热容/[J/(kg·K)]	2.3×10^{13}	马丁耐热/℃	50~70
热导率/[W/(m·K)]	0.2		

① 307#（或306#）聚酯80份（质量份，下同），182#聚酯20份，石英粉［粒度为71μm（200目）］100~120份，Ⅰ#引发剂2份，Ⅰ#促进剂2份。

具体使用时，按配方将聚酯、石英粉搅拌均匀，加入引发剂搅匀，最后加促进剂，边加边搅，直至搅拌均匀为止。进行常温浇注时，树脂、模具均不需加温，15～20min后即可脱模。

2. 不饱和聚酯腻子

（1）不饱和聚酯腻子特点及典型配方　不饱和聚酯腻子有较高的粘接力，抗水、耐蚀、耐老化以及具有触变性和气干性，可用做铸铁件的表面覆盖层涂料。粗糙的铸铁表面可不用机械抛光及去毛刺等预加工。

典型例子为按松香聚酯30份（质量份，下同），熟石膏粉44份，水磨石粉16份，滑石粉8份，邻苯二甲酸二丁酯2份，亚硝酸钠0.04份，1#促进剂2～4份配方混合均匀，即为不饱和聚酯腻子。按100份腻子加入1#引发剂2～4份（根据室温高低确定）混匀，即可在平净表面上刮涂。工作面积大时，应先将个别缺陷填平，用大刮板全面刮涂，以减少刀缝，提高平整度。该腻子涂层越厚，越坚实牢固。腻子固化后，整体坚韧、硬度高、不易打磨，为此，应继续薄刮1～2层过氯乙烯腻子或其他一般腻子，以便打磨平滑。

（2）不饱和聚酯胶泥　不饱和聚酯胶泥在修补汽车、船舶及玻璃钢施工中经常用到。根据不同要求，可选用不同型号的聚酯，配合一定比例的粉末填料，如石英粉、辉绿岩粉或白云石粉等。例如按聚酯80份（质量份，下同），滑石粉10份，硬脂酸锌2～5份，颜料2～3份，活性$SiO_2$0.5份混匀，即为不饱和聚酯胶泥，在使用时加入引发剂及促进剂即可。一般引发剂用量质量分数为4%，不要随便变动，可通过变动促进剂的用量来调整固化速度。

（3）原子灰　原子灰是不饱和聚酯腻子在汽车工业中的一种具体应用，其特点是干燥快、附着力强、耐热、不开裂、施工周期短，是最近20多年来世界上发展较快的一种嵌填材料。在汽车外表的油漆装饰、汽车撞击损坏后的修补等方面，原子灰代替了传统的桐油石膏腻子、过氯乙烯腻子和醇酸树脂腻子，成为在汽车用胶中生产量大、所用树脂独特、制造与应用特别的一类粘接密封胶。表3-8、表3-9、表3-10分别列出了原子灰专用树脂配方、原子灰基本组成与技术规格。

表3-8　原子灰专用树脂配方

原料名称	相对分子质量	重量/g	原料名称	相对分子质量	重量/g
顺丁烯二酸酐	98.6	387.34	投料总量		1820.50
四氢苯酐	152.14	532.49	理论出水量	18.021	-134.25
丙二醇	76.09	551.65	醇酸聚酯量		1686.25
二甘醇	106.12	106.12	苯乙烯	104.15	1033.51
亚麻油	280	103.60			
三羟甲基丙烷二烯丙基醚	214.3	139.30	树脂产量		2719.76

表 3-9 原子灰基本组成

组分	配方（质量份）			组分	配方（质量份）		
	A	B	C		A	B	C
原子灰用树脂	100	36	100	环烷酸铜（Cu^{2+}8%）	0.05	0.05	0.14
滑石粉	115	57	158	气相二氧化硅	适量	0.3	0.8
重晶石粉	15	5	15	有机膨润土	适量	0.5	1.4
玻璃微珠	—	5	7	苯乙烯	1~3	2.5	7.0
瓷粉	10	—	8	二甲基苯胺	0.1~0.2	0.16	0.4~0.5
钛白粉	5	1.5	4.2	其他添加剂	—	2	5~6
异辛酸钴（Co^{2+}6%）	12	1.6	4.5				

表 3-10 原子灰的技术规格

项目	JIS-K-S655 指标（日本）	项目	JIS-K-S655 指标（日本）
外观	搅拌时，无硬块	打磨性（400#水砂纸）	应容易打磨
混合性	应容易混合均匀	耐冲击性	50cm 高度，重锤冲击时不能有裂纹及剥离现象
允许操作时间	在（20±1）℃时，大于3min	柔韧性	50mm
涂刮性	容易涂刮	稠度	10~14cm
干燥时间	在(20±1)℃时，5h 以内	耐油性（L-AN46）	（不渗油）
涂膜外观	与样品对比，颜色的差异小，孔洞、纹路、气泡不明显，看不到裂纹	耐热性 4h (120±2)℃	（不脱落剥离）

注：表中括号内为国内常规指标，日本标准中不要求。

该专用树脂具有气干性，对金属粘附性好，能耐 100℃以上的温度。原子灰的辅助材料都要求与树脂相容性好、耐热（140℃以上），原子灰的贮存期要长（半年到 1 年）且固化速度与固化物性能不能明显受贮存期的影响，这种原子灰及专用树脂可按下述过程制造。

按顺序将丙二醇、二甘醇、亚麻油、顺酐、四氢苯酐精确计量投入反应釜中，同时加入（按树脂总量的万分之一计）阻聚剂对苯二酚，通 N_2 逐步升温，温度至 160℃，保温反应 1h；3h 内升温至 190℃，在此温度下反应 1h；降温至 180℃，投入三羟甲基丙烷二烯丙基醚；控制反应温度在（178±2）℃，反应 3h，抽真空，停止通 N_2；约 1h 后，加入树脂总量万分之二的阻聚剂对苯二酚；按生产通用树脂的方法掺合苯乙烯后出料（树脂酸值为 29mgKOH/g）。将树脂、促进剂、稳定剂混溶后，充分搅匀，称为A料；将粉料［所有填料均应粒度在45μm以下（320目以上），玻璃微珠粒度为71μm（200目）］按配比在捏合机中充分混合，称为B料。将A料倒进捏合机中与B料捏合成粘稠糊状物（约40min），再通过三辊研磨机轧研后，抽真空脱除混进的空气即成。

3. 其他可用的不饱和聚酯密封胶的配制与性能

配方1（质量份）：313#聚酯45.2份，邻苯二甲酸二烯丙酯9.6份，甲基丙烯酸19份，过氧化氢（丁酮液）3.6份，丙烯酰胺26.2份，N，N-二甲苯胺0.4份。

在500kPa、65～70℃下固化6h，或100℃固化2h，也可室温固化。固化物能耐海水、10% NaCl、95%乙醇、3% H_2SO_4、燃料油及丙酮、甲苯等，用于150℃以下的粘接、螺钉紧固与密封等。

配方2（质量份）：309#聚酯100份，丙烯酸12份，307#聚酯20份，过氧化环己酮2份，乙酸乙烯酯10份，环烷酸钴1份。

在500kPa、60℃下固化12h。固化物强度高，耐冲击与振动，用于剧烈振动下常温使用设备的粘接、螺钉紧固与密封等。

3.3.3　不饱和聚酯树脂胶粘剂在油田固砂中的应用

在油田开发的过程中，会遇到各种各样的困难，例如在采油过程中，就常常因为地层出砂而造成油井的减产、停产。191不饱和聚酯树脂胶粘剂具有常温快速固化、强度高等特性，可以用于油田防砂、固砂。

按191不饱和树脂∶固化剂∶固化促进剂∶增孔剂（质量比）为100∶0.3∶0.1∶15配制固砂剂，应现用现配。用油田防砂用水泥车将固砂剂泵入地层，控制注入排量为0.1m^3/min左右。

191不饱和树脂应用于油井固砂时，应控制好固化时间，添加一定量的乳化柴油作为增孔剂，可以确保固砂后地层的渗透性能。该树脂应用于油井固砂后，能够耐常规的各种入井流体和地层产出液的浸泡与老化，但要避免强碱性化学介质和入井流体的浸泡，否则将缩短防砂有效期。

3.3.4　不饱和聚酯树脂胶粘剂在路面修补中的应用

不饱和聚酯树脂具有拉伸强度高、粘接力强、耐酸、耐碱等化学腐蚀，防水性能好，工艺简单，工效高，成本低等优点。将其应用于沥青混凝土路面的修补，可有效延长沥青混凝土路面的使用寿命。其修补工艺见图3-2。

（1）不饱和聚酯树脂胶的配制　将不饱和聚酯树脂放入容器后加入4%的固化剂，搅拌3～5min，再加入4%的促进剂，要用3min左右的时间调匀，视其体积及搅拌效果增减搅拌的时间。调配量可根据0.7kg/m^2的修补面积作业段的长度确定，长度一般不大于10m。

(2) 涂刷树脂胶　将已经配置好的树脂胶均匀地倒在作业段修补裂纹处，用毛刷或刮板涂匀。

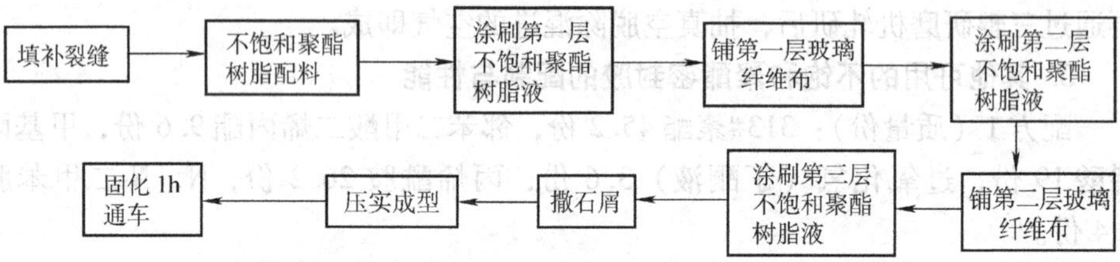

图 3-2　修补工艺

(3) 浸铺玻璃纤维布　将单幅1m宽的玻璃纤维布纵向对折，铺在涂刷好树脂胶的裂纹处绷紧；将剩余的1/3树脂胶涂刷在玻璃纤维布上，用刷子按实，使玻璃纤维布浸透树脂胶紧贴路面。

(4) 撒布石屑　用5～8mm的石屑均匀地撒在不饱和聚酯树脂的表面，使石屑颗粒的一半浸入树脂胶中。

(5) 固化后可以开放交通　树脂的常温固化条件是在18℃以上，相对湿度<70%。

修补时，先用铣刨铣掉损坏的部分，用玻璃钢作底层处理后，再铺筑沥青混凝土路面面层修补，比传统修补方法可增加整体连接性和防渗水的能力。如果路面全幅采用不饱和聚酯树脂与玻璃纤维布粘接铺在上、下沥青混凝土面层的中间，可以解决基层横向反射裂纹的问题。与玻璃纤维格栅处理基层横向反射裂纹的方法相比，这种方法有平面方向抗拉强度大、不渗水、造价低的优点。

3.3.5　不饱和聚酯胶粘剂在装饰材料上的应用

不饱和聚酯胶粘剂合成工艺简单、成本低，用于装饰材料中时，可改善产品的表面光亮程度，大大降低装饰材料的成本，近年来使用很普遍。但该行业对胶粘剂在色泽、力学性能及加工工艺方面要求较高，以适应装饰材料外观美观、光亮、抗冲击、抗弯曲等特殊性能的要求。

不饱和聚酯胶粘剂在装饰材料方面作为主体胶粘剂，其性能直接决定装饰材料的质量。为了加工无色或浅色材料的装饰板，可使用反丁烯二酸制备不饱和聚酯胶粘剂。由于该胶粘剂的分子结构中含有适当链长的软段，显示出良好柔顺性，同时结构中又含有反式刚性链段的反丁烯二酸，对装饰材料的表面光亮和坚硬起到一定的作用。因此，其涂层表面光亮透明，强度、韧性好，且加工时胶粘剂凝胶速度快。

3.3.6 不饱和聚酯胶粘剂在石材加工方面的应用

随着我国国民经济的高速发展，建筑业和装修业也发展很快。作为高档建筑装饰品，大理石及花岗石的使用量也越来越大。2000 年，国内石材总产量达 1000 万 t，其中 75% 是用于建筑装饰。石材的拼花、勾缝需要通过胶粘剂粘接，因此，用于石材粘接的胶粘剂的总量相当可观。国内传统的用于石材粘接的胶粘剂种类很多，且有其各自的优点和缺点。通过合成双环戊二烯（DCPD）型不饱和聚酯树脂，制备出一种新型的石材专用胶粘剂，可以同时满足施工工艺性好、贮存期长、固化时间短、粘接强度高、符合审美标准、价格适中等多项要求。

1. 胶粘剂的配制

按双环戊二烯型不饱和聚酯树脂 100 份（质量份，下同）、石粉 80 份、促进剂 1 份、增稠剂 2 份、消泡剂 0.5 份、颜料少量，投入反应釜中，加热至 70℃ 混合均匀，抽真空消泡 1h，分装，冷却，装包备用。

2. 性能特点

（1）收缩率低　双环戊二烯型不饱和聚酯树脂的体积收缩率只有 3% ~5%，大大低于其他通用型 UPR 树脂的 7% ~9%。这一特性在石材粘接性能上意义重大，可以大大降低胶粘剂在固化过程中由于体积收缩造成的内应力，有效地提高粘接强度。

（2）耐水性优良　用于石材粘接的胶粘剂必须有优良的耐水性，能够经得起反复冲洗。双环戊二烯型不饱和聚酯树脂的耐水性优良，基本和间苯型 UPR 树脂相同，可以满足石材使用环境（反复冲洗和风吹日晒）的要求，使用寿命长。

（3）低挥发性　传统的聚酯树脂类胶粘剂的挥发性较大，施工条件较差，不符合环保要求。在不饱和聚酯树脂中引入双环戊二烯，可以大大减少体系中苯乙烯单体的用量和挥发性。

第4章　聚氨酯胶粘剂

4.1 聚氨酯胶粘剂的分类

聚氨酯（PU）胶粘剂是分子链中含有氨酯基（—NHCOO—）和（或）异氰酸酯基（—NCO）类的胶粘剂。虽然发展历史不长，但由于其出色的性能，发展迅速，应用广泛。

聚氨酯胶粘剂按用途与特性分类，包括通用型胶粘剂、食品包装用胶粘剂、鞋用胶粘剂、纸塑复合用胶粘剂、建筑用胶粘剂、结构用胶粘剂、超低温用胶粘剂、发泡型胶粘剂、厌氧型胶粘剂、导电性胶粘剂、热熔型胶粘剂、压敏型胶粘剂、水性胶粘剂以及密封胶粘剂等。下面主要按组成或组分分类。

4.1.1　多异氰酸酯胶粘剂

多异氰酸酯胶粘剂是由多异氰酸酯单体或其低分子衍生物组成的胶粘剂，它是聚氨酯胶粘剂中的早期产品。第二次世界大战期间，德国人用三苯基甲烷三异氰酸酯（Bayer 公司产品牌号：DesmodurR）作胶粘剂，成功地将橡胶与金属粘接起来，并应用于坦克车的履带、救生筏、充气防护衣等，从而开始了多异氰酸酯胶粘剂的生产与应用。

多异氰酸酯胶粘剂属于反应型胶粘剂，粘接强度高，特别适合于金属与橡胶、纤维等的粘接。这种胶粘剂主要有以下特点：

1）具有较高的反应活性，能与许多表面含有活泼氢原子的被粘材料，如金属、橡胶、纤维、木材、皮革、塑料等产生共价键，且固化后含氨基甲酸酯、脲键以及极性较强的键和基团，易和基材之间产生次价键。这些化学粘接力和物理粘接力共同作用的结果是使被粘基材之间产生较高的粘接强度。

2）通常的多异氰酸酯化合物相对分子质量小，能够溶于大多数有机溶剂，因此易于扩散到基材表面，还易渗入一些多孔性的被粘基材中，从而进一步提高粘接性能。

3）该类胶粘剂可常温固化，也可加热固化，易于产生交联结构，耐热、耐溶剂性能好。

4）含有较多的游离异氰酸酯基团，对潮气敏感，有毒性，通常含有机溶剂，贮存时要注意防水防潮，操作时需注意通风。

5）由于多异氰酸酯化合物相对分子质量小、—NCO 基团质量分数高，固化后的胶层硬度高、有脆性，因此，常用橡胶溶液、聚醚、聚酯等低聚物进行改性或用作多种胶粘剂的交联固化剂。

工业上生产的二异氰酸酯，如 MDI、TDI、XDI、二甲氧基联苯二异氰酸酯（DADI）、己酸甲酯-2，6-二异氰酸酯（LDI）等都可以直接作胶粘剂使用，用于金属与橡胶的粘接。目前，应用最多的多异氰酸酯胶粘剂品种是三苯基甲烷三异氰酸酯、硫代磷酸三（4-异氰酸酯基苯酯）、三羟甲基丙烷—TDI 的加成物。

4.1.2 双组分聚氨酯胶粘剂

双组分聚氨酯胶粘剂是聚氨酯胶粘剂中最重要的一个大类，用途广、用量大。它通常由甲、乙两个组分组成，甲组分（主剂）为羟基组分，乙组分（固化剂）为含游离异氰酸酯基团的组分。两个组分是分开包装的，使用前按一定比例配制即可。也有的主剂为端基—NCO 的聚氨酯预聚体，固化剂为低相对分子质量多元醇或多元胺，甲组分和乙组分按一定比例混合生成聚氨酯树脂。

双组分聚氨酯胶粘剂具有以下特点：

1）属反应性的胶粘剂在两个组分混合后，发生交联反应，产生固化产物。

2）制备时，可以调节两组分的原料组成和相对分子质量，使之在室温下有合适的粘度，可制成高固体质量分数或无溶剂双组分胶粘剂。

3）通常可室温固化，通过选择制备胶粘剂的原料或加入催化剂可调节固化速度。一般双组分聚氨酯胶粘剂有较大的初粘接力，可加热固化，其最终粘接强度比单组分胶粘剂大，可以满足结构胶粘剂的要求。

4）两个组分的用量可在一定范围内调节，一般存在着一定容度。两组分的 NCO/OH 摩尔比在一般情况下大于或等于 1。当固化时，一部分—NCO 基团参与胶的固化反应，产生化学粘接力；多余的—NCO 基团在加热固化时，还可产生脲基甲酸酯、缩二脲等，增加交联度，提高了胶层的内聚强度和耐热性。对于无溶剂双组分聚氨酯胶粘剂来说，因各组分起始相对分子质量不大，一般来说，NCO/OH 摩尔比等于或稍大于 1，有利于固化完全，特别在粘接密封件时，注意—NCO 组分不能过量太多。而对于溶剂型双组分胶粘剂来说，其主剂相对分子质量较大，初粘性能较好，两组分的用量可在较大范围内调节，NCO/OH 摩尔比可小于 1 或大于 1 的数倍。在—NCO 组分（固化剂）过量较多的场合，多异氰酸酯自聚形成坚韧的粘接层，适合于硬材料的粘接；在—NCO 组分用量较少的场合，则胶层柔软，可用于皮革、织物等软材料的粘接。

自双组分聚氨酯胶粘剂问世以来，由于具有性能可调节性、粘接强度大、粘接范围广等优点，已成为聚氨酯胶粘剂中品种最多、产量最大的产品。

4.1.3 单组分聚氨酯胶粘剂

单组分聚氨酯胶粘剂无计量失误，使用方便，发展很快。该胶粘剂有以下几类：

1）端异氰酸酯基聚氨酯预聚体，分湿固化型、无溶剂型。

2）热塑性聚氨酯，分溶剂型、水基型、热熔型和反应性热熔型。

3）丙烯酸酯—聚氨酯，分紫外线、电子束、光或射线固化型及厌氧型。

4）封闭型聚氨酯，为加热固化型。

其中，湿固化型为主流，反应性热熔型和光、射线固化型正处于实用化阶段，发展很快。

1. 端异氰酸酯聚氨酯预聚体

端异氰酸酯基聚氨酯预聚体系多异氰酸酯和多羟基化合物的部分缩聚生成物，其反应过程中的NCO/OH摩尔比>1。利用聚合物端基的异氰酸酯基团可与空气中或被粘体上的潮气反应的特性，使聚氨酯胶层交联固化，因而得名湿固化聚氨酯胶粘剂。

湿固化型胶粘剂因有二氧化碳的释放，胶层常有气泡，导致缺陷。常将二氧化碳吸收剂或吸附剂掺入胶粘剂，以克服上述缺点。湿固化聚氨酯胶粘剂常以聚醚多元醇与甲苯二异氰酸酯或二苯甲烷二异氰酸酯等反应而成，是木材、土木建筑及结构用的良好胶粘剂；又常作密封胶，在汽车、建筑及机械等行业中有重要作用。

2. 热塑性聚氨酯

热塑性聚氨酯又称异氰酸酯改性聚氨酯，是一种具有端羟基的线型氨基甲酸酯聚合物。该类聚合物因其固有的粘附特性和强度，可单独配制成热塑性树脂胶粘剂使用，即使是非结晶性树脂也是这样。

（1）溶剂型　以聚酯型热塑性聚氨酯溶液胶粘剂性能好。酯基的高极性赋予胶粘剂对多种材料（尤其对塑料）的粘接性，加之聚酯段的结晶性以及酯基和氨基甲酸酯基团链节间氢键的形成，均可提高对被粘物的粘接强度。提高聚氨酯的玻璃化温度，可改善胶粘剂的耐热性。聚合物相对分子质量的提高（最好为5万~10万）也是改进胶粘剂的初期和最终粘接强度的有效途径之一。

单组分溶剂型聚氨酯胶粘剂可用于鞋用胶粘剂，例如Bayer公司的Desmocoll、176、400、420、540等。我国南京橡胶厂和黎明化工研究院分别开发的某些聚氨酯固体胶粘剂也可配制成溶液型单组分鞋用胶粘剂。凡是在要求胶层柔软、初期粘附力较高，而对粘接强度、耐热性和耐溶剂性要求不高的场合，均可采用单组分溶剂型聚氨酯胶粘剂。

（2）水基型　水基型聚氨酯胶粘剂的最大优点是不易中毒、着火，且适用于易被有机溶剂侵蚀的基材。此外，其粘度不随聚合物相对分子质量的改变而有明显不同，可使聚合物高相对分子质量化，以提高其内聚强度；在相同固体质量分数下，其粘度一般比溶剂型聚氨酯胶粘剂低，可制得高固体质量分数（50%~60%）产品。

水基型聚氨酯胶粘剂可用于木材胶粘剂，能在室温或较高温度下粘接木材，具有初粘接性高、粘接强度优良、对较湿木材也能使用等优点；胶层的耐热、耐热水性和耐老化性良好，无游离甲醛的释出，不污染环境，无污染木材和腐蚀木材，均为传统木材用胶所不及；也可用水性聚氨酯胶粘剂将木屑、碎木料制成不同性能的刨花板，具有良好的力学性能，是隔热、消声的实用建筑材料。

当用做织物处理剂、胶粘剂时，织物经含离子性基团的水性聚氨酯处理后，就有透气性；交联后，又具有防水功能。

（3）热熔型 聚氨酯热熔胶粘剂多用聚酯多元醇、MDI及扩链剂1，4-丁二醇制成，也可由聚醚与TDI或MDI制成。这是一种正在开发的品种。其应用主要是制成粉末，用以生产织物衬垫。其耐干、湿洗涤性良好。

（4）反应型热熔胶 反应型热熔胶粘剂系含有可反应活性基团的热塑性树脂胶粘剂，兼有反应型和热熔型胶粘剂的性能。聚氨酯反应型热熔胶粘剂以湿固化型为主，它是无溶剂、液型；熔融温度低于一般的热熔胶粘剂（170~200℃），可低温涂胶（<120℃），操作性良好；露置时间和实用期长，便于操作。其耐热、耐寒、耐水蒸气、耐化学品和耐溶剂性能优良，不失聚氨酯胶粘剂的固有特性；但对湿气较敏感，生产、贮运和使用时，要求严谨操作，这使应用受到一定限制。

聚氨酯反应型热熔胶的主要成分是端异氰酸酯基预聚体，配以与异氰酸酯不反应的热塑性树脂、增粘树脂以及填料、增塑剂、抗氧剂、紫外光吸收剂、阻燃剂、防霉剂、偶联剂和催化剂，必要时可加入抗下垂剂。

该胶已在建材、家具和木工、电气、汽车、书籍装订、制鞋和织物加工等领域获得应用，尤其是书籍装订工业，可替代EVA，显示出许多优越性。

3. 丙烯酸酯—聚氨酯

使（甲基）丙烯酸羟乙酯或（甲酯）丙烯酸羟丙酯等与端异氰酸酯预聚体反应，制得含丙烯酸双键的聚氨酯。以此为基料，可配制成厌氧型或光固化型胶粘剂。一般将此类胶粘剂归属于丙烯酸酯类胶粘剂。

4. 封闭型聚氨酯

封闭型聚氨酯是用一种化合物，如苯酚、亚硫酸氢钠等。将端异氰酸酯基团或多异氰酸酯基团暂时保护起来，防止水或其他活性物与其作用；当使用时，可在一定温度下解离封闭剂，释放出活性异氰酸酯基团，发挥其固有的功能。该类胶粘剂虽为液型，使用方便，但一般需在120℃以上的加热条件下才能发挥作用。解离出的封闭剂挥发时起泡，减弱胶层强度；或残留在胶层，对粘接不利。

4.1.4 改性聚氨酯胶粘剂

1. 有机硅改性聚氨酯胶粘剂

有机硅分子中既含有有机基团又含有硅原子，Si—O 键的键能高达422.2kJ/mol，硅氧烷的分子体积大，内聚能密度低，有良好的疏水、耐磨等性能，已广泛地应用于聚氨酯胶粘剂的改性。将有机硅引入聚氨酯胶粘剂中，使改性后的胶粘剂兼具有机硅和聚氨酯两者的优异性能，提高了材料的耐热性、耐寒性、憎水防潮性、耐磨和电绝缘性等性能，扩大了聚氨酯胶粘剂的使用范围，具有很好的发展前景。哈尔滨工业大学以甲基三乙氧基硅烷、苯基三乙氧基硅烷及二苯基二甲氧基硅烷为原料，在制成有机硅低聚物的基础上进一步制得聚氨酯预聚体，然后用多亚甲基多苯基多异氰酸酯在室温下固化后，制得有机硅改性聚氨酯胶粘剂。该胶粘剂的力学性能及热性能有一定的改善，其剪切强度可达1.3MPa以上(300℃)、冲击强度约为38MPa，拉伸强度达28MPa。该胶粘剂的粘接性能、耐热性能的提高，使其在机械、电子等行业的适用性增强。

2. 环氧树脂改性聚氨酯胶粘剂

环氧树脂是一种非常好的胶粘剂基料，具有高硬度、高耐化学药品性和高剪切强度的优点，但固化产物变形性差、脆性大、剥离强度低、耐热性差及高温易降解，从而限制了其在某些场合的应用。聚氨酯胶粘剂具有高弹性、高粘接力和耐低温性等优点，若与前者结合，可以性能互补，制备出既有一定柔软性，又有较高粘接强度的性能理想的胶粘剂。范兆荣等首先以聚醚多元醇、环氧树脂和甲苯二异氰酸酯为原料制得含—NCO端基的聚氨酯预聚体，该预聚体作为A组分；B组分是由聚醚多元醇与3，3′-二氯-4，4′-二氨基二苯甲烷（MOCA）的混合物所组成。由于该配方中不含溶剂，且游离异氰酸酯质量分数较低（<2.0%），使用时既不会对环境造成污染，又不会对操作人员构成危害，属于环保型的胶粘剂，其剪切强度可达8.02MPa。

3. 有机氟改性聚氨酯胶粘剂

氟具有强的电负性，吸电子能力强，C—F 键的可极化性低，含有C—F键的聚合物分子间的作用力较低，使得含氟聚合物具有较低的表面自由能和较强的拒水拒油特性。因此将含氟聚合物引入聚氨酯胶粘剂中，可消除因对聚氨酯胶粘剂进行亲水改性而导致涂膜耐水性下降的弊病，同时赋予涂膜耐磨性、低表面能、高耐候性、耐化学品、防霉阻燃、耐热、拒水和拒油等优异性能。

4.2 聚氨酯胶粘剂的性能

4.2.1 聚氨酯胶粘剂的特点

1. 优点

1）聚氨酯胶粘剂中含有很强极性和化学活性的异氰酸酯基（—NCO）和氨酯基（—NHCOO—），与含有活泼氢的材料，如泡沫塑料、木材、皮革、织物、纸张、陶瓷等多孔材料和金属、玻璃、橡胶、塑料等表面光洁的材料都有着优良的化学粘接力。而聚氨酯与被粘接材料之间产生的氢键作用使分子内力增强，会使粘接更加牢固。

2）调节聚氨酯树脂的配方，可控制分子链中软链段与硬链段的比例及结构，制成不同硬度和伸长率的胶粘剂。其粘接层从柔性到刚性可任意调节，从而满足不同材料的粘接。

3）可加热固化，也可室温固化。粘接工艺简便，操作性能良好。

4）固化属于加聚反应，没有副反应产生，因此不易使粘接层产生缺陷。

5）多异氰酸酯胶粘剂能溶于几乎所有的有机原料，而且异氰酸酯的分子体积小、易扩散，因此多异氰酸酯胶粘剂能渗入被粘接材料中，从而提高粘附力。

6）多异氰酸酯胶粘剂粘接橡胶和金属时，不但粘合牢固，而且能使橡胶与金属之间形成软—硬过渡层，因此这种粘接内应力小，能产生更优良的耐疲劳性能。

7）聚氨酯胶粘剂具有良好的耐磨、耐水、耐油、耐溶剂、耐化学药品、耐臭氧以及耐细菌等性能。

8）其低温和超低温性能超过所有其他类型的胶粘剂。其粘接层可在-196℃（液氮温度），甚至在-253℃（液氢温度）下使用。

2. 缺点

1）耐热性较差，在高温、高湿下易水解而降低粘接强度。

2）有—NHCOO—者具有毒性，使用时应注意。

4.2.2 影响聚氨酯胶粘剂性能的因素

1. 结构对性能的影响

作为胶粘剂的主体材料，聚氨酯的结构与性能对粘接性能有举足轻重的影响。

聚氨酯可看成是一种含软链段和硬链段的嵌段共聚物。软链段由低聚物多元醇（通常是聚醚或聚酯二醇）组成，硬链段由多异氰酸酯或其与小分子扩链剂组成。聚氨酯的硬链段起增强作用，提供多官能度物理交联（即形成氢键而起“交联”作用）；软链段基体被硬链段相互交联。聚氨酯的优良性能首先是由于微相区的结果，而不单纯是由于硬链段和软链段之间的氢键所致。

（1）软链段对性能的影响　软链段是由低聚物多元醇构成的，这类多元醇的相对分子质量通常在600～3000之间。聚酯型PU比聚醚型具有较高的强度和硬度，这归因于酯基的极性大，内聚能（12.2kJ/mol）比醚基（—C—O—C—）的内聚能（4.2kJ/mol）高，软链段分子间作用力大、内聚强度较大、力学强度就高。并且由于酯键的极性作用，与极性基材的粘附力比聚醚型优良，抗热氧化性也比聚醚型好。为了获得较好的粘接强度，通常采用聚酯作为PU的软链段。软链段为聚醚的PU，由于醚基较易旋转，具有较好的柔顺性，有优越的低温性能，并且聚醚中不存在相对较易水解的酯基，其PU比聚酯型耐水性好。

软链段的结晶性对最终聚氨酯的力学强度和模量有较大的影响，特别在受到拉伸时，由于应力而产生的结晶化（链段规整化）程度越大，拉伸强度越大。聚醚或聚酯中，链段结构单元的规整性影响着PU的结晶性。侧基越小、醚基或酯键之间亚甲基数越多、结晶性软链段的相对分子质量越高，则PU的结晶性越高，故聚四氢呋喃型聚氨酯比聚氧化丙烯酸型聚氨酯具有较高的力学强度和粘接强度。

结晶作用能成倍地增加粘接层的内聚力和粘接力。采用高结晶性聚己二酸丁二醇酯为软链段的高相对分子质量线型PU制成的胶粘剂，即使不用固化剂，也能得到高强度的粘接，并且初粘性好。而用含侧基的新戊二醇等制得的聚酯结晶性差，但侧基对酯键起保护作用，改善PU的抗热氧化、抗水和抗霉菌性能。用长链芳族二元羧酸等制得的聚酯型PU，耐水解、耐热性能均有提高。

软链段的相对分子质量对聚氨酯的力学性能有影响。一般来说，假定PU相对分子质量相同，其软链段若为聚酯，则PU的强度随聚酯二醇相对分子质量的增加而提高；若软链段为聚醚，则PU的强度随聚醚二醇相对分子质量的增加而下降，不过伸长率却上升。这是因为聚酯型软链段本身极性就较强，相对分子质量大，则结构规整性高，对改善强度有利；而聚醚型软链段极性较弱，若相对分子质量增大，则PU中硬链段的相对含量就减少，强度下降。

（2）硬链段对性能的影响　硬链段由多异氰酸酯或多异氰酸酯与扩链剂组成。异氰酸酯的结构对PU材料的性能有很大的影响。对称二异氰酸酯（如MDI）与不对称二异氰酸酯（如TDI）制备的PU相比，具有较高的模量和撕裂强度，这归因于产生结构规整有序的相区结构，能促进聚合物链段结晶。芳香族异氰酸酯制备的PU由于具有刚性芳环，因而使其硬链段内聚强度增大，PU强度一般比脂肪族异氰酸酯型PU的大，但抗UV降解性能较差，易泛黄，不能用作浅色涂层胶或透明印刷品复合用胶粘剂。芳香族比脂肪族异氰酸酯的PU抗热氧化性好，因为芳环上的氢较难被氧化。

含芳环的二元醇与脂肪族二元醇扩链的PU相比，有较好的强度。二元胺扩链剂能形成脲键，脲键的极性比氨酯键强，因此二元胺扩链的PU比二元醇扩链的PU具有较高的力学强度、模量、粘附性和耐热性，并且还有较好的低温性能。

硬链段中可能出现的由异氰酸酯反应形成的几种键基团，其热稳定性顺序如下：异氰脲酸酯 > 脲 > 氨基甲酸酯 > 缩二脲 > 脲基甲酸酯。提高PU中硬链段的含量，通常使硬度增加、弹性降低，一般来说，聚氨酯的内聚力和粘接力亦得到提高；若硬链段含量太高，由于极性基团太多会约束聚合物链段的活动和扩散能力，也有可能降低粘接力。而含游离—NCO基团的胶粘剂是例外，这是因为—NCO会与基材表面发生化学作用。

2. 相对分子质量、交联度的影响

对于线型热塑性PU来讲，相对分子质量大，则强度高、耐热性好。但对大多数反应型PU胶粘剂体系来说，PU的相对分子质量对胶粘剂粘接强度的影响主要从固化前的分子扩散能力、官能度及固化产物的韧性、交联密度等综合因素来看。相对分子质量小，则分子活动能力和胶液的润湿能力强，这是形成良好粘接的一个条件。倘若固化时相对分子质量增长不够，则粘接强度仍较差。胶粘剂中预聚体的相对分子质量大，则初始粘接强度大；相对分子质量小，则初始粘接强度小。

一定程度的交联可提高胶粘剂的粘接强度、耐热性、耐水解性、耐溶剂性；过分的交联影响结晶和微观相分离，可能会损害胶层的内聚强度。

3. 助剂的影响

偶联剂的加入有利于提高PU胶粘剂的粘接强度、耐湿热性能。聚氨酯中的酯键、氨酯键等基团有较强的极性，热湿条件下易受到湿气的影响，发生水解，且PU与基材表面形成的氢键易受湿热而被破坏，使粘接强度降低，甚至胶粘层脱落。而有机硅偶联剂一端的烷氧基或卤素等与被粘物（如无机材料）表面结合；分子的另一端活性基团（如氨基）与胶粘剂分子结合，在基材和聚氨酯胶粘剂之间起“架桥”作用，形成一疏水性的化学粘接层。在PU胶粘剂中添加有机硅偶联剂，改善了基材的表面性质，从而提高了粘接强度，特别是耐湿热粘接强度。

其他添加剂（如无机填料）一般能提高剪切强度，提高胶层的耐热性，降低膨胀率及收缩率，降低剥离强度。加各种稳定剂，可防止因氧化、水解、热解等引起的粘接强度降低的现象，提高粘接耐久性。

4.3 聚氨酯胶粘剂的主要品种及应用

4.3.1 通用型双组分聚氨酯胶粘剂

通用型双组分聚氨酯胶粘剂以聚己二酸乙二醇酯为原料，以溶剂、聚氨酯树脂为主成分（甲组分），以三羟甲基丙烷—TDI 加成物为固化剂（乙组分）。

1. 主要技术指标

通用型双组分聚氨酯胶粘剂产品的规格见表 4-1。

表 4-1 通用型双组分聚氨酯胶粘剂产品的规格

项目	甲组分（主剂）	乙组分（固化剂）
外观	浅黄色或茶色粘稠液	无色或浅黄色透明液
NCO 质量分数（%）	—	12 ±1
固体质量分数（%）	30 ±2，50 ±2	60 ±2
粘度（25℃）/Pa · s	30 ~90	—
剪切强度/MPa	8.0	8.0

注：用 4#涂料杯，测定 30% 胶粘剂的粘度；测剪切强度时，被粘材料为 LYCZ-12 铝合金，甲组分：乙组分 =5∶1（质量比）。

2. 应用

通用型双组分聚氨酯胶粘剂可用于粘接金属（如铝、铁、钢等）、非金属（如陶瓷、木材、皮革、塑料等）以及不同材料之间的粘接。通用型双组分聚氨酯胶粘剂大量用于制造电动机上应用的绝缘纸（聚酯薄膜—青壳纸复合）、纸塑复合（彩印纸—聚丙烯薄膜）、铁板—聚氨酯泡沫体复合以及鬃刷的制造等，并已渗透到国民经济各个领域。

（1）机床导轨的维修　采用镶嵌粘接塑料板法，将塑料薄板粘在铸铁导轨上，制成塑料导轨，可解决机床导轨的磨损。用铁锚—101 聚氨酯胶，按甲组分∶乙组分 =100∶50（质量比）配制胶液，在胶液中拌入直径为 ϕ0.1mm、长为 20mm 的细铜丝，使导轨与塑料板之间保持足够空隙，不致使胶液全部挤出。塑料板和铸铁导轨的两个粘接面都需分别涂刷胶液两次，第一次涂刷 5min 后再涂第二次，待 15 ~20min 后，其胶层发粘有拉丝现象，再将塑料板与导轨叠合，靠其自身的重量加压。因冬、夏温差大，会引起塑料膨胀或收缩，产生内应力而裂开，因此，固化温度最好保持在 20 ~25℃之间，固化时间为 1 ~2d。

（2）扬声器的粘接　扬声器振动系统即纸盒、音圈和定位支架三者需粘在一起，特别是大功率扬声器振动时振幅较大，故必须粘接牢固。ϕ100mm 以上的扬声器都用聚氨酯胶粘剂粘接。采用铁锚—101 聚氨酯胶粘剂按甲组分: 乙组分 =100: (30~35) (质量比) 配胶，使用后可达到预期效果。扬声器音圈的粘接，胶液是用甲组分: 乙组分=100: 25 (质量比) 配制。

(3) 在鬃刷产品上的应用 通用型双组分聚氨酯胶粘剂是理想的鬃刷用胶粘剂。鬃刷的粘接是将鬃毛（猪鬃或尼龙鬃等)、木片（木材）及刷壳（可锻铸铁）三者粘接起来，要求表面封闭 1~2mm，又要求渗透 6~9mm。常用胶液的配方（质量份）为：甲组分 100 份、乙组分 35 份、滑石粉 [粒度≤90μm（≥160 目）] 30 份。将配制好的胶粘剂倒入刷壳内或使用鬃刷灌胶机进行灌封，灌封后晃动刷头使胶粘剂均匀，放置至干凝（转入打毛不少于 24h)。用该胶粘剂灌封后的刷鬃粘接强度大于 130N，达到猪鬃漆刷相关标准规定（98N)。若在丙酮中浸泡 24h 后不脱鬃、不松动，则说明该胶符合要求。

(4) 高压强塑料风管的粘接修复 钢丝绑扎机是引进设备，高压强塑料风管的断裂常导致设备瘫痪，影响生产。采用尼龙套管设计的对接、套接复合接头，既能满足 0.8MPa 压力的要求，又能避免尼龙套管的膨胀问题。先将长 100mm、内径 ϕ2mm 的尼龙套管及内壁 ϕ12mm（外径）的高压塑料风管两端头（长 50mm 的外壁）用砂布打磨粗糙，并用丙酮清洗干净，晾干后待粘。采用铁锚—101 聚氨酯胶粘剂，胶液按甲组分: 乙组分=5:1（质量比）配制。先将断裂的高压强塑料风管一端涂胶，胶层厚 0.05~0.1mm，然后立即将尼龙套管插入高压塑料风管涂胶端，并左右旋转尼龙套管，使胶均匀地粘附并填满尼龙套管内壁与高压塑料风管的间隙处，插入深度为尼龙套管的一半（50mm)。按上述方法进行粘接，一定要使高压塑料风管两断面基本吻合，于常温下固化 48h、100℃保持 2h 即可。修复的钢丝绑扎机运行半年未见粘接异常，证明粘接后能满足 0.8MPa 压力的工况要求。

4.3.2 水利工程用聚氨酯胶粘剂

在大坝、渡槽、蓄水池、涵洞、渠道、管道等水利工程建设中，施工中的伸缩缝填塞，各种管道的接头粘接，输水工程的防渗、防漏，水工钢闸门防腐蚀等，特别是在水利维修中各种裂纹、漏洞的补修，迫切需要一种性能优良、价格低廉的胶粘剂，以满足水利工程大面积、大范围的推广使用。多年来，使用的胶粘剂有石油沥青及其改性产品、煤焦油及其改性产品、环氧树脂及其改性产品，还有各种防水油膏以及一些无机胶粘剂等。这些产品有的性能欠佳，如粘接强度不够、高低温易变异、脆裂、老化等，使用不理想；有的价格昂贵，难以在水利工程中大面积推广。

以价格低廉的蓖麻油为原料，制得的聚氨酯胶粘剂在多项水利工程中得到应用，具有性能好、价格低廉的特点，得到了广泛推广和应用。以下介绍以蓖麻油和甲苯二异氰酸酯（TDI）为原料制造水利工程用的系列胶。

1. 混凝土管抗渗用胶粘剂

（1）制备方法　胶粘剂配方为甲种主剂：固化剂：煤焦油：水泥：甲苯 = 1：(0.01 ~ 0.1)：(0.2 ~ 1)：(0.5 ~ 2.5)：(0.4 ~ 2)（质量比）；甲种主剂配方为蓖麻油：TDI：甲苯 = (25 ~ 45)：(5 ~ 25)：(30 ~ 70)（质量比）；固化剂配方为甲苯二胺：丙酮 = 1：(5 ~ 20)（质量比）。

（2）应用　按甲种主剂的配方，取定量精漂蓖麻油加入反应釜，加热脱水，温度 110 ~ 150℃，真空度大于 0.08MPa（表压），脱水时间 1 ~ 4h，然后冷至室温。将甲苯加入釜中，与蓖麻油搅拌均匀，滴加 TDI，温度控制在 50 ~ 70℃，反应时间 1 ~ 3h，制得甲种主剂。按胶粘剂的配方，将甲苯、煤焦油、水泥依次均匀掺入甲种主剂中，使用时再添加甲苯二胺固化剂。这种胶粘剂用于混凝土管内壁，可提高抗渗能力 10 ~ 18 倍，混凝土管破裂前不渗水。

2. 混凝土管柔性接头用胶粘剂

（1）制备方法　胶粘剂配方为甲种主剂：固化剂：煤焦油 = 1：(0.01 ~ 0.1)：(5 ~ 3)（质量比），绕玻璃丝布 2 ~ 3 层；甲种主剂配方为蓖麻油：TDI：甲苯 = (25 ~ 45)：(5 ~ 25)：(30 ~ 70)（质量比）；固化剂配方为甲苯二胺：丙酮 = 1：(5 ~ 20)（质量比）。其制备方法与混凝土管抗渗用胶粘剂相同。

（2）应用　将混凝土管柔性接头处绕裹一层玻璃布，在其上均匀涂刷一层胶粘剂，再绕裹 2 ~ 3 层玻璃布。需涂刷 2 ~ 3 次胶粘剂。粘接 ϕ200mm、长 1m 的混凝土输水管道 800m，每米一个接头，共 800 个接头。该混凝土管输水量为 150t/h，压力 0.08MPa，可抗水压 0.25MPa，混凝土管不渗水。

3. 土工织物用胶粘剂

（1）制备方法　胶粘剂配方为甲种或乙种主剂：固化剂：生石灰粉 = 1：(0.03 ~ 0.2)：(0.2 ~ 0.5)（质量比）。其甲种主剂配方为蓖麻油：TDI：甲苯 = (25 ~ 45)：(5 ~ 25)：(30 ~ 70)（质量比），乙种主剂配方为蓖麻油：TDI：丙酮 = (25 ~ 45)：(5 ~ 25)：(30 ~ 70)（质量比），固化剂配方为甲苯二胺：丙酮 = 1：(5 ~ 20)（质量比）。

甲种主剂的制法与混凝土管抗渗用胶粘剂相同。乙种主剂是将 TDI 滴加入蓖麻油与丙酮混合溶液中，加热至 40 ~ 50℃ 反应 3h 制得。然后将生石灰粉、固化剂加入到以上甲种主剂或乙种主剂中，制成的土工织物用胶粘剂经实际使用证明，具有优良的粘接效果。

（2）性能指标　土工织物胶粘剂的粘接强度见表 4-2。

4. 快速堵漏水用胶粘剂

胶粘剂的配方为乙种主剂：水泥：发泡灵 = 1：(0.5 ~ 5)：(0.01 ~ 0.05)（质量比）。其乙种主剂的制备方法与土工织物用胶粘剂相同。将水泥与发泡灵加入乙种主剂中，搅拌均匀后，即制得快速堵漏水用胶粘剂。

表4-2　土工织物胶粘剂的粘接强度

批号	固化时间/h	破坏力/N	粘接面积/cm^2	剪切强度/MPa	破坏情况
1号	2.33	35	11.3	0.03	粘接面被拉坏，土工织物完好
	240.0	337.7	12.56	0.27	粘接面完好，土工织物被拉坏
2号	1.0	116	2.95	0.4	粘接面被拉破，土工织物完好
	168.0	390.7	4.77	0.9	粘接面完好，土工织物被拉坏

5. 水工填缝弹性胶粘剂

胶粘剂配方为甲种主剂: 固化剂: 煤焦油: 矿棉 =1: (0.01 ~0.1): (0.5 ~5): (0.1 ~0.4)(质量比)。其甲种主剂与固化剂的制备方法与混凝土管抗渗用胶粘剂相同。将煤焦油和矿棉加入甲种主剂中，搅拌均匀再加入固化剂，混合均匀后即制得该胶粘剂。该胶粘剂用于U形混凝土防渗渠道接合缝850条，经两年试验，多次通水，粘接完好，无脱落、裂纹等现象，起到防渗、抗冻、抗变形作用，效果良好。

6. PVC 塑料管用胶粘剂

胶粘剂的配方为甲种或乙种主剂: 环氧树脂 =1: (0.05 ~0.6)(质量比)。其甲种主剂按混凝土管抗渗用胶粘剂相同方法制备，乙种主剂按土工织物用胶粘剂制备。将甲种主剂或乙种主剂与环氧树脂混合均匀，即制得 PVC 塑料管用胶粘剂。该胶粘剂还可用于其他塑料制品的粘接。

4.3.3　结构型聚氨酯胶粘剂

1. 合成方法

结构型聚氨酯胶粘剂通常的制备方法是：先将多元醇与过量的多异氰酸酯反应，制成异氰酸酯基封端的预聚体；然后加入二元胺进行扩链和交联。在扩链和交联过程中，实际上形成脲链和缩二脲结构。因此，这类聚氨酯胶粘剂严格地说，应该称为“聚脲”胶粘剂。

(1) 聚氨酯—聚脲胶粘剂　该结构型胶粘剂的主剂是由TDI与聚氧化丙烯二醇（相对分子质量分别为2000和1000）反应制成含—NCO端基的预聚体，固化剂是酸酐与芳胺反应（芳胺酰基化）生成芳酰胺（固化剂）。

该结构型聚氨酯胶粘剂为无溶剂型，具有使用工艺简单、贮存运输方便等特点，可室温固化或热固化，其胶层具有弹性和较高的剪切强度。因此，将该结构胶用于“海豚”直升机旋翼翼尖罩密封、金属—碳纤维复合材料的粘接和部件的修复，均获得满意结果。

(2) 聚氨酯—环氧树脂—聚脲胶粘剂　环氧树脂胶粘剂的特性是具有低曲

挠性、高硬度、高耐化学药品性和高剪切强度，若与聚氨酯胶粘剂组合，则可优势互补，能制造出既有一定柔软性，又有相当粘接强度的较为理想的结构胶粘剂。因此，国外对环氧改性的聚氨酯胶粘剂进行了大量的研制工作。其合成原理是：将含—NCO 端基的聚氨酯预聚体与含有环氧基团的醇反应，生成端环氧基的聚氨酯，后者骨架具有聚氨酯特性；交联固化通过环氧基团与胺的反应而完成，一般采用含胺基官能团的聚脲。制得胶层为聚氨酯—环氧树脂—聚脲结构。

2. 粘接性能

双组分结构型聚氨酯胶粘剂对各种材料的粘接性能见表4-3。

表 4-3 双组分结构型聚氨酯胶粘剂对各种材料的粘接性能

项目 \ 材料		玻璃纤维增强塑料（板状模塑料）	玻璃纤维纸增强塑料（高纤维质量分数）	玻璃纤维纸增强塑料（取向）	冷轧钢	铝合金
剪切强度/MPa	-40℃	4.5	6.7	17.5①	21.2①	11.5①
	22℃	5.2	8.6	19.2①	17.9①	7.4①
	82℃	3.7①	3.3①	4.8①	5.6①	4.9①
	137℃	2.0①	2.1	2.1①	3.7①	4.1①
	88℃热老化 14 天	6.0	6.7	18.3①	17.6①	11.6①
	22℃水浸 14 天	5.8	8.1	13.7①	16.8①	11.4①
	38℃，100%RH，14 天	4.3	7.5	13.6①	15.2①	11.2①
	加速大气老化 500h	5.6	8.8	19.2①	17.9①	7.3①
弯曲疲劳（加载次数）		4×10^6	2×10^6	2×10^5	1×10^6	—
破坏形态		未破坏	被粘材料开裂	被粘材料开裂	被粘材料开裂	—

① 内聚破坏（其余的均为被粘材料破坏）。

3. 应用

结构型聚氨酯胶粘剂从开始用于汽车的 FRP（纤维增强塑料）至今，取得了很大进展。目前，除在汽车行业中得到应用外，它还广泛用于水上运载工具[用于 FRP 甲板与船壳的粘接以及粘接 SMC（板材模型复合材料）塔架、SMC 水闸等，这些粘接件具有优异的耐振动性和耐冲击性]、电梯（电梯间的门、壁镶板的粘接）、净化槽（FRP 凸缘、隔板的粘接）、浴池（SMC—瓷砖、天花板—瓷砖的粘接）以及住宅（外装饰材料水泥预制件之间的粘接）等领域。

(1) 汽车部件的粘接　最初成功地作为聚氨酯结构胶用于汽车者是美国 Coodyesr 公司的 pliogrip，它系无溶剂双组分反应型胶粘剂，1967 年用于载重汽车的 SMC 型发动机罩的粘接。随后，GM、Ford、Mack 等公司相继在大型载重卡车的SMC部件上用其进行粘接，接着又推广到FRP部件。

（2）电梯镶板上的应用 电梯间的壁、门等用的镶板，近年来向着轻量化、高级化的方向发展。其中，轻量化是借助高刚性、轻质辅助材料的采用及表面材料的薄型化实现的。电梯镶板的材质有表面贴PVC膜的钢板（简称PVC钢板）、钢板、镀锌钢板、不锈钢板及有色不锈钢板、黄铜板等。镶板通常是由表板里面粘接上镀锌钢板或钢板等补强材料构成的。

镶板对胶粘剂的要求如下：

1）能够适用各种材质，如钢板、PVC钢板、不锈钢板、镀锌钢板等。

2）剥离强度 >150N/25mm。

3）冲击强度 >1.98J/cm^2。

4）剪切强度 >15MPa。

5）破坏状态为胶粘剂的内部破坏。

6）在60℃、90%RH的环境中放置60天后，其强度保持率在70%以上，且吸湿老化后再进行干燥，胶粘剂的恢复性好。

7）耐蠕变性、耐疲劳性优异。

8）即使是薄板，也不会因胶粘剂固化收缩引起歪斜等变形。

9）具有耐烤漆烘烤温度（最高175℃）的耐热性。

10）因PVC钢板耐热性差，故固化温度要求在80℃以下。

11）固化时间在20min以内。

12）适于自动化。

日本成功开发电梯镶板用结构型聚氨酯胶粘剂和底涂剂。先以磷酸酯系改性剂为主成分，添加微量PVC聚合物（提高耐湿性）制成溶剂型底涂剂；再用喷雾器在被处理材料表面薄薄喷一层，待溶剂干燥后，涂布胶粘剂进行粘接。该结构型聚氨酯胶粘剂是由聚醚多元醇和MDI预聚物组成的双组分型胶。

目前，结构型聚氨酯胶粘剂不仅能用于粘接塑料与金属，还广泛用于其他材料的粘接；不仅能用于汽车装配，且已推广到建筑、机械等工业领域。为使结构型聚氨酯胶更具有竞争力，各国正继续进行大量的改进工作，如降低成本，改双组分为单组分，进一步提高耐热性及其强度，取消底涂剂直接使用，简化混胶、挤出等施工操作，丰富品种，以适应更多种类的被粘材料和更多领域的应用。

4.3.4 聚氨酯树脂类建筑锚固胶粘剂

热固性聚氨酯树脂具有特别优良的耐低温性能及较高的粘接强度，可以广泛地粘接各类建筑材料。但是因为聚氨酯是由异氰酸酯与多元醇（或多元醚）制成的，在固化后成为氨基甲酸酯，其结构的链节柔韧有余、刚性不足。作为锚固胶粘剂，则希望胶体本身有足够的刚性和较高的弹性模量。因此，目前用作锚固胶粘剂的聚氨酯树脂又从以下两方面进行改性，使之成为其主树脂。

1. 环氧树脂改性聚氨酯锚固胶粘剂

将含有定量的—NCO 端基的聚酯聚氨酯与环氧树脂（低相对分子质量的）进行反应，生成一端基为环氧基、中间结构（骨架）为聚氨酯的改性物；再利用其环氧基与有机胺进行交联反应，得到性能良好的固化产物。为获得粘接强度高、工艺性能优良的效果，同样要加入适当的填料及其他助剂。

这类双组分建筑结构用锚固胶粘剂的基本性能是：改性主树脂具有良好的耐低温与耐疲劳性能。常温粘接钢试片剪切强度≥17MPa；常温粘接铝试片剪切强度≥7MPa；在 -40℃时，粘接钢试片剪切强度≥20MPa；1×10^6 次弯曲疲劳后，被粘接材料开裂

2. 丙烯酸改性聚氨酯型锚固胶粘剂

引入直链的丙烯酸酯，增加其刚性，并使之具有快速固化的工艺性能，同时又保留了耐低温、耐疲劳的良好性能。一般制法是将甲基丙烯酸酯（如羟丙酯）在催化剂存在下与聚醚及异氰酸酯进行合成改性，并使之保留一定量的—NCO 端基；然后以此物为主树脂，再配入一定量的甲基丙烯酸羟乙酯（羟丙酯）或其他丙烯酸酯类树脂，将氧化剂与还原剂分别加入到此混合主料中，再加入助剂、填料等，使之成为双组分包装的锚固胶粘剂。使用时，混合即可进行锚固施工。其主要性能是：在室温下，钢—钢剪切强度 17MPa；ϕ12mm 的螺纹钢埋深 120mm 时，拔拉强度≥50kN。

4.3.5 铺装材料用聚氨酯胶粘剂

聚氨酯粘接铺装材料是铺设材料中性能最好的一种，其主要特点如下：

1) 性能好，对基材的粘接力高，自身力学性能好，耐磨性能好，且耐水、耐油和绝缘。

2) 弹性好，铺装的地面行走特别舒适。

3) 施工时，可浇注成板，也可进行刮涂成板，颜色可选，固化速度可调。可现场施工，亦可做成板材进行拼装铺设。

4) 具有很好的防水、防潮功能，价格适中。

因此，该类材料近年来得到了广泛使用，除室内（如大厅、房间等）之外，还用于田径运动场地、幼儿园、游乐场、天桥走道、宾馆走廊等，国外一些人造草坪也有用此类材料制成的。

目前，使用较普遍的铺装材料用聚氨酯胶粘剂为双组分（A、B 组分）聚氨酯胶粘剂。A 组分是聚氨酯预聚体，现在多用聚氧化丙烯醚三元醇与甲苯二异氰酸酯进行加混反应，制得一异氰酸根质量分数为 9% ~10% 的粘稠物，即 A 组分。B 组分是先将颜料与部分聚醚多元醇混合，经三辊磨机研磨成色浆，再加入

其他助剂并混匀，最后加入填料（如碳酸钙），混合均匀成B组分。

此种铺装材料有较好的性能，将其按一定比例混合均匀后，涂片测得的性能为：硬度（邵尔A）为40～55HA，回弹率≥30%，压缩复原率≥95%，拉伸强度≥1.2MPa，断裂伸长率≥150%。

4.3.6　电子工业用聚氨酯胶粘剂

1. 聚氨酯蓖麻油基浇注胶

（1）组成及配比（质量份）　A组分：蓖麻油（19.7±2）份，210聚醚（相对分子质量1000）　（33±2）份，二丁基二月桂酸锡适量；B组分：TDI（11.2±2）份。为防止变霉，可加入防霉剂，如2-巯基苯并噻唑、8-羟基喹啉酮、多菌灵等。

（2）制备　反应釜为150～200L以上，配有搅拌器。抽真空时，釜内压力应小于1.333MPa，可加热至150℃，反应釜出口温度不低于110℃。

（3）主要性能（见表4-4）

表4-4　主要性能

项目			数值
拉伸剪切强度/MPa	20℃	铝/铝	1.53
		不锈钢/不锈钢	1.58
	50℃	铝/铝	0.98
		不锈钢/不锈钢	1.25
	-30℃	铝/铝	3.74
		不锈钢/不锈钢	3.00
冲击强度（20℃/50℃）/（J/cm^2）			>10
邵尔A硬度　HA			40～50
体积电阻率/Ω·cm			3.5×10^{14}
介电常数ε			5.6～7.1
吸水性（%）			0.1
介电强度/（MV/m）			17.2

（4）应用　聚氨酯浇注胶用于电子产品，如洗衣机电路板、数码遥控产品、互感器、电容器、电缆、电子元件灌封。其技术要求是：对多种基材有良好的粘接性；粘度低，适于浇注；固化温度低，以免高温损坏电子元件；适用期长；无气泡或有很少非贯穿性气泡；电绝缘性能高；吸水性低；硬度低，便于修补，冷热交变不会造成脱胶；防霉；成本低。

2. 铁锚401胶

（1）组成及配比（质量份） 聚酯树脂1份，改性TDI溶液4份，银粉10份。

（2）配制及固化 甲、乙、丙三组分准确称量，混合均匀。涂胶一次，晾10～15min，叠合，30℃下固化10h。

（3）性能及用途 剪切强度为17.6MPa，电阻率为（1～5）$\times 10^{-3}\Omega \cdot cm$。主要用于电信、无线电器件粘接。

3. 柔性印制电路用聚酯覆铜板胶粘剂

（1）组成及配比（质量份） 主体树脂100份，芳胺固化剂10～30份，固化促进剂1～3份，活性稀释剂1～5份，触变剂1～2.5份。

（2）配制 将合成的聚氨酯增韧环氧胶涂覆在100μm厚的聚酯薄膜上，控制胶厚为20μm，烘干后与35μm粗化铜箔复合，在热压机中120℃固化120min，冷却后出料，即制得柔性印制电路用的聚酯覆铜板（CCL）。

（3）应用 聚酯覆铜板以优异的性能和低廉的价格，而广泛地应用在汽车仪表、家用电器、视听音响、高档玩具、计算机及辅助设备上。

4.3.7 机械用聚氨酯胶粘剂

1. 超低温1#

（1）组成及配比（质量份） 三羟基聚氧化丙烯醚/甲苯二异氰酸酯预聚体100份，3，3′-二氯-4，4′-二氨基二苯基甲烷20份。

（2）配制及固化 于0.02MPa的压力下，100℃固化4h。

（3）性能及用途 粘接铝的剪切强度：室温时为12.0MPa；－196℃时为25.0MPa。适用于超低温粘接、制氧机修补。

2. 常温快速固化输送带修补胶

（1）组成及配比（质量份） TDI-PEBA聚氨酯预聚体（含有1%碳化二亚胺）100份，酯类增塑剂（DOP）、多元醇和扩链交联剂等30～40份，540树脂溶液。

（2）主要性能（见表4-5）

表4-5 主要性能

项 目	数 值
断裂拉伸强度/MPa	11.0
断裂伸长率（%）	300～400
可操作时间/min	≈10
表干时间/h	≈2

（续）

项　目	数　值
完全固化时间/h	168
邵尔A硬度　HA	70，与输送带带面硬度接近
耐油性能	于120#汽油中浸泡72h，性能无变化
耐酸碱性能	于80℃、5%HCl和5%NaOH水溶液中浸泡168h，性能无变化

(3) 应用　适宜于输送带的快速修补。该修补胶应用于三峡工程中大型塔带机上，在高速、高负荷运载的情况下，安全运行1年多后，修补处没有出现撕裂、剥离情况。

4.3.8　水性聚氨酯胶粘剂

水性聚氨酯胶粘剂是以水为分散介质的聚氨酯胶粘剂，具有无溶剂、无臭味、无污染等优点，同时还具有溶剂型聚氨酯胶粘剂所固有的高强度、耐磨损、耐疲劳等优异性能。随着人们环保意识的增强，水性PU正逐步取代溶剂型PU，成为胶粘剂领域的一个组成部分。

1. 合成

水性聚氨酯是配制水性聚氨酯（APU）胶粘剂的基础物质和关键组分，它的性能直接决定胶粘剂的最终性能。根据粒子所带电荷的种类，水性聚氨酯可分为阴离子、阳离子、非离子三种类型。水性聚氨酯的制备方法有外乳化法和自乳化法。外乳化法是在乳化剂、高剪切力的存在下，将聚氨酯预聚体强制性乳化于水中，形成乳液。该法制备的聚氨酯乳液的贮存稳定性不好，所成膜的物理性能不好。自乳化法就是将亲水基团直接引入到分子链中，使分子部分有亲水性而使整个分子分散于水中。目前，以自乳化法为主。根据扩链反应的不同，自乳化法可分为丙酮法、预聚体分散法、熔融分散法、酮亚胺/酮连氮法、封端乳化法等。其中，丙酮法和预聚体分散法较为成熟。

2. 性能

一般的水性聚氨酯胶粘剂的性能见表4-6。

表4-6　一般的水性聚氨酯胶粘剂的性能

性能项目	数值	性能项目	数值
固体质量分数（%）	30~65	性能张力/（N/m）	30~65
平均粒径/μm	0~5	拉伸强度/MPa	5~50
粘度（未增稠）/mPa·s	50~1000	伸长率（%）	300~1000
有机溶剂质量分数（%）	0~15	邵尔A硬度　HA	25~95

与溶剂型聚氨酯胶粘剂相比，水性聚氨酯胶粘剂除了无溶剂、无臭味、无污染的优点外，还具有以下特点：

（1）粘接力强　大多数水性聚氨酯胶粘剂中不含—NCO基团，但存在氨酯键、脲键、醚键、离子键等，因此对多种基材粘接力较强，亲合性好。由于水性聚氨酯中含有羧基、羟基等活性基团，在适当条件下可形成交联，提高粘接力。

（2）粘度小　水性聚氨酯胶粘剂的粘度一般通过水溶性增稠剂及水来调节，除了外加的高分子增稠剂外，影响水性聚氨酯胶粘剂粘度的重要因素还有离子电荷、胶粒结构与粒径等。相同的固体含量，水性聚氨酯胶粘剂的粘度较溶剂型的胶粘剂小。水性聚氨酯胶粘剂的粘度不随聚合物相对分子质量的改变而有明显差异，因此可使聚合物高相对分子质量化，以提高其内聚强度；而溶剂型的胶粘剂粘度则随聚合物相对分子质量的增高呈指数关系上升，交联时易产生凝胶。

（3）干燥速度慢　由于水的挥发性比有机溶剂差，故水性聚氨酯胶粘剂干燥较慢，并且由于水的表面张力大，对表面疏水性的基材的润湿能力差。

（4）共混性好　水性聚氨酯胶粘剂易与其他树脂或颜料混合，以改进性能，降低成本。

（5）其他特性　不燃、无毒，适用于易被有机溶剂侵蚀的基材。残胶易清理，操作方便。

3. 水性聚氨酯的改性

大多数水性聚氨酯主要是线型热塑性聚氨酯，相对分子质量较低，因此耐水性、耐溶剂性、胶膜强度等性能较差。为提高水性聚氨酯的性能，需对其进行改性。高性能水性聚氨酯胶粘剂应具有以下特点：

1）耐水、耐介质性好。

2）粘接强度高，初粘力大。

3）良好的贮存稳定性。

4）耐冻融，耐较高温度。

5）干燥速度较快，低环境温度下成膜性良好。

6）施工工艺佳。

从水性聚氨酯的制备工艺过程来看，聚氨酯预聚体的分子结构对水性聚氨酯的最终性能有着决定性的影响。通过改变预聚体的分子结构、相对分子质量的大小等因素，可达到改性的目的，得到高性能水性聚氨酯。通常，用以下几种方法进行改进：

（1）调整原料　聚醚的耐水解性较好，有时也可以与聚酯并用制备聚氨酯胶粘剂。多元醇的相对分子质量越大，所制成水性聚氨酯的胶膜越软；反之，聚醚相对分子质量越小以及官能团越多，则胶膜越硬，耐水性也较好。在胶粘剂配方中添加少量的有机硅偶联剂，也能提高胶粘层的耐水解性。

（2）热处理 大多数水性聚氨酯产品通过适当的热处理，可提高胶膜的强度和耐水性。

（3）与其他聚合物共混或共聚 其中，最重要的是水性聚氨酯改性丙烯酸酯，称为“第三代水性聚氨酯”。它结合了聚氨酯突出的力学性能与丙烯酸树脂（PA）较好的耐水性及耐化学品等性能，使材料的综合性能得到提高。

（4）交联 交联是提高水性聚氨酯性能，尤其是提高湿粘接强度和耐溶剂性能的重要途径。

4. 应用

水性聚氨酯胶粘剂粘接性能好，可用于PVC、PET、PP、ABS、PE等塑料片材或薄膜织物（棉或化纤）、无纺布、纸张、玻璃等基材的粘接或复合层压加工，甚至可用于传统纺织物的缝合。近年开发的热真空复合成型工艺已广泛用于高级家具、轿车等部件。

（1）木材加工 木材加工是胶粘剂的最大应用领域。水性聚氨酯作为胶粘剂，可与泡沫塑料、木材、皮革、织物、纸张、陶瓷等多孔材料和金属、玻璃、橡胶、塑料等表面光洁的材料粘接。由于水性聚氨酯胶粘剂无甲醛污染问题，对木材含水量无严格限制，产品耐水性和耐候性极佳，因而在木材工业中颇受青睐。水性聚氨酯也可以作为木材或石料的修补材料。

（2）在食品包装中的应用 在当今的食品工业中，常用各种层压复合薄膜对食品、饮料和调味品等进行包装。层压复合薄膜是将塑料膜层与其他材料用胶粘剂粘接在一起制成的。由于溶剂型胶粘剂含有机挥发物，会污染食品，不利于人体健康，因此，在食品包装领域中用水基胶代替溶剂型胶粘剂是必然趋势。日本东邦化学工业公司研制出了具有优异贮存性能的离子型水性聚氨酯胶粘剂，特别适用于制备食品包装用多层塑料膜。

（3）汽车工业 APU正在逐步替代传统的胶粘剂，如溶剂型或水基氯丁橡胶、丁腈橡胶以及溶剂型PU，用于粘接汽车零部件、仪表板、挡泥板、门板、地毯和顶篷。它们的被粘材料是聚烯烃和ABS塑料、织物和木材等。

（4）复合层压及雕塑加工 聚氯乙烯、聚酯、ABS、经电晕处理的聚烯烃等塑料薄膜及片材，以及棉布和化纤织物、纸张、皮革之间可用水性聚氨酯胶粘剂进行层压复合。聚氨酯具有柔韧的胶膜，并且特别适于含增塑剂的软质PVC的涂层和粘接。大多数水性聚氨酯是热塑性聚氨酯，能够采用热熔胶的方法进行粘接。有人研究用双组分水性聚氨酯作为复合游膜干法复合胶粘剂，使制品仍具有较好的复合强度及柔软性。国外用于房屋建筑材料的铝板、牛皮纸、铝复合板，过去采用乙烯丙烯酸酯共乳液（EAA）等胶粘剂制造，而采用水性聚氨酯胶粘剂时，粘接性能优于EAA。国外某些仪表、汽车装饰构件等用途的层压板用水性聚氨酯胶粘剂时，粘接强度比用溶剂型胶粘剂还要高。

(5) 压敏胶　乳液压敏胶的用途是制造胶带、不干胶标签等，也可直接使用，广泛用于办公用品、建筑、家具、车辆等领域。考虑到耐老化性、粘接强度、透明性、无毒性等因素，一般使用丙烯酸酯乳液。而聚氨酯具有粘接强度高、耐寒等性能，可成为水性压敏胶中的一种新型优良品种，基材主要是纸张、塑料薄膜及织物等。

(6) 导静电乳液型胶粘剂　在醋酸乙烯酯—丙烯酸酯乳液中，加入水性聚氨酯和增粘树脂提高乳液型胶粘剂的性能，加入导电纤维赋予乳液型胶粘剂导静电性能，制得乳液型胶粘剂。该胶粘剂主要用于粘贴导静电半硬质 PVC 块状塑料地板，也可以用于大型电子仪器室、电子生产车间、手术室、计算机房等需要导静电的地方。

表 4-7 为水性聚氨酯胶粘剂的一些应用。

表 4-7　水性聚氨酯胶粘剂的一些应用

离子型组分		水性聚氨酯类型	用途	特性
阴离子型	单组分	PU/PA 或 PE 胶乳型互穿网络的核壳结构	皮革涂饰剂、胶粘剂、涂料	耐沸水，遮盖力好，耐溶剂，提高弹性模量、拉伸强度
		POE/POP 共聚物，离子交换型 PU 胶粘剂	金属冷凝管	良好的热传导、非温敏感性，使用温度范围宽
		聚醚型聚氨酯	PP 等塑料薄膜粘接，可用于食品包装	无毒无味，柔性好
		烷醇酰胺改性聚氨酯	皮革涂饰剂	涂层柔软，粘附力强，乳液稳定
		酚醛树脂/苯氧树脂的聚氨酯胶粘剂	聚氨酯与金属或其他基材的粘接	良好的柔韧性、金属粘接性，优秀的耐候性
		聚酯型、阴离子脂肪族聚氨酯	皮革、塑料、橡胶、增强 PVA 的胶粘剂	水溶性或乳液低活性温度
		NCO 二聚体封端或低活性氢化物封端聚氨酯与固化剂共存	汽车中的板材、塑料，如 ABS、PVC	高强，耐热，耐水，耐溶剂，常温固化
		苯乙烯接枝聚氨酯	非极性基材胶粘剂	提高粘接性和耐水性
	双组分	A：羧酸、磺酸型聚氨酯 B：碳化二亚胺、氮吡啶胶粘剂	韧性片材，如聚酯、聚烯烃、纸、金属胶粘剂、包装袋粘接	耐沸水，耐溶剂，粘附力强，耐湿型
		A：聚醚、聚酯多元醇聚氨酯 B：聚异氰酸酯聚合物固化剂	各种地板的附面材、贴塑等	粘附力强，柔韧性好，耐水，耐湿，耐溶剂

（续）

离子型	组分	水性聚氨酯类型	用途	特性
阳离子型	双组分	多元醇聚氨酯交联型	多元醇聚氨酯交联型	粘附力强，耐湿擦性，耐挠曲
		聚醚、聚酯线型聚氨酯型	聚醚、聚酯线型聚氨酯型	柔性好，乳液低活性温度
		聚烯烃型聚氨酯	聚烯烃型聚氨酯	耐热水，对烯烃聚合物粘性好
非离子型		蓖麻油聚氨酯中溶入聚乙烯胶粘剂	蓖麻油聚氨酯中溶入聚乙烯胶粘剂	粘附力强，用于低表面张力的塑料
		端 NCO 聚氨酯在 PVA 或 EVA 水系乳液	端 NCO 聚氨酯在 PVA 或 EVA 水系乳液	粘接力好，粘接面光滑
		有机功能硅氧烷作为交联剂和促进剂水性聚氨酯	玻璃、混凝土、金属表面粘接，密封胶	极佳的湿态固化，高拉伸强度、撕裂强度
		乙烯基聚氨酯乳液	木材加工、纸、纤维、金属箔的粘接	耐水，初粘强度高
		聚醚聚氨酯与丙烯酸异辛酯乳液共聚	塑料、金属、片材粘接	兼具聚氨酯与聚丙烯酸酯类优良性能

5. 水性聚氨酯胶粘剂的发展趋势

（1）提高固体含量　目前所生产的水性聚氨酯胶粘剂的质量分数多为20%~40%，干燥和运输费用较高。国内外研究者设法将其质量分数提高到50%以上，但由于提高固体质量分数会导致性能不稳定，因此研究者多从反应工艺学方面加以研究。

（2）采用共混技术，降低成本　将水性聚氨酯胶粘剂与其他廉价的水性胶配合使用，可制成高性能、低成本的水性聚氨酯胶粘剂，这是降低水性聚氨酯胶粘剂成本的重要途径之一。

（3）提高初粘性　水性聚氨酯胶粘剂的初粘性低是阻碍其广泛应用的重要因素。日本某公司已采用引入环氧树脂的方法制得了具有良好初粘性的产品。

（4）提高稳定性　在保持水性聚氨酯耐水性的同时，提高水性聚氨酯胶粘剂的贮存稳定性是目前国内外水性聚氨酯研究的重要方向。研究者从乳液的形态学着手研究，以解决粒径、粘度、贮存性与胶性能之间的矛盾。

4.3.9　汽车工业用聚氨酯胶粘剂

在汽车工业中应用最广泛的聚氨酯胶粘剂主要有粘接玻璃纤维增强塑料

(FRP) 和片状模塑复合材料 (SMC) 的结构胶粘剂、内装件用双组分聚氨酯胶粘剂及水性聚氨酯胶粘剂等。

以端异氰酸酯基聚氨酯为主剂，添加填料剂、抗氧剂、催化剂和有机硅偶联剂等，可代替螺栓、铆钉或焊接等形式来实现汽车塑料、玻璃等结构部件的粘接，如重型卡车 SMC 发动机罩和 FRP 部件、轿车发动机盖、驾驶室顶盖和车身板等零部件。它具有使用工艺简单，存贮、运输方便等特点，可室温固化或热固化，其胶层具有弹性和高剪切强度。

水性聚氨酯胶粘剂多用于汽车内饰件 PVC 人造革、仪表板、挡泥板、门板、地毯、顶棚和软质顶棚材料中，如 PVC 薄膜复合聚氨酯泡沫或织物复合等；也可用作汽车防噪声和阻尼涂料。李付亚等以聚醚二元醇 (N220)、TDI-80、1，4-丁二醇 (BDO) 和二羟甲基丙酸 (DMPA) 等为原料，制备了聚氨酯预聚体；然后以丙烯酸酯为改性剂合成出水性聚氨酯乳液。当 ω (丙烯酸酯单体) =25%、ω (DMPA) =3.8%时，可得到高性能的改性水性聚氨酯乳液，由该乳液制得的胶粘剂可以满足汽车内饰材料的粘接要求。

聚氨酯植绒胶可分为溶剂型和非溶剂型两类，有单组分植绒胶和双组分植绒胶。它可用于汽车内装饰植绒生产线的各种不同基材上，如三元乙丙橡胶密封条、橡塑密封条以及硬质基材 (PC、PP、ABS、金属等)。聚氨酯植绒胶粘剂粘接强度大，又有较好的耐候、耐水、耐汽油和耐老化等性能。唐二军等将己二酸与二元醇在 170～220℃下进行缩聚反应，加入溶剂、TDI 和催化剂进行缩合反应得到 A 组分；加入 TDI 和部分溶剂，滴加预先脱水并熔化的三羟甲基丙烷 (TMP)，控制温度得到 B 组分，制备了双组分聚氨酯植绒胶。当两组分复配时，应选择合适的比例。经过静电植绒制备的汽车密封条绒面涂料，涂层粘合牢固，柔韧性好，经有关汽车厂试用后，完全满足使用要求。

第 5 章　酚醛树脂胶粘剂

酚醛树脂胶粘剂是合成胶粘剂中使用最早、用量最大的品种之一，广泛地应用于建筑材料加工与建筑工程、涂料与塑料、飞机、船舶、汽车与拖拉机、航空航天及轻工业等行业。酚醛树脂胶粘剂具有粘接强度高，耐高温、耐水、耐油，价格便宜，容易生产，本身易进行改性等优点。到目前为止，在合成胶粘剂领域中，按绝对用量，酚醛树脂胶粘剂仍是最大的品种之一。尤其是改性酚醛树脂胶粘剂，如酚醛—缩醛、酚醛—丁腈、酚醛—环氧、酚醛—有机硅等在金属结构胶中均占有十分重要的地位。由于酚醛树脂生产原料为酚类和醛类化合物，游离酚和醛，尤其是游离甲醛对人体和环境有害，需严格控制其含量，生产不含或极少含游离酚和游离醛的酚醛树脂。国内外已经开发了环保酚醛树脂改性产品。

5.1　酚醛树脂胶粘剂的分类

酚醛树脂胶粘剂品种较多。根据合成原料不同、合成条件与性能不同及应用要求不同，分类方法也不相同，很难进行统一的分类和命名。一般可将其分为两大类：酚醛树脂胶粘剂（或纯酚醛树脂胶粘剂）和改性酚醛树脂胶粘剂。酚醛树脂胶粘剂的具体分类见图 5-1。

- 酚醛树脂胶粘剂分类
  - 酚醛树脂胶粘剂（纯酚醛树脂胶粘剂）
    - 钡酚树脂胶粘剂
    - 醇溶性酚醛树脂胶粘剂
    - 水溶性酚醛树脂胶粘剂
  - 改性酚醛树脂胶粘剂
    - 热塑性酚醛树脂胶粘剂
      - 酚醛—缩醛
      - 酚醛—尼龙
    - 热固性酚醛树脂胶粘剂
      - 酚醛—环氧
      - 酚醛—有机硅
    - 酚醛—橡胶胶粘剂
      - 酚醛—氯丁橡胶
      - 酚醛—丁腈橡胶
    - 间苯二酚甲醛树脂胶粘剂

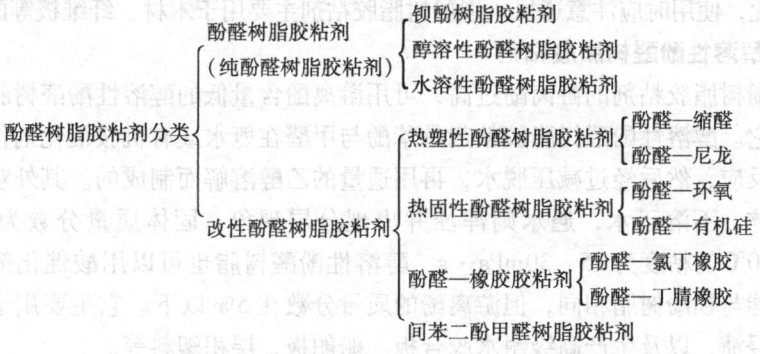

图 5-1　酚醛树脂胶粘剂的具体分类

也可按酚醛树脂使用的固化温度不同进行分类，包括高温固化型酚醛树脂胶粘剂、中温固化型酚醛树脂胶粘剂和常温固化型酚醛树脂胶粘剂。

（1）高温固化型酚醛树脂胶粘剂　用强碱为催化剂，反应介质 pH 值 >10，在130～150℃下固化；用弱碱为催化剂，反应介质pH值<9，形成的初期酚醛树脂用酒精溶解，在130～150℃下固化。

（2）中温固化型酚醛树脂胶粘剂　用碱为催化剂，反应介质pH值>12，在反应釜中缩聚到接近中期树脂的程度，在105～115℃下固化。

（3）常温固化型酚醛树脂胶粘剂　用强碱为催化剂，形成初期酚醛树脂，以有机溶剂溶解，在酸性条件下常温固化。

5.1.1 酚醛树脂胶粘剂的种类

酚醛树脂具有良好的耐热性、抗蠕变性、耐水性、耐酸性，并且能耐一般有机溶剂。未改性的酚醛树脂胶粘剂的品种很多，现在常用的有3种。它们主要采用甲阶酚醛树脂为粘料，在室温与酸性催化剂作用下能固化成坚固的、有粘附性的胶层。常用的酸性催化剂有石油磺酸、对甲苯磺酸、磷酸的乙二醇溶液、盐酸的乙醇溶液或甲醛—盐酸—甘油混合溶液等。未改性的酚醛树脂胶粘剂主要用于粘接木板、木质层压板、胶合板，也可用于泡沫塑料及其他多孔性材料。

1. 钡酚树脂胶粘剂

钡酚树脂胶粘剂是用氢氧化钡为催化剂制备的甲阶酚醛树脂。

钡酚树脂胶粘剂配好后，在常温下有3～5h的使用期。温度升高，使用期缩短。在室温下固化时间为4～6h；对多孔材料的粘接，固化时间要长一些。若在60℃固化，时间为60min左右，对木材的粘接剪切强度可达13MPa。

钡酚树脂胶粘剂的缺点是组分中含有酸，易使木材纤维水解；木材的粘接强度随时间的延长而下降；胶中游离酚的质量分数高达20%左右，对操作者身体有害。因此，使用时应注意通风。钡酚树脂胶粘剂主要用于木材、纤维板等的粘接。

2. 醇溶性酚醛树脂胶粘剂

钡酚树脂胶粘剂的游离酚过高，可用游离酚含量低的醇溶性酚醛树脂胶粘剂来代替它。醇溶性酚醛树脂胶粘剂是苯酚与甲醛在氨水或有机胺催化剂作用下进行缩聚反应，然后经过减压脱水，再用适量的乙醇溶解而制成的。其外观为棕色透明液体，不溶于水，遇水则浑浊并出现分层现象，固体质量分数为50%～55%，20℃的粘度为15～30mPa·s。醇溶性酚醛树脂也可以用酸催化剂室温固化，性能与钡酚树脂相同，但游离酚的质量分数在5%以下。它主要用于纸张或单板的浸渍，以及生产高级耐水胶合板、船舶板、层积塑料等。

3. 水溶性酚醛树脂胶粘剂

水溶性酚醛树脂胶粘剂是最重要、用量最大、用途最广的酚醛树脂胶粘剂。它是苯酚与甲醛在氢氧化钠催化剂作用下缩聚而成的。其外观为深棕色透明粘稠液体，固体质量分数为45%～50%，20℃时的粘度为0.4～1.0Pa·s。其特点是以水为溶剂，成本低，且可以节约大量有机溶剂，游离甲醛的质量分数低于

2.5%，对人体危害小；使用时不加固化剂，加热即可固化。它主要用于生产耐水胶合板、船舶板、航空板、碎料板和纤维板。国内的水溶性酚醛树脂胶粘剂的性能已达到或超过国外同类产品的性能。

水溶性酚醛树脂的合成方法举例如下：在反应釜中加入100质量份的苯酚、26.5质量份的40%（质量分数）的氢氧化钠水溶液，开动搅拌器，加热至40～50℃，保持20～30min，然后在0.5h内于42～45℃下将107.6质量份的37%（质量分数）的甲醛缓慢加入反应釜中，反应温度升高，在1.5h内上升到87℃；继续在20～25min内使反应物温度由87℃升至94℃，在此温度下保持18min；降温至82℃，保持13min，加入21.6质量份的甲醛、19质量份的水，升温至90～92℃，反应至粘度符合要求时为止，冷却即可。树脂在室温下保存期可达3～5个月。

5.1.2　改性酚醛树脂胶粘剂

向酚醛树脂中引入高分子弹性体，可以提高胶层的弹性，降低内应力，克服老化龟裂现象，同时，胶粘剂的初粘性、粘附性及耐水性也有所提高。常用的高分子弹性体有聚乙烯醇及其缩醛、丁腈乳胶、丁苯乳胶、羧基丁苯乳胶、交联型丙烯酸乳胶。

酚醛—聚乙烯醇缩醛结构胶粘剂是发展最早的航空结构胶之一，也常应用于金属—金属、金属—塑料、金属—木材等粘接。此种胶粘剂所采用的酚醛树脂为甲阶酚醛树脂或其羟甲基被部分烷基化的甲阶酚醛树脂，聚乙烯醇缩醛主要为聚乙烯醇缩甲醛和聚乙烯醇缩丁醛。一般情况下，缩醛相对分子质量增大，胶粘剂的剪切强度有所提高，但剥离强度变低；缩醛基中的烷基越大，体系变得越柔软，剥离强度越好，但其耐热性变低。有人经过长期老化试验后，发现这种树脂胶粘剂有很好的耐老化性，但耐高温性能较差。

1. 酚醛树脂改性途径

由于苯酚是优良的化工原料，价格较贵，且苯酚含量高，不利于健康与环保，因此，除寻找适当的代用品外，用其他材料对酚醛树脂进行改性，相应地降低树脂中苯酚的含量，或提高产品的某些质量，也是一种广为采用的方法。同时，在改性胶粘剂中，酚醛树脂有两个作用：一个用途是作增粘剂，添加到接触型的氯丁胶、丁腈胶中；另一个用途是作固化剂，改性丁腈橡胶及聚乙烯醇缩醛，制造结构胶粘剂等。

2. 酚醛—丁腈橡胶胶粘剂

将酚醛树脂用丁腈橡胶改性，可以制得兼具二者优点的胶粘剂。酚醛—丁腈橡胶胶粘剂是一种应用早、性能好的结构型胶粘剂。目前，国内此类胶粘剂有J-01，J-02，J-03，J-04，JF-2，J-15，J-16，JX-9，JX-10和KH-506等；国外有Metitond4021，PA-101，H2P，plastilock，BK-32-200，KB-32-250，BK-3和BK-4

等。酚醛—丁腈橡胶胶粘剂具有以下优点：

1）酚醛—丁腈橡胶胶粘剂具有较高的粘接强度。这种胶柔韧性好，粘接力强，尤其是具有良好的抗剥离性能。它的剥离强度和不均匀扯离强度在结构胶中是比较高的。

2）使用温度范围比较广。能在60~150℃下长时间使用，某些品种的使用温度可高达250~300℃。国内外有不少成熟的酚醛—丁腈橡胶胶粘剂。粘接铝合金时，室温时的剪切强度在20MPa以上，-60℃时的剪切强度在30MPa左右，200℃时的剪切强度能保持在10MPa左右。

3）有极佳的耐老化性能，良好的耐油、耐溶剂性能，耐气候、耐水、耐化学介质，而且是一种抗盐雾性能良好的结构胶粘剂。

4）适用范围广。除了用来粘接机身的平条板和机翼的蜂窝结构外，也可用来密封油箱，粘接汽车制动片、离合器等，还可用来粘接橡胶—橡胶、塑料—塑料、金属—金属（铝、钢、镁、铅和锌板等）、金属—橡胶等材料。

（1）酚醛树脂和丁腈橡胶的配比　酚醛树脂和丁腈橡胶的配比对胶粘剂性能影响很大。酚醛树脂过多，必然使胶粘剂缺乏韧性，不耐冲击；丁腈橡胶过多，必然影响粘接强度和耐热性能。丁腈橡胶的用量应根据粘接件的要求而定，如在较高温度下使用时，橡胶用量可低于树脂的用量。当丁腈橡胶与酚醛树脂质量比为1∶1左右时，能得到力学性能和耐热性能都比较好的胶粘剂。

（2）醛酚—丁腈橡胶胶粘剂的主要配合剂　酚醛—丁腈橡胶胶粘剂除主要成分酚醛树脂和丁腈橡胶以外，还有其他的配合剂，如树脂固化剂、增粘剂、橡胶硫化剂、硫化促进剂、补强填充剂、增塑剂、防老剂等。这些配合剂的选择和用量的多少，可根据对胶粘剂性能和工艺的要求而定。

1）催化剂及橡胶硫化剂。某些带结晶水的金属卤化物可以加速树脂对橡胶的硫化，称为催化剂。如酚醛树脂硫化丁腈橡胶体系中加入2份（质量份）$SnCl_2 \cdot 2H_2O$作催化剂，可以大大促进树脂对橡胶的硫化。

除酚醛树脂与丁腈橡胶反应的催化剂外，有时还需在胶粘剂配方中添加橡胶硫化剂、硫化促进剂及活性剂等。常用的橡胶硫化剂有硫磺、多硫化物和有机过氧化物等。常用的硫化促进剂有促进剂M、促进剂DM。常用的活性剂是氧化锌。

2）填充剂。酚醛—丁腈橡胶胶粘剂中常加入石棉粉、炭黑等填充剂，以提高其耐热性能和粘接强度。常用的填充剂还有石墨、二氧化硅、金属粉和金属氧化物等。

3）溶剂。常用的溶剂有醋酸乙酯、醋酸丁酯和甲乙酮等。通常多采用混合溶剂。

综上所述，酚醛—丁腈橡胶胶粘剂一般配方范围和基本配方分别见表5-1、表5-2。

表 5-1　酚醛—丁腈橡胶胶粘剂一般配方范围

酚醛—丁腈橡胶胶粘剂组分①	配方范围（质量份）	
	胶液	胶膜
丁腈橡胶	100	100
线型酚醛树脂	0~200	75~100
甲阶酚醛树脂	0~200	
氧化锌	5	5
硫磺	1~3	1~3
促进剂②	0.5~1	0.5~1
防老剂③	0~5	0~5
硬质酸	0~1	0~1
炭黑	0~50	0~50
填料	0~100	0~100
增塑剂	—	0~10
溶剂	配比溶液后，固体质量分数约为20%~50%	—

① 固化条件：一般为160~180℃，0.5~1h，压力0.35~2MPa。

② 常用促进剂M、促进剂DM及二硫化秋兰姆的锌盐。

③ 常用防老剂有没食子酸丙酯、苯并吡啶（喹啉）等。

表 5-2　酚醛—丁腈橡胶胶粘剂的基本配方

组成	基本配方（质量份）		组成	基本配方（质量份）	
	胶液	胶膜		胶液	胶膜
丁腈橡胶	100	100	硬脂酸	0~1	0~1
甲阶酚醛树脂	0~200		炭黑	0~50	0~50
线型酚醛树脂	0~200	75~100	填料	0~100	0~100
氧化锌	5	5			
硫磺	1~3	1~3	增塑剂	—	0~10
促进剂	0.5~1	0.5~1	溶剂	固体质量分数20%~50%	
防老剂	0~5	0~5			

配方中使用的丁腈橡胶是高丙烯腈丁腈橡胶，其与酚醛树脂配合具有很宽的范围。酚醛树脂用量增多，可以提高耐热强度，但抗冲击性能降低。如用质量比1:1的比例，可以得到均衡的粘接性能。常用的促进剂是$SnCl_2 \cdot 2H_2O$，防老剂为苯二酚，溶剂为酯、酮的混合物。

对金属的粘接，加入质量分数为1%的硅烷偶联剂，可显著提高剪切强度。

酚醛—丁腈橡胶胶粘剂可用为航空业的结构用胶，用于蜂窝结构的粘接，汽车、摩托车制动片摩擦材料的粘接，汽车离合器衬片的粘接，印制电路板中铜箔与层压板的粘接。

3. 酚醛—氯丁橡胶胶粘剂

酚醛—氯丁橡胶胶粘剂的主要组分为酚醛树脂（常用对叔丁酚—甲醛树脂）与氯丁混炼胶。

酚醛—氯丁橡胶胶粘剂初粘力较高，成膜性好，且胶膜较柔韧。大多数该种胶粘剂可在室温或稍高的温度条件下固化，有时也用高温固化，其固化条件为170℃左右，压力1372～2058kPa，时间30～60min，对金属的粘接强度在室温下可达27.44MPa。它对许多材料，如木材、橡胶、金属、玻璃、塑料、纤维织物等有粘接力，在工业上是一种很重要的非结构胶。它既可用溶剂配成胶液使用，亦常制成薄膜使用，仅需在临用前用溶剂对粘接面进行必要的湿润。这种酚醛—氯丁橡胶胶粘剂对金属结构材料的粘接有良好的抗振动、抗疲劳和耐低温等性能，其耐盐雾、耐油、耐水和耐溶剂性甚至超过酚醛—丁腈橡胶胶粘剂；但其强度随温度增高而下降，作为金属结构胶仅能用于90℃以下，而在高温场合下使用，常以酚醛—丁腈橡胶胶粘剂和酚醛—缩醛胶粘剂更为合适。

此外，酚醛树脂还可与特殊尼龙配制成酚醛—尼龙胶粘剂等，在工业上有一定用途。

4. 酚醛—缩醛胶粘剂

利用热塑性的聚乙烯醇缩醛树脂改变酚醛树脂的脆性，制得的胶粘剂称为酚醛—缩醛胶粘剂。酚醛—缩醛胶粘剂具有力学强度高，柔韧性好，耐寒、耐疲劳、耐大气老化性能较好的特点。

（1）品种　聚乙烯醇缩醛是热塑性的线型高分子化合物。按生产的条件及所用的原材料不同，其产品的分子结构中有不同含量的缩醛基、羟基和少量的乙酰基。由于它是线型高分子化合物，故有良好的柔软性；同时在它的分子中有缩醛基、羟基和酰基等极性基团，故聚乙烯醇缩醛树脂本身对许多材料具有良好的粘接力。长期以来，其被用于制造安全玻璃，但耐热性差。聚乙烯醇缩醛分子中的这些极性基团还可以和环氧树脂、酚醛树脂中的极性基团起反应而改变相互间的性能。用来改性酚醛树脂的聚乙烯醇缩醛有缩甲醛、缩乙醛、缩丁醛、缩丁糠醛等。酚醛—缩醛胶粘剂的主要组成为酚醛树脂、缩醛树脂以及适宜的溶剂，有时也加入一些防老剂、偶联剂及触变剂等。

聚乙烯醇缩醛中的羟基与酚醛树脂中的羟甲基进行缩合反应，形成交联结构。聚乙烯醇缩醛的种类、羟基含量的多少、相对分子质量的大小，对胶的性能有较大的影响。常用缩醛的相对分子质量为数万到20万，相对分子质量越大，剪切强度越高，但剥离强度下降。聚乙烯醇缩甲醛较缩丁醛的高温剪切强度大，耐蠕变性好，但剥离强度较低。

酚醛—缩醛胶粘剂中的酚醛树脂是作固化剂用，常选用 NaOH 催化所得的醇溶性酚醛树脂，其与缩醛的配合比可在（0.3～2）：1之间。增加酚醛用量，耐热性提高，韧性降低。在多数情况下，在100质量份缩醛中加入50～125质量份酚醛。在两者用量相等时，具有良好的均衡性质，既有较好的耐高温强度，又有较好的低温抗冲击强度和剥离强度。

酚醛—缩醛胶粘剂综合了二者的优点，形成韧性的结构胶，具有优良的抗冲击强度及耐高温老化性能，耐油、耐芳烃、耐盐雾及耐候性亦好。目前，国内的主要品种牌号有 X98-1、JSF-2、JSF-4、JSF-6、JSC-1（201）、JSC-2（202）、SC-3（203）。后三者为缩甲醛胶，其耐热性较高，可在 -70～150℃工作；其余为缩丁醛胶，耐热性较差，只能在 -60～60℃下工作。国外的主要品牌有 ReduxE、Redux64、FM-47、Ec1471、Hidux1033 等缩甲醛胶，5Φ-2、5Φ-4 和 Reinox433 等缩丁醛胶。国产 FSC（201）胶是由125质量份甲阶酚醛树脂、100质量份聚乙烯醇缩甲醛以及溶剂组成，溶剂为甲苯与乙醇的混合物，固化条件为98kPa，160℃，3h。

（2）酚醛—缩醛胶粘剂的主要使用形式

1）酚醛—缩醛树脂溶液，此胶可单独使用，亦可作为底胶使用。在单独使用时，为达到一定的胶层厚度，一般需涂2～3遍胶。每次涂胶后都应充分晾置，使溶剂挥发后才涂第二遍，才能得到最好的粘接强度。一般地，胶液是配合胶膜作为底胶使用的。在蜂窝夹层结构制造中，胶液可用以制造蜂窝芯子。

2）酚醛—缩醛可制成载体或无载体的胶膜，利用颗粒状缩醛和酚醛树脂溶液制成均一的膜，或用酚醛—缩醛胶液挥发溶剂后制成均一的膜，它具有用胶方便等优点。在蜂窝夹层结构制造中，胶膜特别适于蒙皮对蜂窝芯子粘接。

3）将树脂液涂于被粘物上，再撒上缩醛粉末，然后加温固化。

（3）酚醛—缩醛胶粘剂的优点

1）在高、低温下粘接强度高。酚醛—缩醛胶粘剂具有较高的粘接强度，而且耐低温性能良好，在 -55℃下还有25MPa以上的剪切强度。它也可长期经受215℃高温的作用而保持一定的强度，但是作为结构胶只能用到120℃左右，高于此温度，其剪切强度与剥离强度就大大下降。温度升高时，剥离强度先是上升，到某一温度达最大值后就开始下降。酚醛胶粘剂改性前后的剪切强度比较见表5-3。

表5-3 酚醛胶粘剂改性前后的剪切强度比较

被粘材料	剪切强度/MPa		
	酚醛树脂	聚乙烯醇缩醛	酚醛-缩醛
木材—金属	3.9	4.9	5.9
金属—金属	9.1	20.2	30.8

2）耐大气老化性能优良。实践已经证明，酚醛—缩醛胶粘剂的耐大气老化性能非常好。用这种胶粘剂粘接的试样，在各种条件下长时间自然老化，其剪切强度都没有什么明显的下降；而在同样条件下，环氧—尼龙胶粘剂的强度下降就比较明显。酚醛—缩醛胶粘剂的耐大气老化性能见表5-4。

表5-4 酚醛—缩醛胶粘剂的耐大气老化性能

胶粘剂种类	实验室，温度70℃，相对湿度95%~100%		大气老化		
	时间/h	强度增减	地点	时间	强度增减
酚醛—缩甲醛	720	−16%	欧洲高寒地区	9年7月	5.0%
			高温高热的尼日利亚	4年9月	0%
环氧—尼龙	500	−79.2%	欧洲高寒地区	4年11月	−8.5%

3）耐疲劳性能强。用酚醛—缩醛胶粘剂粘接的金属接头耐疲劳性能优异。酚醛—缩甲醛胶粘剂粘接与铆接的耐疲劳性能见图5-2。

（4）国内几种重要的酚醛—缩醛胶粘剂　酚醛—缩醛胶粘剂中的缩醛主要为缩甲醛和缩丁醛，也有用缩乙醛的，但其耐介质性能比前二者差。这种胶粘剂可以用于铝合金、钢、不锈钢等金属材料的粘接，也可以用于制造铝质蜂窝结构或玻璃纤维质蜂窝结构、玻璃钢等。当加入有机硅化合物之后，这种胶粘剂的耐热性有更大的提高，可在200℃以上长期工作。

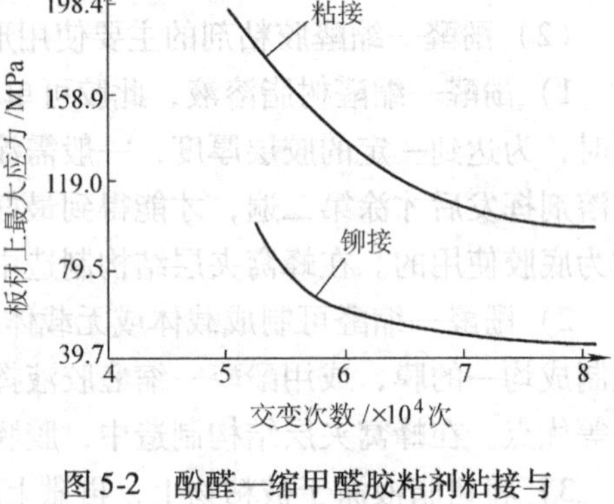

图5-2 酚醛—缩甲醛胶粘剂粘接与铆接的耐疲劳性能

1）酚醛—缩甲醛胶粘剂。国产的铁锚201、铁锚202、铁锚203胶属于这种类型。铁锚201、铁锚202是溶剂型胶粘剂（采用甲苯、乙醇质量比为60:40的混合溶剂），铁锚203为胶膜型胶粘剂。几种酚醛—缩甲醛胶粘剂的主要成分及性能见表5-5。这类胶粘剂的耐热性和强度都优于酚醛—缩丁醛及其他类型胶粘剂。

2）酚醛—缩丁醛胶粘剂。国产的JSF-1、JSF-2、JSF-4胶属于这种类型。表5-6列出了JSF-2、JSF-4胶粘剂对各种材料的剪切强度。

这类胶粘剂的柔韧性、剥离强度和低温性能较好，但它的耐热性较其他酚醛—缩醛胶粘剂差。

随着飞机、车辆和造船工业的发展，对结构胶的使用也逐渐增加，酚醛—缩醛胶粘剂广泛地应用在这些工业部门。例如F-27型友谊号中型运输机上就大量使用这类胶粘剂。据统计，在机体和机翼等结构处用胶粘剂的就有400处之多，占总面积的54%。

表5-5　几种酚醛—缩甲醛胶粘剂的主要成分及性能

牌号	组分	主要成分（质量份）	固化条件	主要强度性能	用途	特点
铁锚201	单组分	锌酚醛树脂125，聚乙烯醇缩甲醛100，没食子酸丙酯2，溶剂适量	50～100kPa，160℃，2h	不同材料的剪切强度：铝—铝 22.7MPa，不锈钢 24.1MPa，耐热钢 23.2MPa，铜 23.5MPa，玻璃钢试样断 不均匀扯离强度（铝）：37kN/m	－70～150℃下长期使用，适用于金属间粘接及陶瓷、玻璃、电木等粘接，还可浸渍玻璃布，用于压制高强度玻璃钢	强度高、耐老化，耐水、油性能稳定，价廉
铁锚202	单组分	锌酚醛树脂100，聚乙烯醇缩甲醛125，溶剂适量	50～100kPa，160℃，2h或120℃，3～4h	不同材料的剪切强度：铝—铝 27MPa，不锈钢 30MPa，耐热钢大于22MPa，黄铜—铜 25MPa，环氧玻璃钢之间试样断 不均匀扯离强度（铝）：40kN/m	－70～120℃下长期使用，适用于铝、铜、钢之间的粘接，也可用于能高温固化的非金属，如层压板、胶木、玻璃、陶瓷等的粘接	
铁锚203	胶膜	酚醛—聚乙烯醇缩甲醛	100kPa，160℃，2h	不同材料的剪切强度：硬铝—硬铝室温时大于25MPa，70℃时大于15MPa	－70～100℃下长期使用，适用于金属与耐热非金属的粘接，也可与铁锚201、铁锚202合起来使用	强度高，无溶剂，无毒性

表5-6　JSF-2、JSF-4胶粘剂对各种材料的剪切强度

被粘物	胶粘剂牌号	室温剪切强度/MPa
钢—钢	JSF-2	30～35
铜—铜	JSF-2，JSF-4	15～20
金属—聚苯乙烯	JSF-4	4～5
陶瓷—聚苯乙烯	JSF-4	10～14
酚醛塑料—聚苯乙烯	JSF-4	4～5
酚醛塑料—酚醛塑料	JSF-2，JSF-4	15～20

酚醛—缩醛胶粘剂的缺点是耐热性不高。如果采用羟甲基含量低、固化速度慢的酚醛树脂与缩丁糠醛相配合，室温剪切强度大于20MPa；在200℃下老化

1000h 后，室温剪切强度大于 10MPa，耐大气老化、耐疲劳、耐低温性均较好，能粘接各种材料。

3）酚醛—缩醛—有机硅胶粘剂。为了提高胶粘剂在高温下的使用性能，在酚醛—缩醛型胶粘剂的组分中加入某些有机硅化合物，例如正硅酸乙酯等，然后在粘接固化的温度下，酚醛树脂、聚乙烯醇缩醛树脂以及引入的烃基硅氧烷三者反应，最后形成接枝镶嵌的共聚物，从而提高其高温时的力学强度。

国产铁锚 204、热结胶 61、热结胶 63、热结胶 64 就是属于这一类型的高温胶粘剂，一般地，高温胶粘剂可在 200℃温度下长期工作 200h，在 300℃下短时间工作。此外，又研制成功了在 350℃下仍具较高强度的 J-08 胶粘剂，它的主要成分是酚醛树脂、聚乙烯醇缩丁糠醛及聚有机硅氧烷。国产酚醛—缩丁醛—有机硅胶粘剂的组成及用途见表 5-7、表 5-8。

表 5-7　国产酚醛—缩丁醛—有机硅胶粘剂的组成及用途

胶粘剂牌号	组成	特性	用途
J-08	酚醛树脂、聚乙烯醇缩醛、有机硅化合物、防老剂	耐热性高，常温及 350℃时有满意的强度，在 350℃老化 5h 后，强度仍较好，但弹性不够好，不均匀扯离强度较低	粘接各种金属、非金属材料，金属、非金属窝蜂结构
热结胶 61、63、64	由酚醛树脂—聚乙烯缩醇醛树脂与适量的正硅酸乙酯混合而成，组分中还有防老剂等。热结胶 61、64 采用聚乙烯醇缩丁醛，热结胶 63 采用聚乙烯醇缩甲乙醛	耐热性高，热结胶 61、64 可在 300～350℃短期工作（5h），热结胶 63 可在 300℃短期工作，弹性不够好，不均匀扯离强度较低	

表 5-8　J-08 胶粘剂的粘接强度

粘接材料	剪切强度/MPa						不均匀扯离强度/（kN/m）
	20℃	200℃	350℃	350℃热老化 5h			
				20℃	250℃	350℃	
钛合金钢	18	8～10	5～8	18.8	6～6.5	5～6.5	10～15
硬铝	12	8～9	4～5	—	—	—	—

J-08 胶粘剂的粘接工艺如下：金属表面处理与一般金属处理方法相同，涂胶两次，每次晾置 10min。固化条件为 100℃/1h +200℃/3h，压力 0.5MPa。

4）酚醛—环氧胶粘剂。酚醛—环氧胶粘剂由热固性酚醛树脂、双酚 A 型环氧树脂及其固化剂、促进剂、稳定剂、填料等组成。

酚醛树脂与环氧树脂并用时，用热固性树脂比线型树脂好。为改进酚醛树脂与环氧树脂的混溶性，国外常采用羟甲基被烷基化的热固性酚醛树脂。环氧树脂多采用高相对分子质量的双酚A型环氧树脂，如Shell Epon、Epon 1001、Epon 1007等。

酚醛树脂和环氧树脂配比可在很大范围内改变，要获得较好的高温性能，以酚醛与环氧质量比为3~5为宜。通常在配方中还加入大量铝粉，对改善粘接强度和耐热性都有显著作用。表5-9列出酚醛—环氧胶粘剂的几个典型配方。

表5-9 酚醛—环氧胶粘剂的几个典型配方（质量份）

PPL-873		Epon 422J		Epon 422	
Epon 1007	20	Epon 1001	33	Epon 1004	75
热固性酚醛树脂	160	热固性酚醛树脂	100	热固性酚醛树脂	25
羧基萘甲酸	3	铝粉	100	H_3PO_4	1
没食子酸丙酯		喹啉铜	1		
溶剂	20				

酚醛—环氧胶粘剂主要用于航天工业。

5）间苯二酚—甲醛树脂胶粘剂。间苯二酚—甲醛树脂胶粘剂通常由两个组分组成。甲组分是树脂的质量分数为50%的液体，是醛含量不足的间苯二酚甲醛的乙醇与水的溶液；乙组分是由多聚甲醛与填料的混合物。多聚甲醛能慢慢地溶解在醇和水里，降解得到甲醛；填料用木屑、胡桃壳粉、白土或石棉纤维，能够调节胶液粘度。使用时，甲、乙组分按计量混合。实际上，乙组分可过量50%，反应固化，生成高交联的不熔不溶树脂。

胶液使用树脂是间苯二酚与甲醛缩合的产物。在实际应用中，为了降低成本，大多数是用间苯二酚与甲阶酚醛树脂反应，形成间苯二酚、苯酚、甲醛共聚树脂。

间苯二酚有两个酚羟基，增强了苯环邻位及对位的活性。其羟甲基衍生物活性很大，在常温常压下无催化剂存在时，也可以继续和甲醛反应，形成结构复杂的高聚物。

间苯二酚与甲醛反应的速度及产物取决于甲醛与间苯酚的摩尔比、溶液的浓度及温度、催化剂、pH值及反应介质。醛与酚的用量摩尔比为0.5~0.7时，才能得到稳定的树脂。

间苯二酚—甲醛树脂胶粘剂在中性条件下可以固化，而在中度碱性条件下固化更为有利。碱性催化剂作用可使固化温度降至0℃，也能获得较高的粘接强度。

间苯二酚—甲醛树脂胶粘剂的粘接强度高，大于木材结构强度；在粘接接头暴露于大气的各种情况下，能保持原有的粘接强度；能耐疲劳、耐沸水及各种非腐蚀性溶剂，承受负载而不产生蠕变。另外，它还具有以下特点：

①此胶粘剂能在酸性或碱性催化剂作用下室温迅速固化。因此，利用碱性催化剂时，很适宜粘接木材，从而避免木材受酸性介质的作用而发生水解破坏。

②此胶粘剂固化后，可以耐各种气候条件的老化，并抗水蒸气和化学蒸汽的作用。用它来粘接木材能满足所有规格的最高要求，因而广泛地用来制造高级胶合板，以及用于建筑中各种木质结构的粘接。

③此胶粘剂的粘接性能、耐热性、介电性能均好，无毒。因此，除用来粘接木材外，还在加热仪器零件上广泛采用，医学上作为补牙、镶牙材料，同时在金属与木材、水泥、纤维制品及塑料、皮革、橡胶等各种材料粘接中应用都很多。

间苯二酚—甲醛树脂胶粘剂有一定的脆性，为了提高其韧性和粘附性，可用聚乙烯醇缩丁醛树脂或其他弹性体进行改性。例如将间苯二酚—甲醛树脂与聚乙烯醇缩丁糠醛混合制得的胶粘剂可粘接金属和非金属材料。

另外，用间苯二酚甲醛树脂、聚乙烯醇缩醛和三氟丙烯—偏二氟乙烯共聚物制得的胶粘剂，可粘接经表面处理的氟塑料及聚乙烯塑料。

间苯二酚—甲醛树脂可用于木材、纤维、纸品、橡胶、塑料和金属的粘接，以及高档胶合板、强力人造丝、窗帘布、尼龙帘子与橡胶的粘接等。

5. 环保型酚醛树脂胶粘剂

刘耀东等对酚醛树脂粘合剂的合成进行了研究，采用将甲醛和苯酚在不同反应阶段分批加入的工艺流程，使得粘合剂在符合粘接性能要求的基础上，有效地降低了产品的游离甲醛和制造后的甲醛释放量。用该粘合剂粘接的胶合板甲醛释放量不超过0.05mg/L，远远低于国家标准。该粘合剂也适用于竹板的粘接。它是一种比较理想的低毒环保型酚醛树脂粘合剂。

6. 陶瓷改性酚醛树脂胶粘剂

王继刚等以酚醛树脂为基体，以碳化硼和硅粉为改性添加剂制备高温粘合剂，并对石墨材料进行粘接，测试了不同温度热处理后的剪切强度。研究发现，碳化硼改性酚醛树脂胶粘剂对石墨材料具有较好的粘接强度，1500℃处理后的粘接强度达到8.6~11.2MPa，但高温热处理后的粘接界面上有较明显的收缩现象。

王继刚等还将硅粉、B_4C等无机材料添加到酚醛树脂中进行改性研究。研究发现，当硅粉与酚醛树脂的比例为1:1时，可有效减少酚醛树脂胶粘剂的体积收缩，并保证高温炭化后有比较高的树脂碳。这种硅改性高残炭率的酚醛树脂胶粘剂，在200℃固化和800℃热处理后具有较好的粘接强度。添加B_4C也可以降低胶层的体积收缩，促进酚醛树脂残炭的石墨化，通过B原子和C固溶而析出C的原理，可以获得高温性能比较好的胶粘剂。采用这种改性酚醛树脂对石墨材料进行粘接试验，结果表明，该材料经过1500℃处理后仍具有比较高的粘接强度。在上述B_4C的基础上，再添加超细SiO_2制备另外一种新型的胶粘剂。这种胶粘剂在经过2550℃处理后仍然具有理想的耐热温度和粘接强度，超细 SiO_2 的添加对提高胶层的致密性和粘接强度具有明显的效果。

5.2　酚醛树脂胶粘剂的性能

酚醛树脂可制备成固态或液态形式。固态产品可部分或全部溶解于醇、酮等溶剂中，也可配制成水溶性、醇溶性和油溶性树脂。

典型的热塑性酚醛树脂外观为近似于松香状的固体，室温下具有脆性，容易粉碎。刚制出的产品呈透明浅黄色或浅红色，放置一定时间后逐渐氧化转化为深色。各类酚醛树脂分子结构各不相同，其物理性质也不尽相同。一般而言，相对分子质量高的酚醛树脂，滴落温度（熔点或软化点）和熔体粘度相应增高，凝胶化时间降低。此外，酚醛树脂苯环上的羟基与亚甲基的相对位置和支链结构的变化均会影响其物理性质。

热固性酚醛树脂中，甲醛过量，苯环上具有足够的活性羟甲基基团，只要加热即可直接交联。热塑性酚醛树脂的固化需加入固化剂，如六次甲基四胺、多聚甲醛等。其中，六次甲基四胺用作固化剂最为普遍，用量为树脂的8%～15%。固化后的酚醛树脂为网状结构，能耐盐酸、稀硫酸、大部分有机酸、酸性气体、pH 值小于7 的酸性溶液，能发生硝化和磺化反应，不耐浓硫酸和硝酸等强氧化性介质，耐碱性差。酚醛树脂制品具有良好的耐热性能，一般可在120℃下长期使用。

酚醛树脂胶粘剂主要有以下特性：

1）极性大，粘接力强。由于酚醛树脂含有大量的羟甲基和酚羟基，极性大，对金属和非金属都有良好的粘接性能。

2）刚性大，耐热性高。酚醛树脂由大量的苯环组成，又能交联成体型结构，故有较大的刚性和优异的耐热性能。

3）耐老化性好，包括高温老化和自然老化。

4）耐水、耐油、耐化学介质、耐霉菌。

5）本身易于改性，也能够对其他胶粘剂进行改性。

6）制造容易，价格便宜。

7）粘接强度高，用途广泛。

8）电绝缘性能优良。

9）抗蠕变、尺寸稳定性好。

10）脆性大，剥离强度低。

11）需高温高压固化，收缩率较大。

12）固化时气味较大。

酚醛树脂胶粘剂与脲醛树脂胶粘剂相比，其耐水性、耐老化性、耐热性都较好，粘接强度也高。在酚醛树脂胶粘剂中，以苯酚和甲醛缩聚形成的酚醛树脂应用最广。其粘接制品的粘接强度、耐水、耐热、耐蚀等性能都很好，可制成Ⅰ类胶合板、航空胶合板、船舶板、车厢板、木材层积塑料等产品，可在室外长期使用。但是酚醛树脂胶粘剂成本较高，胶层颜色较深，固化温度要求较高（140℃以上），固化时间长，在使用上受到一定限制。

几种改性酚醛树脂胶粘剂的性能见表5-10。

表5-10 几种改性酚醛树脂胶粘剂的性能

胶粘剂	工作温度/℃		剪切强度/MPa	抗剥离	抗冲击	抗蠕变	抗溶剂	抗潮湿	粘接特性
	最高	最低							
环氧—酚醛	177	-253	22	差	差	良	良	良	刚性
酚醛—丁腈橡胶	150	-73	21	良	良	良	良	良	坚韧和中等韧性
酚醛—氯丁橡胶	93	-57	21	良	良	良	良	良	坚韧和中等韧性
酚醛—缩醛	107	-51	14~34	最佳	良	中等	中等	良	坚韧和中等韧性

5.3 酚醛树脂胶粘剂的配方设计及配胶工艺

1. 配方设计

由于酚醛树脂在制备过程中选用的催化剂和原料配比不同，酚醛树脂产物的结构存在差异，其性能也有不同。因此，酚醛树脂的固化配方和工艺不同。如在酸性介质中制备的线型酚醛树脂，粘接时需加入六次甲基四胺固化剂加热固化；而在碱性介质中制备的可溶性酚醛树脂含羟甲基苯酚的低聚物，配成乙醇溶液，加热就可固化。

酚醛树脂胶粘剂具有良好的耐热、耐介质性能，但固化后胶层性脆。加入橡胶和塑料增韧和增强酚醛树脂，进一步提高耐热性，可拓宽该胶粘剂的应用场合，如酚醛—丁腈橡胶胶粘剂、酚醛—缩醛（聚乙烯醇缩醛）胶粘剂、酚醛—缩醛—有机硅胶粘剂、酚醛—有机硅胶粘剂、酚醛—氯丁橡胶胶粘剂和酚醛—尼龙胶粘剂。在改性酚醛树脂胶粘剂的配方中，需加入防老剂、硫化剂、溶剂和填料等各组分，其数量取决于所选用酚醛树脂品种和制件对胶粘剂的要求。

几种典型的改性酚醛树脂胶粘剂的配方及其分析见表5-11~表5-14。

通过以上配方分析，在设计配方时，各组分用量不同、组成不同，结构亦不同，故性能也不同。因此，了解各配方组分的用途和作用，对合理设计配方是十分重要的。

表5-11　酚醛和丁腈橡胶的配方比例对胶粘剂性能的影响

组分	配方（质量份）					
	一		二		三	
丁腈橡胶	100		100		100	
酚醛树脂	50		80		100	
氧化锌	5		5		5	
硫磺	1.5		1.5		1.5	
硫化促进剂	1.5		1.5		1.5	
硬脂酸	1.5		1.5		1.5	
	154℃固化时间/min					
	15	45	15	45	15	45
拉伸强度/MPa	18.9	20.3	23.5	26.6	30.8	29.8
断裂伸长率（%）	250	200	150	150	100	50

表5-12　酚醛—丁腈橡胶胶粘剂典型配方分析

配方组成（质量份）		各组分作用分析
丁腈混炼胶	100	丁腈橡胶组分，韧性好
酚醛树脂	150	酚醛树脂组分，耐高温
氯化亚锡	0.7	催化剂，加速固化反应，降低固化温度
没食子酸丙酯	2	防老剂，防止胶粘剂高温使用时热氧老化
乙酸乙酯	500	溶剂，溶解树脂，降低粘度
石棉粉	50	填料，降低线胀系数，提高耐热性

表5-13　酚醛—缩醛—有机硅胶粘剂典型配方分析

配方组成（质量份）		各组分作用分析
酚醛树脂	100	酚醛树脂组分
聚乙烯醇缩丁醛	15	缩醛组分
聚有机硅氧烷	20	有机硅组分，耐温性好
防老剂4010	3	防老剂，阻止胶粘剂高温使用时热氧老化
没食子酸丙酯	3	防老剂，阻止胶粘剂高温使用时热氧老化
六亚甲基四胺	5	促进剂，加速固化反应
苯和乙醇	适量	溶剂，溶解树脂，降低粘度

表 5-14 酚醛—有机硅胶粘剂典型配方分析

配方组成（质量份）		各组分作用分析
聚硼有机硅氧烷	1	含 Si—O 键，提高耐温性
酚醛树脂	3	酚醛树脂组分
酸洗石棉	1	填料，提高耐热性与韧性
氧化锌	0.3	硫化剂，促使橡胶硫化
丁腈橡胶-40	0.45	增韧剂，提高胶层韧性
丁酮	适量	溶剂，溶解树脂，降低粘度
固化条件	200℃，3h	

2. 酚醛树脂胶粘剂配方

由于酚醛树脂及其改性树脂胶粘剂用途广泛，其实际应用品种繁多，不同应用条件的配方也不尽相同，所以很难将各种配方完全准确地列出。下面列出一些典型配方供读者参考。

（1）酚钡树脂胶粘剂 其配方（质量份）见表 5-15。

表 5-15 酚钡树脂胶粘剂的配方

主要组分	室温固化	60℃固化
酚钡树脂（2127）	100 份	100 份
丙酮或乙醇	10 份或 1400 份	10 份或 1000 份
石油磺酸	适量	适量

室温、6～16h 或 60℃、1h 固化，此胶粘剂的剪切强度高，抗水、抗菌、耐酸、耐汽油，主要用于飞机和建筑工业。

（2）可溶性酸醛树脂胶粘剂（2122 胶） 其主要配方（质量份）如下：苯酚 100 份，氢氧化钠 10 份，甲醛（质量分数为 40%）116 份，水 180～200 份。

固化工艺：130～140℃，2.0～2.5kPa 压力，固化 8～10min。

粘接对象：胶合板，木质层压板。

（3）醇溶性酚醛树脂胶粘剂 由于酚钡树脂中游离酚含量较高，毒性大，可用游离酚含量较低的醇溶性酚醛树脂代替它。这类树脂国内外均有多种牌号，这里仅以氢氧化钠为催化剂缩聚而得的酚醛树脂为例。此种树脂合成时的主要配方（质量份）如下：苯酚 100 份，甲醛（质量分数为 37% 的溶液）150 份，氢氧化钠（质量分数为 40% 的溶液）5 份，丙酮 18 份。

制得的酚醛树脂与石油磺酸混合，可制成既能在室温固化又可以加热到 60℃固化的胶粘剂。其使用性能、粘接工艺、用途等与酚钡树脂胶完全相同。

(4) 2127 酚醛树脂胶粘剂 其主要配方（质量份）如下：2127 酚醛树脂 100 份，石油磺酸或对甲苯磺酸 7～10 份。

混合均匀，涂胶、粘接、常温固化，粘接力强，主要用于木材、砂轮、灯泡的粘接。

(5) H-酚醛树脂胶粘剂 其主要配方（质量份）如下：苯酚 100 份，石油磺酸 5 份，甲醛（质量分数为 37%）120 份，乙二醇 50 份，氢氧化钠 6 份。

于 135～150℃、2～2.5kPa 压力下，固化 8～10min。它主要用于胶合板、木质层压板、泡沫塑料与玻璃纤维层压板、泡沫塑料与金属的粘接。

(6) J-02 胶粘剂 其主要配方（质量份）如下：酚醛—丁腈共聚物、环氧树脂 30 份，固化剂 1 份。

按比例混匀，为低温固化胶粘剂，在压力≥294kPa 时，60℃、9h 固化或 80℃、6h 固化。J-02 胶粘剂主要用于金属、铝合金、不锈钢、木质层压塑料、赛璐路或其他非金属和金属的粘接。

(7) 铁锚 204 胶粘剂 其主要配方（质量份）如下：酚醛树脂 135 份，正硅酸乙酯 30 份，聚乙烯醇缩甲醛 10 份，防老剂适量。

在 98～196kPa 压力下，180℃，2h 固化，可在 -60～200℃时使用，短期可在 300℃时使用。它主要用于金属、不锈钢、镁铝合金、钛合金、玻璃钢以及金属或非金属蜂窝结构的粘接。

(8) E-4 胶粘剂 其主要配方（质量份）如下：酚醛树脂 100 份，聚乙烯醇缩甲乙醛 100 份，2-乙基-4-甲基咪唑 1 份，环氧树脂 100 份。

均匀混合，24h 内室温下使用。涂胶后，于 98～196kPa 压力下，80℃、1h 固化，再升温至 130℃下固化 3～4h，自然冷却。E-4 胶粘剂主要用于酚醛玻璃钢与钢的粘接，制动片及砂轮的粘接。

(9) 铸造砂芯用胶粘剂 其主要配方（质量份）如下：糠酚醛树脂 2.5～3 份，砂 100 份，固化剂 1.5 份。

将砂分为两半，分别与糠酚醛树脂、固化剂混合，再将两者一起混合均匀，立即制芯。

该胶可常温固化，加热可加速固化，主要用于一般灰铸铁的砂芯制作。

(10) J-10 胶粘剂 其主要配方（质量份）如下：酚醛丁腈共聚物 20 份，没食子酸丙酯 0.95 份，高邻位酚醛树脂 6 份，溶剂适量。

涂胶后在 294～392kPa 压力下，160℃，3h 固化，自然冷却，可在 -120～120℃范围使用。其耐候性、耐久性、耐疲劳性良好，并有优异的耐辐射性能。它主要用于各种金属结构件及金属与非金属的粘接，适用于宇航用金属结构件的粘接。

(11) J-15 胶粘剂 其主要配方（质量份）如下：热固性高邻位酚醛树脂（质量分数为 80% 的锌酚醛树脂乙酸乙酯溶液）1 份，混炼丁腈橡胶（质量分数为40%的混炼丁腈橡胶乙酸乙酯溶液）4份，氯化物催化剂0.1份。

按比例调制均匀，涂胶后在98～294kPa压力下，180℃，3h固化。J-15胶粘剂主要用于各种金属结构件粘接，已在电子仪器、电动机制造中得到应用，也在飞机、汽车、拖拉机工业中开始应用。

国产酚醛树脂胶粘剂的牌号及性能见表5-16，国产酚醛—丁腈橡胶胶粘剂的主要牌号、性能、用途及配比范围见表5-17和表5-18，酚醛—氯丁橡胶胶粘剂的配比范围见表5-19。

表5-16 国产酚醛树脂胶粘剂的牌号及性能

类型	品种及牌号	外观	固体质量分数（%）	游离酚质量分数（%）	粘度/ $\times 10^{-3}$ Pa·s
热固性	213（钡催化）	棕红色透明液体		<21	500～1000
	214（铵催化）		50±2		
	219（钠催化）		60±5		150～350
	2124		50±1	<14	15～30s/4号杯
	2126		40±1	<10	12～20s/4号杯
	2127		>80	<21	120～250s/4号杯
热塑性	203（尼龙改性）	深奶黄至微黄色固体	<45	<2.5	
	2123	深棕色透明液体	<45	<2.5	
水溶性	216	红褐色粘性液体	35±2	<3	

表5-17 国产酚醛—丁腈橡胶胶粘剂的主要牌号、性能、用途

牌号	主要组分	特性	用途
J-01	酚醛—丁腈共聚体、低相对分子质量酚钡树脂防老剂	高低温下强度好，具有较好的弹性，在200℃热老化400h后，强度变化不大，耐化学介质，介电性能良好，使用温度范围为-50～200℃	钢、硬铝等金属和大部分非金属材料的粘接，如金属蜂窝结构，汽车离合器片等的粘接
J-02	酚醛—丁腈共聚体、环氧树脂固化剂	具有良好的剪切强度及持久强度，耐化学介质性能好，可在较低温度固化（80℃）	不锈钢、铝合金、赛璐珞及其他金属或非金属材料的粘接
J-03	丁腈橡胶、酚醛树脂	具有优异的弹性和较好的耐低温性能，耐热性、耐化学介质、耐气候性均较好，使用温度为-60～150℃	金属结构胶，也可用来胶接非金属材料或制造蜂窝结构
J-04	丁腈橡胶、酚醛树脂	耐热性较J-03胶高，弹性略有降低，使用温度为-50～250℃	金属、非金属材料高温部件的粘接

（续）

牌号	主要组分	特　　性	用途
J-15	酚醛—丁腈型	比以上酚醛—丁腈胶具有更优异的粘接性能、耐热、耐气候性，耐化学介质性均良好。使用温度为 -70~250℃	金属结构粘接

表5-18　国产酚醛—丁腈橡胶胶粘剂的配比范围

组分	用量范围（质量份）		组分	用量范围（质量份）	
	胶液	胶膜		胶液	胶膜
丁腈橡胶	100	100	防老剂	0~5	0~5
甲阶酚醛树脂	0~200		硬脂酸	0~1	0~1
线型酚醛树脂	0~200	75~200	炭黑	0~50	0~50
氧化锌	5	5	氧化铁	0~100	0~100
硫磺	1~3	1~3	增塑剂		0~10
促进剂	0.5~1	0.5~1	溶剂（酯类、芳烃）	400~1000	

表5-19　酚醛—氯丁橡胶胶粘剂的配比范围

组　　分	用量（质量份）	组　　分	用量（质量份）
氯丁橡胶	100	硫磺	0.5
油溶性酚醛树脂	80~120	促进剂	1~3
氧化锌	5	防老剂	1~3
氧化镁	4	溶剂（酯类芳烃）	500~1000

5.4　酚醛树脂胶粘剂的应用

酚醛树脂胶粘剂由于其耐热性能好、粘接强度高、耐老化、品种多、性能全，能满足各种不同条件的使用要求，所以在各行各业中得到广泛的应用。

1. 在木材加工中的应用

酚醛树脂胶粘剂最主要的用途之一是用于胶合板的制造。胶合板的生产过程中，最重要的是单板的粘接，其中包括涂胶、涂胶单板干燥、组织和预压、热压胶合等四个重要工序。涂胶量在 110~150g/m^2 之间，单板厚度大，涂胶量就多；热压温度为 115~150℃；热压压力为 1.05~2.0MPa。

刨花板是利用刨花或碎木以及木材在切削、加工过程中所产生的碎片，加入胶粘剂压制而成的板材。先将酚醛树脂胶粘剂涂布（拌胶）在刨花表面上，将拌胶后的刨花成型（板坯铺装），在180～200℃、1.1～1.3kPa压力下，热压制成刨花板。在纤维板的生产中，也用到了酚醛树脂胶粘剂。

近年来，木质素/酚醛树脂胶粘剂的研究应用是一个大热点。木质素中，特别是愈创木基和对羟苯基的邻空位有很强的反应活性。由芳香族单体高度交联形成的木质素大分子具有和酚醛树脂类似的结构，可以在一定的条件下参与苯酚、甲醛的缩合固化反应，因此具有部分取代苯酚、降低成本、提高环保性能和改善性能的作用。

2. 在机械制造中的应用

（1）铸造加工　在铸造加工中，酚醛树脂用作型砂胶粘剂，用量为2%～3%或更少，但总的消耗量大。铸造工艺有壳模法、热压盒法、冷芯盒法等。其中，冷芯盒法因具有高的芯砂质量和快速固化等优点，已受到越来越多的重视。冷芯盒法采用高邻位酚醛树脂和聚氨酯作主要成分，配方大致如下：100kg的H31石英砂、0.8kg的酚醛树脂（固体质量分数65%）和0.8kg的二异氰酸酯（质量分数为87%～88%），催化剂可用三乙胺或二甲胺。由于固化反应在冷的情况下就能较快进行，因此造型模具可用木材一类不太贵的材料制成。

将石墨粉与热固性酚醛树脂胶粘剂组成的糊精浇注到模具内，在常压下成型，可制备石墨零件或材料。此外，将液体或粉状酚醛树脂胶粘剂、磨料和填料混合，粘接磨料可制备砂轮。

（2）结构胶粘剂　酚醛树脂经过改性后，强度和韧性大大提高，使用温度范围扩大到-55～260℃，短期内耐温达350℃。它作为结构胶粘剂，能承受较大载荷应力的胶粘剂，用于金属材料的粘接。在航天航空中，最早最常用的胶粘剂是酚醛—缩醛、酚醛—丁腈橡胶、酚醛—环氧胶粘剂。

在宇航方面，Y-10飞机的钣金粘接和蜂窝结构胶粘剂在01和02架上，均采用高强度、高韧性、耐疲劳、耐大气老化性能优异的酚醛—丁腈橡胶结构胶粘剂SF-1和SF-2。在宇宙飞船上，其隔热组件和过渡舱的制造用环氧酚醛胶粘剂粘接。酚醛—丁腈橡胶胶粘剂特别适合于航空、宇航工业上的蜂窝夹心材料的粘接，其次是酚醛—缩醛胶粘剂。宇航工业中主要采用酚醛—环氧及酚醛—有机硅胶粘剂，其特点是耐热性好。

在车辆制造方面，酚醛树脂胶粘剂可用于胶合板与薄铝板、制动衬里与闸瓦、电动传动带与离合器、闸瓦底座与圆盘衬垫等的粘接组装。例如机车制动片与制动蹄铁采用铆接，连接处应力集中，由于频繁使用，常产生摩擦片破裂。采用粘接后，保证了安全，节省了工时。采用以酚醛树脂和丁腈橡胶为主体，加入交联剂、填料等配制而成的双组分热固化结构胶。使用时，要求制动片和蹄铁被粘表面平整，用0号或1号砂布打磨，然后用丙酮擦洗晾干；用底纹笔涂胶3次，每次需停放10min；涂胶要求薄而均匀，贴合后加压，160℃固化4h，然后自然冷却。用这种粘接方式制备的制动片耐冲击、耐油、耐介质，可在150℃长期使用。

在造船工业中，采用酚醛树脂、聚氨酯胶粘剂粘接硬质聚氯丁烯管与管件，采用酚醛树脂胶粘剂粘接软木与铜材。需要指出的是，酚醛树脂胶粘剂在使用过程中，对皮肤、眼睛和呼吸系统有刺激，在粘接工段必须加强通风和注意个人保护。

3. 在电子、电器工业中应用

电气绝缘是电子、电器产品一个重要的指标，特别是在高电压大电流的用途中，对电气绝缘的要求尤为严格。酚醛树脂胶粘剂的体积电阻率$10^{12}\sim10^{13}\Omega\cdot cm$（相对湿度为50%，20℃），耐电压0.98~15.7MV/m，可用作绝缘密封胶，用于绕组线圈、电容、电阻变压器和半导体元件等。绝缘性能好的酚醛树脂胶粘剂配以其他组分，还可用来粘接启动器、普通灯泡、变压器以及印制电路板等。

4. 在建筑工程中的应用

由间苯二酚6.87份（质量份，下同）、甲醛3.77份、水泥16.2份、砂63.65份、甲醇4.62份、水4.62份掺混，间苯二酚和甲醛在混凝土硬化过程中同时发生缩合，可制备高强度的聚合物水泥混凝土。树脂胶泥具有粘接力强、耐磨蚀、防水、绝缘性好等优点，在建筑工程中广泛用于内外墙面、地坪的粘接块材面层和勾缝，或用于基础、贮槽的涂抹及防腐。酚醛树脂胶泥的配方（质量份）如下：酚醛树脂100份，对甲苯磺酰氯∶硫酸乙酯（7∶3）8~12份，桐油钙松香10份，丙酮0~10份，石英粉或瓷粉105~200份，乙醇0~10份，硫酸钡粉200~330份，苯磺酰氯6~10份，硫酸钡粉∶石墨粉（1∶1）180~220份。

按上述配方将酚醛树脂加热至30~40℃；然后加入稀释剂，搅拌后再加入经预先混合均匀的粉料和对甲苯磺酰氯，搅拌均匀；最后加入硫酸乙酯，充分搅均。配制好的胶泥应在30min内用完。

第6章 丙烯酸酯胶粘剂

丙烯酸酯胶粘剂是以各种类型的丙烯酸酯为基料配成的化学反应型胶粘剂。该胶粘剂由于含有活性很强的丙烯基和酯基，能粘接各种材料，如金属、非金属以及人体组织，因而引起了人们的极大兴趣。丙烯酸酯胶粘剂不需称量混合，使用方便，固化迅速，强度较高，有的还具有耐热性，并且由于丙烯酸酯聚合物是饱和化合物，所以对热、光化学、氧化分解具有良好的耐受性，即稳定性好。另外，因其具有与其他许多乙烯基单体容易共聚的特性，所以可以改善聚合物的物性，并且丙烯酸酯可由乳液、溶液、悬浮聚合法进行均聚及共聚。因此，丙烯酸酯胶粘剂以每年增加14%的速度增长，在整个胶粘剂中的比重也不断增加，应用也越来越广泛。

6.1 丙烯酸酯胶粘剂的分类

丙烯酸酯胶粘剂由于合成和使用方法不同，其产品也具有不同的特点和使用范围。按其单体性质分类，可以分为反应型丙烯酸酯胶粘剂[即第一代丙烯酸酯胶粘剂（FGA)、第二代丙烯酸酯胶粘剂（SGA)、第三代丙烯酸酯胶粘剂（TGA)]、α-氰基丙烯酸酯胶粘剂、厌氧胶粘剂、压敏胶粘剂等。

6.1.1 反应型丙烯酸酯胶粘剂

单纯的（甲基）丙烯酸酯单体形成的胶粘剂，是热塑性的高聚物，受热软化，不耐溶剂，抗冲击性能很差。为此，对聚合单体进行改性，或者添加高分子弹性体增韧，相继开发了第一代丙烯酸酯胶粘剂（First Generation Adhesive, FGA)，第二代丙烯酸酯胶粘剂（Second Generation Adhesive，SGA)，第三代丙烯酸酯胶粘剂（Third Generation Adhesive，TGA)，即紫外线固化或电子束固化的丙烯酸酯胶粘剂。上述统称为反应型丙烯酸酯胶粘剂。

1. 第一代丙烯酸酯胶粘剂（FGA)

第一代丙烯酸酯胶粘剂是美国EASTMAN公司在1955年合成一系列乙烯类化合物时偶然发现其粘性的。这种胶粘剂虽然有高的剪切强度，但剥离强度、弯曲强度和抗冲击等强度较低，固化速度慢，因此在早期并没有得到广泛应用。

（1）第一代丙烯酸脂胶粘剂的基体成分　它主要由丙烯酸系单体、催化剂、弹性体（丙烯腈橡胶或丁二烯橡胶等）组成。弹性体分散在丙烯酸酯系聚合物中。

（2）第一代丙烯酸脂胶粘剂的配方设计　第一代丙烯酸酯胶粘剂的反应基团分布在分子末端，具有很高的反应活性，在过氧化物引发剂存在下，可以室温快速固化成交联型分子结构。但为了调节固化产物的结构与性能，常采用几种不同分子结构的树脂混合物作为基体。为了调节工艺性能，胶液中通常也需要添加一些烯类单体（如苯乙烯、二乙烯基苯等）作稀释剂，配合固化以及调节综合性能。配方中还可以加入聚合物增韧剂、稳定剂、促进剂、触变剂等。第一代丙烯酸酯胶粘剂的典型配方分析见表6-1。

表6-1　第一代丙烯酸酯胶粘剂的典型配方分析

配方组成（质量份）		各组分作用分析	配方组成（质量份）		各组分作用分析
乙二醇双甲基丙烯酸酯	6.67	基体单体	气溶胶	0.67	触变剂
甲基丙烯酸甲酯	51.0	基体单体	石蜡	0.1	增韧剂
甲基丙烯酸丁酯	10.0	基体单体	N,N-双异羟丙基对甲苯苯胺	0.54	促进剂
氯丁橡胶	2.95	增塑剂	对苯二酚	0.05	相对分子质量调节剂
乙二醇—顺酐不饱和聚酯	1.0	基体单体	过氧化苯甲酰糊	3.0	阻聚剂
苯乙烯	33.0	稀释剂	50%邻苯二甲酸二辛酯		引发剂

注：固化条件：室温24h。剪切强度：铝合金30MPa，钢32MPa。

2. 第二代丙烯酸酯胶粘剂（SGA）

由于FGA存在固化速度慢、剥离强度低等缺点，研究者们加入各种橡胶进行改性，改善了其剥离强度，开发出了第二代丙烯酸酯胶粘剂（SGA）。

第二代丙烯酸酯胶粘剂是以甲基丙烯酸酯自由基接枝共聚为基础的双组分室温固化胶粘剂。该胶粘剂操作方便，常温下即可快速发生聚合反应并固化，可油面粘接，耐冲击、抗剥离，粘接综合性能优良，被粘接材料广泛。

SGA从组成上与FGA基本相同，但是单体在聚合过程中会与弹性体发生接枝聚合。这一点是它区别于第一代丙烯酸酯胶粘剂的地方，也是其性能得以改进的重要原因。

（1）第二代丙烯酸酯胶粘剂的基体成分　第一代丙烯酸酯胶粘剂固化速度慢，经过改进发展成新型的第二代丙烯酸酯胶粘剂（SGA）。它的基体材料是带有两个活性基团的丙烯酸酯单体和常见的丙烯酸酯单体，如甲基丙烯酸-β-羟乙（丙）酯、甲基丙烯酸缩水甘油酯、甲基丙烯酸甲酯、甲基丙烯酸乙酯、甲基丙烯酸丁酯、甲基丙烯酸等。

（2）第二代丙烯酸酯胶粘剂的配方设计　第二代丙烯酸酯胶粘剂具有优良

的粘接、室温快速固化性能，因为其基体成分具有高的反应活性，所以要求所选用的橡胶弹性体必须具备容易被激发的反应基团。目前，较多采用的是氯磺化聚乙烯，也可采用丁二烯橡胶、异戊二烯橡胶、丁腈橡胶、丁苯橡胶、ABS、聚甲基丙烯酸甲酯等，以提高粘接层的抗冲击和抗剥离性能。

底涂胶的丙烯酸酯结构胶粘剂，分成主剂和底剂两部分。主剂由聚合物弹性体（氯磺化聚乙烯等）、丙烯酸酯单体、氧化剂（过氧化二苯甲酰、异丙苯过氧化氢、过氧化酮类、过氧化酯类等）、稳定剂（对苯二酚、对苯二酚甲醚等）组成；底剂由促进剂（还原剂）、助促进剂（环烷酸钴等）以及溶剂组成。

目前，国产SGA胶粘剂的品种有SA-101、SA-102、SA-202、SA-401、J-39、J-56、WH901-2、184蜜月胶、BS-2等。SGA胶粘剂因其独特的优点，是目前应用最为广泛的丙烯酸酯类胶粘剂。

第二代丙烯酸酯与第一代组分相似，但第二代丙烯酸酯在固化时，聚合物弹性体和丙烯酸酯单体之间通过接枝共聚形成化学键，提高了该胶粘剂的综合性能。表6-2列出了第二代丙烯酸酯胶粘剂的典型配方分析。

表6-2　第二代丙烯酸酯胶粘剂的典型配方分析

配方组成（质量份）		各组分作用分析	配方组成（质量份）		各组分作用分析
甲基丙烯酸甲酯	60~71	单体，基体材料	ABS树脂	10~90	聚合物，改性组分
甲基丙烯酸	3~1	单体，基体材料	过氧化羟基异丙苯	3~6	氧化剂
丁腈橡胶-40	0~20	聚合物，弹性体	二苯基硫脲	1~5	还原剂（促进剂）

注：固化工艺：25℃，10~15min凝胶，24h达到最高强度。

3. 第三代丙烯酸酯胶粘剂（TGA）

第三代丙烯酸酯胶粘剂（TGA）是由低粘度丙烯酸酯单体或丙烯酸酯低聚物、催化剂、弹性体组成，经紫外光照射几秒钟即固化，也可添加增感剂促进固化速度。它主要用于玻璃、透明塑料与金属、陶瓷等的粘接。

由于固化采用的是紫外线，必须透过被粘接的材料才能起到固化作用，且紫外线的穿透范围非常有限，因此要求被粘接的材料一方透明且具有较小的厚度。但如果采用电子束辐照固化，其能量大、穿透力强，被粘接材料一方的厚度可以达到几个毫米，材料可以不透明。

紫外线固化胶粘剂的低聚体根据结构，可分为环氧丙烯酸酯、氨基甲酸酯丙烯酸酯、聚醚丙烯酸酯、聚酯丙烯酸酯。在丙烯酯系低聚物中，丙烯酸低聚物的紫外线固化速度要比甲基丙烯酸低聚物明显要快。作为光敏剂，可用安息香醚、苄基化合物等。现在还开发了耐候性好的光固化型带螺环烃结构的丙烯酸酯。

TGA的品牌主要有UV-400、UV-500、UV-580、UV-570、铁锚301、铁锚353、GBN-501、KH-820等。

6.1.2　氰基丙烯酸酯胶粘剂

1959年，美国发明了Eastman910胶粘剂（α-氰基丙烯酸甲酯），它具有对金属、橡胶、玻璃、塑料等材料的快速粘接作用，广泛应用于汽车、机械、电子等行业；尤其是作用于生物体组织时，会产生迅速聚合而起到粘接作用，并且几乎无毒，因此被广泛用作医用胶粘剂。氰基丙烯酸酯胶粘剂是单组分、液态、无溶剂、室温迅速固化胶粘剂。

氰基丙烯酸酯胶粘剂主体成分是α-氰基丙烯酸酯，其分子中同时存在吸电子性强的氰基和酯基。此类单体易在水或弱碱的催化剂作用下进行阴离子型聚合反应而成为一种快速固化胶粘剂。

由于α-氰基丙烯酸酯分子中的酯基不同而有多种化合物，见表6-3。

表6-3　α-氰基丙烯酸酯

化合物	沸点/℃	表面张力/（mN/m）	粘接强度（钢）/MPa	
			拉伸强度	剪切强度
α-氰基丙烯酸甲酯	55（533Pa）	37.4	33.3	22.6
α-氰基丙烯酸乙酯	60（400Pa）	34.3	25.5	13.7
α-氰基丙烯酸丙酯	80（800Pa）	32.8	18.6	10.8
α-氰基丙烯酸异丙酯	—	—	30.4	14.7
α-氰基丙烯酸丁酯	68（240Pa）	31.1	16.7	4.0
α-氰基丙烯酸异丁酯	—	—	17.7	12.3

α-氰基丙烯酸酯的酯基碳链长短结构对产物性能有很大影响。碳链长韧性好，耐水性也好，但粘接强度较差，选用单体时宜考虑其综合性能。

1. α-氰基丙烯酸酯胶粘剂的组成

α-氰基丙烯酸酯胶粘剂又称瞬干胶，是目前在室温下固化时间最短的一种胶粘剂。α-氰基丙烯酸酯单体是由氰乙酸酯和甲醛在碱性介质中进行缩合反应，生成的低聚物经加热裂解而制备的。

氰基丙烯酸酯胶粘剂组成如下：

1）单体：α-氰基丙烯酸酯。

2）增稠剂：聚甲基丙烯酸酯、聚丙烯酸酯、聚氰基丙烯酸酯、纤维素衍生物等。

3）增塑剂（改善固化后胶层的脆性）：邻苯二甲酸二丁酯、邻苯二甲酸二辛酯等。

4）稳定剂：二氧化硫、对苯二酚等。

2. α-氰基丙烯酸酯胶粘剂的性能

α-氰基丙烯酸酯胶粘剂为单组分、透明的液体状胶粘剂，遇潮气瞬间固化。

该胶粘剂使用方便，被粘接材料表面不必进行特殊预处理，无需加温加压，广泛用于粘接金属、玻璃、陶瓷、有机玻璃、硫化橡胶、硬质塑料等多种材料。在医疗方面，它可用于止血、粘接皮肤和骨骼、连接血管等。

α-氰基丙烯酸酯单体上的酯基影响粘接层的性能，随着酯基碳链的增长，胶层的柔韧性增加。该类胶粘剂的耐化学介质性与被粘接材料的种类有关。在粘接金属、玻璃等材料时，耐酸碱性、耐水性和耐大气老化性较差；而在粘接橡胶时，耐水性则显得十分优良。对于不同种类的粘接材料，胶液的固化速度也有较大差别：玻璃和橡胶最快，塑料次之，金属最慢。

α-氰基丙烯酸酯胶粘剂对于不同的粘接材料，有着不同的粘接强度。粘接材料的极性越大，粘接强度越高。通常，粘接金属的强度最高，玻璃和橡胶次之，塑料最差，而未经处理的聚四氟乙烯、聚乙烯、聚丙烯等不能粘接。此外，该类胶粘剂适于致密材料的粘接，而不适于多孔性疏松材料的粘接。

3. α-氰基丙烯酸酯胶粘剂的配方设计

首先根据被粘接对象选择 α-氰基丙烯酸酯单体的类型，如甲酯的固化速度最快，耐热性较好，力学强度最高，但胶层脆性最大，高碳链烷酯的柔韧性好。其次因为单体的粘度很低，使用时胶液易流到不应粘接的部位，需要加入增稠剂增稠。再次是为了改善胶粘剂固化后胶层的脆性，需要加入增塑剂。为了防止胶液在贮存过程中发生聚合作用，还应添加阻聚剂（稳定剂）。α-氰基丙烯酸酯胶粘剂的典型配方分析见表 6-4。

表 6-4 α-氰基丙烯酸酯胶粘剂的典型配方分析

配方组成（质量份）		各组分作用分析	配方组成（质量份）		各组分作用分析
α-氰基丙烯酸甲酯	100	α-氰基丙烯酸酯单体，基体材料	邻苯二甲酸二丁酯	3	增塑剂，改善固化后胶层脆性
聚 α-氰基丙烯酸甲酯	3	增稠剂，提高胶液粘度	二氧化硫	0.1	阻聚剂，提高贮存稳定性
对苯二酚	1	阻聚剂，延长贮存期	KH-550	0.5	偶联剂，提高粘接强度

4. 502 胶粘剂

502 胶粘剂是以 α-氰基丙烯酸乙酯为主要成分的“瞬干胶”，以室温快速固化而著称。502 胶粘剂尽管用途很广，但绝不是“万能胶”，虽然使用方便，但必须使用得当。使用 502 胶时，应注意下列事项：

1）胶层越薄，强度越高。每滴 0.02g 的胶液涂敷面积应为 8 ~ 10cm^2。

2）控制好最佳合拢时间。涂胶后应晾置几秒钟，使胶层吸收微量水分后再合拢。涂胶后马上合拢，会使粘接失败。

3）合拢10min后，强度可达额定值的50%～60%，完全固化需要24h。

4）在未完全固化前，最好施加点压力。

5）如果粘接件能预热至60℃时进行粘接，可提高粘接强度。

6）粘接操作的环境以相对湿度以50%为好，切忌过于干燥或潮湿。

7）不能用于大面积的粘接。

8）不能用于接触缝隙过大的被粘物和多孔材料的粘接。

9）不能用于受振动和冲击的粘接件。

10）不耐高温，使用温度为-50～70℃。

11）粘接金属的耐水性差，不能用于潮湿环境。粘接钢材后，室温浸水6～11个月即自行脱落；粘接铜材后室温浸水12个月，其粘接强度仅为原来的1/3～1/2。

12）适用于应急修补及装配定位，不宜用于产品制造。

13）被粘物表面不必粗化处理，光滑些为好。

14）冬天在室外施工粘接，应先将被粘物在室内预热至30～50℃。

15）502胶用后应密封严紧，避免水气浸入。

16）粘接后，如果被粘物表面出现白化物，可用于布擦除或用二甲基甲酰胺清除。

17）可用丙酮拆胶。

6.1.3　丙烯酸酯厌氧胶粘剂

1955年，美国GE公司发现了丙烯酸双酯的厌氧性；20世纪60年代中期，由Loctite公司制成厌氧胶粘剂出售。厌氧胶粘剂是一种单组分、无溶剂、室温固化液体胶粘剂，是一种引发（金属可以起促进聚合的作用使粘接牢固）和阻聚（大量氧抑制引发剂产生游离基）共存的平衡体系。厌氧胶粘剂简称厌氧胶它能够在氧气存在时以液体状态长期贮存，隔绝空气后在室温下即可固化成为不熔不溶固体。由于其粘接力强、密封效果好、使用方便，适合于生产线使用。目前，厌氧胶粘剂多作为锁固密封胶，如用来锁固间隙较大的螺栓、制作金属与玻璃之间的密封。

1. 厌氧胶粘剂的原料及固化机理

厌氧胶粘剂是以丙烯酸酯及某些特种丙烯酸酯基为基体、单液型多组分体系的室温固化胶粘剂。它具有在空气（氧气）中不能固化，一旦隔绝空气，即会迅速固化的特点，因此称为厌氧胶。实际上，厌氧胶是一种引发（固化）和阻聚共存的平衡体系，一旦隔绝空气，失去了氧的阻聚作用，打破了平衡，引发即起主导作用，促使厌氧胶固化。

厌氧胶粘剂的固化是自由基聚合反应，但又不同于一般的自由基反应。厌氧胶粘剂的基本组分在引发剂引发成自由基后，容易吸收氧再与另一个自由基相结合，生成稳定的过氧化物，从而在短时间内消耗掉初始自由基，失去了继续引发其他基本成分的能力。也就是说，大量氧的存在，起到了阻聚作用。当绝氧后，引发剂又使过氧化物分解产生自由基，进而引发聚合，实现交联固化。厌氧胶的固化除了隔绝氧的自由基聚合，还有金属离子存在的阳离子聚合反应，所以厌氧胶的固化受被粘物表面性质的影响。被粘物表面按固化的难易程度，一般分为三类：

1）活性表面，如钢、铁、铜、锰、铝合金等的表面，能促进厌氧胶的固化。

2）惰性表面，如纯铝、不锈钢、锌、镉、钛、银、金等的表面，使厌氧胶的固化速度减慢，需先涂表面活性剂加速固化。

3）滞性表面，如某些阳极化、氧化、电镀的表面，能够抑制厌氧胶的固化，只有将被粘物表面涂以促进剂，才能粘接。

厌氧胶粘剂可分为非结构型和结构型两类，它的基本成分是含有多官能团的甲基丙烯酸酯，并配以酸性树脂、引发剂、促进剂、阻聚剂、增稠剂、染料等组成。

（1）单体　常用的单体有各种相对分子质量的多缩乙二醇二甲基丙烯酸酯、甲基丙烯酸乙酯或羟丙酯、环氧树脂甲基丙烯酸酯、多元醇甲基丙烯酸酯及低相对分子质量的聚氨酯丙烯酸酯。这些单体中有两个以上的双键能参与聚合反应。在配制高强度结构型厌氧胶时，采用含有强极性的树脂，如环氧—甲基丙烯酸酯、聚氨酯—甲基丙烯酸酯等。

（2）引发剂　胶粘剂固化反应是自由基聚合反应，大多数使用过氧化羟基异丙苯作为引发剂，如过氧化二异丙苯、过氧化苯甲酰、过氧化羟基二异丙苯等。

（3）促进剂　胶粘剂固化反应中，通常要配以适量的糖精、叔胺等作为还原剂，以促进过氧化物的分解，如胺类、有机硫化物、有机金属化合物或邻磺酰苯甲酰亚胺（即糖精）等。

（4）稳定剂　氧、醌、酚、草酸等。

（5）增稠剂　为了改进厌氧胶的性能，还可加入一些增加粘接强度的预聚物和改变粘度的增稠剂，如聚丙烯酸酯、纤维素衍生物等。作为商品，最早被开发使用的是四甘醇二甲基丙烯酸酯。现在使用了一些在聚酯、聚醚、环氧分子末端带有2~3个甲基丙烯酸基或丙烯酸基的聚合物，在环氧的情况下被叫作环氧丙烯酸酯或乙烯基酯树脂。

（6）阻聚剂　为了改善胶液的贮存稳定性，常加入少量的阻聚剂，如醌、酚、草酸等。

2. 厌氧胶粘剂的配方设计

厌氧胶粘剂主要由基体、引发剂和促进剂组成。根据应用场合的要求，可添加增稠剂、增塑剂、阻聚剂、填料（粉状聚乙烯、二氧化硅）、溶剂等。在厌氧胶粘剂配方中，引发剂的用量约5%（质量分数，下同），促进剂在0.5%～5%之间，阻聚剂用量在0.01%左右。为了易于区分不同型号的胶液，常加入染料配成各种色泽，以免用错。

当机械组装要求快速固化时，或者被粘接的材料表面不活泼（极性小），需用底胶处理基材。底胶由催化固化反应的化合物组成，如各类噻唑、丁醛—苯胺加成物及硫脲。底胶为不燃、无毒溶剂的稀溶液，喷涂或刷涂于基材上。

固化系统中特别活泼的组分可包入微胶囊中，再加入厌氧胶液中。将该类胶液预涂于螺栓件上，干燥成膜，涂胶部件可长期保存。当组装螺栓紧固件时，微胶囊壁受力破坏，固化渗出，引发厌氧胶粘剂固化。典型的厌氧胶粘剂配方的分析见表6-5。

表6-5 典型的厌氧胶粘剂配方的分析

配方组成（质量份）		各组分作用分析	配方组成（质量份）		各组分作用分析
环氧丙烯酸双酯	100	基体树脂，改性树脂	三乙胺	2	促进剂，加速固化
丙烯酸	2	基体树脂，改性树脂	糖精	0.3	促进剂，加速固化
过氧化羟基二异丙苯	5	引发剂	气相白炭黑	0.5	触变剂，改善胶液流淌性

3. 厌氧胶粘剂的分类

厌氧胶粘剂品种繁多，从应用方面可分为以下几类：

（1）锁固厌氧胶粘剂　对于机械零件的连接，在使用压力紧固时，由于金属表面微观上的凹凸不平，机械零件之间的接触面积占总面积的30%以下。若用厌氧胶粘剂填充金属表面间隙，可使接触面积超过70%。因此，机械工业上广泛地使用厌氧胶粘剂来锁固，提高组装的工作效率和装配质量；广泛地采用锁固厌氧胶粘剂代替轴、轴承、轴瓦及连锁的压力装配，防止螺纹松动，锁紧双头螺栓，改善键的固定，防止拉紧锁后冲，固定垫片、堵头等。

（2）密封厌氧胶粘剂　密封厌氧胶粘剂的粘度为0.1～500Pa·s。低粘度密封胶粘剂用于管线密封、多孔压铸片及粉末冶金制片的浸渗密封。它比老的密封剂有明显优势：厌氧胶粘剂在空气中保持液状；绝氧不加热就可固化，固化时体积不收缩；使浸渗零件能承受5500Pa的压力。如粉末冶金制件，锌、铝及镁压铸件，钢件焊接处及铸铁翻砂件就常用粘度为10～100mPa·s的厌氧胶浸渗密封，这样提高了制件的加工性和成品率。粘度大的厌氧胶粘剂可用于各种各样的轴套及圆柱形、圆锥形螺纹的密封。

触变型的厌氧胶粘剂可制作万能垫片，代替机械冲压垫片，尤其对承受负荷轴承的连接显示出更大的优越性。外部负荷常使机械的受压缩面损坏而造成泄漏，而厌氧胶粘剂则只填充孔隙及凹凸不平的部分，承受负荷的是金属与金属接触部分。

(3) 结构厌氧胶粘剂　此胶粘剂的特点是粘接强度高，其拉伸和剪切强度通常大于14.71MPa。胶粘剂的粘度适当，使其既能充满胶缝，又不致于过多溢出，使用起来十分方便，因而广泛地用来粘接齿轮、转子、带轮、电动机轴、轴承和轴套等。

(4) 特殊用途厌氧胶粘剂　根据特殊用途而配制厌氧胶粘剂，包括可用于油面粘接的油面厌氧胶粘剂，能在几秒到几十秒内固化的特快固化厌氧胶粘剂、压敏型和微胶囊型厌氧胶粘剂等。

1）紫外线固化厌氧胶粘剂。紫外线固化厌氧胶粘剂是一种可快速固化的胶粘剂。它能使溢出胶液固化，减少污染，同时能扩大厌氧胶粘剂的应用领域，如平面粘接等。

2）耐高温厌氧胶粘剂。一般厌氧胶粘剂的长期耐热温度在150℃或以下，影响了其使用范围。提高耐温性通常的办法是提高交联度或在分子链中引入苯环基团等，但效果有限。近年来报道了加入马来酰亚胺的方法，如用双羟乙基化双酚A双甲基丙烯酸酯加上马来酰亚胺，并用过氧化物—糖精—取代芳胺作引发体系。这种厌氧胶粘剂长期耐热温度达230℃，短时耐热温度260℃，并具有良好的耐湿热老化性能。

3）微胶囊型厌氧胶粘剂。将液体厌氧胶粘剂制成微胶囊，涂布于螺纹件上制成预涂“干”厌氧胶粘剂的零件，可降低操作毒性，简化生产工艺。过去采用将厌氧胶粘剂液滴包封成微胶囊的办法，而现在则是省去了厌氧胶粘剂微胶囊的制备和分离等工序，直接在水液中制成产品。如将厌氧胶粘剂加入到由马来酸酐、苯乙烯等单体合成的多元共聚水溶液中，搅拌成悬浮液滴，即是贮存稳定的产品；另将引发剂制成一定大小的微胶囊，两者按比例混合，即得微胶囊厌氧胶粘剂。微胶囊厌氧胶粘剂的分散体系有水基型和溶剂型，近年来以水基型的发展为主。

4）改性厌氧胶粘剂。用不饱和环氧树脂改进厌氧胶粘剂的主体材料——甲基丙烯酸双酯，使胶粘剂具有环氧树脂和不饱和聚酯的优点。用氨基甲酸酯及其衍生物改进丙烯酸双酯，使胶粘剂具有聚氨酯的高强度和耐低温性。另外，还可以从以下方面进行改性：

①增加胶液的贮藏稳定性。主要是在胶液中加入金属螯合剂、硝基芳烃、卤代羧酸，如乙二胺四乙酸钠和NH_4OH、硫酸和吩噻嗪、2，4，6-三硝基苯甲酸、五氯硝基苯和对氯硝基苯、三氯乙酸、二氯乙酸或三溴乙酸等。

②缩短固化时间，提高粘接强度。在胶粘剂中添加辅助的促进剂，如1，2，3，4-四氢喹啉盐、马来酸、α-羟基苄基对甲苯砜等。

③改进耐水性。主要是通过改变单体的品种或配比来达到这一目的。

6.1.4 丙烯酸酯压敏胶粘剂

所谓压敏胶粘剂，就是不需要添加固化剂或溶剂，也不需要加热，只需稍微施加一点接触压力，就能够将基材粘接起来的胶粘剂。压敏胶粘剂简称压敏胶。它的分类方法很多，按化学组成分类，有丙烯酸酯胶、聚氨酯胶、橡胶型胶、热塑性聚合物胶等；按其生产方法分类，又可分为热熔型、溶剂型、水溶液型、乳液型、压延型和反应型等六大类。丙烯酸酯压敏胶粘剂具有原料易得、生产工艺简单、设备投资少、成本低等优点，故有广阔的发展前景。

丙烯酸酯压敏胶粘剂主要是由丙烯酸酯和极性丙烯酸系单体组成。丙烯酸酯可以为丙烯酸烷酯，极性丙烯酸系单体可以为丙烯酰胺、丙烯腈、衣康酸等中的一种或几种的混合物，可分为交联型和非交联型。常温下，它有优良的压敏性和粘接性，而又由于耐老化性、耐光性、耐水性、耐油性优良，所以几乎没有经时间变化引起压敏性下降的问题，而且可剥离性能优良；同时与官能性单体容易共聚，可按照被粘物质的特性，在聚合物分子中任意引入极性基团。与橡胶类压敏胶粘剂相比，丙烯酸酯压敏胶粘剂内聚强度较低，所以常使之发生部分交联，以提高内聚力；此外，还可以进行交联，改进耐热性。对于非交联型压敏胶粘剂，通常添加烷基酚醛树脂，使内聚力、压敏粘接性和粘接力之间保持平衡。为降低成本和赋予压敏胶粘剂粘接性和硬度，往往采用乙酸乙烯酯作为丙烯酸酯压敏胶粘剂的共聚成分。丙烯酸酯压敏胶粘剂常用做双面胶带用压敏胶粘剂、装饰薄膜压敏胶粘剂、层压薄膜压敏胶粘剂等。

丙烯酸酯压敏胶粘剂由于具有优异的性能，现已成为最重要的一类压敏胶粘剂，其形态分为溶剂型、乳液型、热熔型、反应性液体固化型四大类。

近几年来，丙烯酸酯乳液压敏胶粘剂在我国也得到了迅速发展。目前，我国已研制成功并投入生产的丙烯酸酯乳液压敏胶粘剂见表6-6。

表6-6 我国已研制成功并投入生产的丙烯酸酯乳液压敏胶粘剂

研制或生产单位	牌　号	用　途
上海合成树脂研究所	PS-3 压敏胶	绘图透明标记与聚酯膜粘接
天津有机化工实验厂	BCY-401 压敏乳液	制造自粘商标纸
	PSA-371 乳液	制造自粘商标纸
	PSA-402 乳液	制造 BOPP 膜胶粘带
北京东方化工厂	PSA-374 乳液	制造胶粘相册
	PSA-401/421 乳液	制造钢门窗密封胶带

6.2 丙烯酸酯胶粘剂的性能

丙烯酸酯胶粘剂具有以下特性：

1）粘度低，便于涂布，容易浸润所要粘接材料的表面，使用方便。

2）室温固化，固化速度快。

3）能粘接多种材料、粘接强度高、胶层无色透明。

4）耐热性、耐油性、耐老化性、耐候性、耐酸碱性、耐溶剂性等均好。

5）电气性能好。

6）残胶容易清洗，固化后可拆卸。

7）毒性低。

6.2.1 反应型丙烯酸酯胶粘剂的性能

1. 第一代丙烯酸酯胶粘剂的性能

第一代丙烯酸酯胶粘剂（FGA）的粘接强度比不饱和聚酯胶粘剂要高得多，可与环氧树脂相比拟，达30MPa以上。它可以粘接钢、黄铜、铝合金等多种金属材料，以及玻璃、陶瓷、无纺布等非金属材料，其固化温度比环氧树脂胶粘剂的低得多。随固化温度升高，固化时间缩短，它能在100℃以下长期使用。第一代丙烯酸酯胶粘剂的耐水、耐溶剂、耐热及抗冲击性能等不太理想。目前，这种类型的胶粘剂在国外已渐退出市场，而在国内还较多，如原成都科技大学精细化工研究所的AD系列、常州化学研究所SHW-1胶等。

2. 第二代丙烯酸酯胶粘剂的性能

第二代丙烯酸酯胶粘剂（SGA）作为新型的高性能工程结构胶粘剂，非常引人注目。SGA作为结构胶具有很多优点，粘接性好，抗冲击性能优良，抗剥离强度高。几种胶粘剂的性能比较见表6-7。

表6-7 几种胶粘剂的性能比较

性能	SGA	瞬干胶粘剂	厌氧胶粘剂	双组分室温固化环氧胶粘剂
剪切强度/×10MPa	230	160	232	196
抗冲击强度/×10MPa	20	2.0	2.2	2.8
剥离强度（150℃老化7d、常温测试）/×10MPa	12	0.5	4.5	0.5

SGA对材料的粘接性能见表6-8。

SGA是无溶剂型胶粘剂，固化速度可快可慢；它是双组分胶粘剂，但配合无严格要求。常常把主剂中加入促进剂作为一个组分，而其他配料作为另一个组分，使用时再将它们混合或分别涂在被粘材料的一个表面，贴合起来就可牢固地粘着。

表 6-8　SGA 对材料的粘接性能

金　属	剪切强度/×10MPa	塑　料	剪切强度/×10MPa
铝	210	聚碳酸酯	49
软钢	365	酚醛树脂	129
铜	210	聚酯	122
黄铜	295	环氧树脂	124
镀锌钢板	137	聚氯乙烯	67
镀镍钢板	143	尼龙	34
镀银钢板	144	ABS 塑料	58
锌镍铬合金	130	有机玻璃	76

SGA 的一个突出优点就是对被粘表面处理要求不严格，对于油面钢板也具有良好的粘接性能。这是由于丙烯酸酯能迅速地溶解油脂，起到脱脂作用。若在反应型丙烯酸液组成中，去掉过氧化物引发剂及促进剂，而代之光敏剂、增感剂，就构成了紫外线及电子束固化的 TGA 胶粘剂。其固化速度更快，且是单组分胶，贮存稳定性能好。现有的 SGA 虽然综合性能优异，但是多存在稳定性差、贮存期短、单体挥发气味大、对湿热耐受性较差、易燃、有毒等问题，改良方法有以下几种：

（1）改进贮存稳定性　加入锌、镍、钴的乙酸盐、丙酸盐，甲酸、乙酸、甲基丙酸的铵盐。2，6-二叔丁基-4-甲基苯酚等也可改进其贮存性能而不影响固化速度。

（2）提高挥发点、强度和耐热性　可使用高沸点的丙烯酸高级酯或低聚物，研制新的高级醇单酯作原料，如丙烯酸十八烷酯、（甲基）丙烯酸异辛醇酯、丙烯酸四氢呋喃甲醇酯等代替甲基丙烯酸甲酯等挥发性单体。

（3）改进耐水性　可添加硅烷偶联剂，如 γ-氨丙基三乙氧基硅烷、γ-（2，3-环氧丙氧基）丙基三甲氧基硅烷、乙烯基三氯硅烷等。

3. 第三代丙烯酸酯胶粘剂的性能

第三代丙烯酸酯胶粘剂（TGA）是由低粘度丙烯酸酯单体或丙烯酸酯低聚物、催化剂、弹性体组成，经紫外线照射几秒钟即固化，也可添加增感剂促进固化速度。TGA 胶在原来的基础上降低了毒性，甚至无毒。其无污染、快速、高效的特点是当今胶粘剂的发展趋势。

反应型丙烯酸酯胶粘剂的缺点是单体丙烯酸酯带来特殊臭味，使操作者难以忍受。

反应型丙烯酸酯胶粘剂主要用在组装工业上，如汽车、轮船、电动机、机械框架的组装，路牌、标志的粘贴，金属件与玻璃、ABS 塑料、FRP 塑料的粘接等，是一种用途非常广泛的胶种。

6.2.2 氰基丙烯酸酯胶粘剂的性能

α-氰基丙烯酸酯胶粘剂是一种室温快固型单组分胶粘剂，它具有粘接速度快，粘度低，透明性好，使用方便，气密性好，以及对极性材料、金属、陶瓷、玻璃等材料都有较高的粘接强度等特点。由于 α-氰基丙烯酸酯还是一种较好的有机溶剂，因此对大多数塑料及橡胶制品都有极好的粘接力。其不足之处是耐水、耐潮性能差，耐久性能也不理想，主要用于临时性粘接（定位用等）和非结构粘接，不宜大面积使用；较脆，粘接刚性材料时不耐振动和冲击，价格较贵等。

国产氰基丙烯酸酯胶粘剂有 KH-501、502、504、661 等。前三种胶粘剂对各种材料有良好的粘接强度，粘接钢材时的拉伸强度和剪切强度大于 19.6MPa。若采用有机硅表面处理剂，其耐水性会得到明显提高。

现有的氰基丙烯酸酯胶粘剂多存在韧性差、耐热性差、耐水性差、贮存稳定性不够理想等缺点，耐冲击性和剥离强度还有待提高。

6.2.3 丙烯酸酯厌氧胶粘剂的性能

厌氧胶粘剂具有单组分、室温固化、固化速度快和低粘度等优点，它能够在氧气存在时以液体状态长期存在，隔绝空气后可在室温固化成不熔不溶的固体，它为消费者提供了设计简化、价格降低的组装方法，不需要复杂的机械锁定、密封及定位保持设计，粘接强度可按消费者的愿望变化。该胶粘剂不含溶剂，胶缝外面的物料很容易除去，被广泛用于金属结构件的嵌缝、螺栓纹的紧固、零部件的粘接和密封等。例如非结构型厌氧胶粘剂用于金属件的紧固密封等方面，结构型厌氧胶粘剂用于金属结构件的粘接或装配。

厌氧胶粘剂的胶层耐水、油、醇、酸、碱和盐等介质。用于室温密封时，对厌氧胶粘剂的粘接强度要求不高，但抗转矩力较高。

6.2.4 丙烯酸酯压敏胶粘剂的性能

溶剂型压敏胶粘剂干燥速率快、耐水性较好，但溶剂型丙烯酸酯压敏胶粘剂所用溶剂一般是甲苯、二甲苯等芳香族化合物，有时还使用三氯甲烷、三氯乙烯等卤族化合物，它们有较强的毒性，容易造成环境污染。

与溶剂型丙烯酸酯压敏胶粘剂相比，乳液型丙烯酸酯压敏胶粘剂具有无溶剂、耐老化、压敏性及粘接性能优良等优点。随着人们对环保、安全和节能等日益重视，以及乳液型丙烯酸酯压敏胶粘剂应用的不断扩大，该类压敏胶粘剂向低污染、省能源、高性能及多功能化方向发展已成为趋势，而无污染的乳液型丙烯酸酯类压敏胶粘剂逐渐引起人们极大的兴趣。

热熔型丙烯酸酯类压敏胶粘剂是继溶液型和乳液型压敏胶粘剂之后的第三代压敏胶粘剂产品。该类压敏胶粘剂在熔融状态下进行涂布，冷却硬化后施加轻压便能快速粘接。热熔型丙烯酸酯类压敏胶粘剂在生产中不使用溶剂，故具有无毒、无废液、制备简单、使用方便且用途广泛等诸多优点，但其对温度变化的适应性较差。

水溶胶型丙烯酸酯类压敏胶粘剂是指在特定溶剂下进行溶液聚合的产物，其结构中有较大一部分的羧基官能团，能够被胺化或皂化，成为可溶于水的分散液（相当于高分子水溶胶）。水溶胶型丙烯酸酯类压敏胶粘剂兼有溶液型压敏胶粘剂和乳液型压敏胶粘剂的特性，但有些性能比它们好。水溶胶型丙烯酸酯类压敏胶粘剂采用水为介质，避免了溶液型压敏胶粘剂存在的污染环境等缺点，并且不必使用乳化剂，聚合物的平均粒径比相应的乳液聚合物小，与各种添加剂的混合也比乳液型压敏胶粘剂均匀，因此其耐水性、粘接力等又优于相应的乳液型压敏胶粘剂。

6.3　丙烯酸酯胶粘剂的发展趋势

丙烯酸酯胶粘剂是当今极具活力的胶粘剂品种之一，发展速度很快。随着新的技术不断开发和性能的提高，其应用将更加广泛，前景更加光明。目前，国内外各大公司为了使其商品在市场上有较强的竞争实力，都投入了大量人力财力，改进现有品种，开发新品种、新技术、新工艺，为长远发展做充分准备。下面主要介绍一些新型产品及新技术、新工艺。

1. 开发新型丙烯酸酯胶粘剂

（1）吸湿固化压敏胶粘剂　吸湿固化压敏胶粘剂是利用空气中的水分或被粘物表面水分发生固化的新型压敏胶粘剂。其中一种是与多异氰酸酯相容性很好的、以丙烯酸酯共聚物为基础的压敏胶粘剂，它的组成包括丙烯酸—丙烯酸丁酯（10:90）共聚物、二甲苯树脂以及三官能异氰酸酯等。加入溶剂，在充分干燥的条件下调制成为均匀的胶粘剂，然后在玻璃纸基材上加热烘干成胶带。这种胶带在干燥条件下可长期保存。

（2）热固性压敏胶粘剂　在构成光聚合性组合物的丙烯酸单体中，添加分子内有羧基的单体，在其光聚合后与环氧树脂反应，丙烯酸类聚合物与环氧树脂交联结合制得。这种胶粘剂在常温下具有自粘性且易于在被粘物上临时粘接，加热可以在短时间内固化，显示出高粘接强度和高耐热性，并且不含一般有机胺类促进剂，因而贮存稳定性优良。

（3）需氧胶粘剂　需氧胶粘剂的特点是无氧时稳定，遇氧或氧化剂则交联固化。它常采用不挥发的甲基丙烯酸高级酯为基料，以带有“肼”基团的高分子化合物作为“需氧”组分。这种胶粘剂具有厌氧胶和SGA的双重长处。

（4）新型热熔胶粘剂　丙烯酸酯新型热熔胶粘剂主要有以下几类：

1）第二代热熔压敏胶粘剂：在乙烯与甲基丙烯酸的共聚中引入锌等金属离子，再加入邻羟甲基芳香羧酸，可增强丙烯酸胶粘剂的内聚力。

2）密封热熔胶粘剂：杜邦公司开发了乙烯—丙烯酸甲酯—丙烯酸三元共聚物的金属盐。这是一种热熔型离子聚合物，具有离子交联的特点，胶层柔软，弹性好，其耐热性、耐蠕变性、耐油性、耐候性都较优越。

3）耐热热熔胶粘剂：如美国Exxon公司研制的在普通热熔胶粘剂中加入丙烯酸改性的聚丙烯接枝共聚物，其耐热效果显著。

2. 使用新技术、新工艺

（1）微胶囊技术　在胶液里加入过量的稳定剂，将促进剂包封在微胶囊中，配制成稳定的单组分胶液。使用时，用辐射或加压使微胶囊破裂，促进剂进入胶液，与主体胶接触而迅速固化。但目前由于微胶囊壁膜的渗透性及内包装物对微胶囊壁膜的浸蚀等因素的影响，微胶囊技术往往受到一定的限制，尚未能普及。

（2）双液混喷新技术　其中一液是以丙烯酸乳液为基础的主剂，另一液是能使乳液产生凝聚的有机金属盐溶液。涂布时采用双头喷雾枪，二者分别由两个喷头喷出，在空中混合，涂布于被粘物表面上，从而很快凝聚产生初粘力，可以达到与溶剂型丙烯酸酯胶粘剂相似的效果。此法已用于汽车顶板、冰箱、冷库等隔热层的粘接。

（3）辐射能固化新工艺　从对无溶剂的社会要求和节能的角度出发，光反应也正在被人们所注意。可以利用光促使单体发生聚合，或者是胶粘剂发生部分交联或完全固化。光反应主要是采用紫外线和电子束。使用紫外线固化时，由于胶粘剂的表面被粘物所覆盖，所以仅限于被粘物是玻璃、透明塑料膜等物质。电子束设备极为昂贵，故美国在光固化方面约75%是采用紫外线。此外，也有关于用X射线的报道。基于高速固化的优点，在连续粘接工程中，我国今后也将大力发展紫外线固化和电子束固化技术。

（4）包装新工艺　α-氰基丙烯酸酯瞬干胶在美国市场上叫作超级笔胶。采用笔型塑料容器，每只2mL。这种包装在管口喷嘴处有一个不粘的小珠将喷嘴从内部顶住，起密封作用。使用时，将小珠对准被粘部位轻轻挤压，胶液即流出。该工艺解决了以前包装必须一次用完，否则受潮失效的弊端。

（5）计算机优选配方　随着计算机应用的日益广泛，计算机辅助胶粘剂配方设计得到了迅速发展。计算机辅助配方设计必将推动胶粘剂配方设计工作的迅速发展和加速新品种的诞生。

6.4　丙烯酸酯胶粘剂的应用

6.4.1　丙烯酸酯胶粘剂的应用范围

1. 第二代丙烯酸酯胶粘剂

第二代丙烯酸酯胶粘剂（SGA）是目前反应型丙烯酸酯胶粘剂中应用最为广泛的一种。第二代丙烯酸酯胶粘剂除了不能粘接铜、铬、锌、赛璐珞、聚乙烯、聚丙烯、聚四氟乙烯等材料外，对于其他的金属和非金属材料均能进行自粘或互粘。它广泛应用于应急修补、装配定位、堵漏等场合。

2. 氰基丙烯酸酯胶粘剂

α-氰基丙烯酸酯胶粘剂用于金属、橡胶、塑料和玻璃等同类材料或异类材料的粘接，对于聚四氟乙烯、聚乙烯、聚丙烯和增塑性氯乙烯等塑料不能粘接，也不能用于多孔材料，如木材、纸张、织物等的粘接。

502胶对各种材料粘接的固化速度见表6-9。

表6-9　502胶对各种材料粘接的固化速度

被粘材料	固化时间/s	被粘材料	固化时间/s
玻璃	3~10	聚酯	10~15
丁基橡胶	5~15	酚醛塑料	10~15
天然橡胶	10~15	聚碳酸酯	10~15
氯丁橡胶	10~15	三聚氰胺甲醛塑料	10~30
丁腈橡胶	10~15	尼龙	20~30
ABS	7~10	钢	30~60
硬质聚氯乙烯	10~15	铝	45~60
有机玻璃	10~15	铝合金	90~180
聚苯乙烯	10~15	铬	120~180

3. 厌氧胶粘剂

厌氧胶粘剂用途广泛，可用于密封、粘接、紧固、防松等场合，如管道螺纹、法兰面、机械设备箱体与盖的密封，螺栓的紧固防松，轴承与轴套、齿轮与轴、键与键槽等装配时的固定；铸件或焊件的砂眼和气孔的渗入填塞；以及粘接活性金属，如铜、铁、钢、铝等材料。

4. 压敏胶粘剂

压敏胶粘剂大多是制成各种胶粘带、胶膜等压敏胶粘制品出售并得到应用的。压敏胶粘剂制品具有粘接、捆扎、装饰、增强、固定、保护、绝缘和识别等八大使用功能，在包装、印刷、建筑装潢、制造业、家电业、医疗卫生等方面得到越来越广泛的应用。

乳液型压敏胶带大量用作表面保护，如汽车、飞机、机械零件、电器、木制品、塑料及塑料成型制品等。丙烯酸酯压敏胶带、双面胶带、保护胶带等不仅在产量上，而且在粘接和涂布性能上都有较大提高。适用于各种用途的胶带产品不断涌现，但仍以通用型为主；一些特种胶带仍需进口，如高强度双面胶带、耐高温美纹纸胶带、阻燃胶带、魔术胶带和防晒膜及标志胶带等。

6.4.2 丙烯酸酯乳液胶粘剂在纺织行业的应用

丙烯酸酯类胶粘剂不采用溶剂或采用少量溶剂，可避免或减少溶剂的使用所造成的环境污染和浪费。其作为无毒、无臭的绿色产品，在国内必将得到大力的发展。

由于丙烯酸酯乳液胶粘剂的粘接性能好、粘附力强、耐紫外线、耐老化、保色性能好、无毒无气味，广泛用于纺织、包装、建筑、汽车、木制品、电器、玩具和医药等行业。

在纺织行业中，丙烯酸酯乳液胶粘剂主要用于涂料印花、非织造物粘接、织物商标、服装中间衬料、经纱上浆等。

1. 在经纱上浆的应用

经纱上浆所用浆料，以前使用淀粉、海藻类（海藻酸钠、海萝等）、植物性胶（槐角胶等）、纤维素衍生物等天然高分子物质，如今合成高分子浆料得到了广泛应用，其主要产品为聚乙烯醇与丙烯酸酯树脂。

特别是最近，由于高速织机的增加，丙烯酸酯类浆料的应用日趋增加。丙烯酸酯浆料粘接力大、渗透性好、胶膜柔软、对憎水性纤维粘接力好，能有效地防止断丝，织布效率高；其不足之处是比聚乙烯醇价贵，退浆较困难。与其他浆料相比，则有：拉伸强度为聚乙烯醇 > 羧甲基纤维素 > 丙烯酸酯类 > 淀粉 = 海藻酸钠；伸长率为丙烯酸酯类 > 聚乙烯醇 > 羧甲基纤维素 ≥ 海藻酸钠 ≥ 淀粉；粘接力与柔软性为丙烯酸酯类 > 聚乙烯醇 > 羧甲基纤维素 > 海藻酸钠 > 淀粉。

聚丙烯酸酯浆料通常与聚醋酸乙烯浆料配合使用，以取长补短。对涤纶而言，所使用的丙烯酸酯类与聚乙烯醇的质量比为（4~6）:（6~4）。对尼龙来说，采用的比例比涤纶采用比例小，其配方（质量份）为：丙烯酸酯类为0.5~2份，聚乙烯醇为9.5~8份。最近，在合纤混纺的上浆中，为提高粘接力，防止落浆，也以5%~10%的质量分数，小量地与其他浆料配用。

2. 在涂料印花上的应用

涂料印花胶粘剂主要有聚醋酸乙烯、聚丙烯酸酯和合成胶乳等乳液型品种。

其中，聚醋酸乙烯乳液的加工制品手感较硬，橡胶类手感好，但耐老化性、耐溶剂性差，粘接力低，温度升高易发粘。聚丙烯酸酯乳液手感柔软，坚牢度又好，是得到广泛使用的胶粘剂。自交联型丙烯酸酯乳液在耐洗、耐干洗、耐老化性以及其他各方面则是最为优良的。鉴于丙烯酸酯成本的降低，聚丙烯酸酯涂料印花胶粘剂性能优良，自交联型丙烯酸酯乳液使用方便，因此自交联型丙烯酸酯乳液为当前涂料印花胶的最重要品种。在调制印染涂料时，除加入颜料、胶粘剂外，还需配合适量的填料、催化剂、增粘剂、消泡剂等，典型配方（质量份）如下：色浆 5 ~ 10 份，自交联型聚丙烯酸酯乳液 15 ~ 30 份，填充剂 55 ~ 65 份，交联剂 1 ~ 2 份，催化剂 0.1 ~ 0.2 份，水适量。

用聚丙烯酸酯乳液进行织物涂料印花时，需先将乳化剂（3 ~ 5 份）、水（20 ~ 22 份）、溶剂汽油（200#，75 份）等预先制成水包油型乳液，以便对胶粘剂进行稀释。

3. 在静电植绒上的应用

当前纺织行业中，静电植绒生产量大、应用面广，所用的植绒胶粘剂也是各种聚合物乳液。同涂料印花用胶粘剂一样，由于醋酸乙烯树脂有耐水性不好、手感差的问题，合成橡胶乳胶有老化和变色的问题，因此，能以碱增稠的自交联型热固性丙烯酸酯类乳液与三聚氰胺等交联剂并用，就成为静电植绒使用的主要胶粘剂。

在植绒中，在基布上涂布胶粘剂时，要求胶粘剂有适当的粘度。因此，胶料需要增稠，通常采用氨水增稠。丙烯酸酯类自交联型静电植绒胶粘剂在外衣、工作服、女短大衣等的料子中使用时，由于手感问题，作为交联剂使用的三聚氰胺树脂的用量应尽可能少些。

用于植绒地毯时，多以聚醋酸乙烯与丙烯酸酯混合使用，以增大拉伸强度和降低成本。

4. 在无纺织物中的应用

发展无纺布的初期，主要使用合成橡胶乳胶。一般来说，以合成橡胶类乳胶制成的无纺布，其弹性、柔软性、耐洗性、耐干洗性是优良的，但在因受热和暴光而产生老化问题的方面却有很大的缺点。聚醋酸乙烯系乳液耐老化性固然好些，但也有缺乏弹性和手感硬的缺点。与之相对照，反应型或自交联型热固性丙烯酸乳液在弹性上虽然不及合成橡胶类乳液，但在耐老化性、耐干洗性、柔软性、机械稳定性方面却显示出其优良的特性，已成为无纺织物领域中最重要的胶种。特别是在涤纶纤维无纺布服装衬布中，使用聚丙烯酸酯（反应型热交联型）为胶粘剂显示出优良效果，用丙烯酸酯乳液和三聚氰胺树脂配成的胶粘剂制成的涤纶纤维无纺织物制品，其性能质量可与过去使用的高级羊毛料相匹敌。

5. 在羊毛防缩中的应用

为防止羊毛的毡缩，可采取加氧化剂处理、加氯处理等方式，但这类处理会使毛织物的耐磨强度显著下降。使用水溶性自交联型丙烯酸酯乳液，在羊毛上形成被覆层，则可在不降低其耐磨性的情况下，防止毡缩。典型胶液配方（质量分数）如下：丙烯酰胺约0.8%，N-羟甲基丙烯酰胺1.2%，丙烯酸乙酯98%。

按以上配方制成固体质量分数为45%的乳液共聚物，然后将树脂分散液稀释到树脂质量分数为5%，加入0.5%氯化铵，施用于纯毛法兰绒中。在115℃干燥10min后，再在149℃固化10min。

6. 在织物涂层整理上的应用

织物涂层整理包括防皱、防污、防水、阻燃等。用聚丙烯酸酯乳液处理棉、粘胶纤维等，除能防皱、防缩外，还能克服三聚氰胺、尿素等与醛的缩合树脂损害织物柔韧性的缺点，已成为效果极好的涂层整理胶粘剂而得到广泛的应用。随着聚酰胺、聚酯、聚丙烯腈类合成纤维的大量使用，使织物的涂层整理由简单的防皱、防缩、防水等扩展到还要增硬、增柔、防变形、增加丰满度等，这使自交联型热固性聚丙烯酸酯乳液胶粘剂成了处理的主要产品。大量实践证明，只有使用玻璃化温度为-20～0℃的聚丙烯酸酯乳胶才能得到预期的效果，并且与上述缩合性热固性树脂配用可显著提高处理效果。例如在进行雨衣、帐篷等布料防水加工时，要求加工后能保持柔软、耐光及手感好等特征。采用自交联型聚丙烯酸酯乳胶配以三聚氰胺树脂可达到要求。配制好后，在布料上涂抹20～100g/m^2，预干后再于130℃左右固化即成。其配方（质量份）为：自交联型聚丙烯酸酯乳液78份，缩合催化剂0.1份，羧基改性丁基橡胶20份，稳定剂3份，三聚氰胺甲醛甲阶树脂1.0份。

聚丙烯酸酯乳液胶粘剂对织物涂层整理中的另一个用途是防污整理。含丙烯酸酯的乳液在纤维上形成膜，使纤维具有释污性。

7. 在织物粘贴上的应用

将不同种类的料子用胶粘剂粘贴在一起而制得具有全新特性和手感的新型布料，即所谓的贴合织物。粘贴织物时，对胶粘剂的主要性能要求是保证所得贴合衣料手感好，正常状态下粘接性高、耐洗涤、没有污斑等。为达到此要求，所用胶粘剂主要为交联型聚丙烯酸类乳液。

以市售的乳液商品用于织物贴面加工时，通常需要对乳液进行增稠处理，以提高初期粘接力、抑制乳液渗出、增加参与粘接有效涂布量和改良手感。

聚丙烯酸酯乳液可采用氨增稠与预增稠两种方法。用氨增稠时，由于分子链中含有活性羧基，调节氨的用量可制成不同稠度的乳液，以适用于不同的料子。氨增稠由于初期粘度低，所引入的气泡少，生产合格率高。预增稠即加入羧甲基纤维素等增稠剂，增稠过程比氨增稠快，但预增稠聚丙烯酸酯乳液初期粘度高，与热固性树脂难混均匀，操作时带进去的空气也难脱除，容易形成不良粘接。

聚丙烯酸酯乳液一般要与热固性树脂并用，当初期粘度低时，其混合作业简单，无需特别的搅拌装置。

乳液中添加热固性树脂（三聚氰胺树脂）和催化剂时，虽然有一个使用寿命的问题，但氨增稠型由于pH值偏碱性，很少出现凝胶化的问题。织物贴合用交联型聚丙烯酸酯乳液胶粘剂制备举例如下：将N-羟甲基丙烯酰胺6份（质量份，下同）、乙酸钠0.9份、水94份以及10%过硫酸铵溶液2份，加入配备有温度计、搅拌器、回流冷凝管、滴液漏斗的四口瓶中，于70℃进行聚合，制得乳液；然后往该乳液中加入84份丙烯酸乙酯、3份丙烯酸、3份N-羟甲基丙烯酰胺、10份丙烯腈以及10%过硫酸铵溶液3份，在70℃下搅拌反应约4~5h。所得乳液无粗粒子，室温下可贮存1年，固体质量分数为52%。在所得乳液100份中，加入1.5份草酸后用辊涂法，将开司米运动衫与尼龙波纹绸进行粘贴，涂胶$30g/m^2$，于130℃烘5min，粘贴布料具有极优的粘接力和耐干洗性，且不影响布料的手感。

6.4.3 汽车车面用压敏胶粘剂

汽车用胶粘剂是我国汽车行业引进项目国产化的重要相关材料，而汽车车面用压敏胶粘剂（带）处于更突出的位置。特别是车面标牌、饰条、侧条等永久固定用的双面发泡压敏胶粘带，是现代汽车装配线上常用的粘接材料，可代替传统的钉、铆、焊等落后工艺。但由于所用的压敏胶粘剂需具有高的剥离强度、高的内聚力和优异的耐水、耐寒、耐热、耐老化及耐溶剂等性能，因此，研制车面用压敏胶粘剂对促进我国汽车工业国产化、填补国内空白具有重大意义。

目前，国外汽车用压敏胶粘剂大多数为溶剂型，少数是光引发本体共聚和交联的，以丙烯酸系为主，个别用SBS嵌段共聚物。下面介绍几种国外压敏胶粘剂的组成。

1. 丙烯酸酯共聚物+交联剂+增粘剂+其他添加剂

以丙烯酸酯溶液共聚合的方法制得的共聚物，通过合适的后交联，辅之以增粘剂和其他添加剂，是制备汽车车面用压敏胶粘剂专利报道最多的研制方法。

2. 丙烯酸酯+不饱和官能单体

这一研究见Ulrich、Reinhard和Pietsch等发表的专利。它是通过丙烯酸酯与不饱和官能单体进行溶液共聚而成的，所用的丙烯酸酯主要是丙烯酸壬酯、丙烯酸异辛酯和丙烯酸丁酯等；而不饱和官能单体则包括强极性的不饱和官能单体，如丙烯酸、甲基丙烯酸、衣康酸、丙烯酸羟基酯和中等极性的不饱和官能单体。如N-乙烯基吡咯烷酮、丙烯腈等所制成的压敏胶粘剂具有较高的剥离强度和内聚力，但这种胶粘剂的耐温性能不够理想，其主要原因是共聚物中凝胶成份不够高。

3. 丙烯酸酯+（甲基）丙烯酸+多官能共聚单体

这是一种内交联，即利用多官能共聚单体（如双丙烯酸酯、二乙烯基苯等）分子链上的多个官能团，将丙烯酸酯-（甲基）丙烯酸共聚物的分子链实现交联。由于涉及到较为复杂的聚合工艺来控制交联点的位置，因而尚未见实用化报道。

4. 紫外聚合—紫外涂布

这是目前最为先进的一种车面用压敏胶粘剂（带）的制备方法，最有代表性的是美国3M公司的专利。这种胶粘剂的制备大致有以下三种方法：

（1）丙烯酸酯+极性可共聚合单体　所使用的丙烯酸酯一般为丙烯酸丁酯、丙烯酸壬酯、丙烯酸癸酯。极性可共聚合单体一般为丙烯酸、N-乙烯基吡咯烷酮。共聚合单体种类与溶液聚合采用的单体大致相通，但由于采用了光敏自由基和紫外聚合工艺，使得聚合与涂布一次完成，从而大大提高了胶粘剂的相对分子质量，提高了性能。但这类胶粘剂对高固含量汽车漆的粘附性能较差。

（2）丙烯酸酯+极性可共聚合单体+增粘树脂　其目的在于提高压敏胶粘剂对高固体含量汽车漆面的粘附性能。以美国3M公司“增粘丙烯酸压敏胶及其制品”专利为例，是用丙烯酸异辛酯—N-乙烯吡咯烷酮共聚物与聚叔丁基苯乙烯增粘剂混合物作为胶粘剂，经光交联后所制得的双面胶带，特别适合用于高固含量汽车漆的汽车车面防护物品和装饰物品的固定粘贴。但必须指出，增粘树脂的加入增加了对漆面的粘接力，尤其是对高固漆面的粘接力。但是增粘树脂的加入不利于压敏胶粘剂的低温粘接性能，同时增粘树脂也是紫外聚合的链转移剂，从而影响了紫外聚合，而且随着时间的推移，增粘树脂会向胶粘剂膜的表面迁移，造成粘结力破坏。

（3）丙烯酸酯+极性可共聚合单体+橡胶弹性体+多官能交联单体+其他添加剂（如增粘树脂等）由于加入了橡胶弹性体，胶粘剂膜便具有优良的柔韧性和内聚强度，而极性可共聚单体和增粘树脂又提供了优良的粘接性能。

我国在汽车车面用胶粘剂方面主要是通过溶液聚合—后交联的技术路线。用聚乙烯发泡体为基材，采用转移涂布工艺，研制出主要性能接近美国3M公司的Y-4247和Y-4246产品，且具有自身特色的汽车车面用压敏胶粘带。

6.4.4　氰基丙烯酸酯胶粘剂在医学上的应用

氰基丙烯酸酯胶粘剂是单组分、无溶剂、流动性好、可室温快速固化，固化时间仅为6～15s；无固化剂，具备与天然组织相适应的物理性能；化学性能稳定，不降解出有害物质；良好的生物相容性，即力学相容性和组织相容性。因此，氰基丙烯酸酯医用胶粘剂在近几十年来得到了迅速的发展和广泛的临床应用。氰基丙烯酸酯类医用胶粘剂的独特性能为临床提供了很多新的思路和方法。

目前，临床上用的主要是氰基丙烯酸丁酯和氰基丙烯酸辛酯，它们具有代替缝线、粘接固定、迅速止血、填塞堵漏等重要作用，解决了许多传统手术方法所不能解决的问题。

1. 代替手术缝线

氰基丙烯酸酯医用胶粘剂的出现，为组织修复提供了一种新的方法，有传统手术缝线无法比拟的优点。例如在小梁切除术中，用氰基丙烯酸正辛酯代替手术缝线后，短期内粘合力比缝线的点缝合更牢固，而且与缝合比较，不仅操作简单，缩短了手术时间，还消除了由于巩膜缝线张力引起的术后循规性散光。氰基丙烯酸酯医用胶粘剂还补充和拓展了清创术的概念。在清创手术中，用氰基丙烯酸酯医用胶粘剂代替缝合，可以有效利用该胶粘剂的抗菌作用，避免术后缝线排斥反应。因此，它在皮肤挫（撕）裂伤处理方面具有感染率低、不需拆线、术后疤痕小等优点。眼烧伤治疗中粘合羊膜手术时，因烧伤眼皮表面高度充血水肿甚至出现缺血坏死，导致缝线操作困难，而用胶粘剂就可以解决这一困难，达到防止羊膜早期脱落，迅速恢复眼表完整性的效果，对防止多种并发症的发生有很大的作用。腹腔镜手术尾期，用氰基丙烯酸酯医用胶来修补手术戳孔比手术缝线更迅速有效，降低了术后并发症机率，并且还节省了手术时间和手术费用。但由于目前氰基丙烯酸酯胶粘剂的粘接强度有限，尤其是28天后的强度要比缝线低，故并不能完全代替手术缝线，只是用于伤口的边缘且要配合缝线一起使用。

2. 粘接固定

氰基丙烯酸正辛酯胶粘剂具有较大的生物力学强度，可以在手术中起到粘接固定的作用。另外，由于氰基丙烯酸酯胶粘剂本身有抑菌功能，且固化速度快，因此在粘接固定时还有抑制感染、及时封闭感染入口、加速伤口愈合的优点。

有人在几丁质室修复兔颞骨内面神经缺损中应用氰基丙烯酸酯医用胶粘剂固定颞骨内面神经，结果发现，此方法不易引起几丁质管豁裂，局部无感染，神经断端不易从几丁质室脱出，简便、省时、神经再生质量高。腭裂修复术中，用氰基丙烯酸酯胶粘贴代替传统的碘仿纱条填塞，不需要抽出松弛切口内填塞的碘仿纱条，从而避免引起继发性出血，达到减少张力和腭瓣后退、防止食物嵌塞、减少感染的发生的目的；且异味刺激比碘仿纱条小的多，不妨碍进食；还能缩短住院时间，减轻病人的经济负担。Laurie 等分别用缝线和氰基丙烯酸辛酯医用胶粘剂治疗青少年切割伤口，并做了愈合效果的比较。他们认为用氰基丙烯酸正辛酯胶粘剂粘合，愈后外表更美观，可惜粘接力不够强，只接近 5 号缝线的强度，不能用于高强度粘接。对于像头面部这样非负重骨的骨折，因其骨片小且薄，胶粘剂能够减少手术后外固定的时间，并且不会影响骨折愈合。

3. 迅速止血

由于氰基丙烯酸酯具有快速凝固的特性，临床上可以将其用于快速止血。白俊文等在建立人肝癌裸鼠皮下-肝原位移植瘤模型的实验研究中，采用氰基丙烯酸烷基酯医用胶粘剂粘合肝被膜，成功地粘固了裸鼠肝创面，收到了彻底止血和覆盖肿瘤组织避免脱出的效果，并证实了氰基丙烯酸烷基酯医用胶粘剂对大鼠肝创面粘固止血的可行性和组织反应，以及简化裸鼠肝原位移植瘤操作方法的可行性。Julian E 等用氰基丙烯酸酯医用胶粘剂和止血海绵一起治疗脊椎前静脉丛出血，取得了良好的效果。Nozomi Sugimoto 等以氰基丙烯酸丁酯作为硬化剂，对胃静脉曲张首次出血患者进行内窥镜下硬化治疗，肯定了该医用胶的止血效果。以氰基丙烯酸辛酯为主要成分的鼻止血胶止血快速、高效、安全、方便，可作为 Kiesselbach 区鼻出血的首选止血药。与传统烧灼止血法相比，它具有快速、高效、安全、方便等优点。

4. 栓塞堵漏

氰丙烯酸酯胶粘剂具有与血液和组织液迅速凝固的特点，因此常用作各种漏口的栓塞剂。以氰基丙烯酸正丁酯在这一功能上的应用最多。董宝玮等作了氰基丙烯酸正丁酯栓塞的试验研究后认为，氰基丙烯酸正丁酯（ NBCA ）为较理想的门静脉栓塞剂，它可通过细针穿刺推注。不同浓度的 NBCA 可以选择性地栓塞门静脉各级分支并造成其永久性的栓塞，疗效稳定、安全可靠、毒副作用小，值得进一步研究和临床应用。

氰丙烯酸正丁酯还可以作为栓塞剂治疗肝癌动静脉瘘。有许多报道认为，NBCA 栓塞是永久性的，只要胶体在畸形团内完全铸型，至少两年内不会出现再通现象。但也有报道认为，NBCA 栓塞后有再通现象。用由 NBCA 和碘化油构成的乳胶气囊，进行门—体分流栓塞术，可以成功地治疗肝脑病。Peter 等用碘化油和氰丙烯酸正丁酯进行经导管动脉栓塞，安全有效，且副作用小，为肝癌 Okuda Ⅰ期和Ⅱ期的治疗提供了新的方法。

氰基丙稀酸酯医用胶粘剂在过去的十几年中得到了迅速的发展，其应用效果也得到了肯定，已经成为一种必不可少的医用材料。对一种医用胶粘剂而言，氰基丙烯酸酯医用胶的优势是明显的，但由于粘接强度不够，尚不能完全代替手术缝线，尤其在高强度的切口中不能单独使用，只能配合手术缝线使用。如果可以通过改性使医用胶凝固后拥有足够的强度和适当的柔软性，那么该类医用胶的应用范围可以更广阔，真正实现外科手术由缝扎到粘合的跨越。

6.4.5 丙烯酸酯胶粘剂配方实例

1. 反应型丙烯酸酯胶粘剂

这里主要介绍目前应用最广泛的第二代丙烯酸酯胶粘剂（SGA）。

(1) J-39 室温快速固化胶粘剂

1) 主要组成。由甲基丙烯酸甲酯或丙烯酸双酯、橡胶（甲）和引发剂等

（乙）配制而成，有2A、2B、2C及底胶型四种型号。

2）施工工艺条件。

①配比：甲:乙=1:1（质量比）。

②涂胶：两面分别涂甲、乙二组分或按比例混匀后涂胶均可，然后指压合拢。

③固化条件：接触压力，在8~25℃时，20~10min固定，24h完全固化。温度高固化快，温度低固化慢。

3）性能指标。

①铝合金粘接件在不同温度下的测试强度见表6-10。

表6-10 铝合金粘接件在不同温度下的测试强度

测试温度/℃	-60	室温	100	120
剪切强度/MPa	7.546	23.13	12.94	8.92

②剥离强度：常温时，铝—铝90剥离强度≥8.82kN/m；常温时，氯丁橡胶—环氧玻璃钢180剥离强度>4.9kN/m；120℃时，其剥离强度>0.98kN/m。

③不同金属的油面粘接对比性能见表6-11。

表6-11 不同金属的油面粘接对比性能

材料		铝合金	钛合金	45钢	不锈钢
剪切强度（常温）/MPa	油面	20.68	34.10	28.62	31.26
	对照	23.13	28.22	34.30	31.56

④耐湿热老化性能：铝合金粘接件在相对湿度98%、温度55℃的情况下，1000h后，常温剪切强度为20.97MPa。

⑤耐介质性能：铝合金在下列介质中，室温浸泡750h后，耐介质性能见表6-12。

表6-12 铝合金在下列介质中的耐介质性能

介　质	空　白	全损耗系统用油	自来水
剪切强度/MPa	23.13	26.75	22.54
强度保持率（%）	100	116	97

4）用途及特点。

①使用温度范围：-40~100℃。

②特点：室温快速固化，无需严格计量；适用于油面金属的粘接，有广泛的粘接性，韧性和耐热性好；具有易除去性和填充性，适用期长，使用方便，毒性较小等优点。

③主要用途：适用于家用电器、汽车、造船、航空、体育用品、文物修复、机械维修等方面。J-39-2A型适用于一般非结构粘接，更适于铭牌粘贴、航空模型、家具、软木等场合。J-39-2B型与J-39型用途相同，但更适于大面积和需要

韧性的场合。J-39-2C 型适用于油箱、油管的快速堵漏。

（2）SA-101、SA-102、SA-103 胶粘剂

1）主要组成。由甲基丙烯酸甲酯和高分子接枝物等组成的双组分胶液。

2）施工工艺条件。

①配胶：不用配胶，直接使用。

②涂胶：在被粘物的一面薄薄涂上一层底胶，待溶剂挥发后，再涂一层主剂，将两个面合拢即可。

③固化条件：手指压力，25℃时 5～15min 固定，24h 后完全固化。

3）性能指标。

①胶液的技术指标：主剂为粘稠液体，底剂为淡棕色液体；主剂的固体质量分数为100%；主剂的粘度（25℃）为800～1800Pa·s；主剂不含低毒溶剂，底剂含低毒溶剂；SA-101 系通用型，SA-102 为双主剂型，SA-103 为触变型。

②粘接不同材料时的常温测试强度见表 6-13。

表 6-13　粘接不同材料时的常温测试强度

材　料	镀铬钢（不打毛）	铝合金	45 钢	不锈钢	纯铜
剪切强度/MPa	11.76	15.66	17.64	17.64	14.70

③剥离强度（经硫酸处理的冷扎钢）为 2.94～3.43kN/2.5m。

④拉伸强度（铝合金）≥25.48MPa。

⑤ 耐热老化性能：铝合金粘接件的耐热老化性能见表 6-14。

表 6-14　铝合金粘接件的耐热老化性能

老化条件	温度/℃	80	100	150	175
	时间/d	14	14	14	7
剪切强度/MPa		15.97	10.78	10.09	7.45

⑥耐湿热老化性能：铝合金粘接件在相对湿度≥90%、温度 60℃下老化后，耐湿热老化性能见表 6-15。

表 6-15　铝合金粘接件的耐湿热老化性能

老化时间/d	3	15	30
剪切强度/MPa	24.70	20.00	21.46

⑦耐水性能：铝合金粘接件的耐水性能见表 6-16。

表 6-16　铝合金粘接件的耐水性能

浸泡水中的条件	30℃ ×15d	80℃ ×2d
剪切强度/MPa	16.07	21.46
强度保持率（%）	84	112

⑧耐介质性能：铝合金在下列条件下浸泡7d后，耐介质性能见表6-17。

表6-17 铝合金的耐介质性能

介 质	丙酮	甲苯	全损耗系统用油	无水乙醇	乙酸乙酯
剪切强度/MPa	7.55	17.64	20.38	15.66	13.62
强度保持率（%）	39	92	106	82	71

4）用途及特点。

①使用温度：－15～80℃。

②特点：双组分不需配胶，使用简便，室温快速固化，粘接强度高，并能粘接含油表面。

③主要用途：用于各种铝铭牌与金属的粘接，扬声器磁钢、无视差游标卡、计算机、万用电表面板等的粘贴以及有机玻璃制品、金属设备的修补等。SA-102用于多孔材料的粘接。

（3）KH-760、KH-770胶粘剂（其他名称：光-7胶粘剂）

1）主要组成。由六氢邻苯二甲酸双缩水甘油酯为主体（甲）和固化剂等（乙）组成。

2）施工工艺条件。

①配胶：按规定比例配胶。适用期20～30℃，3h。

②涂胶：均匀地涂布于光学玻璃上。

③固化条件：室温需6d，60℃时需3h。

3）性能指标。

①粘度：0.57～0.67Pa·s/25℃。

②光学性能见表6-18。

表6-18 光学性能

牌 号	KH-760	KH-770
胶液折射率	1.4938	1.4940
胶层折射率	1.51～1.52	1.51～1.52
可见光透过率（%）	>90	>90
粘K-9玻璃后透过率	<1	<1
损失（胶层厚0.02mm）（%）	<1	<1

③粘接性能：粘接K-9玻璃的室温剪切强度大于16.27MPa。浇注料在不同温度下的粘接性能见表6-19。

表 6-19 浇注料在不同温度下的粘接性能

牌 号	KH-760		KH-770	
测试温度	室温	0℃	室温	0℃
拉伸强度/MPa	10.78	21.17	—	—
弹性模量/MPa	245.0	—	—	145.0
伸长率（%）	9.6	—	—	9.3

④耐老化性能：±60℃冷热交变三次后的室温剪切强度为>16.27MPa。30℃饱和水汽化100h后，室温剪切强度>16.27MPa。

4）用途及特点。

①使用温度范围：-60~60℃。

②特点：折射率与光学玻璃相近，固化后胶层内应力小、粘接强度高。

③主要用途：适用于光学零件，特别是大面积光学零件的粘接。

（4）PM-1 聚丙烯塑料胶粘剂

1）主要组成。由甲基丙烯酸酯、聚醋酸乙烯酯、聚异氰酸酯和水组成。

2）施工工艺条件。

①涂胶：在酸液处理过的粘接件上涂胶，粘接。

②固化条件：接触压力，常温需24~48h。

3）性能指标。不同材料与聚丙烯粘接在常温测试的强度见表6-20。

表 6-20 不同材料与聚丙烯粘接在常温测试的强度

材 料	聚丙烯—木板	聚丙烯—胶合板	聚丙烯—纤维板
剪切强度/kPa	6.17	91.14	509.6
剥离强度/（kN/2.5m）	61.74	54.88	20.58

4）用途及特点。

①使用温度范围：-10~100℃。

②特点：耐热、耐弱酸和弱碱。

③主要用途：用于聚丙烯、聚乙烯板材本身或木板材料的粘接。

（5）180 自交联型丙烯酸酯胶粘剂

1）主要组成。由丙烯酸酯和N-羟甲基丙烯酰胺等组成的乳液，有180-3型、180-5型、180-RC型和180-SD型四种类型。

2）施工工艺条件。

①涂胶：对于180-3型、180-5型和180-RC型胶粘剂，将纺织材料在胶粘剂中浸渍后轧干；对于180-SD型胶粘剂，在纺织材料表面刮涂。

②固化条件：烘干后，对于180-3型、180-5型和180-SD型胶粘剂，150℃时需10min左右；对于180-RC型胶粘剂，170℃时2min左右。

3）性能指标。

①乳液的外观：为带蓝色荧光的乳白色乳液。

②成膜后性能：外观无色透明；强度≥5.88MPa；在各类溶剂中24h不溶解；耐水性优良。

4）用途及特点。

①使用温度范围：常温。

②特点：加热下自行交联，手感较软。

③主要用途：180-3型和180-5型胶粘剂用于纺织加工，制造无纺织布；180-RC型胶粘剂用于羊绒衫、针织绦纶、色织中长纤维及克鲁丁等，防止超毛结球和树脂整理用；180-SD型胶粘剂用于表面涂布，而胶粘剂不会侵入织物内部，已作为各类品种的静电植绒用胶粘剂。

2. 氰基丙烯酸酯胶粘剂

（1）KH-501胶粘剂

1）主要组成。由α-氰基丙烯酸甲酯和少量阻聚剂组成。

2）施工工艺条件。

①涂胶：用干净的滴管或玻璃棒均匀地将胶液涂于清洁过的被粘物表面上，在空气中暴露半分钟左右后粘接。

② 固化条件：接触压力，室温下数分钟可粘牢，24h后可达最高强度。

3）性能指标。粘接钢的常温强度（常温固化24h）：剪切强度为19.6～23.52MPa；拉伸强度为23.52～29.4MPa。45钢粘接件在不同介质中浸泡后的测试强度见表6-21。

表6-21 45钢粘接件在不同介质中浸泡后的测试强度

介质	水	苯	丙酮	乙醇	10%（质量分数）HCl	10%（质量分数）NaOH
剪切强度/MPa	19.6	18.42	13.03	14.7	21.76	22.54
拉伸强度/MPa	20.97	24.2	26.07	26.85	23.03	18.33

4）用途及特点。

①使用温度：－50～100℃。

②特点：单组分通用型瞬间强力胶。

③主要用途：用于粘接各种金属、橡胶、塑料、玻璃、陶瓷等，适用于小面粘接。

（2）502胶粘剂

1）主要组成。由α-氰基丙烯酸乙酯、增塑剂、增稠剂和稳定剂等组成。

2）施工工艺条件。

①涂胶：被粘材料的表面应平滑吻合，滴上胶液，稍加蠕动、研磨，使胶液

分布均匀（胶层厚度应在0.1mm以下，一滴胶约可涂5~6cm^2）。粘接多孔材料，如木材、水泥件等，需先用3%（质量分数）乙醇胺水溶液擦洗表面，干后用胶粘接。

②固化条件：接触压力，在室温下，数秒至数分钟即可瞬间固化而不移动，24h后强度达到最大值。

3）性能指标。

①胶液的技术指标：外观为无色透明液体；粘度（25℃）为0.2~1.0Pa·s；密度（25℃）为1.06g/cm^3；聚合物软化点为144℃；折光率为1.4373；表面张力为0.0351N/m。

②粘接性能：剪切强度（铝—铝）>14.70MPa；剪切强度（45钢）≥29.40MPa；剪切强度（钢、25℃）≥24.50MPa。

4）用途及特点。

①使用温度：-50~70℃。

②特点：不需加压和加热，瞬间固化。

③主要用途：用于钢、铝、铜、橡胶、硬塑料、有机玻璃、聚苯乙烯、电木、木材、陶瓷、玻璃的粘接，但不宜用于大面积或间隙大的粘接。

（3）502-3胶粘剂

1）主要组成。由α-氰基丙烯酸酯、增塑剂、增稠剂和稳定剂等组成。

2）施工工艺条件。

①涂胶：用干净的玻璃棒均匀地将胶液涂于被粘物表面上，然后合拢。

②固化条件：接触压力，常温下数分钟即粘接固化。

3）性能指标。

①胶液为透明液体，粘度低。

②粘接性能：拉伸强度≥24.50MPa。

4）用途及特点。

①特点：单组分胶，使用方便，固化迅速。

②主要用途：主要用作各种振动的机械、仪器等的螺纹紧固用胶，或要求胶层极薄的粘接用胶。

（4）579常温快速耐热胶粘剂

1）主要组成。主要组成为改性α-氰基丙烯酸乙酯。

2）施工工艺条件。

①涂胶：用干净的玻璃棒将胶液均匀地涂于被粘物表面，然后合拢。

②固化条件：常温固化。

3）性能指标。

①胶液的指标：外观为无色透明液体，单组分包装。

②粘接性能：剪切强度（常温固化24h，加热固化1h）≥24.50MPa。

4）用途及特点。主要用于钢铁、铜、铝、橡胶、塑料、玻璃、陶瓷等同种或异种材料间的粘接。

（5）CAE-150耐热快速胶粘剂

1）主要组成。由α-氰基丙烯酸甲酯及改性剂组成。

2）施工工艺条件。

①涂胶：将胶液滴在洁净的粘接件上后合拢。

②固化条件：接触压力，常温下5~60s基本固化。

3）性能指标。外观为淡黄色液体。粘接件经过150℃加热1h后，常温剪切强度仍保持为原强度的65%~70%。

4）用途及特点。

①使用温度：室温至150℃。

②特点：耐热、在室温下快速固化。

③主要用途：用于钢、铁、铝、铜、硬质塑料的粘接。

（6）504医用粘合剂（504胶、伤口粘合剂）

1）主要组成。由α-氰基丙烯酸正丁酯和三氧化硫等组成。

2）使用工艺条件。

①涂胶：清洁创口、止血、消毒后，直接粘合人体及家畜的皮肤组织等。

②固化条件：在体温下于10s内基本固化，4d后可达最大强度。

3）性能指标：外观为无色或微黄色透明液体，纯度95%以上，酸值及杂质（磷、硫、醛、酚）含量符合要求。

4）用途及特点。

①使用温度：常温。

②特点：能强力粘合机体组织，粘接速度快、无毒，对组织反应小，不造成血栓，可简单灭菌。

③主要用途：适用于代替针缝使皮肤创口止血，手术切口的吻合，可不留明显疤痕；也可用于内脏如肝、肾、脾、肺、血管等部位的接合和止血。

（7）508医用粘合剂

1）主要组成。由α-氰基丙烯酸正辛酯和二氧化硫组成。

2）使用工艺条件。

①涂胶：清创口、止血、消毒后，直接粘合人体组织。

②固化条件：在体温下2min左右固化。

3）性能指标。外观为无色或微黄色透明液体，带有酯香气味；纯度达94%以上，酸值及杂质（磷、硫、醛、酚）含量符合要求；粘度<0.02Pa·s。

4）用途及特点。同504医用粘合剂。

3. 厌氧胶粘剂

(1) GY-168 厌氧胶粘剂

1) 主要组成。由甲基丙烯酸酯等组成。

2) 施工工艺条件。

①涂胶：刷涂或刮涂，贴合或拧紧。

②固化条件：28℃时，30~60min 固定，6h 达实用强度，12h 基本固化。

3) 性能指标。触变性糊状，粘度约 15Pa·s/25℃；邵尔 A 硬度约 65HA；伸长率约 30%；钢粘接件的剪切强度为 54.68MPa；可填充间隙 <0.025mm。耐柴油、全损耗系统用油、红油、磷酸三甲苯酯等性能良好。

4) 用途及特点。

①使用温度范围：-55~120℃。

②特点：单组分，易于施工，固化速度快，柔软性好。

③主要用途：适用于机械产品中平面接合面及螺纹件的密封。

(2) GY-200 系厌氧胶粘剂

1) 主要组成。由甲基丙烯酸酯等组成。

2) 施工工艺条件。

①涂胶：涂胶于经清洁过的被粘件上，使结合面贴合（或扭上），胶液要填充全部间隙。

②固化条件：间隙小于 0.3mm 易固化，室温下需 1h。

3) 性能指标。GY-200 系厌氧胶粘剂的性能指标见表 6-22。

表 6-22 GY-200 系厌氧胶粘剂的性能指标

型号	粘度/Pa·s	转矩/N·m		钢粘接件剪切强度/MPa
		破坏	松出	
GY-230	0.1~0.15	9.80~22.54	1.96~6.86	
GY-240	触变性 1~3	9.80~22.54	1.96~6.86	≥4.9
GY-245	触变性 4~7	9.80~22.54	1.96~6.86	
GY-250	约 0.5	19.60~30.00	24.50~44.10	
CY-255	4~7	19.60~34.30	14.70~29.40	
GY-260	触变性 1~3	19.60~40.00	9.80~24.50	≥9.8
GY-280	0.01~0.03	24.5~11.27	17.15~34.30	≥9.8

4) 用途及特点。

①使用温度范围：-55~150℃。

②特点：能防止松动、泄露、磨损及腐蚀等。

③主要用途：用于螺栓、螺钉、轴承、管路等的紧固和密封。

GY-230、GY-240、GY-245 厌氧胶粘剂属中强度紧固密封，GY-250、GY-255，GY-260 厌氧胶粘剂属高强度紧固密封，GY-280 厌氧胶粘剂可用于焊件、铸件微孔堵塞密封及紧固密封。

（3）GY-340 厌氧胶粘剂

1）主要组成。由甲基丙烯酸环氧酯和双甲基丙烯酸缩醛酯等组成。

2）施工工艺条件。

①涂胶：粘接件清除油污后，滴上胶液，装配。

②固化条件：隔绝空气后，常温需 2 ~ 6h。

3）性能指标。外观为茶黄色胶液；密度为（1.12 ± 0.02）g/cm^3；粘度（25℃）为 0.15 ~ 0.3Pa·s；最大允许填充间隙不小于 0.18mm。

粘接强度：M10 钢螺栓用胶固化后的最大松出转矩 ≥29.40N·m；轴孔配合件（间隙度 < 0.06mm）的静剪切强度 ≥19.60MPa。

4）用途及特点。

①使用温度范围：－55 ~ 150℃。

②特点：不需加促进剂，单包装，室温固化快，强度高。

③主要用途：用于不经常拆卸部位的螺纹件的防松动、紧固兼密封，轴与轴孔、齿轮、叶片和键的固定，液体管道阀件以及平面的密封，液压设备、空气压缩机的装配等。

（4）Y-80、Y-82 厌氧胶粘剂

1）主要组成。由双甲基丙烯酸缩醇酯、甲基丙烯酸苯甲酸缩醇酯和氧化还原催化剂等组成，另备促进剂。

2）施工工艺条件。

①涂胶：将胶液涂刷于结合面或滴满缝隙，然后贴合或拧固。若在涂胶前先涂以促进剂，则固化快而效果好。

②固化条件：配用促进剂时，隔绝空气，常温下 1h。

3）性能指标。Y-80、Y-82 厌氧胶粘剂的性能指标见表 6-23。

表 6-23　Y-80、Y-82 厌氧胶粘剂的性能指标

项　　目	性能指标	
	Y-80	Y-82
外观	茶黄色液体	
密度（25℃）/（g/cm^3）	1.07 ± 0.02	
粘度/Pa·s	0.185	0.164
稳定性（80℃）/min	>30	
钢粘接件的剪切强度/MPa	≥3.92	8.82
最大输出转矩/N·m	3.96 ~ 9.80	7.84 ~ 14.70

4）用途及特点。

①使用温度范围：-45～100℃。

②特点：单包装，Y-80 属中低强度，Y-82 属中等强度，用于可拆卸部位密封。

③主要用途：用于螺纹联接部位的紧固防松、密封防漏。

（5）YY-301、YY-302、YY-101、YY-102 厌氧胶粘剂

1）主要组成。由丙烯酸双酯、过氧化物促进剂和助促进剂组成。

2）施工工艺条件。

①涂胶：将胶液滴入紧固密封件的缝隙中即可，若粘接镀锌、铬、镉的材料，凝胶时间稍长，可使用促进剂加速固化；用于非金属材料的粘接，必须使用促进剂方可固化。

②固化条件：在隔绝空气下粘接钢—玻璃，不加促进剂的凝固时间在 25℃时为 10～30min，在常温时 1～2d 完全固化。

3）性能指标。

①粘度：YY-301 和 YY-102 为低强度型（0.015～0.020Pa·s/25℃）；YY-302 和 YY-101 为中强度型（0.050～0.070Pa·s/25℃）；YY-3031 为快速固化、低强度型。

②YY-301、YY-302、YY-101、YY-102 厌氧胶粘剂的性能指标见表 6-24。

表 6-24 YY-301、YY-302、YY-101、YY-102 厌氧胶粘剂的性能指标

材料		铝合金		钢		镀锌、铬或镉	
胶粘剂种类		YY-301 YY-302	YY-101 YY-102	YY-301 YY-302	YY-101 YY-102	YY-301 YY-302	YY-101 YY-102
剪切强度/MPa	常温	29.11～4.9	4.9～6.86	3.92～5.88	5.88～8.82	1.47～4.9	1.47～9.8
	150℃	—	—	6.16～16.66	14.7～24.5		
破坏转矩/N·m	常温	—	—	14.7～19.6	19.6～24.50	—	—
	150℃	—	—	23.03	16.86	—	—

③耐介质性能：钢（M10）粘接件在不同介质中浸泡一星期后的耐介质性能见表 6-25。

表 6-25 钢（M10）粘接件在不同介质中浸泡一星期后的耐介质性能

介质		自来水	汽油	全损耗系统用油	10%（质量分数）氯化钠
破坏转矩/N·m	YY-301 YY-302	12.74	9.80	7.84	4.90
	YY-101 YY-102	21.56	25.48	22.54	16.17

4）用途及特点。

①使用温度：常温至150℃。

②特点：单包装，使用方便。紧固螺栓既具有密封性，又能防振、防松动。

③主要用途：用于小间隙螺纹紧固。YY-301、YY-302适用于经常拆卸部件的粘接；YY-101、YY-102适用于不经常拆卸部件及轴承、轴套的粘接。

4. 压敏胶粘剂

（1）PS压敏胶粘剂

1）主要组成。由丙烯酸丁酯—丙烯酸甲酯共聚树脂、增粘树脂溶于醋酸乙酯及汽油的混合溶剂中组成。

2）施工工艺条件。涂胶于被粘材料后，在常温下待溶剂挥发即可粘接。

3）性能指标。外观为淡黄色透明液体，固体质量分数为25%～30%，粘度为0.4～1.5Pa·s/25℃；常温剥离强度为0.2～0.4kN/m。

4）用途及特点。

①使用温度范围：常温至60℃。

②特点：可用作制压敏胶带的胶粘剂和直接涂胶粘贴。

③主要用途：用于各种塑料薄膜与金属箔、金属和非金属材料的粘贴，如金属、塑料铭牌的粘贴，纸张、塑料及标签粘贴。

（2）SL-B404自粘胶粘剂

1）主要组成。由丙烯酸酯共聚物组成不干胶水。

2）施工工艺条件。将胶水涂于基材上，待乙酸乙酯溶剂挥发即成。如加热干燥，可在80～120℃进行1～3min。

3）性能指标。固体质量分数为40%±2%，粘度为8～16Pa·s。

4）用途及特点。

①使用范围：常温。

②特点：无色透明，粘性强。

③主要用途：在塑料、橡胶、胶木、皮革、木材、金属、陶瓷、搪瓷、玻璃等制品上粘贴铭牌、商标；可涂于各种薄膜基材上制成各种压敏胶带。

（3）BCY-401压敏胶粘剂乳液

1）主要组成。由醋酸乙烯与丙烯酸共聚乳液等组成。

2）施工工艺条件。将乳液涂于招贴纸上即成。

3）性能指标。具有压敏性，对纸张、金属、陶瓷有强的粘附力，胶具不干性。

4）用途及特点。

①使用温度范围：常温。

②特点：能粘贴难粘的塑料制品。

③主要用途：用于制备自粘商标纸，广泛应用于各类商品及包装材料上。

（4）M-64 丙烯酸酯压敏胶粘剂

1）主要组成。由丙烯酸与丙烯酸酯共聚物等组成。

2）施工工艺条件。将胶涂于聚酯薄膜上，再用玻璃微珠植珠，涂刷 2 ~ 3 层聚丙烯酸路标漆，再涂 M-45 丙烯酸清漆。

3）性能指标。外观为水白至微黄色粘稠状液体，固体质量分数为 30% ± 2%，粘度（涂-4 粘度计）为 100 ~ 150Pa · s。

4）用途及特点。

①使用温度范围：常温。

②特点：粘接力强，干后透明。

③主要用途：适宜于夜间定向反光材料植珠时，粘接玻璃微珠用，也可用于粘贴。

（5）DNT-01 聚丙烯酸酯压敏胶粘剂（其他名称：不干胶水商标贴）

1）主要组成。由丙烯酸丁酯、丙烯酸甲酯、甲基丙烯酸和醋酸乙酯等组成。

2）施工工艺条件。采用溶剂法，将胶涂布于基材为 70 ~ 120g 铜牌纸、铝箔纸、涤纶纸等薄型金属上，经 80 ~ 130℃烘 2min，去除溶剂后即可粘贴。被粘贴物品表面必须表面干燥、清洁。

3）性能指标。色泽（目测）无色透明。DNT-01 聚丙烯酸酯压敏胶粘剂的性能指标见表 6-26。

表 6-26　DNT-01 聚丙烯酸酯压敏胶粘剂的性能指标

性　能	指　标	性　能	指　标
固体质量分数	30% ~ 33%	粘度	（6 ± 0.5）Pa · s/25℃
表面粘力（25℃）	≥6mm 钢珠	内聚力	≥9.8N（3h 内）
剥离强度（不锈钢板）	≥0.392kN/m	测试速度	0.10m/min
耐自然老化期	5 年		

4）用途及特点。

①使用温度范围：-40 ~ 70℃。

②特点：有很好的耐久性与外观，用它涂制的商标贴具有剥离灵活、粘接牢固、耐热、耐潮、不易老化等优点。

③主要用途：用于涂制各种商标贴与铭牌，适用于棉毛等纺织品、塑料、玻璃等包装装潢，使儿童玩具及化妆用品造型别致。

第7章　有机硅胶粘剂

有机硅胶粘剂的主体材料是以硅—氧键为主链的聚合物。

有机硅胶粘剂具有独特的耐热和耐低温性，良好的电性能及耐候性、化学稳定性、疏水防潮性、耐氧化性、透气性和弹性等，在很宽的温度范围内电性能变化极小，介质损耗低。可根据产品不同场合的使用要求，设计制造不同分子结构的有机硅聚合物。例如变换聚硅氧烷主链的分子结构、改变结合在硅原子上的有机基团、选择不同类型的反应及固化方法、采用有机树脂改性、选择各种填料、选择各种二次加工技术、采用各种共聚技术等，然后研制成各种用途的有机硅胶粘剂。有机硅胶粘剂可粘接金属、塑料、橡胶、玻璃陶瓷等，已广泛地应用于宇航、飞机制造、电子工业、机械加工、汽车制造、建筑和医疗等方面。

7.1　有机硅胶粘剂的分类及组成

有机硅胶粘剂可分为以有机硅树脂为基料的胶粘剂和以硅橡胶为基料的胶粘剂两类。两者的化学结构有所区别：硅树脂是由硅—氧键为主链的的体型结构组成，在高温下可进一步缩合成为高度交联的硬而脆的树脂；而硅橡胶是一种线型的以硅—氧键为主链的相对高分子质量弹性体，相对分子质量从几万到几十万不等，它们必须在固化剂或者催化剂的作用下才能缩合成为有若干交联点的弹性体。也可分为缩合型和加成型两类，加成型是以含氢聚硅氧烷、乙烯基聚硅氧烷为原料，在催化剂的作用下制得有机硅胶粘剂。

7.1.1　有机硅胶粘剂的分类

1. 硅树脂胶粘剂

制备硅树脂的单体是氯硅烷，通式为 R_xSiCl_{4-x}，以及氯氢硅烷，如 $RSiHCl_2$、R_2SiHCl、$RSiH_2Cl$ 等，R 是甲基、苯基、乙烯基等。烷基（芳基）氯硅烷经水解后形成硅醇，硅醇可在碱或酸的催化下，进行阴离子或阳离子聚合而生成聚有机硅氧烷。

硅树脂对铁、铝和锡之类的金属粘接性能好，对玻璃和陶瓷也容易粘接，但对铜的粘附力较差。

纯硅树脂的力学强度低。与聚酯、环氧或酚醛等有机树脂进行共聚改性，可获得耐高温性能和优良的力学性能，用于耐高温结构胶。

(1) 有机硅树脂胶粘剂　这一类胶粘剂是以硅树脂为基料，加入某些无机填料和有机溶剂混合而成，用以粘接金属、玻璃钢等。有机硅树脂加热到270℃以上，可进一步缩聚固化，固化物交联密度高、性质硬脆。其在工业上的应用是以有机硅树脂二甲苯溶液作为粘料，添加无机填料，组成粘性胶，然后在夹持压力490kPa、270℃下固化3h。形成的接头可耐高温，能在400℃下长期使用，可用于高温环境下非结构部件的粘接和密封。

以硅树脂为主体的胶粘剂，由于固化温度太高，使用受到限制。为了降低其固化温度，同时又提高粘接强度，可用环氧树脂、酚醛树脂等有机聚合物与之结合。这样，固化过程就会按照有机聚合物的固化方式进行，从而降低固化温度。

(2) 有机聚合物改性硅树脂胶粘剂　硅树脂可用环氧树脂、酚醛树脂、聚酯树脂改性。改性后的硅树脂胶粘剂的性能见表7-1。

表7-1　改性后的硅树脂胶粘剂的性能

胶粘剂类型	固化条件	铝—铝剪切强度/MPa	耐热性（长期使用）/℃
纯有机硅树脂	压力490kPa，270℃，3h	7.9～8.7	400
环氧改性硅树脂	常温下加热固化	14.0	300
聚酯改性硅树脂	压力98～196kPa，室温～120℃，1.5h，再升温至120～200℃、1h	19.8	200
酚醛改性硅树脂	压力490kPa，200℃，3h	12.0	350

近年来，有机硅树脂的发展速度十分迅速，一系列具有各种特异性能的改性有机硅树脂产品相继出现。环氧基作为功能基团引入硅树脂侧链或封端，提高了硅树脂的表面活性、低柔顺性。该改性硅树脂作为胶粘剂与环氧树脂相比，具有较好的耐高温性能，因而具有广泛的应用前景。环氧树脂改性后的有机硅树脂兼有环氧树脂和聚硅氧烷的优点，粘接性能、耐介质、耐水和耐大气老化性能均良好。在环氧树脂改性的有机硅树脂中，如果加入的环氧树脂较多，其环氧基团多，对粘接能力是有益的，但其耐热性能显著下降；如果加入的环氧树脂太少，则胶粘剂的室温强度低。环氧树脂与有机硅树脂的比例以1:9（质量比）为宜。环氧树脂改性的有机硅树脂胶粘剂在使用时，由于有较大数目的环氧基团存在，因此在使用时，必须加入适量的固化剂，如顺丁烯二酸酐、液体酸酐等，以提高交联程度、增加耐热性和降低固化温度、保持较高的粘接强度。

聚酯和有机硅树脂之间的共缩聚与环氧和有机硅树脂的反应相似。聚酯改性有机硅胶粘剂在常温时强度不高，但能在200℃时长期使用，有良好的热稳定性。有机硅与聚酯的共缩聚要有合适的配料比，如果有机硅的成分过大，显示硅树脂的性能较多；如果聚酯的成分过多，则产品的耐热性能较差，所以聚酯与有机硅树脂的共缩聚比例要适中。

丙烯酸树脂改性有机硅树脂后,具有较好的固化性能、耐油、耐溶剂及耐水解性能等。丙烯酸改性有机硅树脂主要采用化学改性法,而且主要是由含烷氧基或羟基的有机硅中间体与含羟基的丙烯酸树脂在酯类溶剂中共缩聚而得。丙烯酸改性有机硅树脂有乳液型和溶剂型两种。乳液型丙烯酸改性有机硅树脂胶粘剂具有优良的耐候性、耐污性、耐化学品性能。溶剂型或水基型丙烯酸改性有机硅树脂胶粘剂具有提高延伸率、保光性、抗水性和耐热性、耐溶剂性与耐盐雾性等特点。

有机聚硅氧烷分子中的烷氧基与聚氨酯预聚物中的部分羟基进行酯交换反应，可制得聚氨酯改性的有机硅树脂。将聚氨酯引入有机硅树脂中，不仅可以在常温下固化，还可以显著提高有机硅树脂胶粘剂的附着力、耐磨性、耐油及耐化学介质性。

2. 硅橡胶胶粘剂

硅橡胶胶粘剂以硅橡胶为主体材料，配合以交联剂、固化催化剂、填料、助剂等组成。其又分为单组分室温固化型及双组分室温固化型。单组分室温固化型是由端羟基硅橡胶为主体材料；双组分室温固化型是由硅羟基封端的线型聚硅氧烷为主体材料。高温硫化型硅橡胶胶粘剂则以二甲基硅橡胶、苯甲基硅橡胶、乙烯基硅橡胶为主体材料。

(1) 单组分室温固化型硅橡胶胶粘剂　单组分室温固化型硅橡胶胶粘剂是使用最广的硅橡胶胶粘剂，主要用作密封胶。它以端羟基硅橡胶为主体，配合以交联剂、填充剂及其他助剂一起包装在不透气的容器中保存。使用时，将其注入密封部位，胶料与空气中的湿气接触而固化为弹性硅橡胶。

(2) 双组分室温固化型硅橡胶胶粘剂　双组分室温固化型硅橡胶胶粘剂的主体材料也是硅羟基封端的线型硅橡胶。其交联剂是能使线型聚合物交联成三维结构的物质，常用的有原硅酸乙酯或丙酯、甲基三乙氧基硅烷及其部分水解缩聚物。它们不像单组分胶一样，预先把交联剂与聚二甲基硅氧烷反应。固化催化剂多为金属有机酸盐类，如二丁基二月桂酸锡、二丁基二乙酸锡、辛酸锡、异辛酸锡、辛酸铅等，通常还应加有补强填料，如气相二氧化硅等。室温固化型硅橡胶胶粘剂的类型和性能见表7-2。

3. 高温硫化型硅橡胶胶粘剂

高温硫化型硅橡胶胶粘剂以二甲基硅橡胶、苯甲基硅橡胶、乙烯基硅橡胶等硅橡胶为主体，然后将硫化剂、补强填料、增粘剂、配合剂一起混合在炼胶机内进行混炼，切片以甲苯等烃类溶剂溶解，配成胶液。使用时，在高温下进行硫化。常用的硫化固化剂为过氧化物，如过氧化二苯甲酰、过氧化二异丙苯等；填料最常用的是白炭黑，还可用钛白粉、氧化锌等；增粘剂一般为硅树脂或硅酸酯等。高温硫化型硅橡胶胶粘剂的硫化温度必须要达到固化剂的分解温度，所以使用时不方便，而且溶剂有污染，故已较少使用。

表 7-2 室温固化型硅橡胶胶粘剂的类型和性能

类型	固化形式	固化时放出副产物	优点	缺点
单组分	接触空气中湿气缩合交联	醇（ROH）	无臭，无腐蚀性，表面固化较慢，粘接性好，用途广，强度高	贮存期较短，需在较低温度下保存
		肟（$R_1R_2=NOH$）	无臭，一般对物体无腐蚀性	机械强度和粘接性较差，对铜有腐蚀
		羧酸（RCOOH）	对大多数材料有良好的粘接性，可制成透明晶，机械强度适中	有金属有腐蚀性，表面固化快
		胺（RNH_2）	对混凝土、石灰石等建筑材料有良好的粘接性	对金属有腐蚀性，强度低，应用不广
		酮（RCOR′）	无臭，无腐蚀性，无毒，粘接性好，贮存稳定	合成工艺比较复杂，成本高
	在催化剂存在下加成交联	酰胺（RCONHR′）	低模量，高伸长率，具有持久的粘接和密封性能	拉伸强度低
	在催化剂存在下缩合交联	无	收缩性小，耐热性高，施工时间长，无腐蚀，加热加速固化	贮存困难，不能与 CO_2 接触，需加入抑制剂，催化剂易中毒
双组分	在催化剂存在下缩合交联	醇（ROH）	深层熟化，熟化时间可以调节，粘料配方高稠度可调配	粘接性较差，有高温下密闭还原现象
	在催化剂存在下加成交联	无	深层熟化，操作时间可控制，可制得高透明、高强度的耐燃制品	催化剂易“中毒”

7.1.2 有机硅胶粘剂的组成

有机硅胶粘剂以硅橡胶胶粘剂为主，其组成包括有机硅烷或硅橡胶、填料、增粘剂、固化剂（交联剂）、催化剂等。

1. 主体材料

提供耐热性、粘附性和可固化性能，如有机硅烷、甲基硅橡胶、甲基乙烯基硅橡胶、苯基硅橡胶、对亚苯基硅橡胶、苯醚硅橡胶、腈硅橡胶以及氟硅橡胶。不同的有机硅单体水解缩聚而成的硅树脂或硅橡胶，反应性能不同，固化性能也存在差异。在防水密封材料的场合，要选相对分子质量大的硅橡胶，同时控制硅橡胶的交联密度要小。

2. 填料

用于提高有机硅的粘附力、耐热性以及补强性。一般选用表面积大的气相法二氧化硅（白炭黑）、硅藻土、二氧化钛、炭黑、金属氧化物等，用量5~45份（质量份，下同），最多达200份。但对于在防水密封材料中所用的填料，不需要有补强作用，可选用碳酸钙，以制得低模量（伸长率高达1000%以上）、室温固化的硅橡胶密封剂。

3. 增粘剂

用于处理白炭黑的表面，随白炭黑一起加入有机硅胶粘剂中，有助于提高粘接性能。常用的增粘剂为有机硅烷、硅氧烷、硅树脂、钛酸酯、硼酸或含硼化合物。

4. 固化剂（交联剂）

主要采用过氧化物，如过氧化苯甲酰、邻苯二甲酸二辛酯和碳酸铵等，用量为1~10份，将硅橡胶交联成三维结构的弹性硅橡胶。用于单组分体系的固化剂有带易水解基团的三乙酰氧基硅烷、三氨基硅烷和三烷基硅烷等。在无水的条件下，把胶粘剂封装在密闭的容器中保存，当胶料与空气中的水分接触就会很快固化。加成型有机硅胶粘剂可用过氧化物、偶氮异丁腈、氯铂酸作固化剂进行固化。

5. 催化剂

含羟基硅橡胶室温硫化交联时，需加入催化剂，如二丁基锡、月桂酸锡，一股用量为0.5~2份。对于双组分室温硫化硅橡胶胶粘剂，硫化速度受空气中湿度和环境温度的影响，但主要影响因素是催化剂的性质和用量。

其他的添加剂如抗氧剂、偶联剂、热稳定剂、着色剂等，可视具体应用场合添加。

7.2　有机硅胶粘剂的配方及工艺

典型的硅橡胶型胶粘剂配方分析见表7-3。

表7-3　典型的硅橡胶型胶粘剂配方分析

配方组成及质量份		各组分作用分析	配方组成及质量份		各组分作用分析
107#硅橡胶	100	主料，提供耐热性和粘附性	二甲基二甲氧基硅烷	4	交联剂
气相二氧化硅	20	填料，提高粘度和触变性	KH-550	2	偶联剂，提高粘接强度
甲基三甲氧基硅烷	4	交联剂	二月桂酸二丁基锡	0.5	促进剂，加速交联

有机硅胶粘剂的配方及工艺示例如下：

（1）硅橡胶胶粘剂-1　硅橡胶胶粘剂-1的配方见表7-4。

表 7-4 硅橡胶胶粘剂-1 的配方

组 成	质 量 份	组 成	质 量 份
SD-33 硅橡胶	120 份	甲基三丙肟基硅烷甲苯溶液	100 份
二氧化硅	30 份	二丁基氧化锡	0.4 份
钛白粉	5 份		

固化工艺及性能：在室温下硫化 1 ~ 2h，用于粘接电子元件、灌注和密封；拉伸强度可达到 1MPa。

（2）4107 胶　4107 胶的配方见表 7-5。

表 7-5 4107 胶的配方

组 成	质 量 份	组 成	质 量 份
1053 有机硅树脂	200 份	三氧化二铝粉（M7）	70 份
云母粉	60 份	三氧化二铝粉	20 份
飞灰云母粉	5 份	溶剂（甲苯: 丙酮 = 2: 1）	100 份

固化工艺及性能：半固化时，以 1℃/min 的升温速度升温到 120℃，保温 1h，180℃下保温 2h，然后自然冷却。全固化时，以 1℃/min 的升温速度升温到 300℃，保温 3h，然后自然冷却。该胶用于 400℃以下高温度应变片的制造和粘接。

（3）GPS-胶　GPS-胶的配方见表 7-6。

表 7-6 GPS-胶的配方

组 成	质 量 份	组 成	质 量 份
甲：107 室温硫化硅橡胶	100 份	二苯基硅二醇	14 份
八甲基环四硅氧烷	25 份	乙：正硅酸乙酯	10 份
气相白炭黑		硼酸正丁酯	3 份
氧化铁		二丁基二月桂酸锡	2 份

固化工艺及性能：室温下固化 3 ~ 7d；或室温下固化 1d，80℃固化 4 ~ 5h。可在 −70 ~ 200℃用于硅橡胶的粘接，达到拉伸强度 3.9MPa、伸长率 210%、邵尔 A 硬度 55HA 的指标。

7.3 有机硅胶粘剂的应用

有机硅胶粘剂的用途大致可分为以下三个方面：

1）粘接：元器件的粘接固定以及密封。

2）涂覆：防湿、防尘、防臭氧及防紫外线。

3）灌封：防湿、防尘、防电晕电弧放电、减振、缓冲。

有机硅作为胶粘剂，主要应用于建筑、电子电器、航空航天等方面。有机硅粘接密封剂在汽车工业、机械工业上的用量也不少。有机硅压敏胶粘剂具有粘接力强的特性，是在高温、电性能要求高的地方应用的好材料，也可用作无缝合手术的手术巾。

7.3.1 有机硅密封胶粘剂

有机硅密封胶粘剂是目前世界上消耗量最大的一类密封胶粘剂，它广泛用于飞机、汽车等的双层玻璃密封，建筑门窗嵌缝密封及电子灌封等方面。由于施工条件限制，有机硅密封胶粘剂一般做成室温硫化型。双组分室温有机硅密封胶粘剂是将主体密封剂和固化剂分开做成两个组分，在施工前按比例混合均匀后使用。这类密封胶粘剂贮存稳定性好、硫化时间短、硫化速度可调节，但由于增加混合工序，施工单位使用不方便。单组分有机硅密封胶粘剂则是把所有的配合剂配合在一起。根据硫化机理的不同，单组分有机硅密封胶粘剂可分为缩合型和加成型。缩合型有机硅密封胶粘剂是依靠水分存在加水缩合而硫化，包括乙酸型、肟型、氨基型等，它们硫化时放出低分子物，表面硫化快而内部较慢。加成型有机硅密封胶粘剂是用加热的方法使体系中的抑制剂挥发或分解而完成硫化。硫化不需要水，也不产生低分子物，硫化反应在表面和内部同时均匀进行。单组分有机硅密封胶粘剂施工简单，使用方便，但贮存稳定性较差，硫化反应受空气中的湿度影响较大，或者需要加热硫化。

有机硅密封胶粘剂的特点是耐高温、低温，耐蚀，耐辐照；同时具有优良的电绝缘性、防水性和耐气候性。它可粘接金属、塑料、橡胶、玻璃、陶瓷等，已广泛地应用于宇航、飞机制造、电子工业、机械加工、汽车制造以及建筑和医疗方面的粘接与密封。

7.3.2 有机硅真空胶粘剂

1. 有机硅聚合物的性能

有机硅聚合物具有较高的耐热性，可作为真空材料使用。有机硅聚合物的粘度对温度变化不敏感。一般有机树脂在受热时，由于分子运动加速，粘度迅速下降，在有机硅中，Si—O键的极性高，使其分子链具有螺旋形状。当受热时，螺旋的分子部分伸直，从而增加了聚合物的粘度。同时，侧链上引入苯基后，加热时主链的活动受到苯基的空间阻碍，也使粘度下降不明显。在低温时，苯基的存在阻碍了内聚力的增加，改善了主链的活动性，从而使含苯基的有机硅树脂在较低的温度下，仍保持一定的柔韧性。合理地选择苯基比例及适当地调节有机基与硅原子之比，就可制备具有特定性能的有机硅胶粘剂。

有机硅聚合物作为真空材料，也有其本身的缺点，这是由其结构决定的。有机硅树脂在固化时放出小分子，热裂解时也会放出小分子及环状化合物。这些都导致胶层的多孔性，降低了气密性，对于维持真空度是不利的。要改善这方面的缺陷，也必须从改变结构着手，例如设法生成更紧密的交联结构及体型空间结构等。

2. 有机硅真空胶粘剂举例

(1) KH-1714 高真空微孔密封剂　KH-1714 高真空微孔密封剂是我国的科研成果之一。通过合理的结构设计，充分发挥了有机硅树脂耐高温、耐高低温交变、绝缘性好、疏水等优良性质；同时，又利用了真空中微孔漏气这一特定条件，忽略不计气体在填满树脂的微孔中溶解及扩散的影响（漏孔截面积只占真空器件表面积的1/10000000），避免有机硅材料在真空下放出小分子及其透气率较高的缺点，从而使这一产品成功地应用在科研及生产中，发挥高真空下的微孔密封作用。

KH-1714 为无色透明甲基苯基有机硅树脂的有机溶液。对于通用真空材料，它有良好的湿润性，可粘接金属、陶瓷、玻璃等多种材料。其在固化前粘度较低，易于渗透到微小孔隙中去，操作方便，只需用清洁毛笔在处理过的（打磨或丙酮脱脂）可疑漏气部位涂刷胶液，也可用喷涂及浸涂法对真空部件及多孔性材料进行预先防漏处理。在300℃下固化后，它变为交联高分子，密封住微漏孔。KH-1714 可长期在350℃下工作，保持漏气率小于 6.65×10^{-7} Pa · L/s，并可承受 −196 ~350℃的高低温交变温度的冲击。用接触角仪测试 KH-1714 对几种常用的电真空材料的接触角（见表7-7），测试结果表明，它对这些材料的接触角很小，流散性好，湿润性良好。

表 7-7　KH-1714 对几种常用的电真空材料的接触角

材　　料	接　触　角	材　　料	接　触　角
蒙乃尔合金	17° ~18°	无氧铜	≈0°
不锈钢	11° ~12°	氧化铝陶瓷	≈0°
可伐合金	17°		

注：测试温度均为27℃。

用95 玻璃管和铜丝或康铜丝封接，制成有漏孔的试验件。经氦质谱仪漏测定，漏气率均大于 2×10^{-4} Pa · L/s，在涂 KH-1714 密封剂之后，漏孔都被封住。这些密封件经过 −196 ~350℃ 高低温交变试验及 350℃、12h 高温烘烤试验后，漏气率都低于检漏仪的灵敏度极限。KH-1714 密封性试验的结果见表 7-8。

表7-8 KH-1714密封性试验

试件编号	1	2	3	4
试件材料	95玻璃管铜丝	95玻璃管康铜丝	95玻璃管铜丝	95玻璃管铜丝
铜丝直径/mm	ϕ0.6	ϕ0.6	ϕ0.6	ϕ0.6
涂剂前漏气率/($\times10^{-4}$Pa·L/s)	>2	>2	>2	>2
固化条件/℃	350	350	350	350
涂剂后漏气率/($\times10^{-8}$Pa·L/s)	<6.65	<6.65	<6.65	<6.65
高低温交变/($\times10^{-8}$Pa·L/s)	<6.65	<6.65	<6.65	<6.65
350℃12h烘烤后漏气率/($\times10^{-8}$Pa·L/s)	<6.65	<6.65	<6.65	<6.65
400℃13h烘烤后漏气率/($\times10^{-8}$Pa·L/s)	<1.33	<66.5	9.3	66.5

注：1. 线胀系数：95玻璃管3.9×10^{-6}/℃，铜16.6×10^{-6}/℃，康铜16.3×10^{-6}/℃。

2. 试验条件：室温→196℃（5min）→350℃（15min）。

国外同类产品有英国Edwards公司生产的Vacuum Sealonts，其真空下工作温度为0～250℃；英国CVC公司的Vaceeal，真空下耐热性能与KH-1714类似。

（2）有机硅密封胶　有机硅密封胶用于封接真空部件。美国的Gen Electric公司生产的硅橡胶密封胶RTV-102在室温下固化24h，工作温度为6～150℃；英国的RTV-106、RTV-108可长期工作到315℃；前苏联的Y-2-28可长期在200～250℃下工作。

（3）环氧改性的有机硅真空胶粘剂　这类胶粘剂有前苏联的K-400、BT-200。K-400是以改性树脂T-111为基础的胶粘剂，采用低分子聚酰胺Ⅱ-20作固化剂，用于电子仪器中石英窗与C-49玻璃的粘接。在开焊仪器中，可在450h内保持真空度1.06×10^{-4}Pa，耐热性可达300℃。此胶粘剂具有柔韧性，可粘接具有不同热膨胀系数的材料，如铍—C-49玻璃、铍—可伐合金、石英—玻璃、不锈钢—玻璃等。BT-200也可封接真空下工作的具有不同热膨胀系数的材料，如石英、玻璃、不锈钢等，粘接强度高，放气量低，用于200℃以下的电子仪器封接。

（4）有机硅酸盐真空胶粘剂　这是一种新型的耐热复合物，由有机单体或元素有机单体或聚合物，与硅酸盐及金属氧化物反应制备。常用有机硅树脂作元素有机部分，硅酸盐部分为石棉、云母、滑石等，氧化物部分常用过渡金属的氧化物（铬、钛、钴、钒等金属氧化物）。

这类胶粘剂的牌号有B-23、ⅡΦ-41、ⅡΦ-59、ⅡΦ-73、ⅡΦ-16、ⅡT、ⅡH等。

B-23用于粘接钼玻璃—钼玻璃、钼玻璃—钛、钼玻璃—铜、陶瓷—钛、陶瓷—陶瓷、陶瓷—石英、不锈钢—不锈钢、钛—钛、氟化钡—铜。B-23粘接样品的漏气率低于1.33×10^{-8}Pa·L/s，低于ⅡTN-7检漏仪的灵敏度，工作温度为$-196\sim300$℃。

有机硅酸盐胶粘剂ⅡΦ-41含有玻璃及金属添加物，耐热性可达400℃，同时漏气率低于1.33×10^{-8}Pa·L/s。ⅡΦ-59及ⅡΦ-73含有玻璃添加物，粘接可伐合金—可伐合金、可伐合金—玻璃、铜—铜。

有机硅类胶粘剂可用于电真空仪器设备的防漏、粘接动态真空系统的壳体各部件、粘接某些开焊真空仪器、粘接电子仪器的真空系统各部件、真空系统内各种接头的密封等方面。

7.3.3 有机硅压敏胶粘剂

1. 结构与性能的关系

在机硅压敏胶既可粘接低能表面，又可粘接高能表面；能耐化学溶剂，使用寿命长；可在$-74\sim296$℃之间使用，能粘接多种材料。

苯基型压敏胶粘剂在高温260℃、低温-73℃时都有高的粘接强度，具有高粘度、高剥离强度和高粘附性；甲基型压敏胶粘剂在高粘度时往往失去粘附性。苯基型胶粘剂广泛应用于汽车、飞机、电器绝缘方面。

有机硅压敏胶能与多种难粘的材料，如未经表面处理的聚烯烃、氟塑料、聚酰亚胺以及聚碳酸酯等粘接，已成功地用于阿拉斯加石油管线的粘接。它们还被用于制造玻璃布胶粘带、云母绝缘带等，被广泛应用于汽车、船舶制造工艺、发电机和电动机的电器绝缘，化学刻蚀加工的掩蔽、气体屏蔽和化学屏蔽。

2. 有机硅耐高温压敏胶粘剂

与橡胶型及丙烯酸酯型压敏胶粘剂相比，有机硅压敏胶粘剂具有独特的性能，尤其在低温和高温方面显示出其他压敏胶粘剂所不及的特性。例如于-50℃下不失其柔韧性，并保持良好的粘接强度；而在$200\sim260$℃的高温下，仍然具有耐热老化和热氧化性能。其耐溶剂性、耐候性、耐湿性及电性能等都是其他胶粘剂不可比拟的，同时它还具有对低表面能材料良好的粘附性。由于有机硅压敏胶粘剂具有这些优异性能，用它做成压敏胶带可以作为H级电绝缘胶带，可制成耐高、低温压敏胶带。在汽车、飞机及宇航输送电动机等方面，为维持这些系统在严峻条件下使用的可靠性，采用有机硅绝缘胶带的比例正日益增加。有机硅压敏胶带也在宇宙飞船防放射线保护膜的装贴等方面得到了应用。

欧洲专利EP576164报道了一种耐高温有机硅压敏胶粘剂，以芳烃为溶剂，将MQ硅树脂与羟基或者乙烯基封端的有机硅氧烷混合，加入含有少量稀土金属盐的有机溶剂作为催化剂反应而得。该压敏胶粘剂具有超常的粘接性能和耐高温性能。美国专利（USP539914）报道了高固含量的有机硅压敏胶粘剂，主要是由羟基质量分数为0.2%~0.5%的MQ硅树脂和高分子质量的含氢硅油以及有机溶剂组成，以有机铂络合物作为催化剂。这种有机硅压敏胶固含量高、固化反应温度低，制得的压敏胶粘带的粘接性能和耐高温性能优异。尹朝晖、潘慧铭等利用水解反应由水玻璃制备了一种新型的MQ硅树脂，与有机硅橡胶、催化剂以及有机溶剂合成了有机硅压敏胶带，具有良好的粘接性能和耐高温性能。热熔型有机硅耐高温压敏胶近来发展十分迅速。道康宁公司成功研制了一种含有苯基的硅氧烷的有机硅压敏胶，其主要成分是有机硅氧烷共聚体和端羟基二甲基硅氧烷混合物、10%的苯基甲基硅氧烷。制得的压敏胶粘带具有较高的剥离力，耐高温性能优异，且有阻燃性。松下电器产业株式会社以端羟基硅氧烷、氨基甲氧基硅氧烷以及硬脂酰胺制备成有机硅压敏胶，用于固定电子元件，能耐121℃超过300h。

四川大学高分子研究所的陈永芬等通过对有机硅耐高温压敏胶粘剂的制备及主要影响因素研究，得出以下结论：

1）有机硅压敏胶粘剂在260℃的高温下仍不失其粘附性，是一种优良的耐高温压敏胶粘剂。

2）有机硅树脂和橡胶的比例对于压敏胶粘剂性能的影响非常明显，必须严格控制其在一定范围内，才能制备性能较优良的胶粘剂。

3）反应时间对胶粘剂性能的影响也是非常重要的。适当掌握反应时间，既能得到性能较好的压敏胶粘剂，又不致使反应周期太长。缩合反应时间以3h左右为好。

3. 医用有机硅压敏胶粘剂

医用有机硅压敏胶粘剂（SPSA）是近年来随着有机硅工业的蓬勃发展而开发的有机硅聚合物新品种。由于医用有机硅压敏胶粘剂有许多独特的性能，无毒、无臭、无刺激、生理惰性、使用温度范围宽、合适的粘着强度和药物透释性等，在医疗上和经皮治疗系统（TTS）制剂中获得了广泛的应用。例如防治心血管病硝酸甘油（NTG）控释贴片、降血压贴片、镇痛镇静药膜、止血贴片、避孕药膜、眼用控释药膜和手术治疗等。TTS制剂是高科技、高新技术、高附加值产品，目前国外已有多种性能不同的品种生产，国内也在积极开发研制中。医用有机硅压敏胶粘剂应用面日益扩大，需求量不断增加。近年来，用国产原料研制出医用有机硅压敏胶粘剂，其综合性能良好，在TTS制剂中已通过了动物药理试验和人体临床验证。

7.3.4 高透明性有机硅胶粘剂

作为 RTV 硅橡胶原料的聚二甲基硅氧烷是无味高透明度的粘稠液体。日本信越化学工业公司利用这种特点，开发了高透明的密封剂 KE420、KE340 等和灌封料 KE103、KE104，最近还开发了光学连接垫圈用的高透光率产品。这种产品在 150℃下加热 200h 后，仍能保持透光率在 97% 以上。它可用于填充阴极射线管和屏幕间的空隙，以避免出现尘埃引起的光散射，而且对阴极射线管有冷却效果，可提高输出功率，从而得到大型明亮清晰的图像。其代表性产品 X-32-730 的特性值见表 7-9。

随着太阳能电池的普及和向大型化发展，必然需要有对玻璃与硅片具有粘接性，透光性好，长时间阳光照射不劣化、不变色的胶粘剂。KE109 是符合这种要求的产品，它能粘接玻璃、硅片、包复薄膜，且有自粘性，有高透明度。其特性值见表 7-9。

表 7-9 X-32-730、KE109 的特性值

项　目	X-32-730	KE109	项　目	X-32-730	KE109
类型	双组分	双组分	针入度	80	—
固化类型	加成	加成	硬度(JISA)	—	20
配比	A/B = 1/1	A/B = 1/1	伸长率(%)	—	150
固化时间(25℃)/h	12	1/100	拉伸强度/MPa	—	2.5
外观	透明	透明	体积电阻率/(Ω · cm)	2×10^{15}	5×10^{14}
密度(25℃)/(g/cm³)	0.97	1.03	介电常数(50Hz)	3.0	3.0

7.3.5 导电性有机硅胶粘剂

硅橡胶电绝缘性优良，在宽的温度范围和周波范围内性能变化小，然而若用导电性粒子作填料，则体积电阻率可达 $10^{-2}\Omega\cdot cm$ 的导电等级。导电硅橡胶在作为异向导电性和加压导电性橡胶的使用方面，用量一直在增加。日本信越化学工业公司开发了具有新功能的粘接性导电 RTV 有机硅胶粘剂。表 7-10 列出了导电性 RTV 有机硅胶粘剂的特性值，其中，KE3491 是难燃的快速固化型。

表 7-10 导电性 RTV 有机硅胶粘剂

项 目	KE4575	KE4576	KE3492	KE3491
外观	灰色膏状	灰色膏状		
密度/(g/cm³)	2.40	1.05	1.80	1.05
不粘时间/min	4	4	2	2
硬度(JISA)	72	50	80	40

（续）

项 目	KE4575	KE4576	KE3492	KE3491
伸长率(%)	6	280	80	220
拉伸强度/MPa	3	3	2	2
剪切强度(对铝)/MPa	1.2	1.3	1.2	1.2
体积电阻率/(Ω·cm)	300	20	1.0×10^{-2}	80

为提高导电性硅橡胶对电磁波的屏蔽作用，需以银粉为填料，但价格很贵。日本东芝有机硅公司开发了两种新的屏蔽电磁波用导电性硅橡胶，即TCM5417V和XE21-301V。这两个产品都不加银粉，而是使用特殊的导电填充剂，价格比较低廉。其制品同填加银粉型相比，对电磁波具有同等的屏蔽效果，并可进行挤出加工；且热稳定性好，导电性稳定，在200℃下一个月，体积电阻率几乎没有变化，而且弹性保持性、气密性和水密性好，能取得良好的密封效果。TCM5417V的体积电阻为2.8Ω·cm，衰减率为30dB；XE21-301V的体积电阻为0.5Ω·cm，衰减率为50dB。

7.3.6 散热性有机硅胶粘剂

随着电子器件的轻薄短小化，半导体热环境向高温方面变化，半导体元件要求高可靠性。东丽-道康宁有机硅公司推出一系列散热性有机硅胶粘剂，其种类及特性见表7-11。

表7-11 散热性有机硅胶粘剂种类及特性

类 型	加成型(热固化剂)			单组分室温硫化型	
品种代号	SE401、SE4450			SE4420、SE4421、SE4422	
特 长	流动、作业性优良，粘接性、传热性优良			作业性优良，粘接性、传热性优良	
外观	灰色	灰色	白色	白色	黑色
粘度/(Pa·s)	24	50	—	—	—
密度(25℃)/(g/cm³)	2.1	2.7	2.2	2.1	2.2
固化时间/h	0.5(150℃)	0.5(150℃)	72(25℃)	72(25℃)	72(25℃)
硬度(JISA)	72	85	60	70	70
拉伸强度/($\times10^5$Pa)	62	50	47	50	60
热导率/[W/(m·K)]	0.92	1.88	1.0	0.92	0.8
介质强度/(kV/mm)	26	25	28	38	31
体积电阻率/(Ω·cm)	1.6×10^{15}	2×10^{14}	1.0×10^{16}	6.3×10^{15}	5.1×10^{16}
介质常数(25℃,10^6Hz)	4.2	4.7	4.1	3.9	4.9
介质损耗角正切(25℃,10^6Hz)	2.0×10^{-3}	2.0×10^{-3}	1.5×10^{-3}	1.1×10^{-3}	6.2×10^{-3}
粘接强度(对铝)/($\times10^5$Pa)	24	30	14	17	12
用 途	功率晶体管、功率混合集成电路基板及散热板的粘接；点式打印机头的粘接、填充；热敏印制头的粘接				

7.3.7 有机硅耐高温胶粘剂

有机硅聚合物具有独特的物理化学性能，自20世纪40年代工业产品问世以来，已获得迅速的发展。有机硅耐高温胶粘剂是有机硅的重要品种之一，显示着极好的发展势头。有机硅聚合物因主链由Si—O—Si链节组成，侧链带有有机基团，兼具无机聚合物和有机聚合物的双重性能，在高温下仅发生侧链有机基团的断裂，主链的硅氧键很少破坏，所以具有较高的热稳定性。它与其他填料配合后，可制成有机硅耐高温胶粘剂。

范召东等研制了一种可耐350℃的双组分有机硅胶粘剂。这种胶粘剂可以粘接金属、硅橡胶，粘接表面不需要底胶处理，且室温粘接强度超过2.0MPa。前苏联对有机硅耐热胶粘剂的研究比较多，主要应用在航空、航天和导弹等耐高温结构件上的粘接，而且取得了非常好的应用效果。如150℃固化2h，1200℃短时间使用，用于钢、钛合金，热稳定的非金属材料粘接的BK-15胶粘剂；24℃固化12～24h，最高使用温度350℃，用于绝热材料与钢和钛合金粘接的BK-15M胶粘剂；20℃固化72～120h，最高使用温度500℃，用于绝热材料间和绝热材料与金属粘接的BK-22胶粘剂；20℃固化72h，最高使用温度400℃，用于玻璃纤维绝热材料和金属粘接的BKT-2胶粘剂。

有机硅树脂是以聚有机硅氧烷及其改性体为主要原料的一类耐高温胶粘剂，常用于高温保护层。纯有机硅树脂胶粘剂具有优异的耐热性能，可在-60～400℃下长期使用，可短期使用至450～550℃，瞬间使用可达1000～1200℃，但主要缺点是性脆、粘接强度低、固化温度过高。为获得更好的高温理化性能，常用酚醛树脂、环氧树脂、聚氨酯等树脂对其改性，可达到粘附性好、室温固化、耐高温的要求。把各种芳杂环或其他耐热环状结构及杂原子引入硅氧烷主链，在不降低其耐热性的要求下，改善其综合性能；而在主链引入亚苯基、二苯醚亚基、联苯基等芳亚基品种形成硅梯聚合物，耐可达300～500℃高温。以硅为主链的梯形聚合物可耐1300℃高温，在1250℃下仍具有一定的强度。西安交通大学以甲基三氯硅烷为原料，通过与正丁胺反应，产物经水解和缩聚反应制得的梯形聚甲基倍半硅氧烷，耐热性能优良，700℃的失重率为4%，可用作耐高温胶粘剂。

中科院化学所制备的聚甲基三氟丙基硅氧烷，其主链含有四苯基四甲基环二硅氮烷，具有优良的热稳定性，在300℃氮气封闭体系中加热144h失重只有2.3%，是目前国内外耐温性能最好的硅橡胶。美国的Gen Electric公司出品的硅橡胶密封胶粘剂RTV-102室温固化24h，使用温度为150℃。英国的RTV-106和RTV-108有机硅胶粘剂可在350℃下长期工作，用于粘接电真空仪器外壳。郑诗建等将硅橡胶、乙烯基三特丁基过氧化硅烷和金属氧化物混和配制成胶粘剂，提高了胶粘剂的粘接强度和耐热性，解决了硅橡胶胶粘剂和金属粘接的技术难题。粘接件的室温扯离强度在2.5MPa以上，300℃时的扯离强度为0.83～1.45MPa，最高使用温度为350℃。

7.3.8 其他有机硅胶粘剂

1. 超级“防电气触点故障”的快干、非腐蚀性有机硅胶粘剂

有机硅胶粘剂组成中的低分子硅氧烷的存在尚是必须注意的问题。这是因为在微型电动机、继电器、开关等有电气触点的电子器件上，使用一般类型的有机硅胶粘剂，就不可避免地要出现触点故障。于是，便开发了许多脱除低分子硅氧烷的有机硅胶粘剂品种。下面介绍的SE918X系列用于微型电动机、继电器、开关周围的胶粘剂是非常优良的，其种类及特性见表7-12。

表7-12 SE918X系列的种类及特性

类型	单组分室温硫化，快干脱醇型				
品种代号	S9185	SE9186	SE9186L	SE9188	SE9189L
特长	非流动	流动	流动	非流动	流动
	防电气触点故障/粘接性提高品				
	—	—	—	阻燃品	
外观	透明、白、黑	透明、白、黑	透明、白、黑	灰色	灰、白
流动性/(Pa·s)	无	有(70)	有(25)	无	有(20)
表干时间/min	7	7	7	7	7
固化时间(25℃)/h	72	72	72	72	72
硬度(JISA)	30	21	27	39	30
密度/(g/cm^3)	1.04	1.03	1.02	1.30	1.19
拉伸强度/MPa	2.2	2.1	1.5	3.3	1.6
伸长率(%)	410	470	320	290	240
粘接强度(对玻璃)/MPa	1.2	1.4	1.1	1.8	1.1
热导率/[$\times 10^3$W/(m·℃)]	6.01	6.01	6.01	10.55	7.52
介电强度/(kV/mm)	21	23	23	30	25
体积电阻率/(Ω·cm)	2×10^{16}	2×10^{15}	5×10^{15}	1×10^{15}	9×10^{14}
介电常数(25℃，10^5Hz)	2.8	2.8	2.9	3.4	3.0
介质损耗角正切(25℃，10^5Hz)	7×10^{-4}	9×10^{-4}	1×10^{-3}	2×10^{-3}	5×10^{-3}
低分子硅氧烷(D_4～D_{10})的质量分数(%)	0.007	0.006	0.007	0.001	0.007
低分子硅氧烷(D_4～D_{20})的质量分数(%)	0.030	0.030	0.030	0.060	0.030

注：D代表 $-\mathrm{Si}(CH_3)_2-O-$，D_4～10_{10}指含4～10个Si原子。

2. 芯片焊接用胶粘剂

这是一类液型有机硅胶粘剂有通用型、导电型、散热型等产品。可直接涂布在引线框架上，通过加热便能在短时间内固化为橡胶状，从而把半导体芯片粘接、固定起来。

3. 耐热粘接密封用胶粘剂

道康宁公司研制出的新产品 Silastic 736RTV 粘接密封剂，可连续耐 −29.4 ~ 260℃温度，间歇耐高温可达 315.6℃，这是一种单组分的红色软膏，室温下 24h 能完全硫化形成坚韧的弹性材料，不需底漆即可粘到大多数材料上。该产品可用于高温下的粘接、密封、填隙、涂覆和表面包封。

第8章　聚酰亚胺及杂环类胶粘剂

8.1 聚酰亚胺胶粘剂简介

聚酰亚胺（PI）通常由等摩尔比的芳香族二酐与芳香族二胺或芳香族二异氰酸酯聚合而成。这类化合物虽然早在1908年就有报道，但是那时聚酰亚胺的本质还没被人认识，所以没有受到重视。直到20世纪60年代，美国杜邦公司首先将聚酰亚胺薄膜和清漆商品化，从而使聚酰亚胺得到了蓬勃的发展。

聚酰亚胺可分为缩合型和加聚型两种。缩合型芳香族聚酰亚胺是由芳香族二元胺和芳香族二酐、芳香族四羧酸或芳香族四羧酸二烷酯反应制得的。由于缩合型聚酰亚胺的合成反应是在诸如二甲基甲酰胺、N-甲基吡咯烷酮等高沸点质子惰性的溶剂中进行的，而溶剂在聚酰亚胺复合材料的后制备过程中很难挥发干净，难以得到高质量、高性能的聚酰亚胺复合材料。为克服这些缺点，相继开发了加聚型聚酰亚胺胶粘剂。目前，获得广泛应用的主要有聚双马来酰亚胺和降冰片烯基封端聚酰亚胺。通常，这些树脂都是端部带有不饱和基团的低相对分子质量聚酰亚胺，应用时再通过不饱和端基进行聚合。

聚酰亚胺具有良好的耐热性能，其热分解温度一般都在500℃左右，而由联苯二酐和对苯二胺合成的聚酰亚胺的热分解温度可以达到600℃。聚酰亚胺还具有良好的耐低温性能，例如在－269℃的液态氦中也不发生脆裂，而且聚酰亚胺耐辐照性能好，电性能优异，因此在国民经济领域具有广泛的应用。其中，它在胶粘剂领域也得到应用，主要用于航空、航天耐高温材料的粘接。

聚酰亚胺胶粘剂粘接时，将其涂于被粘接材料上，先在100～150℃去除溶剂，叠合，再升温至150～300℃或更高温度下进行闭环固化。用胶膜时已无溶剂，直接夹入被粘接材料之间，在施压260～650MPa下，在90min内逐渐升温至250℃，并保持90min，若要求有较高的机械强度，则可在300℃进行后固化。由于在闭环过程中产生小分子的水，易使胶层产生气泡，故必须施加粘接压力及后固化。

聚酰亚胺有良好的水解稳定性，耐盐雾及优异的耐有机溶剂性和耐燃油性，耐强酸，但遇弱碱会被渐渐侵蚀，臭氧能导致变质，可长期暴露于－196～260℃，250℃可耐200h，377℃可承受10min。它可用作结构胶，粘接不锈钢、钛、铝等金属，制作电绝缘用玻璃布增强复合材料；也可粘接陶瓷，适用于航空工业及高低温领域的应用。

8.2 聚酰亚胺胶粘剂的性能及其应用

聚酰亚胺胶粘剂有着优良的综合性能，能在 -200 ~260℃之间维持优良的力学性能和电绝缘性，可在这个温度范围内长期使用，耐磨、抗摩、优良的耐热性、耐辐射性、高的尺寸稳定性（极低的线膨胀系数）。现在，聚酰亚胺已成为较为常见的商业化耐高温高聚物之一，其品种有 Kapton，Upilex，PI-2080，Ultem R，LARC-TPI，LARC-13，Chem-Lon，PMR-15 和 Thermid 600 等。

8.2.1 缩合型聚酰亚胺胶粘剂

缩合型全芳族聚酰亚胺具有突出的耐温性和热氧化稳定性、耐辐射性、耐溶剂性、低密度以及优异的力学性能和电性能，是耐高温胶粘剂中的佼佼者。缩合型聚酰亚胺胶粘剂通常以中间体聚酰胺酸的形式贮存。聚酰胺酸是溶解性很大的高分子电解质，其溶液对温度、浓度及湿度都敏感，浓溶液比稀溶液稳定。如能防止潮湿，在低温下可贮存较长时间。由同一单体中同时含有酸酐和氨基（称 AB 型单体）合成的聚酰亚胺称为 AB 型聚酰亚胺。Rhone-Poulene 公司开发的 Norlimid A380 胶粘剂就属于此类聚酰亚胺。它是从邻二甲苯和间硝基苯甲酰氯反应，经五步反应得到氨基、羟基酯（即 AB 型单体）。这种单体在溶液中加热就形成聚酰胺酸，再经亚胺化就生成聚酰亚胺。分子中的羟基可引起相邻高聚物链之间发生交联反应，这无疑是 Norlimid A380 胶粘剂异常耐温的原因之一。

Rhone-Poulene 公司开发的 Norlimid A380 胶粘剂曾经因其优异性能而得到了广泛应用。Norlimid A380 胶粘剂比一般聚酰亚胺胶粘剂的性能优越之处在于：前者在未固化时，不受潮湿影响；而后者在固化之前若遇 70% RH 的环境，1.5h 就变质达 40%。Norlimid A380 胶粘剂的耐老化、耐潮湿、耐盐水等优良性能都曾给人们留下深刻的印象，其性能见表 8-1。

表 8-1 Norlimid A 380 胶粘剂的性能

老化温度/℃	测试温度/℃	在下列温度经下列时间老化后的强度/MPa				
		0h	500h	4000h	8000h	12000h
260	25	20	22	24	23	22
260	260	18	19	20	20	19
300	25	20	16	15	9	6
300	300	16	15	14	11	6
300	350	12	11	—	—	—

为了改善缩合型聚酰亚胺的粘接性能，还可将几种不同单体一起反应得到共聚改性的聚酰亚胺，用于粘接 Kapton 膜的 LARC 系列胶粘剂正是这类聚酰亚胺。

8.2.2　热塑性聚酰亚胺胶粘剂

热塑性聚酰亚胺可用加工热塑性塑料的方法去加工成型，不用其酰胺酸预聚体，而直接以酰亚胺形式加工。由于加工过程中无挥发性副产物产生，因而可以得到几乎无气孔的粘接件。由于它是热塑性的，通常能溶于某些溶剂中，与缩合型聚酰亚胺相比，热塑性聚酰亚胺有较低的 T_g。

这类聚酰亚胺的合成通常是合成含有相关基团的单体——二胺或二酐，然后将相应的单体聚合、环化得到热塑性聚酰亚胺。赋予聚酰亚胺热塑性的原理是降低缩合型聚酰亚胺分子的刚性，增加柔性，同时尽量保持缩合型聚酰亚胺优异的力学性能和热氧化稳定性、耐溶剂性等。其合成方法大致可以分为三种：将柔性基团引入聚酰亚胺主链，这类所谓的柔性基团是那些切断聚酰亚胺主链共轭体系的基团，由于共轭体系缩短，从而降低了刚性；合成共聚型聚酰亚胺；引入侧基，如苯基、烷基等，侧基的引入往往破坏了主链的对称性，从而降低了 T_g、增加柔性。

近年来，热塑性聚酰亚胺胶粘剂的研究和开发异常活跃，所取得的成就是聚酰亚胺胶粘剂领域最为重要的研究进展。

1. 主链中引入柔性基团的 TPI 胶粘剂

通过相应的聚合，已将许多柔性基团引入聚酰亚胺主链中，这些基团的引入大都改善了胶粘剂的加工性，同时对其他性能也带来影响，如脂肪族基团的存在降低了热氧化稳定性。以下介绍几类典型柔性基团改性的聚酰亚胺胶粘剂。

（1）全氟脂肪基改性的聚酰亚胺胶粘剂　全氟脂肪基引入聚酰亚胺主链中带来了柔韧性，既能改善聚酰亚胺胶粘剂的加工性，又能保持缩合型聚酰亚胺胶粘剂良好的耐热性。将含有全氟取代脂肪链的二胺（或二酐）单体与二酐（或二胺）作用，可制得一系列聚酰亚胺胶粘剂。用2,2-双（3,4-苯二甲酸酐）六氟丙烷与一系列二胺作用，制备了一系列热塑性聚酰亚胺胶粘剂。Du pont，Fiberite 和 Hevcel 三公司开发的 NR-150 系列就属于这一类，它们是目前唯一商品化的全氟代脂肪基聚酰亚胺胶粘剂。六氟异丙烷聚酰亚胺胶粘剂最初由 Rogers 合成，所制备的聚酰亚胺胶粘剂有较低的 T_g（340℃），在普通的溶剂中有良好的溶解性。Gibbs 对此进行了许多改进，选择了许多六氟芳二胺，为商品化奠定了基础。但这些聚酰亚胺胶粘剂仅溶于高沸点溶剂，如二甲基甲酰胺、N-甲基吡咯酮。这些聚酰亚胺胶粘剂都是非晶态的，可热熔加工，它们是粘接金属—金属的优良耐高温胶粘剂，所制得的粘接件含气孔不到1%，气孔可通过在其 T_g 以上的温度加压除去。它们是制备层压板的理想胶粘剂。这类聚酰亚胺胶粘剂所具有的突出的长期热氧化稳定性是其他聚酰亚胺胶粘剂所远不及的。

（2）含芳硫醚或芳砜的聚酰亚胺胶粘剂　含芳硫醚或芳砜基团的芳香聚酰亚胺胶粘剂与不含这些基团的相应高聚物相比，有较高的链柔性、较好的加工性和较高的热氧化稳定性。这类聚酰亚胺胶粘剂大都是20世纪70年代后期开始研究的，由于主链中氧、硫、砜基等的引入，切断了其共轭体系，降低了主链刚性，从而赋予这些高聚物以热塑性，同时维持了较高的热氧化稳定性，有的甚至有很高的 T_g。目前，这种材料用作胶粘剂的研究刚刚开始，粘接钛合金的剪切强度高达41.4MPa，和通常的聚酰亚胺胶粘剂可相比拟。尽管其 T_g 限制了最高使用温度，但这种聚醚—硫醚—酰亚胺仍有巨大的潜力用作易加工的热熔胶粘剂。

（3）含双羰基的聚酰亚胺胶粘剂　含羰基的二酐是合成聚酰亚胺的常用单体，它与不同的二胺作用合成得到的聚酰亚胺胶粘剂粘接性能相差甚远。

LARC-TPI 是一种含羰基的线型热塑性聚酰亚胺胶粘剂，它能以聚酰亚胺的形式加工制得大面积、无气孔的胶粘剂粘接件。与 LARC-2 类似，它是由3，3′，4，4′-二苯酮四酸二酐（BTDA）和3,3′-二氨基二苯酮（3，3′-DABP）反应制得。与普通的聚醚酰亚胺胶粘剂不同，LARC-TPI 是环化后，在粘接之前除去水和溶剂，其热塑性显然是由单体中桥联基团的柔韧性和间位连接方法所赋予的。这种材料由于具有热塑性，可形成大面积、无气孔粘接，因而显示出用作胶粘剂的巨大潜力。

目前，LARC-TPI 主要用作航空和工业上制造柔韧的集成电路所需聚酰亚胺膜的大面积层压板的胶粘剂。NASA-Langley 最近开发了用 LARC-TPI 做胶粘剂层压聚酰亚胺薄膜或层压聚酰亚胺与导电的金属箔的工艺。据报道，用这种工艺制成的 Kapton 薄膜层压板在标准剥离测试时，胶粘剂不破裂，而 Kapton 薄膜被撕裂。用 LARC-TPI 层压的集成电路 Kapton-Cu-Kapton 已由 Rogers 公司制造出来，并且发现在熔融锡浴中放置10min不起泡、不分层。与此同时，LARC-TPI 也正被开发用作石墨复合材料机翼板的大面积粘接。LARC-TPI 是一种热氧化稳定性极优的高聚物，它在空气中300℃处理过的膜在动态 TGA 测试中400℃以前无失重现象，在300℃恒温热老化550h后仅失重3%。

2. 共聚型聚酰亚胺胶粘剂

共聚型结构在均聚物结构中引入第二种结构不同的连接基团是改性均聚体的另一条途径。改性的结果由三种因素所决定：引入共聚物中结构基团的类型，所引入基团的量，第二种结构基团在共聚物中分布的有序度。通常，有序的共聚物比无规的共聚物有更好的力学性能。

（1）聚酰胺—酰亚胺共聚物胶粘剂　含酰胺的聚酰亚胺是一类重要的聚酰

亚胺共聚物。酰胺基团的引入使得高聚物易溶、易模塑且易加工，这些性能是以热稳定性下降为代价的；但聚酰胺—酰亚胺仍有可观的热稳定性，介于聚酰胺和聚酰亚胺之间，优点是更易于合成，正是酰胺基团的引入赋予了这类共聚物热塑性。在已商品化的聚酰胺—酰亚胺中，Amoco公司的Al-1030和Al-1137以及Rhone-Poulene公司的Kerimid 500已被用作胶粘剂。

（2）含硅氧烷聚酰亚胺胶粘剂 将聚酰亚胺的高温强度和硅氧烷的低温性能有机地结合起来，聚合成硅氧烷—酰亚胺共聚物。硅氧烷的引入使得共聚物具有优良的热稳定性和力学性能，并且可溶、易加工。此外，聚酰亚胺的抗冲击性、耐湿性和表面性能也因硅氧烷的引入而得到明显改善。

美国通用电气公司合成的一种聚酰亚胺—硅氧烷共聚物（SiPI），对单晶体硅和SiO_2表面有很好的粘接力，该共聚物在沸水中加热三天后仍能维持其原有的粘接力；然后，美国通用电气公司又制备了一种可用作胶粘剂、且具有良好耐热性和抗电晕性的含硅聚酰胺酰亚胺。这种高聚物的制备过程是：用聚硅氧烷二胺、偏苯三酸酐及二元胺的混合物反应制得含硅氧烷的二胺齐聚物，然后再用有机四酸二酐与之反应并环化即得产物。

将有机硅引入聚酰亚胺分子中，还可改善聚酰亚胺与硅二氧化硅表面的粘接性能。这类产品有美国M&T化学公司的系列、日本日立公司的PIX等。若将硅烷引入聚酰亚胺中，其方法是合成硅烷封端的聚酰亚胺。这种聚酰亚胺用作胶粘剂时，在粘接过程中要将其加热到280℃，目的是想通过端基的交联作用使相对分子质量急剧增大。其中，硅烷的引入使T_g明显降低。二胺异构体对T_g的影响符合通常的规则：3，3′<3，4′<4，4′。二氨基二苯甲烷系列的T_g较高，这可能是由于在加热时，分子链间通过桥—CH_2—产生交联的缘故。在大多数情况下，硅氧烷的引入都导致剪切强度下降。硅烷对那些主链本身是刚性的高聚物的粘接性能的改善要大得多，对那些主链是柔性的体系，则高聚物相对分子质量可能是决定因素，因为随着硅烷端基含量的增加，所得聚酰亚胺的相对分子质量就越低。在粘接过程中，相对分子质量增长的过程较慢，大多数含硅聚酰亚胺在200℃老化2500h后，剪切强度有所提高。

3. 加成型聚酰亚胺胶粘剂

加成型聚酰亚胺胶粘剂都是热固性的，固化成高度交联的网络结构。与线型聚酰亚胺相比，这种交联网络是很难被破坏的，主要是在N-取代的双马来酰亚胺分子上的活泼双键能进行自由基或阴离子均聚或共聚反应而形成大分子。其另一个优点就是原料丰富、成本低。通常的另外两种活性基团是乙炔基和降冰片烯基团，用它们作酰胺酸的端基。NA封端的酰胺酸通常能热转化成酰亚胺预聚体而不使NA端基反应，而乙炔基封端的酰胺酸必须通过化学作用转化成酰亚胺，因为热酰亚胺化通常诱导乙炔端基反应。

(1) 双马来酰亚胺胶粘剂　双马来酰亚胺（bismalimides，BMI）胶粘剂是由马来酸酐与二胺反应合成，其合成反应与合成缩合型聚酰亚胺胶粘剂的二步法很相似。BMI分子是一含有活泼双键的双官能团弱极性化合物，当R为芳基时，芳环和酰亚胺共轭，保证了其热氧化稳定性。端基双键在过氧化物存在或加热时均裂开，键与另外双键以自由基机理发生聚合和交联。反应温度在180℃以上时，则反应迅速，热固化成为一种不溶不熔的耐热产物。BMI具有优良的耐热性、耐湿热性、耐辐射、耐火焰而又低发烟率，电绝缘性能良好、模量高，耐自然老化等优点，是一种较为理想的耐热高分子材料，在许多高科技领域，尤其在航天、航空和电子工业领域得到广泛的应用。

BMI对其他材料的粘接性能和反应活性均取决于其结构中的R基团。任何一种纯BMI的固化产物都因其交联度太大、材料太脆、粘接力不高而限制了它的实际应用，但纯BMI是一种改善高分子材料粘接性能的良好助剂。BMI用作胶粘剂是经过大量的改性工作得以发展的。

在改性过程中，除保留BMI分子中较稳定的芳环和酰亚胺环外，还需延长分子链以增加柔韧性。经过加成或共聚方法，在分子链中引入—NH—，—CH_2—，—SO_2—等，这些基团也可以苯环间的桥基形式而引入分子链中；还可以引入—OH等端基。这些基团的引入虽对耐热性略有影响，却能大大提高熔融流动性、可容性、粘接性和耐磨性等性能。FM-32是在20世纪80年代初由美国的Cyanamid公司推出的第一个双马来酰亚胺胶粘剂。它在干热条件下使用温度可以达到232℃，湿热条件下最高使用温度可以达到177℃。

AG80环氧树脂由于和双马来酰亚胺具有良好的相容性，因此通过端活性基团的长链高分子弹性体和AG80环氧树脂发生化学反应，然后再和双马来酰亚胺在140℃下形成低聚物。这样就形成了含有弹性体增韧剂、环氧树脂和双马来酰亚胺结构的低聚物。这种低聚物通过调整各组分的比例，可以获得不同耐热性能和韧性的改性环氧树脂或改性双马来酰亚胺。例如采用端羧基丁腈橡胶和环氧树脂反应制备的内增韧双官能环氧树脂为增韧剂，然后和AG80环氧树脂以及双马来酰亚胺在140℃反应制备成胶粘剂，以4，4-二氨基二苯甲烷为固化剂，200℃固化2h，常温剪切强度可以达到22MPa，200℃为15MPa，300℃为7MPa。而采用10份端羧基丁腈橡胶增韧的双马来酰亚胺/4，4-二氨基二苯甲烷固化体系，200℃固化2h，常温剪切强度20MPa，200℃为15MPa，300℃为5MPa。环氧树脂改性的双马来酰亚胺胶粘剂用于复合材料基体树脂可以获得良好的韧性，但是对于胶粘剂而言，其韧性要远高于复合材料集体树脂。环氧树脂在其中单纯起到溶解双马来酰亚胺、改善工艺性能的作用，则可以具有和双马来酰亚胺/4，4-二氨基二苯甲烷固化体系接近的耐热性能；而采用300~400#环氧树脂或680低粘度环氧树脂溶解双马来酰亚胺，以4，4-二氨基二苯甲烷为固化剂的环氧树脂改性双马来酰亚胺胶粘剂，200℃固化2h，常温剪切强度25MPa，200℃剪切强度为22MPa，300℃剪切强度仍然可以达到7MPa。

BMI的双键具有很高的亲电子性，在较低的温度下便易与含胺基、酰胺基、羟基等基团的多种化合物进行亲核加成反应。例如BMI可与亲核试剂芳族二胺（DA）按照异裂开键发生氢离子移位加成共聚反应生成高聚物，但以等摩尔数芳二胺与BMI反应产生的高相对分子质量PAMBI较易热裂解。通常，根据不同需要，将BMI以一定过量与DA配比。从粘接性考虑，DA不宜少；从耐热性看，BMI多些较好。一般选择的摩尔比为BMI: DA =（1.5 -3.0）：1，特殊情况下DA可过量。

加成型的PABMI具有以下重要特性：具有与热固化树脂相同的粘弹行为，可用一般方法加工成型；固化时不放出小分子挥发物，材料无气孔；与各种填料的相容性好；价格便宜、稳定。鉴于这些优点，十几年来人们对以PABMI或BMI为主，配合其他能促进粘接性提高的组分，或引入易与被粘物粘附的基团，研究和开发了许多胶粘剂品种。日、美、法在这方面的工作尤为突出。我国从20世纪70年代初也开展了这项研究和应用，其中主要原料的合成大都采用了较先进的丙酮为溶剂的一步合成法。通过改变二胺的结构和相对分子质量，可以合成多种BMI，我国的武汉、天津、四川等地都能生产，但多数是自产自用。所在合成BMI中将通用的Ni盐催化剂改为Mg盐，产量高、价格低、毒性小。除了合成常用的BMI-1外，还高效率地合成了BMI-2、BMI-3和BMI-4，为BMI的应用提供了多种品种。

由双马来酰亚胺及其改性得到的耐热胶粘剂品种很多，且均属热固性高聚物，故多用作结构胶粘剂。它以耐热性好为主要特点，为特殊胶种。目前，它在军工方面应用较多，除直接用于粘接金属、玻璃、薄膜、云母等材料外，还大量用于浸渍玻璃纤维、碳纤维、石墨纤维或其他织物等增强材料胶粘剂。通常先制成半固化的胚体，然后加工成所需制品的形状，其中以制成各种耐高温层压板、滑动板及覆铜板居多，使用温度高于180℃。它在加成型聚酰亚胺中以价格最低、加工容易而获得了广泛应用，除了特种应用外，民用化前景也十分广阔。

（2）乙炔基封端的聚酰亚胺胶粘剂　乙炔基封端的酰亚胺预聚体首次报道于1974年，这些材料首先由芳族四酸二酐（2mol）和芳族二胺（1mol）在极性溶剂如N-甲基吡咯酮中生成酸酐封端的酰亚胺预聚体。这种预聚体再与乙炔基芳族胺（2mol）作用，然后再加热或用乙酸酐化学方法环化脱水，得到乙炔基封端的酰亚胺预聚体（ATI）。

尽管ATI存在着不少缺陷，但有几种ATI，如Therimid 600已被用作高温胶粘剂，用于层压板和钛合金的粘接。HR-602有最好的耐热性能和耐疲劳强度，而HR-650在中等温度下有最高的强度，但其耐热性较差。在中等温度下，粘接强度 HR-650 > HR-603 > HR-602 > HR-600；而在 260℃则按下列顺序排列：HR-602 > HR-600 > HR-650 > HR-603。经过对比试验，发现这几种聚酰亚胺有不同的最佳固化条件：对 HR-600，在 260 ~ 271℃固化 16 ~ 24h 最佳；而对 HR-602，在 293 ~ 316℃之间固化 1 ~ 10h，其剪切强度没有明显的差别；而 HR-650 在 288℃固化 5h 就可以得到最高剪切强度。

降冰片烯封端的 LARC-13 胶粘剂有优良的加工性能，它在室温和中等温度下具有长久保留优良力学强度的能力，甚至可以在 593℃下短期使用。不足之处是：它在 316℃老化超过 125h 后，粘接强度迅速下降。而 Therimid 600 有优良的热氧化稳定性，但其加工性较差。LARC-13 的优点正好是 Therimid 600 的缺点，人们试图取两者之长以攻两者之短。在合成的产物中，由 $DDSO_2$ 所合成的聚酰亚胺有较高的粘接强度，良好的流动性，能形成薄层粘接，又比较价廉，这些优点是其他两者所不及的。含砜基的这种聚酰亚胺（$ATPISO_2$）在较高测试温度下剪切强度增加，它可在 177℃长期使用。在没有填料、没有最佳粘接条件的情况下，$ATPISO_2$ 在高温下粘接强度不亚于 LARC-13，同时保留了 LARC-13 的可加工性。$ATPISO_2$ 在高达 593℃时仍能维持中等强度。其优良的性能和低成本使其有一定的使用空间和潜力。

8.3 杂环类胶粘剂

在耐高温胶粘剂中，杂环类胶粘剂最为引人注目。这类胶粘剂的耐高温及耐低温性能均佳，同时其耐热老化（PBI 除外）、耐大气老化、耐油、耐水、耐各种化学介质性能、耐疲劳及耐高低温持久等性能均良好。它可在 -273 ~ 260℃长期使用，短期使用温度可达 539℃，瞬间可用至 800 ~ 1000℃。其主要缺点是固化条件太苛刻，需要在高温、高压下长时间加热才能充分固化。此类胶粘剂用于各种高温结构中不锈钢、钛合金的粘接，以及各种碳纤维制品的制造与粘接。

8.3.1 聚苯并咪唑胶粘剂

聚苯并咪唑胶粘剂一般使用二聚体或三聚体，溶解于二甲基乙酰胺中，加入抗氧剂后浸渍玻璃布，夹入被粘接金属间，在加热加压下缩聚形成粘接。不足之处是其缩聚中释放出苯酚和水，胶层易产生孔洞，缩聚固化中必须施加压力。

该胶粘剂的特点是在高温时有极优异的粘接强度，不足之处是耐热老化较差，在 280℃高温空气中不能长期使用，但在 583℃下 10min，拉伸强度仍有 8MPa。德国 Hoechst Celanese 公司 1988 年开发的 Celazole U-60 系列的无填料聚苯并咪唑，使用温度 -200 ~ 425℃，瞬时耐 760℃。

聚苯并咪唑胶粘剂是杂环高分子中第一个被考虑作为耐高温结构胶粘剂的，

它由3，3′-二氨基联苯胺（DAB）和间苯二甲酸二苯酯进行熔融缩聚反应制得。合成聚苯并咪唑胶粘剂的方法除熔融缩聚以外，还可以用溶液缩聚方法合成，而不同方法制备的聚苯并咪唑胶粘剂，其粘度也不相同。

聚苯并咪唑胶粘剂的特点是瞬时耐高温性优良，在538℃不分解，而聚酰亚胺胶粘剂的分解温度比它低。到目前为止，研究得比较多的是聚［2，2′-间苯基-5，5′-二苯并咪唑］。

研究表明，聚苯并咪唑核上NH的H原子是氧化破坏的活性中心，如用苯基（C_6H_5—）或甲基（CH_3—）来取代该H原子，则高聚物的性能发生一定的变化。当R为C_6H_5—时，热稳定性比未取代的略佳，但高聚物是热塑性的，应力受到了限制。研究还表明，甲基的取代位置对高聚物的性能也有很大的影响；此外，在聚苯并咪唑的主链中引入氧、硫、亚甲基或其他基团，可以改变聚苯并咪唑的性能。例如引入醚键可以增加聚苯并咪唑的溶解性和分子链的柔性，改进成膜性能，还有良好的耐热性，但醚键的位置对热稳定性有一定的影响。

聚苯并咪唑胶粘剂可作为铝合金、不锈钢等金属材料、金属蜂窝结构、聚酰亚胺薄膜、硅片等材料的胶粘剂。

国外同类产品有Imidite 850、1850，AF-R-100，AF-R-121，AF-R-121-1、2等。其中，Imidite 850是含有34%～35%(质量分数)聚苯并咪唑的吡啶溶液,它和Imidite 1850都是耐高温结构胶粘剂。Imidite和AF-R-100牌号的胶粘剂是由3,3′-二氨基联苯胺和间苯二甲酸二苯酯缩聚而成。AF-R-121牌号的胶粘剂是3，3′-二氨基联苯胺和间苯二甲酸二苯酯和对苯二甲酸二苯酯的共聚物。为了提高其耐热性,通常加入抗氧剂(砷化物),再涂在玻璃衬布上,就成为AF-R-121-1、2胶粘剂。除特殊情况以外,所有的胶粘剂都掺混有铝粉(100质量份树脂内含有100质量份铝粉)和As_2S_4(100质量份树脂内含有20质量份As_2S_4)。

以聚苯并咪唑胶粘剂AT-A-121-1、2粘接不锈钢蜂窝夹层和用环氧—酚醛胶粘剂的结果相比较，室温时虽然环氧—酚醛胶粘剂的强度较高，但高温时还是聚苯并咪唑胶粘剂的效果较好。在316℃老化100h，蜂窝夹层的压缩强度为398MPa，老化200h为276MPa；在371℃老化10h，蜂窝夹层的压缩强度为758MPa，老化24h为355MPa。

AF-R-121胶粘剂不仅是耐高温胶粘剂，也是耐低温胶粘剂，其粘接不锈钢在低温下的剪切强度见表8-2。

表8-2　AF-R-121胶粘剂粘接不锈钢在低温下的剪切强度

测试温度/℃	剪切强度/MPa
-196	33.2（四次平均值）
-253	39.2（二次平均值）

8.3.2 聚喹恶啉胶粘剂

1. 聚喹恶啉（PQ）胶粘剂

单醚 PQ 和双醚 PQ 可作为耐高温胶粘剂，粘接不锈钢具有一定的剪切强度（见表 8-3），这反映其有一定的应用潜力。

用双醚 PQ 和玻璃纤维制成的层压板，树脂质量分数为 24.8%，相对密度为 1.92，计算的挥发分为 4.0%；单醚 PQ 以玻璃纤维增强的层压板，树脂质量分数达 33.1%，相对密度为 1.71，计算的挥发分为 8.6%。

表 8-3 单醚 PQ 和双醚 PQ 粘接不锈钢的抗剪强度 （单位：MPa）

测试条件	单醚 PQ	双醚 PQ
室温	23.1	22.8
316℃，1h	20.2	—
200h	15.8	—
371℃，1h	12.9	10.8
50h	17.6	11.5
538℃，10min	9.12	8.83
1h	—	5.69

2. 聚苯基喹恶啉胶粘剂

聚苯基喹恶啉胶粘剂与其他杂环高分子比较，它不仅具有优良的耐热性、耐水性，而且溶解性好，易于加工成型。它既可用作粘接钛合金的胶粘剂，也可用作层压制品的树脂。

聚苯基喹恶啉胶粘剂若在 288℃或 316℃使用，则需要在高温下后固化，通过热交联以改进其高温下的性能，但其室温性能及高温使用期将有所下降。聚苯基喹恶啉胶粘剂粘接钛合金固化后，室温剥离强度为 148.7N/m；另外两个样品在循环空气中 316℃老化 200h，室温剥离强度为 89.2N/m。试验结果表明，聚苯基喹恶啉胶粘剂具有良好的韧性和工艺性。

8.3.3 聚苯并咪唑吡咯酮胶粘剂

聚苯并咪唑吡咯酮（Polypyrrolone，吡咙）胶粘剂是由芳族四酸二酐和芳族四胺在极性溶剂中缩聚，并经高温处理得到的一种梯形或阶梯形的杂环高分子。

吡咙和聚酰亚胺、聚苯并咪唑相比较，在链结构上至少同时有 4 ~7 个共轭的芳杂并环结构，可以看成是类似带状石墨结构的大共轭平面结构。因此，它对热很稳定，吡咙薄膜至少在250℃能长期保持较好的性能。吡咙的另一个突出的性能是能耐高能辐照，而不改变其性能。吡咙和火焰直接接触时不自燃，元素分析时，一般碳值总是低于计算值，这说明吡咙是不易燃烧完全的。据报道，人们曾将聚苯并咪唑、聚酰亚胺、聚苯并噻唑及酚醛等11种树脂做成烧蚀材料，试验结果表明，以聚苯并咪唑做成的烧蚀材料的性能最好。石墨、吡咙、聚苯并咪唑在空气中每分钟热失重的比较顺序是石墨1.08%，吡咙1.37%，聚苯并咪唑3.56%。这样，吡咙提供了作为耐高温材料的可能性。

吡咙层压板的加工成型分两步进行。第一步是涂胶，即将玻璃布或碳纤维编织布浸渍在10%（质量分数）树脂溶液中2~3遍，每次浸渍树脂后在100~150℃烘炉内高温干燥，以除去溶剂；第二步是在压机上压制成层压板，所用压力为4.90~9.81MPa，固化周期为160℃，0.5h；220℃，0.5h；300℃，1h及350℃，4h，然后冷却至室温，固体树脂的质量分数约30~40%。可见，吡咙层压板的线烧蚀率和质量烧蚀率都是比较小的，尤其是吡咙和碳纤维编织布复合的层压板（压制时的压力为4.90MPa），其线烧蚀率为0.429mm/s，质量烧蚀率为0.637g/s、0.655g/s（时间6.95s，7.21s），表面亮度>3300LM。

吡咙层压板经烧蚀后，表面碳层强度仍保持良好。这可能是由于生成了类似石墨状假共轭平面结构，使碳化结构中仍然保留有较多氮原子，因此有较低的热导率，较高的表面耐辐照能力和表面亮度，且收缩较小。吡咙可作为良好的烧蚀材料。

8.3.4　聚苯并噻唑胶粘剂

聚苯并噻唑（polybenzothiazoles，PBT）具有优越的耐温性和高温下的热氧化稳定性，一般由芳族双-邻氨基硫醇与二羧酸或其衍生物，如酰胺、腈或酯等反应而成。另一条合成路线是芳胺和硫反应制得PBT。

PBT比聚苯并恶唑和聚苯并咪唑的热氧化稳定性好。但PBT的不易溶解性和不溶性，以及相对分子质量低、韧性差，使得其在用作复合材料和胶粘剂时强度低。改进的方法有两种途径：改善预聚物的流动性，这样才可以合成高相对分子质量的聚合物；采用化学改性高聚物的链结构，以改进热氧化稳定性。

Abex公司开发了一种流动性与氧化稳定性都得到改进的，商品牌号为AT-R-2506的树脂。这种树脂是由混合甲苯胺（含有60%邻位、37%对位和3%间位甲苯胺的混合物）和S元素起反应，通过S-氧化机理形成苯并噻唑。在树脂加热过程中，按一定量分5次将4-氨基苯甲酰亚胺（4-API）加入反应物中，当预聚物的熔点达到135℃时停止反应，在此温度下得到的预聚物可完全溶于二甲基乙酰胺中。

在预聚物溶液中加入约15%的氧化锌（以干燥的预聚物重量计），可用作复合材料的浸渍漆和用作胶粘剂。浸胶后的玻璃布可在66℃加热半小时，以除去溶剂。当4-API和氧化锌都掺入时，对氧化稳定性有协同效应，若只掺入其中之一或两者都不掺入，则弯曲强度都降低。搭接试件经后固化后，剪切强度在室温测定为12.9MPa，而未经后固化的只有5.86MPa。在316℃时，聚苯并噻唑胶粘剂明显比聚苯并咪唑的抗剪切强度高，但长时间老化后，其强度不如聚酰亚胺胶粘剂。317℃时，由于聚苯并噻唑存在热塑性，因此有优良的热氧化稳定性。317℃经过0.5h，聚酰亚胺胶粘剂的强度已下降到使用的最低水平。在同一温度下继续加热，聚苯并咪唑胶粘剂于30~35h后即被分解，而不加填料的聚苯并噻唑胶粘剂的剪切强度在6.89MPa以上；482℃时更反映出这种胶粘剂由于不发生热塑性，有很好的热氧化稳定性。出乎意料的是，加入抗氧剂As_2S_4的胶粘剂，在317℃、427℃或482℃老化时，强度反而比不加抗氧剂的低，这可能是由于抗氧剂阻碍聚合的缘故。

8.3.5 聚苯并恶唑胶粘剂

聚苯并恶唑（Polybenzoxazoles，PBO）也是一种耐高温的芳杂环高聚物，主要由双-邻氨基苯酚（或其衍生物）与二羧酸衍生物（二酰氯、二酰胺）缩聚而成。

聚苯并恶唑可用溶液缩聚和熔融缩聚两种方法合成。一般常用二步法的操作来制备这种高聚物，即先将双邻氨基苯酚与二羧酸二酰胺在极性溶剂（如二甲基甲酰胺、二甲基乙酰胺、N-甲基吡咯烷酮）中进行低温（-10~20℃）缩聚形成聚羟基酰胺；然后用第二步反应，真空加热转变成聚苯并恶唑。前一反应能分解出腐蚀设备的氯化氢，且加工时有大量的挥发物逸出，应用于实际中会产生很多问题。由此可见，在合成聚苯并恶唑时，单体的选择是很重要的。

聚苯并恶唑在500℃加热3h也不分解，制成的薄膜坚固。若在高聚物链结构中引入—SO_2—、—S—或—O—，也可提高薄膜的韧性。

8.3.6 聚苯基不对称三嗪胶粘剂

1. 线型聚苯基不对称三嗪胶粘剂

线型聚苯基不对称三嗪可作为胶粘剂及复合材料的树脂，当粘接钛合金时，其性能见表8-4。

表8-4 线型聚苯基不对称三嗪粘接钛合金的性能

测试条件	剪切强度/MPa
室温	17.3
288℃，2000h，室温	14.5

用聚［3，3′-（2″，6″-吡啶基）-5，5′-（对，对′-二苯醚）-双-（6-苯基不对称三嗪）］，PPI（Ⅰ）胶粘剂粘接不锈钢，室温剪切强度为28.3MPa，粘接钛合金的室温爬鼓剥离强度为19.5N/m。试件是在压机下由室温升到260℃，加压0.343MPa制备的，从爬鼓剥离强度的数据可见这一高聚物具有良好的韧性。

PPI（Ⅰ）还可与碳纤维复合制成层压板，即将碳纤维放在树脂溶液中浸渍，于200℃空气中干燥至挥发分<2%，9层试件放在压机中，288℃预热1min后，加压2.07MPa，维持0.5h，在压力下冷却，树脂质量分数约30%。所制得的PPI—碳纤维层压板的性能见表8-5。

表8-5　PPT—碳纤维层压板的性能

测试条件	弯曲强度/MPa	弯曲模量/GPa	层间剪切强度/MPa
室温	942	150	42.1
204℃	873	140	39.5
260℃	245	42.8	11.7

2. 交联型聚苯基不对称三嗪胶粘剂

聚苯基不对称三嗪是线型的，而线型的聚苯基不对称三嗪胶粘剂是高温热塑性塑料，长期放置在260℃时，尽管有良好的热氧化稳定性，然而这些高聚物在此温度下会发生热塑变形。为了克服这种缺陷，人们曾试图通过在不对称三嗪环相连的苯基上引进腈基或腈氧基，使之发生热交联的办法降低热塑变形，但仅取得一定程度的成功。因为腈氧基反应速度快，会使含有腈氧基的聚合物不能加工，此外，诱导腈基反应需要高温，结果导致不对称三嗪环的热降解。

乙炔封端的苯基不对称三嗪低聚物有较好的溶解性，聚合物的熔点比较低，热固化时不释放出挥发性物质，生成玻璃化温度高的树脂，可用作胶粘剂和复合材料。

3. 炔基封端的苯基不对称三嗪低聚物和高聚物胶粘剂

由草酰胺腙、4，4-双（苯乙二酮）二苯醚和4-（4-乙炔苯酚基）二苯乙二酮反应制得的ATPT—间甲酚溶液，可在甲醇中沉淀析出。经热甲醇全部洗涤，在100℃真空中干燥2h，得黄色粉末的聚合物，熔点为193～204℃。将此粉末溶于氯仿中（固体质量分数约25%），可涂在处理过的玻璃纤维编织带上，被粘物为钛合金，先经氟化磷表面处理，底层涂以质量分数为5%的氯仿溶液，以玻璃带为衬里，粘接后放进预热到232℃的压机上，在接触压力下保持1min，将压力增加到0.69MPa，升温到260℃维持1h，并在压力下冷却。26℃时的剪切强度为33.5MPa（粘附破坏）、260℃时为6.27MPa，在260℃下老化300h后测试，剪切强度为8.69MPa，这一较高的强度是由于后固化的作用。在工艺过程中，ATPT呈现出优良的流动性，然而胶层是脆性的，还需进一步的研究。

由上述ATPT在氯仿和四氯乙炔混合溶剂中配制成的溶液，可涂刷在石墨纤维上制成层压制品。ATPT—石墨纤维层压板的性能见表8-6。

表8-6 ATPT—石墨纤维层压板的性能

试验条件	弯曲强度/MPa	模量/GPa	层间剪切强度/MPa
室温	1386	135.1	83.4
232℃	1062	120.0	60.0
260℃	834	111.7	36.5
260℃，100h	—	—	38.6
300h	—	—	46.2

8.3.7 聚芳砜胶粘剂

聚芳砜胶粘剂，如Astrel 380，是由4，4-二硫酰氯二苯醚和联苯进行付氏反应制得的。所得的树脂溶于甲苯和N-甲基吡咯酮的混合溶剂（60:40，质量比）中，配成固体质量分数为17%的溶液。

将经表面处理的被粘物在粘接前放在空气中暴露0.5h、6h及24h，观察对粘接强度的影响。试验结果表明：经0.5h和6h大气暴露，粘接强度无显著差别；但经24h暴露后，强度则下降。此胶粘剂涂在处理过的接头上可以贮存，供以后粘接用。将聚芳砜胶粘剂粘接试件放在喷气机燃料及润滑油中7d，剪切强度变化不明显；但浸渍在177℃的油中24h，剪切强度就会下降，然而比在同一温度空气中降低得缓慢一些。

聚芳砜胶粘剂在空气中的热老化，在204℃、0.5h后的剪切强度比室温强度下降约70%，老化260h后的剪切强度降低到2.94MPa；在此条件下继续加热，500h剪切强度为3.80MPa，1000h后为3.92MPa；在260℃、0.5h后的剪切强度低于2.06MPa，360h后，平均剪切强度是1.96MPa。

据报道，室温时聚芳砜胶粘剂粘接钢的剪切强度为20.7MPa，粘接铝的剪切强度为24.1MPa，在20.7MPa应力下，温度为99℃，经过5000h后的蠕变<2%。这种材料可以胶膜形式或液状形式作为胶粘剂。此外，还合成了以炔基封端的芳砜低聚物，并研制了与碳纤维复合的层压板。

8.3.8 聚苯硫醚胶粘剂

聚苯硫醚（PPS）具有优良的粘附能力，它能粘接玻璃、陶瓷、钢、铝、银、镀铬、镀镍等材料。聚苯硫醚可以喷涂在不锈钢、铝及其他金属上，固化条件是370℃加热4min，425℃加热15min，每次涂胶都需烘烤。聚苯硫醚胶粘剂在260℃空气中的热稳定性见表8-7。

表8-7 聚苯硫醚胶粘剂在260℃空气中的热稳定性

暴露时间/h	失重（%）	
	PPS/TiO_2	$PPS/TiO_2/PTFE$
24	0.003	0.02
100	0.06	0.07
500	0.18	0.21
1000	0.50	0.34
1182	0.47（开裂）	0.31
1686	—	0.95（开裂）

聚苯硫醚胶粘剂对不同种类金属材料的粘接性能见表8-8。

表8-8 聚苯硫醚胶粘剂对不同种类金属材料的粘接性能

被粘材料	剪切强度/MPa	被粘材料	剪切强度/MPa
钢材	20.6~22.6	铝镀镍	8.29
银	12.8	铝	14.7
铝镁合金	19.6		

由表8-8可见，其剪切强度还是相当高的，粘接钢和铝镁合金的强度均已达到19.6MPa，可以满足一般要求。曾进行过机床刀具粘接试验，结果是当使用转速为100r/min左右、进给量不超过0.1mm时，切削一般金属材料可以使用这种刀具。

第 9 章　橡胶胶粘剂

橡胶胶粘剂是以氯丁、丁腈、聚硫和硫橡胶等合成橡胶或天然橡胶为主体配成的非结构胶粘剂，主要用于制鞋、建筑、建筑装修、家具、汽车等行业。

天然橡胶是古老的天然高分子材料，它是最早应用于制造胶粘剂的材料之一。20 世纪 40 年代以后合成橡胶的兴起，使它们很快也被应用到胶粘剂的制备上，使橡胶胶粘剂得到了很大发展。目前，包括了以氯丁橡胶、丁腈橡胶、丁苯橡胶、丁基橡胶、异丁橡胶、聚硫橡胶及特种橡胶（如氯磺橡胶、硅橡胶、氟橡胶等）为主体材料的胶粘剂，品种繁多，性能多样。橡胶胶粘剂对多种材料（如橡胶之间、橡胶与金属、塑料、织物、皮革、木材等材料之间）的粘接有良好的粘接能力且弹性好，因而在飞机制造、汽车制造、建筑、轻工、橡胶制品、印刷包装等行业中得到广泛的应用。

几乎所有的合成橡胶及天然橡胶都可以配成胶粘剂。橡胶胶粘剂一般可以分为溶剂型和乳液型两大类。溶剂型橡胶胶粘剂配制方便，应用很广泛，但对环境有污染，而且成本也较高。乳液型橡胶胶粘剂的制备比溶液型橡胶胶粘剂复杂，但成本较低，对环境污染极小，安全、无毒，因而近年来发展很快。配制橡胶粘剂的胶液又分为非硫化型和硫化型两种。前者一般以天然橡胶、热异橡胶（环化橡胶）、再生橡胶等加入溶剂直接配制而成；后者则要将橡胶加以塑炼，在配制时加入硫化剂、促进剂、防老剂、补强剂等助剂，再经混炼切片溶于有机溶剂而制成。硫化型橡胶胶粘剂又有室温硫化及高温硫化两种。室温硫化型橡胶胶粘剂制造工艺简单、使用方便、应用较广泛，但强度一般较低；高温硫化型橡胶胶粘剂比同类材料的室温硫化型橡胶胶粘剂性能要好。

以接枝、共混等方法改善橡胶性能，使橡胶胶粘剂应用更为广泛，促进了橡胶胶粘剂的发展。本章将分别对橡胶胶粘剂进行介绍。

9.1　氯丁橡胶胶粘剂

9.1.1　简介

合成橡胶胶粘剂是构成现代胶粘剂的一大支柱，而氯丁橡胶胶粘剂是合成橡胶胶粘剂中产量最大、用途最广的一个品种。

氯丁橡胶胶粘剂可分为溶液型、乳液型和无溶剂液体型三种。目前仍以溶液型用量最大。

氯丁橡胶由氯代丁二烯以乳液聚合方法制得。由于分子链结构比较规整，而且分子中有电负性很强的氯原子，使分子极性较大。氯丁橡胶胶粘剂结晶性强，在 -35 ~32℃下放置均可能结晶。由于氯丁橡胶胶粘剂结晶度高、内聚力强，因此即使不加硫化剂，它对多种材料也有较好的粘接性能，特别适合于制备各种胶粘剂。

氯丁橡胶胶粘剂的优点如下：

1）大部分氯丁橡胶胶粘剂属于室温固化接触型。表面涂胶后，经过适当晾置，然后合拢，便能瞬时结晶，故具有很大的初粘力。

2）粘接强度高，强度形成的速度快。

3）对多种材料都有较好的粘接性，故氯丁橡胶胶粘剂有“万能胶”、“百搭胶”之称。

4）耐久性好，有优良的防燃性、耐光性、抗臭氧性和耐大气老化性。

5）胶层柔韧，弹性好，耐冲击振动。

6）耐介质性好，有较好的耐油、耐水、耐碱、耐酸和耐溶剂性。

7）可以配成单组分，使用方便，价格低廉。

氯丁橡胶胶粘剂的缺点如下：

1）耐热性、耐寒性差。

2）溶液型氯丁橡胶胶粘剂稍有毒性。

3）贮存稳定性较差，容易分层、凝胶和沉淀。

由于氯丁橡胶良好的胶粘性能，目前国内外氯丁橡胶胶粘剂的品种、牌号众多。部分常用作胶粘剂的氯丁橡胶牌号、性能见表 9-1。

表 9-1 部分常用作胶粘剂的氯丁橡胶牌号、性能

牌号	原牌号	门尼粘度 ML(1+4)100℃	结晶速度	调节剂	防老剂类型	产地
CR2321	DJ230A(54-1 型氯丁橡胶)	35~45	中等	调节剂丁	非污染型	中国
CR2323	CDJ230L(54-1 型氯丁橡胶)	55~65	中等	调节剂丁	非污染型	中国
CR2441	CDJ240(66-型氯丁橡胶)	35~45	快	调节剂丁	非污染型	中国
CR2442	CDJ240(66-2 型氯丁橡胶)	60~75	快	调节剂丁	非污染型	中国
CR3221	CDJ320(21 型氯丁橡胶)	21~24	慢	硫磺、调节剂丁	非污染型	中国
CR3222	CDJ320(21 型氯丁橡胶)	45~69	慢	硫磺、调节剂丁	非污染型	中国
AC		75~135	很快			美国
A-90		48±4	快			日本
AF		50	很慢			美国

（续）

牌号	原牌号	门尼粘度 ML(1+4)100℃	结晶速度	调节剂	防老剂类型	产地
AD20		75～125	很快			美国
WHV		106～125	较快			日本
210		45～50	中等			德国
KRA		55	中等			俄罗斯

国产牌号标志的第一位数字表示调节方式（1—硫磺调节型，2—非硫磺调节型，3—混合调节型）；第二位数字表示结晶速度（0—无结晶，1—慢结晶，2—慢速结晶，3—中等结晶，4—快速结晶）；第三位数字表示分散剂及污染程度（1—石油磺酸钠污染型，2—石油磺酸钠非污染型，3—二萘基甲烷磺酸钠污染型，4—萘基甲烷磺酸钠大量污染型，6—中温聚合，8—接枝聚合）；第四位数字表示门尼粘度值。

氯丁橡胶胶粘剂中使用最多的是低门尼粘度品种。这些品种在塑炼时，分子链易被切断，因而溶解性好，并且配胶时可获得较高的固体含量，粘性保持时间长，但内聚力较差，强度不够高。含有羧基的氯丁橡胶（如美国杜邦公司 AF 型）配制成氯丁胶粘剂时，胶液稳定性不够理想，加入少量水可以得到改善，其粘接强度在室温下增长最快。结晶速度快的氯丁橡胶（如美国杜邦公司的 AG 型）适于做高粘度触变型油膏、腻子。一些接枝型氯丁橡胶结晶速度慢，如美国杜邦公司的 AH 型是氯丁二烯与丙烯酸酯共聚物，它能在脂肪烃中溶解，因而适于配制高固体含量的乳胶，使用方便。

9.1.2 氯丁橡胶胶粘剂的组成

氯丁橡胶经溶剂溶解就可以配制成氯丁橡胶胶粘剂，但性能较差，因而常用的各种氯丁橡胶胶粘剂都是以氯丁橡胶为主体，加入各种配合剂，如树脂、硫化剂、促进剂、填料等，以改善胶粘剂的性能。

1. 氯丁橡胶胶粘剂的硫化体系

氯丁橡胶与天然橡胶一样，可以加入硫化体系进行硫化，使其链状结构形成网状或体状结构，强度得到加强。氯丁橡胶最常用的硫化体系是氧化镁和氧化锌，一般来说，这种硫化体系在140℃高温下硫化，但实际上室温固化的氯丁橡胶胶粘剂也常加入氧化镁、氧化锌硫化体系。轻度煅烧氧化镁的加入，能有效地吸收胶膜的残存溶剂，使胶膜结晶速度加快。氧化镁的加入可以吸收氯丁橡胶分解时放出的微量氯化氢，并能在胶片混炼时防止胶片烧焦。一般 100 份（质量份，下同）氯丁橡胶加入 5 份氧化锌及 4 份氧化镁，就可以得到满意的结果。其他的硫化体系在氯丁橡胶胶粘剂中较少使用。

2. 氯丁橡胶胶粘剂的防老剂

橡胶弹性体在加工、贮存、使用过程中，由于受到外界因素如热、光、氧、水、射线、机械力和化学的作用，发生一系列物理或化学变化，如交联变脆、裂解发粘、变色龟裂、粗糙起泡、表面粉化、分层剥落、开裂脱粘等，逐渐丧失力学性能而不能使用，这种现象称为老化。高分子化合物由于本身结构的原因，其在环境中发生老化是不可避免的。为了延长它的使用寿命，可以加入延缓高分子材料老化的物质，此类物质即为防老剂。防老剂主要是一些抗氧剂、光稳定剂、热稳定剂、变价金属抑制剂等。

橡胶胶粘剂一般都要加入防老剂提高耐老化性能。氯丁橡胶胶粘剂中通常也都加入防老剂，以提高氯丁橡胶的耐热性能，延缓其热分解，并提高胶液的稳定性。常用的防老剂为萘胺类，如防老剂 D（N-苯基-β-萘胺）、防老剂 A（N-苯基-α-萘胺）；也可以用污染性小的苯酚类防老剂，如防老剂 SP（苯乙烯化苯酚）、防老剂 BHT（2，6-二叔丁基对甲酚）等。选择防老剂时，除要考虑其与氯丁橡胶的相容性好、延缓老化效果好外，还要考虑不影响加工性能、无毒等因素。防老剂在氯丁胶中的用量一般为2%（质量分数）。

3. 氯丁橡胶胶粘剂硫化促进剂

氯丁橡胶胶粘剂也有使用硫化促进剂来提高胶粘剂的耐热性，常用的有多异氰酸酯、硫脲类及胺类硫化促进剂，如列克纳（三异氰酸苯酯甲烷）、均—二苯硫脲、乙烯硫脲、三乙基亚甲基三胺等。通常，加入量为每100份（质量份，下同）橡胶中加入2~4份。硫化促进剂的加入，促进了氯丁橡胶分子链的交联，对强度提高有显著作用，但是对胶液的贮存稳定性有影响，因而常常用于双组分氯丁橡胶胶粘剂。

4. 氯丁橡胶胶粘剂的溶剂

溶剂型的氯丁橡胶胶粘剂中，溶剂的选择十分重要。它不但直接影响到胶液的浓度、粘度、胶液稳定性、挥发速度、粘性保持期、初粘力等方面，而且也影响到粘接强度。一般来讲，氯丁橡胶易溶于芳烃及氯化烃中，在汽油、丙酮、甲乙酮，乙酸乙酯等常用溶剂中稍微溶解。

从粘接的角度来说，所选择的溶剂除能溶解氯丁橡胶外，还要考虑以下因素：

1）有利于浸润被粘物的表面，即其表面能要低于被粘物的表面能。

2）能增大胶粘剂分子的流动性，便于胶液渗透到被粘物中去。

从生产安全及环保角度上选择溶剂，要尽量减小溶剂的毒性及其对环境的污染。例如纯甲苯对氯丁橡胶胶粘剂的配制是很好的溶剂，但其毒性大、沸点较高，为降低成本及毒性，常加入汽油；为加快挥发速度、提高初粘力，常加入乙酸乙酯，因而就常常使用甲苯、汽油、乙酸乙酯组成的混合溶剂来代替纯甲苯。溶剂型氯丁橡胶胶粘剂对环境的污染不能完全避免，因而氯丁橡胶乳液配制的乳液型氯丁乳胶得到了人们的重视。

9.1.3 氯丁橡胶胶粘剂的性能及应用

氯丁橡胶胶粘剂对大多数材料都有良好的粘接性能，具有广泛的适用性，被誉为非结构型的万能胶。表 9-2 列出了氯丁橡胶胶粘剂在几种材料上的粘接性能。

表 9-2 氯丁橡胶胶粘剂在几种材料上的粘接性能

项 目	粘 接 性 能				
粘接基材	帆布	铝	装饰板	复合鞋底	不锈钢
剥离强度/（MPa/cm）	0.70	0.54	0.68	0.71	0.50

由表 9-2 可见，氯丁橡胶胶粘剂对金属、非金属材料都有很好的适应性。氯丁橡胶胶粘剂的另一个特点是初粘力好，粘接强度随时间增长快。氯丁橡胶胶粘剂还具有耐老化、耐臭氧、耐光等优点，且易于配制成室温固化型，使用方便，因而应用十分广泛。但其强度不够高，耐热性及耐冷性差。

氯丁橡胶胶粘剂是一种通用性很强的胶粘剂，广泛应用在建筑工业、装饰工业、制造工业、皮革工业、汽车工业等行业上。氯丁橡胶胶粘剂可用于金属、玻璃、陶瓷、橡胶、皮革、人造革、织物、石棉和木材等不同材料的粘接，尤其是上述材料与金属、塑料等不同材料的粘接，是其他胶粘剂在性能上无可比拟的。

20 世纪 70 年代，氯丁橡胶胶粘剂主要用于皮鞋制造。进入 20 世纪 80 年代，建筑装潢业崛起，氯丁橡胶胶粘剂有了第二大市场。随着我国汽车、电子、航空、航海业的飞速发展，氯丁橡胶胶粘剂的应用范围在不断扩大。

氯丁橡胶胶粘剂是综合性能优异的橡胶型胶粘剂，广泛应用于工业和民用的各个领域。但是，它在生产和使用过程中存在着污染环境、危害健康、容易着火等严重缺点，以及剥离强度较低、干燥速度太慢、分层与沉淀、粘度增大、粘性保持期过短、低温凝胶、胶液变色、耐热温度不高等问题。针对氯丁橡胶胶粘剂生产和使用过程中存在的各种问题，可采用相应的解决措施，以提高使用效果。

（1）剥离强度较低 氯丁橡胶胶粘剂的剥离强度高低是最重要的性能指标，这与配方、工艺和用法都有关系。

解决的措施如下：

1）加入一定量的 2402 树脂，以提高对金属、玻璃、热固性塑料等坚硬致密被粘物的粘接力。随着树脂加量增大，其剥离强度提高；但当每百份氯丁橡胶的树脂用量超过 45 份（质量份，下同）时，剥离强度反而降低。因此，以加入 40 ~45 份为宜。

2）氯丁橡胶进行适当炼胶之后，相对分子质量降低，胶液粘度小，使胶液有良好的浸润性。

3）要按照氯丁橡胶胶粘剂的特点正确使用。氯丁橡胶胶粘剂粘接非多孔被粘物时，涂胶后必须充分晾置，否则合拢后包裹溶剂，剥离强度降低。另外，在合拢之后还要压紧砸实，驱赶出空气，不然会降低剥离强度。

（2）干燥速度太慢　氯丁橡胶胶粘剂的干燥速度与很多因素有关，如氯丁橡胶的种类、溶剂的性质、金属氧化物的用量、使用的环境温度、被粘物的性质等。特别是在装修行业，最关心的是初粘强度高，这就要求胶液干燥速度快。

解决的措施如下：

1）必须采用混合溶剂，配入一些低沸点溶剂，如丙酮、丁酮、环己烷、醋酸乙酯、1，1-二氯乙烷、正己烷、溶剂汽油等。从溶解性、挥发速度、毒性和成本等综合考虑，采用甲苯/环己烷/70号溶剂汽油、甲苯/1，1-二氯乙烷/溶剂汽油、甲苯/正己烷的体系比较好，甲苯所占的比例不少于20%。如果用混合苯，应当是截取低于100℃的馏分。

2）控制金属氧化物的用量。轻质氧化镁能加速氯丁橡胶胶粘剂中溶剂的释放，适当提高用量，可加快胶液干燥速度，一般以8~12份（质量份，下同）为宜，最高可达20份。氧化锌会使胶层发粘，似干非干，可适当减少氧化锌的加量（0~2份）。

（3）分层与沉淀　分层又称相分离。沉淀是金属氧化物和填料因不均匀分散而沉于底部。分层与沉淀是相互联系的。如果配方不合理、原料不合适、工艺不合适，这种现象很容易产生，直接影响胶粘剂的性能和使用，给施工带来麻烦。

解决的措施如下：

1）将2402树脂与氧化镁进行预反应，则可避免分层（但也有分层，且氧化镁大量沉淀，其原因是树脂与氧化镁反应不好，所以树脂与氧化镁预反应的完全与否很关键）。要求氧化镁质轻粒细、活性高、勿吸潮或吸收CO_2，加量不大于树脂量的1/10；选择合适的催化剂（最好为非水催化剂）；采用甲苯与环己烷（或正己烷）非极性混合溶剂；反应温度约25℃，时间16h左右。所得的预反应物是无氧化镁沉淀的淡黄色粘稠液体。

2）选用混合溶剂，使混合溶剂的溶度参数和氢键指数与氯丁橡胶胶粘剂的接近，保证充分溶解。

3）起始溶液温度如果低于10℃，开始时必须于反应釜夹套通蒸汽（或热水）加温，促进氯丁橡胶溶解，直至体系发热升温30℃左右，便可停止加热，这样就不会产生分层现象。

4）氯丁橡胶胶粘剂中加入填料时，严格控制pH值不小于7。

5）对于已产生分层并有沉淀的氯丁橡胶胶粘剂，加入少量的氢氧化钠处理，混合均匀后便不再分层。

（4）粘性保持期过短　粘性保持期是指在规定的温度和湿度条件下，被粘物涂胶后，胶粘剂仍能保持粘性的时间，这对实际应用具有十分重要的意义。目前，大多数氯丁橡胶胶粘剂粘性保持期过短，对于手工刷胶的大面积粘接前干后湿，贴合后有的地方粘不住，有的地方粘不牢。这就需要延长粘性保持期。

解决的措施如下：加入树脂比较好，既不影响干燥速度，又能延长粘性保持时间，如2402树脂就有这种作用。另外，还可加入适量的石油树脂或少量的萜烯树脂，这样在溶剂完全挥发之后仍有较好的持粘性。

（5）粘度增大　粘度增大主要是由于氯丁橡胶自身缓慢硫化所致，受氯丁橡胶的类型、树脂用量和炼胶工艺等因素的影响。

解决的措施如下：

1）采用粘接型氯丁橡胶，其粘度增大的现象不明显。

2）为了降低成本、改善低温性能，往往并用一定比例的通用型氯丁橡胶，如国产CR-120，但比例不宜超过20%（质量分数）。

3）炼胶时应加入0.5份（质量份）醋酸钠（防焦剂），并严格控制温度不能过高，时间不能过长。

4）采用粘接型和通用型氯丁橡胶并用，以石油树脂代替部分2402树脂混用，既不影响胶粘剂的性能，也不出现粘度增大的现象。

（6）低温凝胶　氯丁橡胶属于结晶型橡胶，当温度低时，结晶倾向更强烈，容易出现低温凝胶。

解决的措施如下：

1）用适量结晶度低的氯丁橡胶，如美国杜邦的AF型、国产CR-120等。

2）加入10~15份（质量份）的合成橡胶，如顺丁橡胶和丁苯橡胶，减弱氯丁橡胶的结晶性，可将凝胶推向更低温度。

3）采用甲苯/二氯乙烷/溶剂汽油为混合溶剂制造的胶粘剂，可在很低温度下不凝胶，其他性能也不受影响。

（7）胶液变色　有的氯丁橡胶胶粘剂在贮存过程中颜色变深，严重时由淡黄色变为深棕色或黑红色，除了外观不好，性能也变差。

解决的措施如下：

1）不用普通钢制的容器包装胶液，需用可锻铸铁容器。

2）不用含有铁锈的溶剂。

3）注意2402树脂的质量，避免2402树脂的游离酚含量过高，或者含苯酚结构的树脂过多，否则不仅使胶变为黑红色，而且粘接强度大为降低。

（8）耐热温度不高　氯丁橡胶胶粘剂是靠自身结晶作用产生粘接力，但在较高温度下也易解晶，故一般胶粘剂的耐热温度约为80℃。

解决的措施如下：

1）可加热加压硫化，140℃保持30min，耐热温度可达150℃。

2）加入胶液总量5%～10%（质量分数）的列克纳（JQ-1），于室温下固化，可将使用温度提高到120℃。

3）增加2402树脂量（90～100质量份），并与氧化镁完全预反应，胶层可在100℃下长期使用。

4）加入胶液总量的1%～3%（质量分数）的KH-550硅烷偶联剂，耐热性明显提高。

9.2　丁腈橡胶胶粘剂

9.2.1　简介

丁腈橡胶胶粘剂是近年来得到广泛应用的一种非结构型橡胶胶粘剂，它是丁二烯与丙烯腈的共聚物。以本体聚合方法共聚可以得到丁腈橡胶片胶，也可以采用乳液聚合得到丁腈胶乳再经干燥制取丁腈橡胶。工业上，乳液聚合的方法应用得更为广泛。丁腈橡胶呈现灰白色或浅黄色块状固体，相对密度为0.95～1.0。丁腈橡胶是非结晶性橡胶，按丙烯腈的含量及门尼粘度不同，可以分为通用型丁腈橡胶及特种丁腈橡胶，如羧基丁腈橡胶、部分硫化丁腈橡胶、液体丁腈橡胶、聚氯乙烯共沉淀丁腈橡胶等。丁腈橡胶中丙烯腈含量增加，玻璃化温度升高，丁腈橡胶能溶于乙酸乙酯、乙酸丁酯、氯苯、甲乙酮等溶剂中。

丁腈橡胶牌号由NBR与后缀四位数字组成，前两位数字表示丙烯腈含量的低限值，第四位数字表示门尼粘度低限值的十位数字。表9-3列出了一些常用丁腈橡胶的质量指标。

表9-3　常用丁腈橡胶的质量指标

项　目	NBR270（DAJ270）	NBR360（DQJ）	Kynac801（加拿大）	JSRN220SN（日本）
挥发量（%）　≤	1.0	1.0	0.1	0.75
灰分（%）＜	1.5	1.5	0.5	1.50
防老剂D（%）　≥	1.0	1.0	非污染型	
结合丙烯腈量（%）	27～30	36～40	38.5	40～43
硫化条件		142℃/50min	166℃/60min	145℃/50min
拉伸强度/MPa　≥	27.5	29.4	19.7	16.7
断裂伸长率（%）　≥	600	550	480	500
门尼粘度　ML（1+4）100℃	70～120	40～65	83	72～88

丁腈橡胶以耐油性著称，其耐热性、绝缘性均优于氯丁橡胶。其性能受丙烯腈含量影响很大，丙烯腈含量越高，耐油性、耐水性也越好，但耐臭氧性、电绝缘性都不够理想。

丁腈橡胶的贮存稳定性好。广泛应用于制备胶粘剂。由于丁腈橡胶内聚力不如氯丁橡胶，因而单一的丁腈橡胶作胶粘剂主体材料的粘接性能不够理想，大多需要高温硫化，常常配合其他材料配制丁腈橡胶胶粘剂。

9.2.2　丁腈橡胶胶粘剂的组成

丁腈橡胶胶粘剂是以丁腈橡胶为粘料，加入硫化剂、防老剂、增塑剂和补强剂等成分配制而成。

1. 丁腈橡胶硫化体系

用于丁腈橡胶的硫化体系主要有两大类。第一类是以硫磺为硫化剂并配以硫化促进剂组成的硫化体系，促进剂常用二硫化四甲基秋兰姆，有时还加入活化剂，如氧化锌等。典型的硫化体系如硫磺 2%（质量分数，下同）、活化剂 ZnO 0.5%、促进剂 M（苯并噻唑硫化物）1.5%。此类硫化体系应用广泛。另一类硫化体系是以过氧物为主体，如二异丙苯过氧化氢等，用量一般为 4%。室温硫化丁腈橡胶胶粘剂还要加入促进剂，如乙醛胺与促进剂 DM（二硫化二苯并噻唑）配合物。常用的促进剂有 MC（N,N-二环己基苯硫脲）、PX（乙基苯基二硫代氨基甲酸盐）及 TMTD（二硫化四甲基秋兰姆）。其实几乎任何一种天然橡胶的促进剂都可以用于丁腈橡胶胶粘剂的配制上，但其硫化速度比较慢。

2. 丁腈橡胶的防老剂

丁腈橡胶常用焦性没食子酸丙酯作为防老剂，用量为 1% 左右。其他常用的防老剂有抗氧剂 300［4，4′-硫代双（3-甲基-6 叔丁基）苯酚］、防老剂 SP、防老剂 MB（α-巯基苯并咪唑）等，它们的污染性小。

3. 丁腈橡胶胶粘剂的增塑剂

丁腈橡胶分子链中极性基团—CN 的存在，使分子链间的作用力较强，因而其弹性不及天然橡胶，在配制丁腈橡胶胶粘剂时，常常加入增塑剂，以提高胶粘剂的塑性。常用的增塑剂有硬脂酸、磷酸三甲酚酯、磷酸三丁氧基乙酯、邻苯二甲酸二丁酯（或二辛酯）、氯化碳酸二丁酯及液态丁腈橡胶等，增塑剂用量约为 0.5% ~1.5%。

4. 丁腈橡胶胶粘剂的增粘剂

丁腈橡胶的粘接性不够理想，在配制丁腈橡胶胶粘剂时，常加入树脂进行改性，以改善其粘接性能及强度。最常用的树脂如香豆酮—茚树脂、煤焦油树脂、醇酸树脂等，用量约为 10% ~25%。某些热固性树脂，如酚醛树脂、间苯二酚—甲醛树脂可以大大提高丁腈橡胶胶粘剂的粘接强度及耐热性，一般加入量为

30~100份（100份丁腈橡胶，质量份），太多的树脂含量会降低胶膜的弹性。醇酸树脂可以改善丁腈橡胶的加工性能，焦油树脂可以改善粘性并降低成本，古马隆树脂加入可改善粘性，环氧树脂加入可提高强度。在配制耐油丁腈橡胶胶粘剂时，更需加入树脂来进一步提高耐油性。

5. 丁腈橡胶胶粘剂的填料

为了提高强度、降低成本、延长胶液的贮存期及稳定性、提高耐热性，也可以用各种无机物填料对丁腈橡胶胶粘剂进行补强。丁腈橡胶胶粘剂常用的填料及作用见表9-4。

表9-4　丁腈橡胶胶粘剂常用的填料及作用

名称	用量（100份丁腈橡胶，质量份）	作　用
氧化锌	25~50	改善粘性
氧化镁	25~100	增加强度，改善粘性，延长贮存期
槽黑	40~60	提高强度
二氧化钛	75~100	增加强度，改善粘性，延长贮存期
水合二氧化硅	20~100	增加强度，改善对纤维的粘接
白土	50~100	降低成本

填料的用量亦不能过大，太多的填料会降低强度、粘性及弹性。填料一般在炼胶过程中加入。

6. 溶剂型丁腈橡胶胶粘剂常用的溶剂

丁腈橡胶易溶于氯代烃、硝基烃、芳香烃、酮类、酸类、羧酸及羟基化合物中，因而选用的溶剂比较广泛，可以根据使用的要求，如挥发速度、配合剂的性质、溶剂的毒性及成本等方面合理选择。例如需要挥发速度快，可选用丙酮、甲乙酮、三氯甲烷、二氯乙烯、三氯乙烯、乙酸乙酯等溶剂；需要挥发速度慢，可以选用硝基甲烷、硝基乙烷、硝基丙烷、氯苯、氯甲苯、二氧六环、乙酸丁酯等。高丙烯腈含量的丁腈橡胶只能溶于酮类、硝基烃类及氯代烃类溶剂中，高固含量的丁腈橡胶胶粘剂一般需要用硝基烃作为溶剂。

9.2.3　丁腈橡胶胶粘剂的性能及应用

丁腈橡胶胶粘剂有多种分类方法，可分为单组分或双组分、溶剂型或乳液型、室温固化或高温固化等品种。下面以溶剂型和乳液型丁腈橡胶胶粘剂为例进行介绍。

溶剂型丁腈橡胶胶粘剂的配制方法与氯丁橡胶胶粘剂大致相同，橡胶可根据需要，经塑炼后配以各种配合助剂进行混炼，混炼后以溶剂溶解，即可制得各种溶剂型丁腈橡胶胶粘剂。对于乳液型丁腈橡胶胶粘剂，在乳化剂分散条件下，丁腈胶乳可以做成三个品级产品，即高腈级（丙烯腈质量分数为45%）、中腈级

（丙烯腈质量分数为 33%）及低腈级（丙烯腈质量分数为 25%）。国产丁腈胶乳 NBRL-42FG 的性能指标见表 9-5。

表 9-5 国产丁腈胶乳 NBRL-42FG 的性能指标

项　目	指　标	项　目	指　标
固体质量分数（%）	≥50	机械稳定性（%）	≤0.2
结合丙烯腈质量分数（%）	25～30	pH 值	9～12
总碱量质量分数（%）	<0.5	表面张力/（mN/m）	<40

国外丁腈乳胶牌号有美国的 Hycar1551、1552、1561，日本的 Nipol 1155、1156，俄罗斯的 CKH-40KH 等。

以丁腈乳胶为主体，配合以各种助剂，可以配制成丁腈胶乳胶粘剂。常用的配合剂有酪蛋白及增粘树脂、酚醛树脂、松香醇等。

典型的丁腈胶乳胶粘剂配方（质量份）为丁腈胶乳 80 份、硼砂酪蛋白 20 份。该胶粘剂在 160～170℃下 1～2min 可固化，用于 PVC 板、人造纤维、尼龙的粘接。

丁腈胶乳的颗粒比天然橡胶胶乳小，易于渗入被粘物中；其耐油性、耐溶剂性、粘接强度、耐磨性、耐老化性、耐热性都比天然胶乳胶粘剂好，但脱水收缩性较大。它适用于纸张、皮革、织物浸渍、涂层等。

丁腈橡胶胶粘剂有很高的极性，因而具有良好的粘接性，特别对金属与橡胶的粘接有很高的粘接强度。丁腈橡胶胶粘剂的耐油性很好，耐热性也比氯丁橡胶胶粘剂强，它与多数极性高分子材料，如聚氯乙烯、酚醛树脂等有很好的相容性。因此，它主要在航空工业中用于飞机骨架、直升飞机螺旋桨的粘接；在汽车工业中用于汽车门窗挡风密封条、离合器衬垫及油箱密封等；在电子工业中用于印制电路及电子元件的粘接；在建筑工业中也被用于密封部位的粘接。因此，丁腈橡胶胶粘剂也是一种应用十分广泛的橡胶胶粘剂品种。改性丁腈橡胶胶粘剂由于兼具丁腈橡胶胶粘剂与改性材料的性能，因而表现出优异的性能，受到人们的重视。

柔性印制电路（FPC）基材是用胶粘剂将挠性绝缘膜（如聚酰亚胺 PI、聚酯 PET 等）和金属箔（如铜）经加热粘接而成。可以选用的胶粘剂品种较多，一般采用改性丁腈体系，改性树脂为环氧树脂和酚醛树脂两种。国内 FPC 基材目前主要依靠进口。湖北省化学所范和平等人采用双马来酰亚胺（BMI）树脂对丁腈橡胶体系进行改性，结果表明：

1）用 BMI 改性丁腈橡胶，并配以其他交联组分，可以明显提高胶粘剂的耐热性。在 FPC 基材的生产中应用，可将耐锡浴等级从 260℃提高到 288℃。

2）添加方式由溶液混合加入改为炼胶机混炼加入，可以避免使用高沸点、高极性溶剂，能降低制造成本，简化加工工艺。

3）由该方法配制的胶粘剂，保持了原胶固化温度较低的优点，在同样固化条件下，又提高了剥离强度。

4）用该胶压制的FPC基材的综合性能达到和超过了国标要求，并与进口的同类产品性能相近。此种基材制成的FPC板可以广泛地在电子工业中得到应用。

未改性的酚醛树脂脆性大、粘接强度低，不适合金属结构的粘接应用，用橡胶或其他树脂改性后，可以克服这一缺点。酚醛—丁腈橡胶胶粘剂结合了酚醛树脂的耐热性和橡胶的高弹性，表现出优异的粘接性能。黑龙江科学院石化所刘晓辉等人研究了Novolak酚醛—丁腈橡胶胶粘剂与其他两种酚醛—丁腈橡胶胶粘剂的性能，见表9-6。结果表明，Novolak酚醛—丁腈橡胶不但具有较高的剪切强度和良好的耐介质性能，而且在较低固化温度条件下，表现出优异的粘接性能，体系显示出较快的固化反应速度。

表9-6 三种橡胶胶粘剂的性能

胶粘剂		Novolak酚醛—丁腈橡胶胶粘剂	ZnO触媒酚醛—丁腈橡胶胶粘剂	Ba（OH）$_2$触媒酚醛—丁腈橡胶胶粘剂
外观		单组分均匀粘稠液体		
室温剪切强度/MPa	180℃×0.5h	22.15	4.0	4.7
	200℃×0.5h	25.4	8.8	10.3
	200℃×40min	27.2	19.2	
	160℃×3h	28.1	23.5	20.8
高温剪切强度①/MPa	250℃	8.0	6.0	1.9
	300℃	6.0	4.6	—
耐介质性能①（浸泡1个月后室温剪切强度变化率）（%）	自来水	4.32（1.3）②	1.7	1.4
	制动油	2.8（6.3）②	3.4	1.7

① ZnO触媒和Ba（OH）$_2$触媒体系固化条件：200℃×40min；Novolak体系固化条件：200℃×30min。

② 括号内数据为250℃剪切强度变化率。

9.3 丁苯橡胶胶粘剂

9.3.1 简介

丁苯橡胶（SBR）是以丁二烯及苯乙烯为单体，在催化剂作用下，以溶液法或乳液法聚合而得的共聚物弹性体。其平均相对分子质量在（1.5~4）×10^5之间。乳液法聚合所得的丁苯橡胶是无规共聚物，一般主要为1,4-加成物，苯乙烯质量分数约23.5%。溶液法聚合所得的丁苯橡胶有无规型、部分嵌段型、嵌段型和渐变嵌段型。

丁苯橡胶胶粘剂有结晶性，能溶于苯、甲苯、乙酸乙酯、氯仿等。它具有良好的耐热性、耐磨性、耐油性、耐臭氧性和稳定性。常用的丁苯橡胶胶粘剂见表9-7。

表9-7 常用的丁苯橡胶胶粘剂

牌号	苯乙烯质量分数(%)	门尼粘度 ML(1+4)100℃	性能
1006	23.5	105	配制通用型胶粘剂
1011	23.5	80	相对分子质量大，粘性高，适于用作压敏胶
1022	43	—	内聚强度大
1013	23.5	—	交联型，适于用作油膏
1009 溶剂型(锂系催化)	15	—	纯度高，相对分子质量大，粘度低

9.3.2 丁苯橡胶胶粘剂的组成

与其他橡胶胶粘剂相同，丁苯橡胶胶粘剂的配合剂也主要是硫化体系、促进剂、防老剂、增粘剂、补强剂及溶剂等。

1. 丁苯橡胶胶粘剂中的硫化体系

丁苯橡胶胶粘剂最常用的硫化剂是硫磺，但丁苯橡胶胶粘剂的不饱和度比天然橡胶胶粘剂小，使用量也比天然橡胶胶粘剂的用量少。室温下，硫磺在丁苯橡胶胶粘剂中的溶解度比在天然橡胶小，分散速度慢，不能完全溶解、分散；高温下则大大提高。硫化剂用量一般为2.5～8份（质量份，以每100份丁苯橡胶计）。其他有机硫化物如二硫化氨基甲酸酯、秋兰姆，过氧化物如过氧化二异丙苯等硫化剂，可以改善胶料的耐热性。

2. 促进剂

天然橡胶胶粘剂使用的促进剂基本上也适合于丁苯橡胶胶粘剂。常用的促进剂有噻唑类、秋兰姆类、次磺酸酰胺类，如促进剂DM（苯并噻唑二硫化物）、促进剂833（丁醛、丁基胺配合物）等。秋兰姆类促进剂可作无硫硫化，也可与酸性促进剂并用。促进剂用量一般为2～3份（质量份，以100份丁苯橡胶计）。要获得快的硫化速度，可以增加促进剂的用量，但过度硫化会使胶料交联度太高而硬化龟裂。

3. 防老剂

丁苯橡胶胶粘剂的耐氧化、耐热和耐曲挠性比天然橡胶胶粘剂好。在聚合时加入适当的防护剂，就具备良好的防护性能；但在配制胶粘剂时，为延长粘接寿命常加入防老剂，提高耐热老化性。常用的防老剂有防老剂 D、防老剂 2246（2，2-亚甲基双-4-甲基-6-叔丁基苯酚）、防老剂 4010（N-环己基-N-苯基对苯二胺）等。防老剂的用量一般为 2～3 份（质量份，以 100 份丁苯橡胶计）。

4. 增粘剂

为改善丁苯橡胶胶粘剂的粘接性能，在配制丁苯橡胶胶粘剂时，与其他橡胶型胶粘剂相同，加入一些增粘剂。常用的增粘剂有氢化松香树脂及其衍生物、萜烯酚醛树脂、α-蒎烯树脂、香豆酮—茚树脂等。加入树脂不但可以改性，而且还可增加胶粘剂的内聚强度。

5. 补强剂

天然橡胶胶粘剂所用的补强剂大体上也适合于丁苯橡胶胶粘剂，如炭黑、细粒子二氧化硅、活性碳酸钙、硬质陶土、硅酸盐、氢氧化铝等。补强剂的用量范围变化很大，应根据粘接的不同需要而定。无填料的丁苯橡胶胶粘剂固化后，拉伸强度不大，加入补强剂后可以得到一定的改善。

6. 溶剂

乳液聚合的丁苯胶乳可以直接加入配合剂制备各种胶粘剂，但溶液聚合的丁苯橡胶在配制成胶粘剂时，工艺与一般橡胶型胶粘剂相同，即在塑炼后，与配合剂混炼，再以溶剂溶解配制成胶粘剂。丁苯橡胶溶解于烃类溶剂中，如汽油、石油、苯、甲苯、二甲苯、己烷、庚烷，也可溶解在乙酸乙酯、二氯甲烷中，但不溶于乙酸、甲醇。选择溶剂也是要按应用情况需要，考虑挥发速度、溶解度、毒性等方面来选择。

9.3.3 丁苯橡胶胶粘剂的性能及应用

丁苯橡胶胶粘剂价廉易得，耐老化、耐水性好，配成胶粘剂时胶液稳定，具有抗凝作用，但是粘接强度不高，耐油性及耐溶剂性都不够理想。因此，常常按不同的需要加入各种配合剂以改良性能。

丁苯橡胶胶粘剂与氯丁橡胶胶粘剂、丁腈橡胶胶粘剂相同，可以分为乳胶类和溶剂类。丁苯橡胶胶粘剂基本上属于非结构型胶粘剂，由于本身强度不够高，故主要用在压敏胶、密封嵌缝油膏等方面；另外，也常用于建筑行业上的非结构粘接，如粘接瓷砖、塑料板、木板、天花板以及石棉纤维的密封垫片等。

9.4 丁基橡胶胶粘剂

9.4.1 简介

丁基橡胶是异丁烯与少量异戊二烯或丁二烯的共聚体，若加入溶剂等配合剂，就制成丁基橡胶胶粘剂。其平均相对分子质量为（35～45）×10^4，玻璃化温度-69℃，分子中异戊二烯链节仅占主链的0.6%～3.0%，因此丁基橡胶的饱和度很高。

丁基橡胶的品种牌号按其不饱和度、门尼粘度、所用稳定剂的类型划分。美国Exxon Butyl系列及加拿大Plysar Butyls系列产品的第一个数字表示不饱和度，第二个数字表示防老剂类型，第三个数字表示门尼粘度；俄罗斯EK系列产品的前两位数字表示不饱和度，后两位数字表示门尼粘度，数字后的字母表示防老剂类型。丁基橡胶的质量指标见表9-8。

表9-8 丁基橡胶的质量指标

项　目	Exxon165	Exxon268	Ploysar 301	Ek-1656T①
门尼粘度　ML（1+4）100℃	45	55	50	45
平均相对分子质量/×10^4	35	45		
不饱和度（摩尔分数,%）	6.8	1.2	1.6	0.8
拉伸强度/MPa	≥17.2	≥16.4	≥15.2	≥17.5
断裂伸长率（%）	≥650	≥550	≥450	≥600

① 国内北京燕化工业集团公司合成橡胶厂生产。

丁基橡胶胶粘剂具有优良的化学稳定性、电性能和耐老化性能，并有一定的耐酸、耐碱和耐臭氧性，密封性极为优异。为了改善其粘接性能，可将丁基橡胶氯化或溴化。

9.4.2 丁基橡胶胶粘剂的组成

丁基橡胶胶粘剂与多数橡胶型胶粘剂类似，可分为溶剂型及乳胶型两种。溶剂型丁基橡胶胶粘剂由丁基橡胶与各种配合剂经混炼后溶于溶剂中制得。乳胶型丁基橡胶胶粘剂则是用阴离子乳化剂的丁基橡胶水分散体系配合以其他助剂混合制得。丁基橡胶胶粘剂的各种配合剂与其他橡胶胶粘剂的配合剂基本相同。

1. 硫化体系

丁基橡胶胶粘剂常用的硫化体系有硫磺、醌肟、树脂三种。由于硫磺在硫化过程中会产生硫化氢而使硫磺还原，故常加入氧化锌、氧化钙或过氧化物。硫磺硫化体系常用秋兰姆、二硫化氨基甲酸盐作第一促进剂，而噻唑类或胍类作第二促进剂，配合氧化锌活化。如用促进剂TMTD和M，采用以氧化锌作活化剂组成硫化体系，其硫化速度适中，物理及加工性能较好。在耐热胶粘剂中加入质量分数为20%的氧化锌，使用温度可达140℃。

第二类硫化体系是醌肟。这种硫化体系硫化时，交联与切断两个反应同时进行，硫化速度快，并能提高丁基橡胶的耐热性和耐臭氧性；能在室温下硫化，容易控制。常用的有对醌二肟、二苯甲酰基对醌二肟，或以对苯二肟与氧化剂二氧化锰、氧化铅、四氧化三铅及粘土为载体的对二亚硝基苯等。在制作浅色胶粘剂时，可用等量的促进剂DM代替。胶粘剂可在150℃下使用。

第三类硫化体系为树脂。采用酚醛树脂硫化丁基橡胶，需用卤化物活化，然后与异戊二烯交联而硫化。常用的有活性溴化酚醛树脂系列，或以二甲醇酚醛树脂、叔丁酚甲醛树脂、叔辛酚甲醛树脂配合活性剂氯丁橡胶、氯磺化聚乙烯橡胶、溴化丁基橡胶等使用，一般用量为5%～10%（质量分数）。亦可用金属卤化物硫化，如氯化铁、氯化亚锡等，以氯化亚锡活性最大。

活性的溴化酚醛树脂系列硫化剂的硫化温度既可以是室温也可以是高温，取决于所用的树脂、浓度及活化剂类型。树脂硫化体系适宜于配制浅色胶粘剂。

2. 增粘剂

丁基橡胶胶粘剂具有很好的流变性，可以适用于各种树脂来调节胶粘剂的粘度及固化后的内聚强度。常用的增粘剂有萜烯树脂、萜烯酚醛树脂、酚醛树脂、改性松香树脂及酯类。用作压敏胶时，增粘剂与增塑剂并用。常用的增塑剂有聚丁烯、聚丙烯、石蜡油、凡士林及长链的苯二甲酸酯（如邻苯二甲酸十三烷酯）等。

3. 补强填料

丁基橡胶补强填料都是橡胶胶粘剂通用的，可以根据具体应用的要求而选择。但是丁基橡胶具有结晶性，与天然橡胶、氯丁橡胶相似，本身就具有较好的拉伸强度，因而加补强剂的补强效果并不显著，但对撕裂强度、延伸强度和耐磨性、降低成本等有一定的效果。可根据应用情况选用补强填料，例如嵌缝堵缝胶用白炭黑、抗温耐燃自熄性胶用氧化锑、电器胶带用滑石、高性能密封用炭黑、双组分密封胶用沉淀碳酸钙等。其中，炭黑的补强作用比较显著。

4. 防老剂

丁基橡胶胶粘剂一般不必加入防老剂，因为其不饱和度低而且在生产时已加入足够的防老剂，故有较好的防老化性能。但是加入防臭氧剂N，N′-二辛基对苯二胺，可以提高其耐臭氧性。

5. 溶剂

丁基橡胶胶粘剂易溶于烃类、氯化烃类溶剂，不同用途的丁基橡胶胶粘剂与溶剂配合时所需的胶液固体质量分数不同。表9-9表示不同用途的丁基橡胶胶粘剂适宜的固体质量分数。

表9-9　不同用途的丁基橡胶胶粘剂适宜的固体质量分数

应用方式	喷　涂	蘸　涂	刷　涂	刮　涂
固体质量分数（%）	5～10	10～30	25～55	50～70

6. 其他添加剂

丁基橡胶胶粘剂有时配合使用其他助剂来改善对基材的粘接性能，如配合使用有机硅偶联剂、抗氧剂二丁基二硫化氨基甲酸锌盐，以提高其抗氧性；加入无定形聚丙烯，油膏等，可降低成本。

9.4.3 丁基橡胶胶粘剂的性能及应用

丁基橡胶胶粘剂最大的优点在于气密性好、透气率极低，其耐热、耐老化性能也好。硫化丁基橡胶胶粘剂可在150～200℃下使用，故常用于制造溶剂压敏胶粘剂及密封胶粘剂。

丁基橡胶胶粘剂最大的缺点是强度较低、弹性小、粘性差、硫化速度慢，为此常对丁基橡胶胶粘剂进行改性。改性的方法一般可有物理共混方法及化学改性方法。物理共混方法是在配胶时，基料中混入其他的橡胶弹性体一起混炼；化学改性方法则利用化学反应，如对丁基橡胶进行氯化、溴化等，得到氯化丁基橡胶或溴化丁基橡胶。化学改性中，由于分子链中引入了强极性基团往往可以加快橡胶的硫化速度，改善橡胶的粘性、弹性等，从而提高胶粘剂对基材的粘接能力。氯化丁基橡胶耐老化性、耐臭氧性、耐磨性耐酸碱性及绝缘性好，硫化速度也比丁基橡胶快，对基材的粘着力比丁基橡胶好得多。而且这种氯化或溴化的反应很易进行，既可以在溶液中进行，也可以在炼胶时加入氯化剂与丁基橡胶混炼得到氯化丁基橡胶。

丁基橡胶改性还可以采用共聚的方式，在聚合时引入第三种单体形成共聚弹性体，如加入苯乙烯共聚的丁苯胶乳或羧基丁苯胶乳。丁苯胶乳有良好的耐燃性及耐老化性，但耐油性稍差；此外还可以配合交联剂提高胶粘剂强度，如以异氰酸酯交联提高对金属的粘接强度等。

丁基橡胶及改性丁基橡胶是不含双键的聚合物，因而耐老化性、耐化学性优良，并且它们的电气性能十分突出，对极性小的基材（如聚乙烯、聚丙烯）有一定的粘接能力。改性丁基橡胶流动性较好，可用于金属与橡胶的粘接。但是它们不是结构型的胶粘剂材料，而且不饱和度低，硫化效果不如其他不饱和度高的橡胶明显。

这类胶粘剂主要用于配制压敏胶及密封胶，在医药、建筑、装潢、包装、电子工业方面得到了广泛的应用。

9.5 天然橡胶胶粘剂

9.5.1 简介

天然橡胶是迄今为止人类最早用作胶粘剂的橡胶材料。天然橡胶胶乳是由橡胶树割胶得到的树汁，其中橡胶组分占胶乳的27%～41%（质量分数），其余为水、蛋白质、天然树脂及糖等。天然橡胶含各种不同含量的聚异戊二烯，平均相对分子质量约7×10^5左右。

天然橡胶胶片加热到130～140℃完全软化，200℃开始分解。它易溶于芳烃中，如甲苯、二甲苯及溶剂汽油、二硫化碳、四氯化碳、氯仿、松节油，但不溶于乙醇、丙酮中。以不同方法加工天然橡胶胶片，可得到烟胶片、绉胶片、风干胶颗粒胶等，并按外观、化学成分、物理性能把胶片分等级。国际上将天然橡胶分成八种基本类型：一级烟片、白绉片、胶园褐绉片、混合绉片、薄褐绉片、厚绉片、树皮绉片和纯烟毡绉片。

9.5.2 天然橡胶胶粘剂的组成

1. 主体材料

天然橡胶分子内聚力与相对分子质量密切相关，而粘度是分子内聚力的宏观表现，因而常按天然橡胶的门尼粘度值来选择不同的天然橡胶作为胶粘剂的主体材料。例如门尼粘度值在40～55的天然橡胶不经塑炼就可被溶剂溶解做胶粘剂，而更高门尼粘度值的天然橡胶则需经塑炼后才可使用。

2. 硫化体系

因天然像胶分子链主要为直链结构，而分子链中含有不饱和双键，因而常以硫化体系使分子链中的双键发生反应而交联，使分子由线状结构转化为网状结构，从而提高其强度。常用的硫化剂就是硫磺，同族元素硒、碲也有硫化作用，但效果不如硫磺，只在特殊场合下与硫磺并用。

硫磺硫化天然橡胶，还需加入促进剂加以配合，促进剂可以为有机促进剂、无机促进剂（如氧化镁、氧化铅、氧化钙等），但它们的硫化作用缓慢，效果不够理想，现在除硬质胶外一般很少使用。适用于天然橡胶的有机促进剂很多，性能及促进能力有所差别。用得最多的有促进剂M（2-硫基苯并噻唑）、促进剂DM（二硫化二苯并噻唑）、促进剂TMTD（二硫化四甲基秋兰姆）、促进剂D（二苯胍）等，它们可以单独使用或并用。

3. 防老剂

天然橡胶因为含有不饱和双键，因而容易氧化而发生老化现象，光、热及铜、锰等金属又促使天然橡胶的老化，因而，必须根据使用条件的需要，加入防老剂以延长粘接头的寿命。常用的防老剂有防老剂D（N-苯基-β-萘胺）、防老剂A（N-苯基-α-萘胺）、防老剂R（2，2，4-三基-1，α-二氢化喹啉聚合体）。对白色制品的粘接，常用无污染的酚类防老剂，如防老剂300［4，4′-硫代双（3-甲苯-6-丁基）苯酚］、防老剂2246［2，2′-亚甲基双（4-甲基-6-丁基苯酚）］、防老剂SP（苯乙烯化苯酚）等。防老剂的用量一般为1%（质量分数）。

4. 补强填充体系

为提高天然橡胶胶粘剂的力学性能，常加入补强填料，如在制造药膏及胶带中加入氧化锌、钛白粉、粘土等。对无颜色要求的粘接中可用炭黑。

5. 增稠剂

天然橡胶胶乳中通常加入增稠剂。常用的增稠剂有蛋酪素、血红朊、朊酸盐、树脂、聚乙烯醇、甲基纤维素、脲醛树脂、丙烯酸树脂等。

9.5.3 天然橡胶胶粘剂的性能及应用

天然橡胶胶粘剂的主要特点是韧性好、弹性高，对橡胶、织物等有良好的粘接力。

为了提高天然橡胶胶粘剂的性能，通常对其进行改性。天然橡胶胶粘剂通过化学改性，增加分子的极性，以改善其性能。改性天然橡胶品种繁多，如环化橡胶、氯化橡胶、氢氯化橡胶、甲基丙烯酸酯接枝天然橡胶、丙烯酰胺接枝天然橡胶、β-萘磺酸化天然橡胶等。其中，以氯化橡胶胶粘剂最为常用。在天然橡胶的四氯化碳溶液中通入氯气，使其发生双键的加成作用，以及在部分碳氢化物溶液中通入氯气，使其发生双键的加成作用及部分碳氢链取代作用，可制得白色粉末状氯化橡胶。氯化橡胶胶粘剂改善了天然橡胶胶粘剂对金属的粘接性能，它没有热塑性，用来粘接金属有很大的附着力，甲基丙烯酸酯接枝天然橡胶配制的胶粘剂有很高的拉伸强度及断裂强度，且耐疲劳、耐冲击性好，这些都大大拓宽了天然橡胶胶粘剂的用途。

9.6 聚硫橡胶胶粘剂

9.6.1 简介

聚硫橡胶是一种类似橡胶的多硫乙烯树脂。它实际上是处于合成橡胶与热塑性塑料之间的物质。聚硫橡胶具有良好的耐油、耐溶剂、耐水和气密性能，以及较好的粘接性能。

聚硫橡胶通常是由脂肪族烃类或醚类的二卤代衍生物（如二氯乙烷、二氯丙烷、三氯乙醚等）与多硫化物（如多硫化钠、多硫化铵等）经缩聚反应而生成的高分子弹性体。

聚硫橡胶通常有固态和液态两大类。胶粘剂中常使用的是液体聚硫橡胶。又以二氯乙醚与四硫化钠制备的聚硫橡胶应用较广。

为了提高聚硫橡胶胶粘剂的粘附力，可在组分中加入二异氰酸酯、其他橡胶以及合成树脂等。聚硫橡胶本身硫化后，具有很高的弹性和粘附性，是一种通用的密封材料。它能与环氧树脂一起制备改性环氧结构胶粘剂。当聚硫橡胶和环氧树脂混合后，末端的硫醇基可以和环氧基发生化学作用，从而参加到固化后的环氧树脂结构之中，赋予交联后的环氧树脂较好的柔韧性。

聚硫橡胶的品种牌号比较多，国产聚硫橡胶品牌及性能见表9-10。

表9-10 国产聚硫橡胶品牌及性能

牌号	相应国外牌号	主 体	相对分子质量	总含硫量（质量分数,%）	pH值	游离硫（质量分数,%）	三官能团物（质量分数,%）
Y-11	LP-2	二氯乙基缩甲醛	4000±500	37~40	6~8	0.1	2
Y-12	LP-5	二氯乙基缩甲醛	2500±500	37~40	6~8	0.1	2
Y-13	LP-3	二氯乙基缩甲醛	1000±200	37~40	6~8		2
Y-14	LP-8	二氯乙基缩甲醛	500±800	37~40	6~8		2
Y-15	LP-12	二氯乙基缩甲醛	5000±500	37~40	6~8	0.1	1
Y-16	LP-32	二氯乙基缩甲醛	5000±500	37~40	6~8	0.1	0.5
Y-31		二氯乙基缩甲醛	4000±500	28~30	6~8	0.1	2
Y-41		β-羟基氯酸基乙基醚	5000±500	37~40	6~8	0.1	1

9.6.2 聚硫橡胶胶粘剂的组成

1. 固化剂

聚硫橡胶的固化机理是基于其分子中的活泼巯基发生反应而交联，致使液态的多硫聚合物转变为网状或体状结构的弹性体。可以使用的固化剂多为氧化物或过氧化物，如金属氧化物、金属过氧化物、无机氧化剂及有机氧化剂等。

金属氧化物是聚硫橡胶固化剂中使用最广的一种，如二氧化铅、二氧化锰等。二氧化铅是使用最广的固化剂之一，它固化速度快，但对温度、湿度、杂质的存在等比较敏感，固化条件比较苛刻。据报道，水能大大缩短固化的诱导期，使固化速度更快。以二氧化铅为固化剂时，为获得较长的施工时间，常常加入硬脂酸或硬脂酸铅为滞阻剂。实际应用中，常把二氧化铅和一定量的硬脂酸及有机增塑剂（如邻苯二甲酸二丁酯等）配成膏状使用。二氧化锰也是聚硫橡胶经常使用的固化剂，它的活性比二氧化铅小，而且固化时对体系的pH值敏感，在低pH值时的固化速度大大减慢，因而一些酸性的配合剂不能使用。为得到良好的固化状态，常常加入二苯胍、硫磺等促进剂。氧化锌也常用于聚硫橡胶的固化上，它配合以多亚乙基多胺、六甲基四胺或二甲亚砜等促进剂，可在室温下使多硫橡胶固化，因而在低温下使用。聚硫橡胶固化时，分子中的巯基会发生交联或重排失去小分子，使固化后胶的重量大大损失。固化剂的用量一般在5%（质量分数）左右。

用作液态聚硫橡胶的固化剂还有无机氧化剂的铬盐、重铬酸盐。重铬酸钠或重铬酸钾对相对分子质量高或相对分子质量低的液态聚硫橡胶都有很好的固化效果，用量一般为4%～10%（质量分数）。

常用于液态聚硫橡胶的有机固化剂为过氧化二异丙苯，其固化反应在弱碱性条件下进行，常常用氧化锌作为碱性活化剂提高固化活性。有机氧化剂固化聚硫橡胶用量一般为6%～8%（质量分数）。

此外在一些特殊场合下，也有使用苯醌二肟、二异氰酸酯等作为特殊的聚硫橡胶固化剂。

2. 聚硫橡胶胶粘剂的增强剂

大多数胶粘剂常用的无机填料都可以用作液态聚硫橡胶的补强剂及填料，如炭黑、沉淀碳酸钙、焙烧白土、二氧化钛、高岭土等，此外，廉价的沥青、水泥等亦可以用作聚硫橡胶的填充剂。液态聚硫橡胶作为胶粘剂主体材料时，一般都加入补强剂，不同的增强剂增强效果各异。

3. 聚硫橡胶胶粘剂的增粘剂

配制液态聚硫橡胶胶粘剂时，一般需加入各种树脂进行增粘，方可有较理想的粘接效果。常用的增粘树脂有环氧树脂、酚醛树脂等。在配制聚硫橡胶胶粘剂时，加入质量分数为3%～15%的增粘树脂，其粘接能力就能大大加强。

为改善聚硫橡胶胶粘剂对基材的粘接效果，也有采用加涂底漆的方法，如以环氧树脂—聚硫橡胶底漆、氯丁底漆、氯丁—丁基苯酚甲醛树脂底漆作为底漆，得到对不锈钢、铜、铝等金属及对玻璃、陶瓷、水泥等不同基材的良好粘接效果。

9.6.3 聚硫橡胶胶粘剂的性能及应用

聚硫橡胶胶粘剂低温的耐曲挠性好，耐油、耐臭氧、耐化学溶剂性能好，且有一定的粘接能力，因而用途十分广泛，在金属之间的粘接、金属与橡胶的粘接、特别是在热膨胀系数相差大的材料之间的粘接上显示了优越性。例如建筑行业中，在铝、铜、玻璃、石头等材料的相互配合中作为弹性密封材料，航空工业中用于燃料舱体密封，汽车工业中用于油箱密封以及铆接表面密封、电缆的密封、有机玻璃框架密封等。哈尔滨工业大学的李丽等研制的聚硫橡胶密封胶粘剂既可室温硫化，又可于70～80℃硫化，具有较高的剥离强度和良好的耐热老化性能，各项性能指标达到了飞机结构及油箱密封的技术要求，并可用于民用中空玻璃的制造。表 9-11 列出了其研制的聚硫橡胶密封胶粘剂的基本性能。

表 9-11　聚硫橡胶密封胶粘剂的基本性能

性　能	室温硫化 10 天	室温硫化 24h，70～80℃处理
剪切强度/MPa	2.65	3.24
剥离强度/(kN/m)	6.9	9.6
断裂强度/MPa	3.25	3.85
断裂伸长度(%)	385	355
性　能	室　温	130℃空气介质中热老化 50h
剪切强度/MPa	3.24	6.55
剥离强度/(kN/m)	9.00	9.50
断裂强度/MPa	3.85	4.65
断裂伸长度(%)	355	325

9.7　氟橡胶胶粘剂

9.7.1　简介

氟橡胶（FPM）是指主链或侧链碳原子上有氟原子的一种合成高分子弹性体。它是一种性能极其优良的高分子弹性体。

氟橡胶可分为含氟烯烃共聚物、含氟聚丙烯酸酯橡胶、含氟聚酯类橡胶、氟硅橡胶、羧基亚硝基氟橡胶、氟化磷腈橡胶、全氟醚橡胶及含氟热塑性弹性体等种类。常用的有氟橡胶 26、氟橡胶 246，后者是偏氟乙烯与六氟丙烯的共聚物。

氟橡胶具有优异的耐热性、耐溶剂性、耐氧化性及耐蚀性，耐低温性也比一般合成橡胶好。近年来，美国 3M 公司、杜邦公司、Exxon 公司、意大利的 Montfluos 公司、日本大金公司开发了一些具有特殊优良性能的氟橡胶新品种，使氟橡胶在胶粘剂及密封材料方面扩大了应用领域。

9.7.2　氟橡胶胶粘剂的组成

与其他橡胶型胶粘剂配制方法相似，氟橡胶胶粘剂也可以有溶剂型及乳胶型。

1. 硫化体系

氟橡胶是一种高度饱和的含氟化合物，一般不用硫磺进行硫化，通常使用有机过氧化物或有机胺类进行硫化。氟橡胶在硫化过程中，一般都会产生酸性的氟化氢或氯化氢。这些小分子不仅腐蚀设备而且阻碍进一步交联，因而在硫化过程中一般都加入金属氧化物或盐类吸收硫化中的酸性物质，这些物质又叫吸酸剂。由于它们的存在，可以促进硫化反应，赋予氟橡胶更好的热稳定性，故又称之为活性剂或稳定剂。碱性金属氧化物或盐类碱性越强，使氟橡胶的交联密度越高，氟橡胶的强度增大而伸长率降低。常用的是氧化镁、氧化钙、氧化铅、氧化锌等，其中以氧化镁使用最为广泛，其各方面性能适中。耐酸、耐氧化的胶粘剂中常使用氧化铅或四氧化三铅，但其硫化过程中容易起泡。在用于耐水的氟橡胶胶粘剂上用氯化锌，但在硫化中也容易起泡且热稳定性不好，因而常与二盐基亚磷酸铅并用。

氟橡胶最常用的硫化剂大多数属亲核试剂、胺类及其衍生物，如乙二氨基甲酸盐、N，N′-双亚水杨基-1，6-己二胺、N，N-双呋喃亚甲基-1，6-己二胺等。过氧化苯甲酰也是氟橡胶胶粘剂最常用的硫化剂，还有双酚 A 二钾盐等。

二元硫醇也可作为氟橡胶硫化剂，其优点是室温硫化，硫化性能优于胺类硫化剂；缺点是耐热性稍差。这类硫化剂应用在氧化镁和二甲基十二烷胺或盐酸三甲胺等存在的条件下。

双组分氟橡胶密封腻子常用一元胺或多元胺作室温硫化固化剂。常用的有六次甲基二胺和三亚乙基四胺，后者效果较好。单组分全密封胶粘剂常用结构通式为 $RR'=N(CH_2)_nN=CRR'$ 的物质为固化剂。

不同的氟橡胶胶粘剂及应用条件的不同，选择的硫化体系也不同。例如氟橡胶 23 主要用于耐酸性胶粘剂，常用过氧化二苯甲酰为硫化剂；而氟橡胶 26 常用于耐热胶粘剂，故主要用胺类固化剂。

2. 补强填充剂

氟橡胶本身有较高的强度，故属于自补强型橡胶。补强填充主要用来改善加工性能、降低成本及提高耐热性等。常用的补强填充剂有炭黑及气相二氧化硅等，用量一般为 20～30 份（质量份）；亦有用氟化钙、碳酸钙、硫酸钡等，用量一般在 30 份（质量份）左右。使用碳纤维和硅酸镁纤维，可以提高氟橡胶胶粘剂的耐热老化性能及高温强度。

3. 其他配合剂

氟橡胶胶粘剂还常用丁腈橡胶、异丁烯橡胶、环氧树脂、苯二甲酸酯等来改性及增塑。

4. 溶剂

低分子酮类和酯类对氟橡胶胶粘剂有较好的溶解性。常用的溶剂有丙酮、甲乙酮、乙酸甲酯、乙酸乙酯、二甲基甲酸胺等。有时用混合溶剂和加入稀释剂调节溶解性能及胶液的粘度。常用酮类及酯类掺合或以异丙醇、二甲苯等作稀释剂。

5. 氟橡胶胶乳

氟橡胶的水分散体系制成氟橡胶胶乳，常用于浸渍石棉玻璃纤维、聚四氟乙烯等制品。胶乳干燥快，附着力强，亦可以加入各种配合剂于胶乳中，制成氟橡胶乳胶胶粘剂。

9.7.3　氟橡胶胶粘剂的性能及应用

氟橡胶具有其他橡胶不可比拟的耐高温、耐化学介质及耐老化性能，成为现代工业，尤其是高技术领域中不可缺少而且不可替代的基础材料，已成功地用于航空、航天、船舶、石油、汽车工业等领域。

氟橡胶大分子主链或侧链上氟原子的存在，由于电负性极高，对聚合物碳—碳主链产生很强的屏蔽作用，使其具有优异的耐高温和耐介质稳定性，但氟原子的存在也使整个大分子链的柔性降低、刚性增大，因而低温性能较差。为改善氟橡胶的低温性能，国外已于20世纪70年代初合成出氟醚橡胶，将含醚键单体（全氟烷基乙烯基醚类）引入到了大分子结构中，提高了聚合物大分子链的柔顺性，低温性能明显改善，如VitonGLT氟醚生胶玻璃化温度比氟橡胶F246降低了约14℃，其唯一缺点是价格较高。北京航空材料研究院通过橡胶并用技术，并用少量氟橡胶研制出的FX-13，改善了氟橡胶的低温性能，其脆性温度可达-45℃，而且其价格比氟醚橡胶大大降低。

氟橡胶具有优异的耐高温和耐介质性能，但在加工过程中存在着粘模、热撕裂性及充模流动性差等问题。通过对配合体系进行研究，研制出一种FX-70H棕色氟橡胶，改善了氟橡胶的硫化工艺。其硫化时间短、温度低，在16℃下仅用8min即可模压硫化成型；胶料模压流动性好，硫化胶断裂伸长率较高，热撕裂性优异，模压制品合格率高，大大提高了劳动生产率，降低了生产成本。

第10章 热 熔 胶

热熔胶是指在低温下呈固态，加热熔融成液态，涂布、润湿被粘物表面后，经压合、冷却之后，就能通过凝固或化学反应固化而实现粘接的一类胶粘剂。它是以热塑性树脂或弹性体为主体材料的多成分混合物，以熔体的形式应用到基材表面进行粘接。在大多数情况下，热熔胶是一种不含水或溶剂的固体质量分数为100%胶粘剂。

热熔胶是近年来国际上开发和应用较快的一种新型胶粘剂，因其产品本身系固体，便于包装、运输、贮存，无溶剂、无污染，以及生产工艺简单、高附加值、粘接强度大、速度快等优点而备受青睐。我国从20世纪70年代中期开始热熔胶的研究，目前EVA类、聚酰胺类、聚酯类、SBS类、SIS类、聚氨酯类主要品种基本上都能生产，有的已具有一定的规模。近年来，国内热熔胶行业开始进入快速发展期。热熔胶产量以每年约25%的速度增长，其应用范围也在不断扩大，已从传统的卫生制品、包装、书籍装订等领域扩展到服装、胶带、制鞋乃至冰箱、电缆、汽车等行业。

10.1 热熔胶的组成与制备

热熔胶一般由主体材料、增粘剂、蜡类和抗氧剂等混合配制而成。为了改善热熔胶的粘接性、流动性、耐热性、耐寒性和韧性等，也可适当加入增塑剂、填料和其他低相对分子质量的聚合物等助剂。

在配制热熔胶时，必须解决胶粘剂的强度和熔体粘度之间的矛盾。主体材料必须具有足够的相对分子质量才有强度和韧性，相对分子质量越高，熔体粘度就越大。提高温度可降低粘度，但升高温度又可能引起主体材料热降解。为提高热熔胶的流动性和对被粘接表面的粘附性，必须加入增粘剂、蜡、抗氧剂、填料、增塑剂等。在选择热熔胶的配合成分时，首先要根据主体材料的性能，以相容相混为原则，选择溶解度参数与极性相近的材料；其次还要考虑使用性能及成本因素。

10.1.1 热熔胶的组成

1. 主体材料

热熔胶的主体材料是热塑性树脂或弹性体，是热熔胶的主要成分。其作用是使胶粘剂具有粘接强度的内聚力。根据使用目的的不同，用作热熔胶主体材料的主要有乙烯及其共聚物、聚氨酯、聚酰胺、聚烯烃、聚酯、苯乙烯及其共聚物等，此外还有聚乙烯醇、纤维素、聚乙烯醇缩丁醛等。

(1) 乙烯及其共聚物　用作热熔胶的乙烯及其共聚物主要有乙烯—醋酸乙烯（EVA）共聚物，乙烯—丙烯酸乙酯（EEA）共聚物、乙烯—丙烯酸（EAA）共聚物、乙烯—丙烯共聚物、乙烯—氯乙烯共聚物、乙烯—醋酸乙烯—乙烯醇三元共聚物、马来酸酐接枝聚乙烯等，其中以EVA应用最多。

(2) 聚氨酯　用作热熔胶的聚氨酯主要是热塑性聚氨酯及反应型聚氨酯。

(3) 聚酰胺　用作热熔胶的聚酰胺是由二元酸与二元胺缩聚、氨基酸缩聚或其他内酰胺开环缩聚而成。根据合成聚酰胺所用的酸不同，可将聚酰胺分为二聚酸型和尼龙型两类。

(4) 聚烯烃　用作热熔胶的聚烯烃主要包括聚乙烯、聚丙烯及乙烯和丙烯的共聚物。

(5) 聚酯　用作热熔胶的聚酯通常为线型饱和聚酯，是由二元羧酸和二元醇缩聚而成的。

(6) 苯乙烯及其共聚物　苯乙烯嵌段共聚物可作热熔胶和热熔压敏胶的主体材料，主要有苯乙烯—丁二烯—苯乙烯（SBS）嵌段共聚物、苯乙烯—异戊二烯—苯乙烯（SIS）嵌段共聚物及两者的氢化产物。

(7) 其他　除上述聚合物外，用作热熔胶主体材料的聚合物还有丁基橡胶、聚丙烯酸酯、聚乙烯基醚、聚乙烯醇缩丁醛、聚醋酸乙烯、纤维素衍生物、环氧树脂及改性聚烯烃等。

2. 增粘剂

主体材料在熔融时，熔体粘度相当高，对被粘物的润湿性和初粘性不太好，一般不单独使用，常加入与之相容性好的增粘剂混合使用。

增粘剂是指相对分子质量为几百至几千、软化点为60～150℃的一类无定型热塑性聚合物的总称。其主要作用是降低热熔胶的熔体粘度，提高热熔胶熔化后对被粘接物的润湿性和初粘性，以达到提高粘接强度、改善操作性能、降低成本的目的；此外，还可以调整热熔胶的耐热温度及露置时间。增粘剂应与主体材料相容性好（溶解度参数接近）、粘接力强、热稳定性好，增粘剂的添加量为20～150份（以100质量份主体材料计）。常用的增粘剂可分为天然树脂和合成树脂两大类。

增粘剂对热熔胶的性能影响很大，有时为了增加主体材料与增粘剂之间的相容性，在主体材料分子链上引入极性基团，如用马来酸酐接枝聚乙烯等。常用增粘剂的性能及应用见表10-1。

表 10-1 常用增粘剂的性能及应用

增 粘 剂	软化点/℃	聚丙烯	增塑 PE	玻璃纸	铝	钢	牛皮纸	ABS	硬质 PE
二聚木松香	145	○	○	○				○	○
氢化松香甘油酯	85			○	○	○	○		○
松香季戊四醇酯	110			○		○	○		○
聚(α-蒎烯)萜烯树脂	115		○	○			○		
聚(β-蒎烯)萜烯树脂	115	○			○	○		○	
烷基苯乙烯共聚物	120				○	○			
非热反应型酚醛树脂	150			○		○	○		○

注:"○"表示有增粘效果。

3. 蜡类

蜡也是热熔胶的重要组分之一，其作用是降低热熔胶的熔体粘度，提高流动性，缩短露置时间，改善耐蠕变性、可曲挠性及熔融速度，减少抽丝现象，防止胶料自粘等，还可以降低胶粘剂的成本。但蜡的加入也会降低热熔胶内聚强度及粘接强度。

蜡类一般有烷烃石蜡（熔点为 38 ~ 70℃，最好使用熔点为 60 ~ 70℃ 的烷烃石蜡）和微晶石蜡（熔点为 65 ~ 105℃）两种。微晶石蜡比烷烃石蜡价格贵，且略带黄色，但可以提高热熔胶的柔韧性、粘接强度、热稳定性、耐寒性和内聚力。蜡类用量一般为 30%（质量分数）以下，用量过高会使热熔胶的粘接强度下降，热熔胶的收缩率变大。通常，蜡类在书籍装订、包装用胶粘剂中添加，而在其他场合如木工、装配、热熔压敏胶、热熔密封胶中则不用。

4. 填料

在热熔胶中还常常加入填料，以降低成本、减少固化后的体积收缩率和过度的渗透性、提高热熔胶的耐热性和热容量、延长胶的操作时间等。填料用量一般为 15%（质量分数）以下，加入过多，会使胶的粘度增大太多，降低粘附力和韧性。常用的填料有补强和非补强两种，如二氧化钛、硫酸钡、碳酸钙、瓷土、陶土、炭黑和白炭黑等。对于 SBS 热熔胶，则炭黑和白炭黑均有补强作用。加入填料时，填料要求干燥，粒度以细为好。

5. 增塑剂

热熔胶中加入增塑剂，能降低熔体粘度、加快熔化速度、提高柔韧性和耐寒性。增塑剂用量一般不超过 10%（质量分数），用量过多会降低胶的耐热性、内聚强度和粘接强度。常用的增塑剂有邻苯二甲酸二辛酯、邻苯二甲酸二丁酯和低相对分子质量聚丁二烯等。

6. 抗氧剂

抗氧剂的作用是防止热熔胶的氧化和分解，防止胶变质和粘接强度降低等。

一般认为，热熔胶在180～230℃加热10h以上或所用的组分热稳定性差（如烷烃石蜡、脂松香等）时，有必要加抗氧剂；如果使用耐热性好的组分（如氢化松香、松香酯），并且不在高温下长期加热，可以不用抗氧剂。常用的抗氧剂有2，6-二叔丁基对甲苯酚（BHT）、4，4′-巯基双（6-叔丁基间甲苯酚）（RC）、四[3-（3′，5′-二叔丁基-4′-羟基苯基）丙酸]季戊四醇酯（抗氧剂100）、含磷化合物以及硫代二丙酸酯等。有时也使用两种或多种并用，效果比单用好。抗氧剂用量通常为0.1%～1.5%（质量分数）。

7. 其他

如果单独使用一种主体材料不能满足所要求的性能时，可以把具有适宜特性的两种或两种以上的聚合物混合使用。如要提高热熔胶的耐寒性、柔韧性、抗冲击力、抗蠕变性和橡胶弹性，可以加入少量的异丁橡胶、苯乙烯—丁二烯嵌段共聚物或其他合成橡胶。有时也可加入无规聚丙烯或沥青来降低成本，增加粘性。

10.1.2　热熔胶的制备

热熔胶的制备通常采用熔融混和法。工业生产热熔胶的方法有两种，一种是釜式生产（间歇法），其工艺流程图见图10-1。釜式生产的效率不高，所生产热熔胶的熔体粘度不宜过大。因为各组分受热时间较长，所以要求热熔胶各组分的热稳定性要好，否则热熔胶会产生热氧化分解，尤其是釜壁上的热氧化降解现象严重，而且对搅拌桨的形状也有特殊的要求，避免釜内产生停滞而局部过热。另一种是挤出法生产（连续法），这种生产方法效率高，热熔胶各组分受热时间短，不易热氧化分解，产品质量均一稳定。挤出法生产一般用热熔胶专用挤出机进行生产，可克服一般挤出机生产热熔胶时产生的滑动、相分离、涌浪等缺点，产量大，且混合均匀，也适合于高粘度热熔胶的制造，可通过换口模直接挤成各种形状。热熔胶专用挤出机有单轴异径螺杆挤出机，也有双螺杆混合型挤出机。

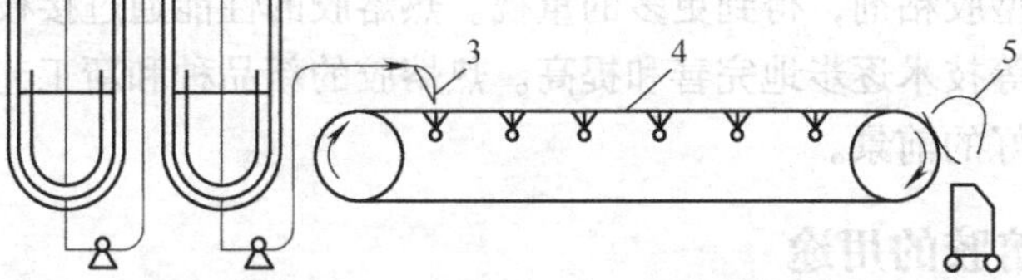

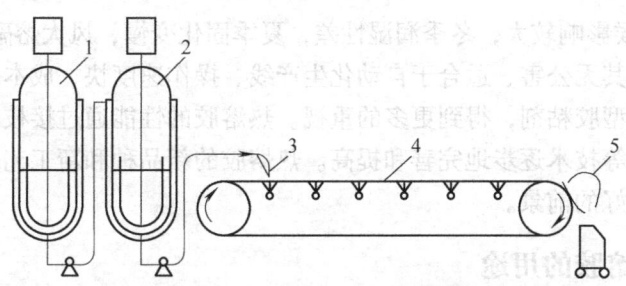

图10-1　釜式生产工艺流程图

1—熔融混合釜　2—贮槽　3—模口　4—传动钢带　5—切断机

10.2 热熔胶的性能与用途

10.2.1 热熔胶的性能

与热固性胶粘剂、溶剂型及水基型胶粘剂相比较，热熔胶具有许多优越性，主要表现在以下方面：

1）粘接迅速，可在数秒内固化，适于连续化、自动化高速作业，且成本低。

2）不含溶剂，对人体无害，对环境无污染，没有中毒和发生火灾的危险，也没有因溶剂而引起的被粘物的变形、错动和收缩等弊病，运输、保管方便。

3）不需干燥工艺，粘接工艺简单。

4）可以粘接多种材料。除能粘接木材、纸之类的多孔性材料外，对一些非多孔性材料（如塑料、玻璃和金属）以及其他胶粘剂所不易粘接的蜡纸、复写纸等材料也可以进行粘接。其表面处理也不严格，经济效益好。

5）可以反复熔化粘接，如涂在被粘物上的热熔胶因冷却固化而不能粘接时，可以重新加热进行粘接操作，故特别适用于一些特殊工艺要求构件的粘接，如一些文物的修复。

6）可制成块状、薄膜状、条状或粒状，使包装、贮运及使用均极为方便。

当然，热熔胶也存在一些缺点，主要表现在以下方面：

1）耐热性较差，因为热熔胶的主要成分是热塑性树脂，故耐热性取决于其软化点的高低。一般用于产品端面粘接的热熔胶的耐热性低于100℃（通常为50~100℃），所以封边后的产品不宜长期曝晒或接近高温场所。

2）需要配备专门的设备如热熔枪等来熔融、施胶。

3）因其熔融后粘度较高，故润湿性差，较难涂布均匀，不适宜大面积的涂布粘接。

4）受气候影响较大，冬季润湿性差，夏季固化变慢，风大熔融时间缩短。

热熔胶以其无公害、适合于自动化生产线、操作速度快、成本低等优势，正逐渐取代溶剂型胶粘剂，得到更多的重视。热熔胶的性能通过接枝改性、共混改性和反应固化等技术逐步地完善和提高。热熔胶的新品种和新工艺也在不断地发展，展现了美好的前景。

10.2.2 热熔胶的用途

由于热熔胶具有前述的诸多优点，其应用范围也越来越广泛，其产量一直处于上升趋势，增长速度在各类胶粘剂中是最高的。热熔胶可以粘接皮革、玻璃、金属、木材、塑料、纸张、纺织品、橡胶等，其应用见表10-2。

表10-2 热熔胶的应用

应用领域	应用举例
包装	瓦楞板箱、纸盒、折式箱、层压薄膜、复合容器、聚丙烯编织袋、封函、标签和标带、制带
书籍装订	杂志、平装书、电话簿、时刻表、样本、商品目录等无线装订和包封面
木工、胶合板	胶合板芯板拼接、单板拼接、面板粘合，家具榫口、边缘贴合
建筑、土木	活动住宅的填缝与密封，砖瓦、天花板、门、窗框、护墙板、隔音板粘接，混凝土接缝，装饰件、壁纸粘贴、聚丙烯管道承插接头粘接、暖房双层玻璃密封、阳光收集器密封
电气	电视机机壳、立体音响设备机箱、电视偏转线圈粘接，条形磁铁装配，扬声器音圈、阻尼器、锥形器三点粘接，耳机振动膜的铝板粘接，电缆挤塑粘合，印制电路板上电子零件的防振固定、家用电器的配线结束，电线绝缘固定，电池密封，医用电子起搏器
汽车	门镶板、窗、头灯、尾灯、灯罩与透镜密封，地毯铺设，空气过滤器侧缝粘接
织物衣着	无纺布、地毯接缝、衬背、衣料衬里，西服纽扣盖加强，锁边，衣领、帽子、裤脚、腰带、拉链热粘，花边装饰，商标粘贴，鞋帮、皮鞋绷楦、后跟、皮革摺边
其他	冰箱内箱密封，冷却器粘接，翻砂芯，尼龙梭圈生产，安全玻璃粘接，铅笔芯与木材粘合，香烟过滤嘴，塑料容器修补，陶器文物修复，铭牌粘接

10.3 热熔胶的主要品种

10.3.1 聚乙烯—醋酸乙烯（EVA）热熔胶

EVA热熔胶是目前用量最大的热熔胶品种。这种热熔胶的优点是粘附力强、胶膜强度高、韧性好，能同时满足耐热、耐寒性的要求，与其他添加剂的相容性好，用途广，能粘附许多不同性质的基材，熔体粘度低，施胶方便，价格适宜。

1. EVA热熔胶的主要成分

EVA热熔胶主要由以下四种成分熔混而成：主体材料（即EVA树脂）、增粘树脂、蜡、抗氧剂。某些场合还可加入少量填料，以增加填隙性并降低成本。

EVA树脂是由乙烯和醋酸乙烯共聚而成。

EVA树脂是介于塑料和弹性体之间特征的热塑性聚合物，具有良好的柔软性、加热流动性和耐寒性；其凝聚力大，熔融时表面张力小，对几乎所有材料都有热粘接力；其耐药品性、热稳定性、耐候性和电气性能都很优良；与其他配合剂的相容性好，配合成分选择范围宽，可根据性能要求制备多种多样、性能好、价格合理的热熔胶。

EVA树脂的性能取决于EVA树脂中醋酸乙烯的含量（VA含量）、共聚物的相对分子质量及分子的支化度。制备热熔胶用的EVA树脂的VA质量分数一般为18%～40%。世界各国生产EVA的厂家很多，生产厂家都给出产品牌号、VA含量、密度、熔体流动速率（MFR）、特点及用途。设计热熔胶配方时，可根据热熔胶的性能要求，选择适当VA含量及MFR数值的EVA树脂来调试配方，也可用两种或多种VA含量和MFR值不同的EVA树脂调试配方。这样可以综合各种性能、取长补短，调试出所需要的配方。EVA热熔胶的主要组成及作用见表10-3。

表10-3 EVA热熔胶的主要组成及作用

成分	种类	作用
乙烯—醋酸乙烯（EVA）	熔体流动速度10～1000g/10min，醋酸乙烯质量分数20%～30%	提高粘接力、凝聚力、低温特性、柔软性
增粘树脂	松香类、萜烯类、石油树脂类、苯并呋喃-茚树脂	提高粘接力，降低熔体粘度
蜡	链烷烃（石蜡） 微晶合成链烷烃（石蜡）	降低熔体粘度，调整露置时间，调整硬度，改善蠕变性，防止发粘
抗氧剂	2,6-二叔丁基对甲酚 4,4-双(6-叔丁基间甲酚)硫醚	阻止热氧化降解
填料	碳酸钙、硫酸钡、粘土	减少收缩，调节粘度，防止渗漏

2. EVA热熔胶的制造

EVA热熔胶是热熔胶中用量最大的一种，其制造方便、设备简单，主要采用熔融混合法来制造。在实际应用中，根据胶的形状不同而使用不同的方法和设备。常用的生产方法为熔融混合法间歇式生产和直接挤出成型法生产。用熔融混合法间歇式生产的工艺流程为：称料→按顺序加入混合釜→混合釜熔融混炼→胶料成型→冷却→分切包装。

按给定的配方把各种物料称好后，按一定的顺序加入有冷却水夹套的熔融混合釜中，调整和控制混合釜夹套温度和釜内温度，使物料均匀受热熔融，充分搅拌，使各组分均匀混合。由于热熔胶配方不同，熔体粘度也有很大的不同。物料混合均匀后，应严格控制出料温度，出料温度的控制直接影响成型工艺。如出料温度高于成型温度，则向反应釜夹套中通入冷却水，使料温降至成型温度，然后放料。在放料前，可根据用户要求，换好成型机的机头。EVA热熔胶可根据不同的使用场合，做成粒、条、棒、膜等形状。

3. EVA 热熔胶的应用

EVA 热熔胶具有优异的粘接性、柔软性、加热流动性和耐寒性等；与配合剂的相容性优良，配合剂的选择幅度宽，可根据性能要求配制多种多样、性价比合理的热熔胶。EVA 热熔胶的缺点是强度低、不耐热、不耐脂肪油等，所以大多应用于强度要求不高的场合，一般不能用作结构用胶。但若它与耐热性较好的羧基化合物（如马来酸酐等）共聚，可改善其高温性能，甚至可用作制造汽车空气过滤器装置的较高温度的结构胶，如 Du Pont 公司的 Elvax Ⅱ5640 树脂。

EVA 热熔胶大量应用于纸盒与纸张粘接、书籍无线装订、木材积层板制作和木工封边、无纺布制作等；在汽车方面可用于座席、车灯和尾灯等组装；在电子、电器方面可用于绝缘捻子封缄、电子部件灌封、线圈绝缘固定、电线末端固定、塑料和金属粘接密封、绝缘材料粘接、缓冲垫粘接和光盘制作等；在卷烟、制罐方面也有应用；此外，还能用作塑料容器的填隙、塑料装饰品和 BOPP 热烫印箔用热熔胶。总之，其应用范围广，既可作为胶粘剂，也可作为密封材料。例如在乙烯—醋酸乙烯酯共聚物中添加发泡剂，当加热涂敷后，进入发泡剂分解热区发泡，使胶层体积膨胀，填充隙缝。几种 EVA 型热熔胶产品见表 10-4。

表 10-4 几种 EVA 型热熔胶产品

牌号	生产单位	主要组分	使用工艺条件	主要性能	用途
CKD-1	四川大学（原成都科技大学）	EVA，松香衍生物，石蜡，稳定剂	150～170℃熔融，固化时间1～4min	软化点≥85℃，熔体粘度（180℃）5Pa·s，应用范围为-30～50℃，剪切强度[(20±2)℃]为：聚丙烯2.94MPa，低压聚乙烯2.94MPa，高压聚乙烯1.96～2.45MPa，铝合金3.43～4.41MPa	聚烯烃粘接，四氟零件密封
EHM-1	山东省化学所		露置时间20s	软化点73℃，熔体粘度（180℃）为2550mPa·s；木材—木材剪切强度为：4.75MPa(25℃)10.09MPa(-25℃)	冷藏食品包装用
铁锚牌HM-1	上海新光化工厂	EVA，松香脂	120～160℃熔融涂布	软化点≥70℃，剪切强度(20℃)为低密度聚乙烯1.47MPa，铝合金2.94MPa	钢丝粘塑电缆
HM-2	上海合成树脂研究所	EVA，松香脂，填料	170～180℃熔融，露置时间≤5s	软化点≥80℃，剪切强度（20℃）为硬铝2.94MPa，聚丙烯1.96MPa，T-剥离强度（10℃）：铝箔19.6N/25min	冷藏库粘接密封，电池壳密封，聚烯烃塑料粘接
HM-3	上海合成树脂研究所	改性EVA	150～160℃10s，触压	熔点为（75±5）℃，粘涤棉剥离强度9.8N/25mm	丝织业尼龙棱毛制造

（续）

牌号	生产单位	主要组分	使用工艺条件	主要性能	用途
J-38	黑龙江省石油化工院	EVA，萜烯，抗氧剂，防老剂	165～170℃熔融	应用范围为-30℃常温耐水压0.059MPa	聚丙烯编织覆膜输水带
ME	衡阳市粘合剂厂		1～3min固化	熔点为90℃，邵尔A硬度为75～85HA，应用范围为-20～50℃，剪切强度为3.92MPa，断裂伸长率为130%～140%	聚乙烯、聚丙烯管材和板材粘接，书籍无线装订
79-1	连云港有机化工厂	EVA，甘油松香，季戊四醇	140～180℃涂胶，3～25s凝固	邵尔A硬度为(75±5)HA；拉伸强度为1.96～2.94MPa，相对伸长率为(850±50)%	联动书本无线装订
PV-1	西安市塑料应用研究所	EVA，松香		剪切强度为：聚丙烯1.76～1.96MPa，聚乙烯1.18～1.37MPa；聚乙烯膜的剥离强度为6.86～8.82N/cm	聚乙烯、聚丙烯粘接

4. EVA 热熔胶的改性

EVA 热熔胶是用量最大的热熔胶，由于 EVA 树脂本身的一些缺点，单采用 EVA 作主体材料已难以满足某些技术要求，对其改性是 EVA 热熔胶发展的方向。国内对外 EVA 热熔胶改性研究很多，归纳起来主要包括两个方面：

（1）对 EVA 树脂本身的改性　EVA 的最大缺点是高温性能不够满意，若与耐热性较好的羧基化合物（如马来酸酐等）共聚，即可以得到改善；与接枝环氧乙烷共混做成的热熔胶耐热可达 177℃；将乙烯与醋酸乙烯、丙烯酸酯三种单体制成共聚物，这种热熔胶在高温下保持高的粘接力。通过将 EVA 和断链型丁基橡胶（IIR）或聚异丁烯（PIB）在有机过氧化物存在下进行共聚，可以获得粘接性能得到很大改善的热熔胶用树脂。也可通过研究辐照量对热熔胶性能的影响，选择出合适的辐照量，采用辐照法来提高 EVA 的剪切强度和熔融流动性。

（2）对其配合成分进行改性或添加一些特殊成分，以满足热熔胶不同的应用要求　如在配方中选用氢化石油树脂或氢化萜烯树脂或松香酚醛树脂等，可改善热熔胶的热稳定性；用羟基芳烃作增粘剂则可获得优异的粘接性。在热熔胶中加入酚醛树脂，则可以改善 EVA 热熔胶的热封口性；加入短链 α-甲基苯乙烯与乙烯基甲苯共聚物，也可以改善 EVA 热熔胶的热封性；加入少量相对分子质量为 600～4000 的聚乙二醇，可以改善 EVA 热熔胶在挤出涂覆纸板或其他基材时对骤冷辊的脱模性；加入水溶性多羟基化合物（如糖类），可以改善粘接瓦楞纸板的二次成浆性，便于纸箱的回收；加入非晶态的聚丙烯（PP），可防止结皮，而对 EVA 热熔胶的熔体粘度影响不大，甚至经 100h 热老化后，其粘度也不增加；加入氯化聚乙烯（CPE）、不饱和酸和有机过氧化物，可改善 EVA 热熔胶的熔融混合性能和粘接性能，配胶容易，可在挤出机中于 90℃下挤出造粒，制得的热熔胶可广泛用于粘接各种金属及贵重金属、塑料、木材、纸张、棉布织物等，且粘接强度相当高。在 EVA/酚醛树脂热熔胶中加入熔点在 65℃以上的石蜡，可改善热熔胶的耐蠕变性，得到一种耐久性和耐蠕变性能优良的热熔胶。

10.3.2 聚氨酯（PU）热熔胶

聚氨酯热熔胶是以聚氨酯树脂或预聚物为主体材料，配以各种助剂（如催化剂、抗氧剂、增粘剂及填料等）而制得的一类热熔胶。加工后常温下可为条状、颗粒状、粉末状及薄膜状等，使用时加热至一定温度熔融而涂覆于粘接基材中，进而固化而起到粘接作用。

聚氨酯热熔胶可分为两类：一类是热塑性聚氨酯弹性体热熔胶，即通常所说的聚氨酯热熔胶；另一类是反应型聚氨酯热熔胶。热塑性聚氨酯热熔胶虽可重复使用，但往往粘接强度不高，耐高温性能、耐溶剂性、耐水性相对较差。因此，为克服这些缺点，发展了反应型聚氨酯热熔胶。反应型聚氨酯热熔胶是在抑制化学反应的条件下，加热熔融成流体，以便于涂敷；两种被粘体贴合冷却后胶层凝聚起到粘接作用；之后借助存在于空气中或者被粘体表面附着的湿气与之反应、扩链，生成具有高内聚力的高分子聚合物，使粘接力、耐热性等显著提高。反应型聚氨酯热熔胶是新一代热熔胶，它的性能优良，用途广泛。其特性主要是可以在环境条件下固化，比传统热熔胶的应用温度低；固化后具有良好性能，粘接强度高，耐热、耐化学品以及坚牢度高等，是一种理想的环保型胶粘剂。

按固化机理的不同，反应型聚氨酯热熔胶主要可分为湿固化型和封闭型。湿固化型聚氨酯热熔胶系单组分、无溶剂型，符合环境保护法规，使用方便，性能又可与溶剂型反应型媲美，所以发展前景很好。其粘接对象有铝等金属、上漆金属，聚碳酸酯、聚丙烯酸酯、ABS、PVC、聚乙烯、聚丙烯等塑料，玻璃、橡胶、皮革、织物、无纺布、木材、纸张等同种或异种材料。

封闭型聚氨酯热熔胶是将端—NCO 基聚氨酯预聚体中的—NCO 基团在一定条件下用封闭剂封闭起来，使其在常温下没有反应活性，是稳定的。当加热到一定温度时发生离解，活性的—NCO 基团再生，可与活性氢化物（如多元醇、水等）发生化学反应或自聚生成固化物。常用的封闭剂有肟类、酚类、醇类、酰胺类、亚硫酸氢钠、吡咯烷酮等。各种封闭剂的封闭条件、封闭率及对固化条件的影响见表 10-5。由于封闭剂的解离温度高达 100℃以上，因此会引起胶层产生气泡等缺陷，一般用于维护处理等。

表 10-5 各种封闭剂的封闭条件、封闭率及其对固化条件的影响

封闭剂	封闭反应温度/℃	催化剂	封闭反应时间/h	—NCO 基协和封闭率(%)	所需固化时间/min	
					90℃	120℃
苯酚	95	有机锡	3	45.9	20	5
		叔胺	3	51.2		
		苯酚钠	3	53.3		
叔丁醇	45	叔丁醇锂	3	68.9	30	5
丙二酸二乙酯	60	甲醇钠	3	78.5	30	5
		苯酚钠	5	79.5		
己内酰胺	80	—	5	90.8	45	10

聚氨酯热熔胶在家具行业的应用主要有缝边和中板，即在家具加工生产时，将聚氨酯热熔胶加热熔融打入家具的中板将其粘合。中板的一面是聚氨酯泡沫，一面是 ABS 板；缝边主要是家具的四边，将所叠的 ABS 板正反面相粘。由于聚氨酯热熔胶可以重复利用，因此对于生产过程中所产生的次品和废品，可以通过对 ABS 板破碎造粒重复加工利用，降低了生产成本，提高了产品的市场竞争力。

书籍无线胶订对热熔胶的要求是具备旧书的循环利用符合环保要求、要有替代丝订的粘接力、要耐夏季的酷热和冬季的严寒、书的翻阅时要具有一定的韧性和耐折性，而聚氨酯热熔胶能更好地满足此方面的要求，更能适应书籍装订时的生产工艺和以后使用时的要求。因此，聚氨酯热熔胶在在书籍的无线胶订中也有广泛的应用。

10.3.3 聚酰胺热熔胶

1. 聚酰胺热熔胶的组成及特点

聚酰胺（PA）热熔胶是以聚酰胺树脂为主体材料而制得的一类热熔胶。聚酰胺是由羧酸与胺类生成的主链上含有酰胺基团—CONH—重复结构单元的线型热塑性聚合物。其突出优点是软化点范围窄，温度稍低于熔点就立刻固化，耐油性和耐药性好。又由于分子中含有氨基、羧基和酰胺基等极性基团，因此对许多极性材料有较好的粘接性能。聚酰胺热熔胶在工业中得到了广泛的应用。

聚酰胺热熔胶可分为低相对分子质量聚酰胺热熔胶和高相对分子质量聚酰胺（尼龙型）热熔胶两类。低相对分子质量聚酰胺热熔胶系由植物脂肪酸（如亚油酸、豆油酸、桐油酸等）的二聚体或三聚体与有机胺（如乙二胺、丙二胺、己二胺等）经过缩聚反应制得的，常称之为脂肪酸聚酰胺热熔胶。由于聚酰胺树

脂的酰胺基团上的氢能与另一酰胺基团链段上的给电子羰基结合成牢固的氢键，使树脂的熔点升高，从而具有良好的柔韧性、耐油性和粘接性能。这些性能随树脂相对分子质量的增大而提高。与乙烯—醋酸乙烯（EVA）热熔胶相比，聚酰胺热熔胶基体的聚酰胺树脂的相对分子质量一般在1000~9000的范围之内。

高相对分子质量聚酰胺热熔胶俗称尼龙型热熔胶，是由内酰胺或氨基酸衍生物均聚、短碳链二元酸和二元胺缩聚而成的。与低相对分子质量聚酰胺热熔胶相比，由于结构规整，使它们的结晶度、熔点和熔体粘度都较高。用作热熔胶的尼龙（Nylon）有以下几种：尼龙6、尼龙12、尼龙11、尼龙66、尼龙69、尼龙610、尼龙612等。为破坏尼龙的规整性，降低其结晶度、熔点，常用共聚的方法，例如尼龙6、尼龙66与尼龙12、尼龙10共聚而成尼龙6/12、尼龙6/66/10、6/66/12等，这样也增加了分子链的柔性。实际应用于热熔胶的三聚尼龙型聚酰胺有尼龙6/66/610、尼龙6/66/12、尼龙6/66/612。

实际应用的聚酰胺热熔胶大多采用共聚酰胺树脂，以满足不同的使用要求。通过共聚，分子链规整性被打乱，氢键遭到破坏，使之结晶性下降，从而降低熔点。采用不同的摩尔配比，可制得高（180~190℃）、中（140~150℃）、低（105~110℃）环球软化点的PA热熔胶。

为满足不同的需要，也可以添加增粘剂（如松香及其衍生物、聚乙烯蜡等高熔点蜡类）和其他树脂（如无规聚丙烯、酚醛树脂或环氧树脂等）；有时为降低其融化温度，还需添加增塑剂，以满足不同的需要；有时为了调节热熔胶的软化点和施胶工艺，将不同相对分子质量或不同种类的聚酰胺混合使用。如将不同相对分子质量的聚酰胺树脂（表现为从液体到固体）按一定比例相互混合，可将热熔胶的软化温度调整到100~200℃这样一个宽的范围。

2. 聚酰胺热熔胶的应用

聚酰胺热熔胶的高粘接强度，尤其是良好的耐化学品性，使其在纤维织物粘接领域得到了广泛应用。它常用于外衣粘合衬、衣革粘合衬、鞋帽及装饰粘合衬（如地毯、墙布等）。其优良的柔韧性，使其适用于制鞋绷楦如前尖和腰窝、摺边及制主跟包头；对皮革、人造革的良好粘接性使其可用于箱包的制造。聚酰胺热熔胶还应用于电器、机械工业、汽车车辆、土木建筑和家具等行业。

（1）用于金属粘接　由聚酯酰胺和聚苯乙烯热混制成的热熔胶条，对金属具有良好的粘接力，且粘接强度很高，即使在老化和较高的温度下仍能保持理想的粘接强度。聚酯酰胺由聚酯预聚物（50%~80%）和聚酰胺预聚物（20%~80%）用两步法共聚反应制成。聚酯作为晶态嵌段，它赋予胶粘剂较高的熔点和粘接强度；聚酰胺作为非晶态嵌段，赋予胶粘剂可湿性、弹性和橡胶特性。聚苯乙烯具有增加胶粘剂的粘接强度、降低熔体粘度和抗老化的作用。例如将33.4份（质量份，下同）二聚酸和8.3份1，6-己二胺加入反应釜中，在搅拌下缓慢升温到 190～220℃，在 0.8～1.0MPa 的条件下反应 2h；然后降压至 0.6MPa，加入 57.1 份晶态对苯二甲酸乙二醇酯（熔点 260℃，特性粘度为 0.147），1.2 份乙二醇和微量抗氧剂；在反应釜中的氮气压力为 0.3～0.45MPa 条件下，于 1h 内缓慢地加热到 260～280℃，保持 30min 之后降至常压；最后在 260℃，0.2～0.8kPa 条件下继续反应 2～4h，将制成的熔融聚酯酰胺放入水中骤冷，造粒。树脂的熔点为 145℃，特性粘度为 0.4～0.8cm^3/g。取上述颗粒 80～90 份与聚苯乙烯颗粒 10～20 份混合，在挤出机中于 200～240℃挤成小条。使用该胶条能够粘接的金属材料有钢、铁、铝、铬、铜、锌、钛和锡等。

（2）用于电器行业中的粘接　由于聚酰胺热熔胶优良的柔韧性、耐油性以及优良的介电性能和对各种材料均有良好的粘接性等特点，因此，聚酰胺热熔胶也广泛应用于电器等行业中。如以天津某厂生产的 011 树脂和 C13 二元酸为基体原料，采用本体聚合，接枝后用改性剂交联改性，可合成一种具有特殊结构的新型聚酰胺。由于分子结构中具有适度接枝和交联点，使产品具有软化点高，熔融范围窄，粘接强度大，粘度适中，电性能优异，韧性、耐热性和难燃性好等特点。另外，采用本体聚合，整个反应无溶剂存在，避免了溶剂分离、回收等后处理问题，不会污染环境。以这种聚酰胺为主体的树脂，再用添加剂调节性能，可制备用于彩电偏转线圈粘接、固定的 CP 型热熔胶。如果合成条件经过适当调整，可得到适用于不同场合的聚酰胺热熔胶制品，可应用于家用电器导线的捆绑、电器接头包覆，通信电缆、吸尘器等生产中的有关部件的粘接和密封。

（3）用于塑料粘接　由二聚酸基聚酰胺和芳香族化合物混配制成的热熔胶，适用于粘接厚度为 0.01～1.0mm 范围内的热塑性塑料片材，粘接后可达到的剥离强度为 10～40N/cm，拉伸剪切强度为 1～3MPa。例如将 72 份（质量份，下同）二聚酸、3.6 份豆油脂肪酸、2.2 份己二酸、5.3 份乙二胺和 6.9 份己二胺加入反应釜中；通入氮气，加热至温度为 200～250℃，压力为 1.0～1.5MPa，反应 4h 后降压；然后在 250℃，真空度为 0.7～1.3kPa 的条件下继续反应 2h；然后降温至 160℃，加入 10 份 α-萘酚混合均匀；再将此熔融物涂在聚甲基丙烯酸酯薄膜上，与同样一张薄塑料在 90℃时加热粘接。冷却后，粘接件的剥离强度为 14N/cm（粘接破坏），拉伸剪切强度为 1MPa。该胶可粘接的塑料有丙烯酸树脂、尼龙、聚氯乙烯、聚氟乙烯、聚烯烃树脂等。

（4）用于纺织品粘接　使用热熔胶的纺织品主要有服装、地毯、织物的植绒等。由于聚酰胺热熔胶优异的耐水洗性和耐干洗性，因此占领了服装行业热熔胶的主要市场。由二聚脂肪酸、脂族直链二羧酸、己内酰胺或 ω-氨基己酸及二胺多元共聚制成的聚酰胺热熔胶特别适用于纺织品与其他材料或纺织品之间的粘接，其粘接物对卤烃类溶剂具有很好的稳定性，在 60℃的碱水中具有良好的耐洗稳定性。例如在装有冷凝器、搅拌和测温装置的缩聚反应器中，加入 4.8 份

（质量份，下同）二聚长油脂肪酸，3.2 份长油脂肪酸，28.7 份癸二酸，31.2 份 1，12-二氨基十二烷，32.1 份己内酰胺；在氮气保护下，缓慢升温至250℃，保温4h；然后在温度为250℃，在真空度为1.6kPa 和0.3kPa 下分别保温2h，以除去残留的缩合水份和游离己内酰胺。最后得到的树脂软化点为120~140℃，熔体粘度（220℃）为2~20Pa·s。将树脂制成粒度为300~500μm 的颗粒，均匀地涂在混纺布（45%羊毛，55%聚酯）上，涂胶量为20g/m^2；树脂加热至高于软化点20~30℃，再覆上同样一块布料进行热粘接，粘接时间为15~20s，粘接压力为39.2kPa，经测试，试样的起始撕裂强度为50~60N/5cm，60℃水洗潮湿撕裂强度为30~50N/5cm，过氯乙烯干洗潮湿撕裂强度为30~45N/5cm。

（5）用于皮革粘接　聚酰胺树脂单独用于皮革粘接时，其粘接效果不甚理想。若将聚酰胺与少量环氧树脂及增塑剂经热混、反应后制成热熔胶条，对皮革制品的粘接强度和固化性能就会大有改善，且适用于直接供料的涂胶设备。这是因为环氧树脂与聚酰胺分子中的胺基上的氢原子直接反应，从内部增强了树脂，改善了其流动性和尺寸稳定性，而且还能使胶粘剂在熔融状态下的湿透能力得到提高。但环氧树脂的用量要合适，否则易出现凝胶现象。例如先将85.5 份（质量份，下同）聚酰胺A（由豆油二聚酸与乙二胺反应制成，胺值为1.9mgKOH/g，酸值为7mgKOH/g，软化点为105~115℃）加到反应釜中，升温至150℃，使之熔化；另将4.0 份环氧树脂（熔点为20~28℃，环氧当量为225~290）与5.7 份磷酸三丁酯（增塑剂）混合，然后加入反应釜中，在强烈搅拌下，于140~150℃反应30min；最后加入4.8 份聚酰胺B（由二聚酸、三聚酸与二乙烯三胺反应制得，胺值为25mgKOH/g，酸值为12mgKOH/g，软化点为43℃），在连续强烈的搅拌下，继续加热反应0.5~1h，使反应完全。产物于85~90℃经挤出机挤成直径为ϕ300μm 的胶条。

（6）其他应用　由聚酰胺、聚环氧化物、苯酚和其他添加物混合配制成的聚酰胺热熔胶在熔融状态下，具有良好的流动性和很强的润湿能力，用于铝箔和涂塑纤维板容器，粘接强度很高。这是因为聚酰胺和环氧树脂是反应性组分，能与热塑性载体相混。作为非反应性热塑性载体，聚乙烯、丁二烯和烯烃树脂的加入有助于提高胶粘剂的粘接强度、增加树脂间的相容性，赋予热熔胶柔韧性。而适量地加入苯酚，能防止在较高的使用温度下，环氧树脂与聚酰胺反应形成凝胶，并提供更多的烃基，增加胶粘剂的极性，改善其润湿性。例如将26.5 份（质量份，下同）β-蒎烯树脂（熔点为115℃）加入WP 型混合器中，升温至165℃，加入19.6 份烯烃树脂（98 份异丁烯和2 份异戊二烯的共聚物），搅拌混合后，降温至130℃；另将7 份聚酰胺树脂（胺值为1.3mgKOH/g，软化点为105~115℃，粘度为15~30Pa·s/150℃）加入一个带有搅拌的加热容器中，升温至150℃，加入10.6 份环氧树脂（熔点为95~105℃，环氧当量为870~

1025)，搅拌30min，使其熔化成为均相的混合物，然后也加入WP型混合器中，混合均匀；再加入2份2，6-二叔丁基-4-甲基苯酚，最后加入34.3份聚乙烯(相对分子质量为12000）反应30min。将此熔融物在挤出机中于95℃挤成直径为ϕ3mm的胶条，该胶条可供直接供料粘接装置于200℃熔化使用。

10.3.4 聚酯热熔胶

1. 聚酯热熔胶的组成

聚酯热熔胶是以聚酯树脂为主体材料而制得的一类热熔胶，通常只有聚酯一种成分，一般不需要加入其他配合成分。

作为聚酯热熔胶基体的聚酯树脂，是由多元酸和多元醇经过酯交换反应、酯化反应和缩聚反应制得的饱和线型热塑性树脂。其主要原料是二元羧酸（酯）和二元醇。常用的二元羧酸（酯）有对苯二甲酸及其二甲酯、间苯二甲酸及其二甲酯、癸二酸、六氢化间苯二甲酸等；常用的二元醇有1，4-丁二醇、乙二醇、1，6-己二醇、四亚甲基二醇等。根据对聚酯熔点高低、粘接强度大小、胶柔韧性的不同要求，选用不同的二元羧酸和二元醇及摩尔比。

在选择合成聚酯单体时，要考虑聚酯热熔胶的使用性能，兼顾低温粘接性和耐热性、流动性和分子内聚力。可采用以下方法来调节聚酯热熔胶的性能，即采用共聚聚酯可降低热熔胶的熔点，增加胶层的柔软性；在聚酯分子中引入脂肪链，同样可以降低聚酯热熔胶的熔点，增加柔软性和粘附性，并可提高聚酯的结晶性和结晶速率。

在实际应用中，为了改善热熔胶的某些性能，有时也加入一些其他助剂。主体材料与其他助剂的配比一般并不十分严格。助剂的加入主要为了改善聚酯树脂的熔体粘度。经常用的稀释剂有齐聚苯乙烯树脂和石油树脂，增粘剂有二甲苯树脂、苯酚树脂，填料有滑石粉和碳酸钙。有时，为了适应不同的工作条件，还需加入玻璃纤维和碳纤维等补强剂、溴化芳香族化合物和磷化合物等防燃剂、二苯基甲酮系化合物等紫外线吸收剂等。

2. 聚酯热熔胶的性能及应用

热熔胶所用的聚酯是介于低熔点的脂肪族聚酯和高熔点的芳香族聚酯之间的一类聚酯，具有一定的结晶度、刚性，弹性好。聚酯热熔胶以共聚物单独使用为主，具有优良的耐热性、耐寒性、电性能、热稳定性、耐介质、粘接性；使用温度范围宽，可在-40~150℃温度范围内使用；被粘对象广，尤其对纤维、皮革等材料具有很好的粘接性，耐干洗和水洗；固化速度快，能快速粘接；能耗低，成本低。这类热熔胶广泛用于制鞋、服装、电器、建筑等行业。根据使用场合的不同，可将聚酯热熔胶制成粉末、粒子、膜、卷材、溶液等形态。其缺点是在加热熔融时的粘度较大，用手工操作比较困难，一般需用专门的涂布机械进行施工。

聚酯热熔胶品种很多，有专为赋予粘接表面有效的润湿和粘接能力，以及改善耐热性而加入低熔点或高熔点树脂；为显示胶粘剂沉积位置、数量和活化状态而加入少量粉末染色材料的含指示剂的热熔型胶粘剂；有含纤维素用于临时粘接搭接缝用的纤维热熔型胶粘剂；有要求强固的粘接并具有弹性和柔性，制作勾心用的线型三元共聚酯胶粘剂；有为显著缩短固化时间的含有石蜡成分的聚酯热熔胶；有为改善变色现象而使用芳香族磷酸酯改性的高相对分子质量线型共聚酯；也有为拓宽粘接范围制作的酯—酰胺多相共聚物的热熔型胶粘剂。

由于聚酯热熔胶对羊毛、棉、木棉、麻等天然纤维和涤丝、尼龙等合成纤维均有良好的粘接性，已用于衣料服装、地毯、垫片、车辆内装饰等纤维制品层压以及薄膜、无纺布等制作。结晶型的、玻璃化温度低的、耐寒、耐热振动的聚酯热熔胶用于制作罐等金属容器。聚酯热熔胶具有耐热、耐寒、耐水、耐汽油等性能，以及对金属和极性塑料优良的粘接性，从而在汽车工业中得到广泛应用，为汽车的轻量化提供了物质基础。该热熔胶的优良耐热、耐湿和电气特性使其在电子工业中获得应用，如变压器接头固定、偏光偏转线圈固定、聚氯乙烯电线捆束等，以及电气毛毯和软电枢的加热线圈绝缘或固定等，为电子工业的技术革新提供了功能性材料。聚酯热熔胶还能应用于木工、包装、制鞋、建筑材料等行业。

3. 聚酯热熔胶的改性

为了提高聚酯热熔胶的高温粘接性、耐湿、耐水、耐候性等性能，可向聚酯分子末端引入反应性基团，可通过反应性官能团进行交联达到目的。

(1) 用羟基或羧基封端的聚酯分子与其他活性基团反应　利用聚酯分子原有的端羟基或羧基与多异氰酸酯、酸酐—环氧树脂、过氧化物或酚醛树脂等反应交联。如加有多异氰酸酯的聚酯热熔胶复合薄膜，其可曲挠性、高低温粘接性、耐水性、耐蒸煮性等均大幅度提高；用三种不同结晶度、不同玻璃化温度和软化点的聚酯与环氧树脂掺混制成可交联的聚酯热熔胶，可提高其高温粘接性（可在80℃时粘接）；采用不同规格的聚酯树脂，可调节热熔胶的柔韧性和弹性，提高其剥离强度；环氧树脂的加入量必须经过计量，否则热熔胶在贮存过程中会变质。混合物的交联机理是聚酯分子中的羧基将环氧树脂分子中的环氧乙烷环打开，生成β-羟基酯基。这种热熔胶可作结构胶粘剂，用于聚氨酯、聚碳酸酯等工程塑料的粘接。

将聚酯的端羟基与多异氰酸酯或乙烯基二烷氧基硅烷反应，生成端异氰酸酯或端烷氧基硅烷预聚体，可用作湿固化热熔胶。

在聚酯组分中加入乳酸成分，使聚酯热熔胶具有生物可降解性，常用于一次性制品的粘接，有利于环保。例如由1，4-丁二醇—辛基十二酸—丁二酸共聚体与增粘剂配成的热熔胶透明、可生物降解，可用于粘接纸板。乙二醇与过量的己二醇制备的低聚酯（酸值为91mgKOH/g），与二异氰酸酯反应制备的共聚物也可以生物降解。

(2) 用聚醚对聚酯进行改性 用中等相对分子质量的对（间）苯二甲酸乙二醇酯或丁二醇酯进行改性，经高温缩合得到无规共聚物。由于聚醚分子链段具有很好的柔性，将其作为共聚单元无规地嵌接在聚酯大分子链上，一方面使共聚物大分子链变得柔软；另一方面打乱了聚酯大分子原有的有序排列，降低了大分子链间的相互作用力或结晶程度，其结果是显著降低了聚酯树脂的熔点和熔体粘度，使其适合于做服装衬里的胶粘剂。这种改性聚酯可制成热熔胶浆。

10.3.5 苯乙烯类（SDS）热熔胶

苯乙烯类热熔胶主要是指苯乙烯—丁二烯—苯乙烯三段共聚物（SBS）和苯乙烯—异戊二烯—苯乙烯（SIS）类热塑性弹性体，与增粘树脂、抗氧剂等其他配合成分配制而成的一类热熔胶，简称 SDS 热熔胶。

1. SDS 热熔胶的组成

这类热熔胶的主体成分为 SBS、SIS 嵌段共聚物，室温下为弹性体，高温时具有热塑性。加入增粘树脂和增塑剂可以降低其熔体粘度，非常适于用作热熔胶和热熔压敏胶。

2. SDS 热熔胶的性能

苯乙烯类热熔胶中嵌段共聚物的端基链段对性能有影响。若端基为软链段即橡胶态链段时，具有增塑剂的作用，模量降低，故商品都是以硬链段即聚苯乙烯链段为端基。苯乙烯质量分数为 20% ~30% 时，嵌段共聚物有相似于硫化橡胶的性质；质量分数高于 33%，共聚物有冷流现象。通常，硬链段增大，产品的模量和拉伸强度随之增加。星型嵌段共聚物与线型嵌段共聚物相比较，在单体配比和相对分子质量相同的条件下，星型嵌段共聚物的分子体积小、配制熔体粘度低、有利于胶粘剂的配合，胶粘剂的剪切强度和耐蠕变性也高。SIS 热熔胶的粘接性比 SBS 热熔胶强，耐候性、耐寒性也有改善。

一种装配用的热熔胶配方（质量份）为 SBS（kraton1102）100 份，末端嵌段树脂（Piccotex 120）150 份，中间嵌段树脂（Wingtack 115）50 份，稳定剂 2 ~5 份。177℃熔体粘度为 16Pa · s，拉伸强度为 4.1MPa，伸长率为 700%，剪切强度为 1.5MPa，剪切破坏温度为 73℃。

3. SDS 热熔胶的改性

SBS 和 SIS 分子链中含有双键，易老化。为改善其耐老化性，可在聚合过程中适度加氢，使丁二烯链段氢化成聚乙烯和聚丁烯链段而成为 SEBS；或加入适量的丁苯橡胶，丁苯橡胶有利于分子间的交联，形成稳定的网络结构。SIS 也可以在聚合过程中使异戊二烯氢化成聚乙烯和聚丙烯，成为 SEPS。

为提高 SBS 热熔胶与极性材料的粘接强度，可用马来酸酐接枝 SBS 或将 SBS

磺化，以改善 SBS 热熔胶与极性材料的粘接能力。

SBS 热熔胶弹性大、硬度小，可加入聚苯乙烯（包括废弃的聚苯乙烯泡沫塑料）、苯甲酸和适当的无机填料，以提高 SBS 热熔胶的硬度。

10.3.6 聚烯烃热熔胶

聚烯烃类热熔胶主要包括以聚乙烯（PE）和聚丙烯（PP）及各自共聚物为基料配成的热熔胶。这类树脂的熔体本身具有一定粘性，冷却即有强度。

聚烯烃及聚烯烃共聚物或掺和物在复合材料中发挥了重大作用，因为它对难粘材料的粘接性大大优于其他类型的胶粘剂。例如对聚乙烯、聚丙烯、定向聚丙烯（OPP）薄膜等聚烯烃材料，聚酯、聚碳酸酯、丙烯腈—丁二烯—苯乙烯（ABS）等塑料，纸、木材、金属、陶瓷等均能显示出良好的粘接性。其最大的特征是未经处理的聚烯烃材料经其粘接，粘接强度比其他类胶粘剂高几倍至10倍。

由于聚烯烃自身具有粘性，不加其他成分即可用作热熔胶，但在大多数场合下需加入增粘剂、微晶蜡、抗氧剂、填料等，以满足不同的需要。鉴于聚烯烃是非极性材料，因而与其配合的增粘剂等辅料也必须是非极性或低极性的，这样才能保证原料之间的互混性。为了适应不同的应用需求，提高聚烯烃热熔胶的性能，可以通过共聚或接枝的方法对基体树脂进行改性，也可以通过几种树脂共混或添加特殊添加剂来达到改性的目的。如聚烯烃热熔胶的力学强度较低，为改善其力学强度，可在聚乙烯中引入极性单体与乙烯共聚，提高胶粘剂对极性表面的粘接强度；同时，可供选择的配合剂也更多，增加了聚烯烃热熔胶的适应性。

聚烯烃热熔胶可用于食品包装容器的热封、硬纸板箱、盒的粘接、无纺布制作，聚烯烃材料的粘接，地毯拼缝，地毯背胶，书籍无线装订，瓦楞纸板的制造及复合材料的粘接。

1. 聚乙烯及乙烯共聚物热熔胶

（1）聚乙烯热熔胶　聚乙烯热熔胶采用低相对分子质量聚乙烯作树脂原料，与天然萜烯树脂、脂肪烃、蜡、抗氧剂等相混溶。用作热熔胶的熔体流动速率为2~20g/10min，它具有价格低、易粘接多孔性表面的优点。在聚乙烯热熔胶的配制中，因聚乙烯的极性很低，为保证互混性，必须选择低极性辅料。

聚乙烯热熔胶主要应用于纸箱、纸盒包装，食品包装容器热封，无纺布制作，地毯拼缝胶粘带，汽车地毯衬背，服装衬布粘接等。

聚乙烯热熔胶的力学强度较低，为扩大其应用范围，可引入极性单体与乙烯共聚，以提高胶粘剂对极性表面的粘接强度；另一方面，可供选择的配合剂种类也大大增加，一系列天然树脂或合成树脂均可采用。可与乙烯共聚的单体很多，用作胶粘剂的主要有丙烯、醋酸乙烯酯、丙烯酸（酯）、马来酸酐、氯乙烯等；

另外，乙烯三元或多元共聚物也有用作热熔胶的，其中最重要的品种是乙烯—醋酸乙烯酯（EVA）共聚物。

（2）乙烯—丙烯酸酯共聚物热熔胶　丙烯酸酯中常用的酯基为甲基、乙基和丁基等，其中以丙烯酸乙酯为多。以乙烯为主链，丙烯酸乙酯与之无规共聚，最终生成热塑性树脂性质的乙烯—丙烯酸乙酯共聚物（EEA）。丙烯酸乙酯的质量分数一般为23%左右，其结构与乙烯—醋酸乙烯酯共聚物类似，性能比后者好。因为乙烯—丙烯酸乙酯共聚物具有低密度聚乙烯的高熔点和高醋酸乙烯含量EVA树脂的低温性，其耐热性优良，热分解温度比EVA高30~40℃，且无乙酸脱出；其低温特性优良，玻璃化温度比EVA低10~15℃，低温柔软性和耐应力断裂性强；其极性比EVA共聚物低，但与增粘剂和蜡的相容性等同。

乙烯—丙烯酸乙酯共聚物热熔胶常于高温涂布，在要求较高粘接强度或较好低温粘接性的场合下使用，特别用于聚烯烃材料的粘接，更能发挥其独特的作用。

（3）乙烯—丙烯、乙烯—α-烯烃共聚树脂热熔胶　这类胶粘剂的品种很多，共聚的目的是改善聚乙烯胶粘剂的粘接性。一般采用非晶型或低晶型聚烯烃共聚树脂作胶粘剂基料，通常是二元或多元共聚物，如乙烯—丙烯或乙烯—丁烯—1等共聚树脂胶粘剂。有的引入第三单体含羧基的化合物和马来酸等，以提高共聚物分子的极性。这类共聚物的粘接性均优于聚乙烯，力学性能良好，有的还有良好的耐热性。向树脂中配以增粘剂、蜡、填料和抗氧剂等制得的热熔胶，主要用于聚丙烯、聚乙烯等聚烯烃材料的粘接，必要时辅之以表面处理；粘接金属与热塑性塑料时不损坏粘接面，如钢板、金属箔、电缆、玻璃、木材、纸、赛璐珞、铝、尼龙、聚酯、聚氨酯、乙烯—醋酸乙烯酯和乙烯—乙烯醇共聚物等的复合粘接；还可以粘接薄膜、薄板、或容器、瓶、管等。根据应用的具体要求，设计共聚物单体组成和胶粘剂组分。调整胶粘剂组分，该类树脂也可用于配制压敏胶粘剂。

（4）聚乙烯—马来酸酐接枝共聚物热熔胶　将低密度聚乙烯（LDPE）或线型低密度聚乙烯（LLDPE）与马来酸酐进行溶液接枝或熔融接枝，可在LDPE及LLDPE的分子链上引入羧基，以增加聚乙烯的极性。配成的胶粘剂粘接强度比纯聚乙烯的高出许多，可用于金属与金属或金属与非极性材料。例如铝塑复合管的生产中所用的热熔胶就是马来酸酐接枝LDPE或LLDPE。在实际应用中，只需接枝少量的马来酸酐（MAH）单体，聚乙烯的粘接性能就可显著提高。如未接枝马来酸酐的聚乙烯对碳钢试片的剪切强度仅为0.2MPa；当接枝率为0.06%时，其剪切强度就可达到1.24MPa；在接枝率为0.6%时，剪切强度就高达6.77MPa。

（5）乙烯—乙烯醇共聚物热熔胶　日本田冈化学工业公司开发的该热熔胶

的主要组成（质量份）如下：10～90份乙烯—乙烯醇共聚物（如 Technolink R-400），10～90份聚酰胺（如 Maciomelt6239），0.01～5份烷氧基硅烷（如乙烯基三乙氧基硅烷、γ-氨丙基三乙氧基硅烷、γ-环氧丙氧丙基三甲氧基硅烷）和0.01～5份任意多羧酸酐（如 Rikacid TMEG）和/或1～50份增塑剂（如 Nucre N 1525）。该热熔胶用来粘接金属、塑料、橡胶、木材等。

（6）乙烯—醋酸乙酯—乙烯醇三元共聚树脂热熔胶 三元共聚树脂是 EVA 的皂化产物。由于分子中含有羟基，改善了对许多材料的粘接性，并且树脂刚性、加工性、着色性都有提高；还易与酸酐、酰氯、异氰酸酯、酸、酚、尿素等反应，进行多种改性。

三元树脂的特性大致由乙烯、醋酸乙烯酯、乙烯醇的组成比例和树脂相对分子质量所决定。一般皂化度较低的树脂，低温密封性与柔软性较好，适宜于塑料、织物等的粘接；而皂化度较高的树脂，高温蠕变性提高，耐热性改善，尤其适宜对金属、木材、玻璃、陶瓷的粘接。该热熔胶主要用于安全玻璃粘接、服装衬里粘接、以及自来水管内面涂层、玻璃瓶防护涂层等。HM-3 热熔胶已应用于丝织业尼龙梭圈的制造上。

还有乙烯—醋酸乙烯酯—丙酸乙烯酯三元共聚树脂，其极性高，用于包装材料纸、塑料膜和铝箔等的粘接，显著提高了耐热性、熔融物的长期稳定性以及耐蚀变色性。

2. 聚丙烯热熔胶

聚丙烯本身属难粘材料之一，但组成热熔胶后具有一定的粘接性，对难粘材料聚丙烯等更有独特的粘接性能。但无规聚丙烯热熔胶固化速度稍慢，耐热性差，常与相对低分子质量聚乙烯或结晶型聚丙烯混合，以改善固化速度与耐温性。为了改善热熔胶的性能，聚丙烯常与乙烯—醋酸乙烯酯共聚树脂、乙烯—丙烯酸乙酯共聚树脂、硫化橡胶、酚醛树脂、聚乙烯、α-烯烃及其羧基衍生物的接枝共聚物、苯乙烯等掺混，得到的热熔胶在复合材料中应用，其对难粘材料的粘接性优于其他类型胶粘剂。例如对聚乙烯、聚丙烯、定向聚丙烯（OPP）薄膜等聚烯烃材料，其最大的特征是未经处理的聚烯烃材料经其粘接，所得粘接强度比其他类胶粘剂高数倍至10倍。该类热熔胶可应用于纸、聚丙烯、聚乙烯、铝箔等粘接，较多地用于纸包装、瓦楞纸箱、无纺布、地毯背衬、纸张复合、填隙、电视机显像管偏转线圈固定等。

近年来，聚丙烯热熔胶在复合材料上的应用研究很活跃，与此同时也研制出多种相应的新产品。例如可粘接复合汽车、器械、家具和小型电子装置等生产过程中聚丙烯材料的聚丙烯基热熔胶，该胶在被粘体回收处理时容易除去；聚丙烯与极性材料多层复合用的聚丙烯基热熔胶，它们大多是以聚丙烯—乙烯—α-烯烃为基料的胶粘剂，有的掺有它们的羧基衍生物的接枝共聚物；粘接复合勿需处理的聚丙烯和聚乙烯材料的聚丙烯—乙烯—苯乙烯胶粘剂，以及与SBS掺混组成的压敏热熔胶等。

10.3.7　其他类型热熔胶

1. 环氧树脂热熔胶

SR-10胶粘剂由E-35环氧树脂100份（质量份，下同）和双氰胺5~6份配制而成，制成胶棒。该胶主要用于钢、铝金属件的粘接。应用时，把被粘物预热到120℃，再用胶棒涂敷趁热搭接，然后在180℃温度下固化1~2h。粘接铬锰钢的剪切强度为26MPa，粘接耐热钢不均匀扯离强度为180N/cm。它耐化学介质好，即使在乙醇、汽油中泡1个月，性能也不会变。

一种高强度环氧胶棒的配方如下：E-20环氧树酯100份（质量份，下同）；铝粉15~20份；691#甘油酯20~60份。

691#甘油酯由1mol甘油和3mol己二酸缩合而成。

该胶棒用于钢、铝金属件的粘接。应用时，先将被粘接物预热到120℃，涂胶搭接后，在160℃温度下固化2h，然后在180℃下固化4h。用此胶粘剂粘接铝合金的剪切强度为36.6MPa，粘接钢材的拉伸强度>80MPa。

环氧棒料焊剂的配方如下：E-35环氧树酯100份（质量份，下同）；气相二氧化硅10份；邻苯二甲酸酐60份；铝粉50份。

制成胶棒后，用于钢、铝金属件的粘接。应用时，将被粘物预热到196~200℃，涂胶2~3min后搭接，然后在185℃下固化2~3h。

粘接铝合金和钢材的剪切强度分别为63.5MPa和57.4MPa，粘接铝合金和钢材的拉伸强度分别为100MPa和101.8MPa。

HY-915Ⅱ支农胶棒配方如下：固态环氧树脂100份（质量份，下同）；双氰胺适量；聚乙烯醇缩丁醛若干。

将被粘接物预热到196~200℃，涂胶2min搭接，然后在185℃温度下固化2~3h。

用此胶粘剂粘接钢和铝合金，其剪切强度分别为56.4MPa和63.5MPa，主要用于钢材和铝合金的粘接。

2. 酚醛热熔胶

酚醛热熔胶是一类热固性热熔胶。以熔融苯酚与无水甲醛在催化剂存在下加热（110~125℃）缩合，可制备贮存稳定的无溶剂酚醛树脂。在反应过程中，不断地移除生成水，直至无游离醛为止。该树脂相对分子质量为500~5000，加热到140~160℃使用，可迅速粘接多种材料，加热时没有挥发物逸出，可用于包装、纸复合、无纺纤维浸渍、装订书和家具制造等。配方举例如下：

配方1　酚醛树脂热熔胶

组成	配比（质量份）	组成	配比（质量份）
甲阶酚醛树脂	100	苯	80
聚乙烯醇缩甲醛	30~50	2-氯乙醇	适量
甲醇	70		

被粘物加热至170℃后，加入胶粘剂保温30min。

用此胶粘剂粘接铝合金，其剪切强度为25MPa，可用于金属件的粘接。

配方2 尼龙—酚醛热熔胶

组成	配比（质量份）	组成	配比（质量份）
尼龙6	85	甲酚	30
苯酚	20	氢氧化钠（水溶液）	1.5
甲醛	100		

先将被粘接件加热到150~160℃，撒满胶粉使之熔化，然后搭接，保温20~30min。

用此胶粘剂粘接铝合金，其剪切强度为30MPa，主要用于金属件的粘接。

3. 聚酰亚胺热熔胶

双马来酰亚胺（BMI）是一种热固性聚酰亚胺，因其突出的耐热性，良好的力学性能、电性能、耐环境性及耐辐射性等特性，成为一类较理想的耐热高分子材料。如一种可应用于航空发动机相关零部件粘接及定位的耐高温热熔型聚酰亚胺树脂，所用主要原材料为4，4′-二氨基二苯甲烷（MDA）、双马来酰亚胺（BMI）、聚醚酰亚胺（PEI）、催化剂C、改性剂D、4，4′-二氨基二苯砜（DDS）、石棉粉、玻璃纤维粉。制备工艺是将一定量的PEI和改性剂D在150℃的反应瓶中搅拌1~1.5h，然后加入BMI、催化剂C和DDS反应20~30min，再加入一定量的石棉粉，搅拌5min后进行真空脱泡，即制得无溶剂的热熔型聚酰亚胺胶粘剂。该胶粘剂耐热氧化稳定性好，可用于航空发动机相关零部件的粘接及灌封定位，具有广泛的应用前景。

10.3.8 热熔压敏胶

1. 热熔压敏胶的组成及制备

热熔压敏胶（HMPSA）是以热塑性聚合物为主的胶粘剂，它兼有热熔和压敏双重特性。在熔融状态下涂布，冷却硬化后施加轻压便能快速粘接，同时它能比较容易地被剥离，不污染被粘接表面。

热熔压敏胶的一般组成为热塑性聚合物、增粘剂、增塑剂、填充剂和抗氧剂等。用作热熔压敏胶的热塑性聚合物有热塑性弹性体、聚丙烯酸酯、有机硅及无定形聚烯烃等。其中，热塑性弹性体应用得最多，主要有SBS、SIS、SEBS、聚氨酯等。增粘树脂的品种有萜烯树脂、聚合松香、松香甘油酯、210树脂、422

树脂、240树脂、古马隆树脂、QMS改性松香等。其中，以萜烯树脂最为常见，α-蒎烯聚合的萜烯树脂性能最好。各种脂肪族矿物油是苯乙烯类热塑性弹性体较理想的软化剂。从软化效果来看，环烷油效果最好，其次是液压油、L-AN68全损耗系统用油、真空泵油、邻苯二甲酸二丁酯（DBP）等，一般采用混合型软化剂效果更好。最常用的防老剂是N，N-二丁基氨基二硫代甲酸锌，用量一般为热塑弹性体的2%～5%（质量分数）。将几种防老剂配合起来使用，往往有更好的效果。常用的交联剂与天然橡胶的硫化剂相同，有硫磺或硫载体、过氧化物以及活性酚醛树脂等三类。为了降低成本，可以用天然橡胶及其他合成橡胶弹性体代替一部分热塑弹性体，也可以加入某些增强性填料，如粘土、滑石粉、钛白粉等。

工业上制造热熔压敏胶的方法有连续法和间歇法两种。连续法是将配方中各固体成分经粉碎和初步混合，连续地送进被加热到一定温度的密闭双螺杆混合挤出机中，在那里熔融并搅拌均匀，然后连续地被螺杆挤出。最好是把涂布装置与双螺杆混合挤出机连接在一起，将熔融状态的胶粘剂直接涂布成最终的压敏胶产品。间歇法是将一定量的胶粘剂各成分粉碎后，加入带有搅拌的混合器内，加热熔融并搅拌均匀后出料。

2. 热熔压敏胶的改性

（1）粘度调节剂改性　粘度调节剂改性是指在热熔压敏胶中通过添加粘度调节剂来改善胶粘剂的流动性。通常，粘度调节剂为蜡类物质（如石蜡、微晶蜡和合成蜡等），其基本特点是可以降低热熔压敏胶的熔融粘度，提高其流动性；改善耐蠕变性、可曲挠性、减少抽丝现象；降低热熔压敏胶的生产成本；蜡类物质的加入会对胶粘剂的内聚强度和粘接强度产生负面影响。石蜡为碳原子数在22～36之间的正构烷烃组成的混合物，表征其性质的主要参数有结晶度、相对分子质量及其分布等。当石蜡的相对分子质量增至某一值时，石蜡与弹性体会出现不相容现象，从而发生相分离，此时会导致胶粘剂的粘接强度和拉伸强度降低。微晶蜡为C_{31}以上的支链饱和烃、环状烃和直链烃等组成的混合物；合成蜡一般为各种低相对分子质量聚乙烯、无规聚丙烯及α-烯烃等。这类蜡类物质的熔点一般在50～90℃之间，与热熔压敏胶中的热塑性弹性体具有很好的相容性。Paul等试图在热熔压敏胶配方中加入质量分数为3%、软化点为94℃的石蜡，制取的热熔压敏胶在120℃时的粘度小于1000mPa·s，玻璃化温度小于75℃，且具有很好的内聚强度。

（2）弹性体改性　目前，在热熔压敏胶中报道较多的是EVA系列与苯乙烯（St）共聚物系列。在EVA系列中，VA含量和熔体指数是影响热熔胶性能的两个关键因素。通常在EVA热熔胶中，当$w(\mathrm{VA})=0\sim30\%$、熔体指数为1.5～400g/10min时较适宜。低温型EVA热熔胶的研究报道较多，并且制备技术已基本成熟。St类热塑性弹性体共聚物胶粘剂不仅具有热熔胶的特征而且还具有压敏胶的特性，故其应用范围比EVA热熔胶更广。通常，SIS（聚苯乙烯/异戊二烯/苯乙烯）热熔压敏胶比SBS（聚苯乙烯/丁二烯/苯乙烯）热熔压敏胶具有更低的熔融粘度和更适宜的内聚强度，但是SIS的生产成本高于SBS，由此制约了SIS热熔压敏胶的推广与应用。吴永升研究出一种可低温涂布的热熔压敏胶，该胶粘剂要求热塑性弹性体的熔体指数大于12g/10min，由此制备的胶体在130℃时的熔融粘度小于2000mPa·s，并且可以在120~130℃之间进行喷涂。该热熔压敏胶可用作一次性卫生制品的定位胶。

（3）增粘树脂共混改性　增粘树脂的最初定义是指一类含有脂肪环状结构的单体、或含有脂肪环状结构的有机酸酯、或在聚合过程中能形成环状结构单体的低分子聚合物，相对分子质量从几百到几千不等，软化点为60~150℃的无定形热塑性聚合物的总称。随着该领域研究的不断深入，增粘树脂已从脂肪族发展到芳香族。芳香族增粘树脂在市场中已占有很大的份额，在胶粘剂中应用广泛。Abba等在热熔压敏胶配方中加入了两种增粘树脂来调节其低温性能，并要求中嵌段增粘树脂的软化点高于110℃，芳烃质量分数低于1.5%，加入的质量分数为50%~62%；末端芳香族增粘树脂的软化点在125℃左右，加入的质量分数为0~20%。用该共混的增粘树脂体系调配而成的新型热熔压敏胶，其使用温度低于125℃，在此低温条件下的熔融粘度并不影响涂布机的喷涂效果，其性能与高使用温度型的热熔压敏胶相差无几。Bozich采用低软化点的增粘树脂作为主要增粘成分（如液体状萜烯树脂、松香树脂等），增粘树脂的软化点在25~65℃之间，并且配方中不加入增塑剂。这类低熔融粘度、低使用温度的热熔压敏胶非常适用于妇女卫生巾的制备。Mehaffy等在胶粘剂中加入纯芳香族树脂，使其与弹性体中的PS相相容，合适的添加比例能显著降低体系的熔融粘度，这主要取决于弹性体中St的含量。通常，控制弹性体中$w(\mathrm{St})=15\%\sim40\%$时较适宜。此类芳香族树脂报道较多的是聚α-甲基苯乙烯树脂、PS树脂和聚α-甲基苯乙烯/St/脂肪族共聚树脂等。

3. 热熔压敏胶的性能及应用

热熔压敏胶具有以下突出的优点：

1）不含溶剂，没有有机溶剂的公害问题，在制品生产过程中不需干燥工序；涂布机小型化，节能、省地方，生产线简洁紧凑，能高速生产，生产能力提高。例如一条典型热熔生产线的生产能力2~3亿m^2/a，而水系压敏胶为0.5~1.0亿m^2/a；在生产OPP包装带时，为了达到合格的粘接力，热熔胶的涂布量为$18g/m^2$，而丙烯酸酯乳液涂布量$23g/m^2$，比热熔胶高25%。所以热熔胶技术的成本低得多。

2）能涂布厚的胶层，胶层中无残留溶剂水问题，尤其室温的压敏胶性能优良，能粘接聚乙烯、聚丙烯等难粘材料。

3）适应多品种、少批量生产。

4）制品生产时，废弃物、排水处理等环境问题少。

由于热熔压敏胶是固体，不会在粘接后产生质量耗损，可用于非光滑表面的粘接，故热熔压敏胶涂布产品应用广泛。热熔压敏胶因其具有明显的优点，正在以较快的速度进入市场。除了 SIS、SBS 作弹性体外，丙烯酸酯、有机硅、无定形聚烯烃（APO）以及辐射固化型热熔压敏胶也均已投产，扩大了其应用领域。可以预计，热熔压敏胶制品将继续保持快速发展。

10.4 热熔胶的应用

10.4.1 热熔胶在电缆和光缆中的应用

无论是电缆还是光缆，均要求具有良好的防水防潮性能，以保证电缆和光缆的使用性能和设计寿命。

1. 热熔胶在通信电缆中的应用

目前，我国生产和使用的金属通信电缆以市内通信电缆的数量最大。市内通信电缆的导电媒体为铜导线。铜导线表面挤有聚烯材料作绝缘层。整个电缆用聚烯烃材料作护套。由于聚烯烃材料是大分子材料，聚烯烃的分子之间间隙较大，而水分子直径较小，因此聚烯烃材料不能阻止水分子的渗入。电缆的防水防潮能力是十分重要的性能，电缆内的潮气会使电缆芯丝的绝缘电阻下降，其他电气参数也会改变，同时会造成铜线的锈蚀。在电缆的护层中普遍使用金属带（铝带或钢带等）作为隔潮层，在金属带内充干燥空气或填充石油膏以保持缆芯的干燥。

在电缆生产的护套工序中，人们将平直的金属带通过纵包模具卷成圆柱状，因此就存在一条搭接缝。为了增加电缆的柔软性和抗侧压能力，人们往往将金属带轧纹。轧纹后的金属带搭接处很难吻合得十分完好，这就会在搭接处产生间隙，从而降低金属带阻水防潮的作用；同时搭接处金属带的接触面积减少后，会造成金属带搭接缝的剥离力降低，造成电缆不合格。为解决上述问题，保证电缆的应有使用寿命，人们常在金属带搭接缝使用热熔胶进行粘接。

热熔胶可以使金属带搭接处紧密粘接，使金属带搭接缝的剥离力远远超过标准规定的 0.8N/mm 的指标，而且热熔胶可以将搭接处的缝隙全部填满堵死，以防水分子的浸入。金属带涂敷热熔胶是由热熔胶机完成的。热熔胶机主要由热熔胶主机、加热管（也称喉管）、喷枪、喷嘴、喷磁阀和调压器组成。

热熔胶机可将热熔胶均匀化成液态，并保持在所设定的恒定温度上，然后通过泵（齿轮泵或活塞泵）将液态热熔胶挤出，经过加热管由喷枪喷出。良好的热熔机的加热管可设定在某一恒定温度上，以使热熔胶在加热管中保持恒定温度，以保证良好的流动性。喷枪也应具有保持设定温度的能力。喷嘴的形状会影响涂胶的效果。电缆生产用的喷嘴形状适于细长形。目前，进口热熔胶机的喷嘴大多不是专为电缆和光缆生产设计的，因此电缆厂可以自制一个合适的喷嘴换上。喷嘴放置的位置以靠近金属带即将卷成圆柱形的纵包模前部为宜，具体最佳位置可通过试验确定。原则是使热熔胶宜于涂上，并且在金属带卷成圆柱状时不会凝固而影响粘接效果。

生产中要注意：不要涂胶量过大，以免金属带成形后，热熔胶被挤出来。当缆芯进入挤塑机头后，胶粘到挤塑机模芯内影响挤塑机的工作。

电缆生产对热熔胶机的性能要求不高，只要求能够从主机至喷嘴的范围内提供适宜的恒定温度。主机还应提供适宜的压力使热熔胶连续由喷嘴挤出，喷胶量应能保持恒定，可不使用电磁阀。

目前，热熔胶的生产厂家较多，但由于热熔胶的应用范围较广，不同使用目的的热熔胶性能不完全相同，其材料组成也有所差异。电缆行业应选用以 EVA 和 EMA（乙烯接枝马来酸酐共聚物）为主要成分的热熔胶为宜。

2. 热熔胶在光缆生产中的应用

光缆的防水防潮性能要求更严格。在光缆中，既要防止水径向渗入光缆，又要防止水在光缆中纵向流动。防止水径向渗入光缆的方法主要依靠金属带的阻水作用，这与电缆相似，因此光缆生产厂可在光缆的金属带搭接处使用热熔胶粘接。

防止水在光缆中纵向流动，目前大多采用填充油膏的方法。这种方法存在一定的弊病，即油膏的填充量不好控制。油膏填充量过多，金属带卷包成圆柱形时会将油膏挤出，油膏挤到金属带搭接处，就会使金属带无法粘接，造成金属搭接处剥离力达不到标准的要求，甚至完全粘接不上，使金属带的防径向渗水作用大大消弱；如果油膏填充量偏少，又会使缆内油膏填不满，使光缆的防纵向渗水性能降低，以至造成光缆的纵向渗水试验不合格。使用热熔胶作阻水环，就可以有效解决这一问题，见图 10-2。在光缆中，每隔 1m 左右用热熔胶制作一个阻水环，就会使水在光缆中无法纵向流动，而阻水环又不会影响金属带搭接处的粘接效果。图 10-3 所示为阻水环制作的示意图。

阻水环的制作也是采用热熔胶机，在金属带尚未卷曲成圆柱形前，在平直的金属带上喷涂一条热熔胶带。制作阻水环的喷头应能喷出带状热熔胶，喷出的热熔胶带长度与金属带宽度相同。当金属带卷成圆柱形时，热熔胶带就形成一个环状，将缆芯与金属带紧紧粘严密封住。其工艺和热熔胶的性能应保证在金属带刚刚卷成圆柱形时热熔胶尚未完全冷却，从而使热熔胶将缆芯的缝隙填满密封阻水。生产中，应根据热熔胶的性能和护套生产速度，通过试验确定喷头的位置。

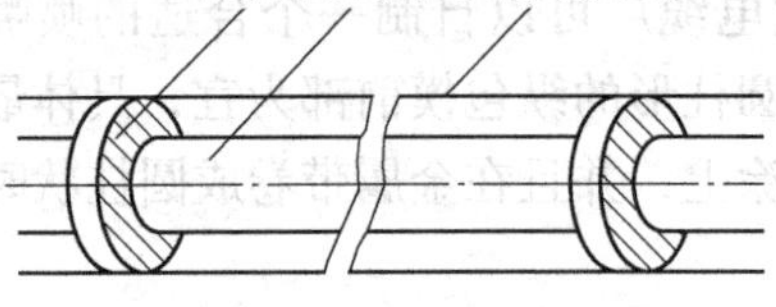

图 10-2　阻水环示意图

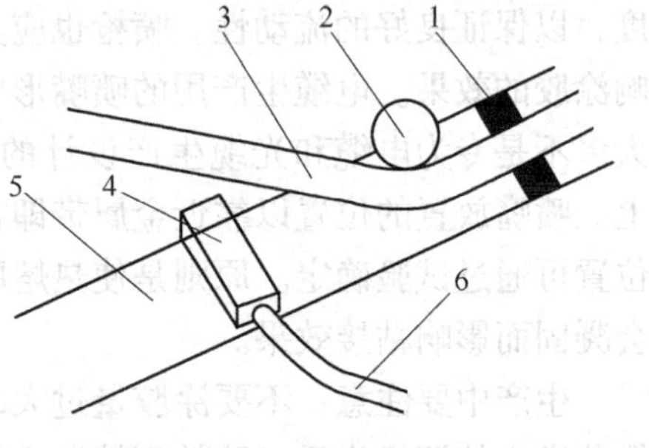

图 10-3　阻水环制作的示意图
1—喷在金属带上的热熔胶　2—导轮
3—光缆缆芯　4—阻水环用热熔胶喷头
5—金属带　6—热熔胶机的加热管

为使层绞式光缆的中心加强芯与松套管之间的缝隙阻水，应在成缆工序将中心加强芯在松套管绞合之前，在加强芯的表面涂一层热熔胶。当松套管绞合后，此层热熔胶就会将加强芯与松套管之间的缝隙填满，以阻止水的纵向流动。在阻水环处的光缆剖面示意图见图 10-4。

在生产中，松套管绞合后，为保持缆芯的稳定性，应在绞合后的松套管外扎纱或包带。采用阻水环时，宜采用扎纱的方式保持缆芯的稳定性。因为扎纱后的缆芯仅需按图 10-3 的方式，在纵包金属带与缆芯之间做阻水环；如果采用包带方式，则应在包带绕包之前采用环形热熔胶喷头在缆芯上喷包热熔胶环，然后绕包包带，包带外再采用图 10-3 所示的方法，在包带与纵包金属带之间制作阻水环。当光缆或电缆有内护层时，也可采用图 10-3 所示的方法，在内护层与纵包金属带之间制作阻水环。

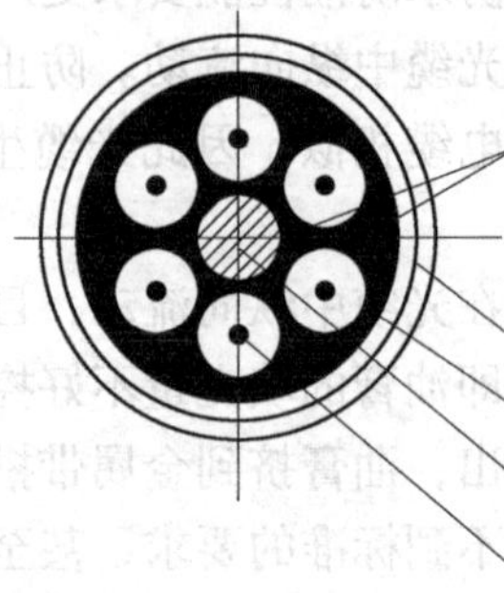

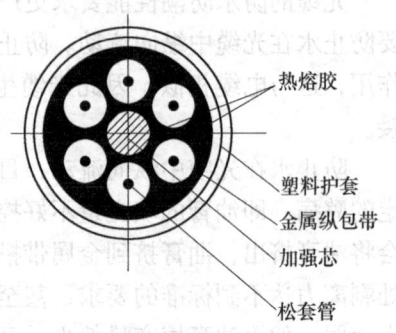

图 10-4　在阻水环处的光缆剖面示意图

在松套管与加强芯之间使用热熔胶粘接阻水，还会改善光缆的温度特性。众所周知，当光缆遇外界温度变化时，光缆中的各元件会随温度变化产生冷缩热胀效应。由于塑料的热膨胀系数远大于光纤的热膨胀系数，当低温时，松套管的收缩远大于光纤的收缩，这时会造成光缆中的光纤形成微弯曲，使光纤衰耗增加；当高温时，松套管的伸长远大于光纤的伸长，会使光缆中的光纤遭受拉伸力，使光纤的裂痕扩展，使光纤的衰耗增加、寿命降低。

加强芯多采用钢丝，其热膨胀系数远小于乙烯或PBT的热膨胀系数，因此当松套管与加强芯用热熔胶粘牢后，松套管受加强芯的制约，在温度变化时，松套管的变化量大大减少，从而改善了光缆的温度特性。

图10-5所示为某工厂自制的加强芯涂胶器的示意图。该涂胶器可放在成缆生产线上，并应有温度控制器，使涂胶器保持设定温度。热熔胶放入涂胶器中遇热熔化成液态，加强芯穿过涂胶器涂敷一层热熔胶。

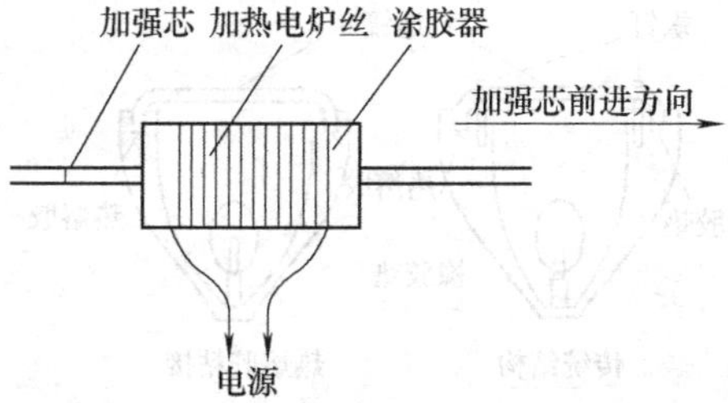

图10-5 加强芯涂胶器的示意图

光缆阻水环最好使用冷凝后柔软性好的弹性热熔胶。这样当光缆弯曲时，热熔胶不至开裂。就目前使用经验看，国产的以EVA和EMAA为主体的热熔胶完全满足使用要求。

阻水环生产使用的热熔胶机需要有自动控制喷胶的设备，以控制喷头定时喷胶。

10.4.2 热熔胶在汽车上的应用

热熔胶因其优越性能而在汽车上有着重要应用。通常，一辆汽车要用热熔胶4kg左右，其具体使用如图10-6所示。

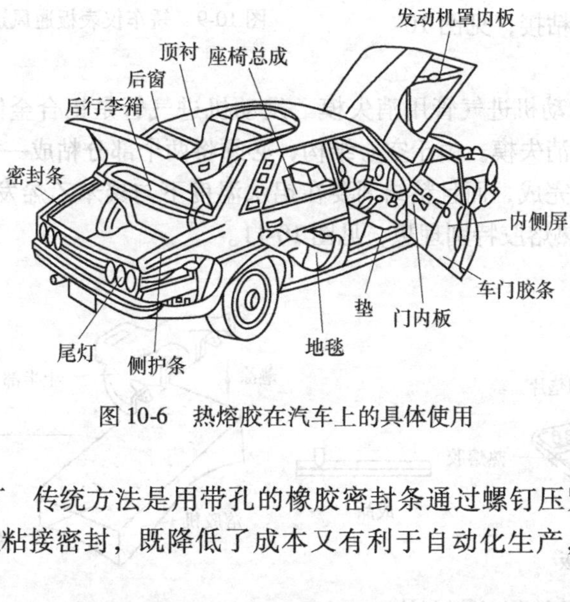

图10-6 热熔胶在汽车上的具体使用

（1）前照灯　传统方法是用带孔的橡胶密封条通过螺钉压紧密封。改用热熔胶后，可迅速粘接密封，既降低了成本又有利于自动化生产，而且密封性更好，见图10-7。

（2）座椅　以往座椅的生产都是采用卷边、卡扣及其他机械方法，将座椅与框架固定在一起。现在则使用热熔胶粘接，不仅可以减少错位现象的发生，还可以进行半自动化生产，大大降低了生产成本，见图10-8。

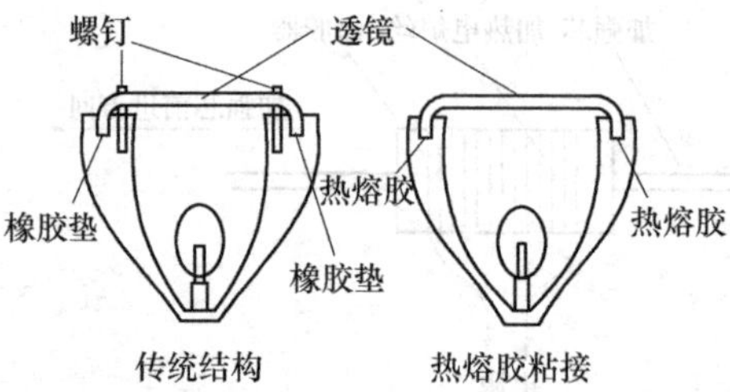

图10-7　汽车上前照灯的粘接密封

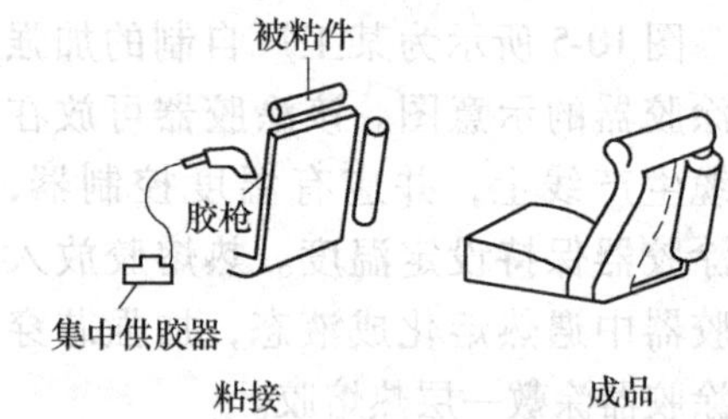

图10-8　汽车座椅的粘接

（3）仪表板通风道　轿车仪表板与纸板零件粘接后，形成一空腔通风道。过去是用大型订书钉连接，不仅浪费工时，而且密封不好。采用热熔胶后，提高了生产效率，并保证了质量，见图10-9。

（4）轿车节气门踏板　轿车节气门踏板是由聚丙烯材料制成的，考虑到耐磨性，在中间凹槽里需粘接一个聚甲醛圆片。这一圆片属难粘材料，只有用热熔胶才能粘接，见图10-10。

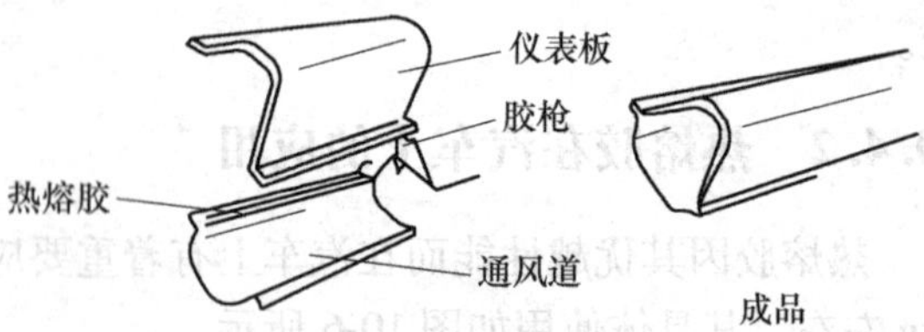

图10-9　轿车仪表板通风道粘接

（5）汽车发动机进气管用消失模　发动机进气管是铝合金制成，制造时采用发泡聚苯乙烯消失模。由于空心结构，必须将两个部分粘成一个整体，此工艺要求在几十秒内完成，而且粘结剂要在铝水温度下与聚苯乙烯发泡体一起消失，采用EVA/蜡基热熔胶特别理想，见图10-11。

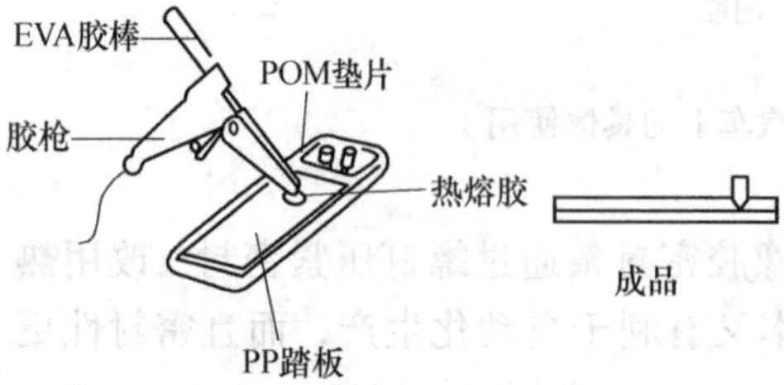

图10-10　轿车节气门踏板粘接

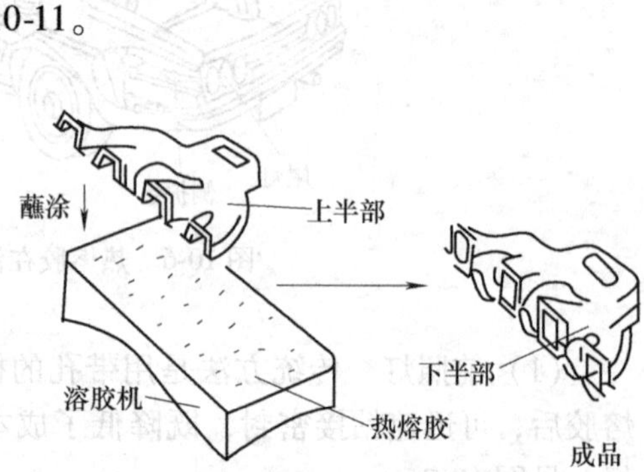

图10-11　汽车发动机进气管用消失模的粘接

10.4.3 热熔胶在铝塑复合管中的应用

铝塑复合管是指内外层为高密度聚乙烯管或交联聚乙烯管、中芯层为铝管、内塑管和外塑管与铝管之间分别用热熔胶粘接起来的五层结构复合管。它具有优异的力学性能，以及耐蚀、卫生安全、隔热保温、减阻、易安装、50 年的长使用寿命等优点，因而可克服单一金属管和全塑管的许多缺点，成为镀锌管、铜管、塑料管的革新换代产品，自 20 世纪 80 年代问世以来发展十分迅速。

热熔胶是铝塑复合管中继聚乙烯和铝箔之后的第三大必用原料，它的作用是将内塑管和外塑管分别与芯层铝管粘接起来，以保证铝塑管的强度、韧性、耐压性、耐温性、易安装性等综合优势充分发挥出来。

铝塑管用热熔胶的粘接对象是高密度聚乙烯（如 5000s、2480）或交联聚乙烯（XLPE）与铝，粘接过程与内外管和铝管的形成同步进行（一步法工艺），或者先成型内管、挤内层胶、包覆铝箔成管，再挤外层胶和外管（二步法工艺）。高密度聚乙烯是无极性的线型结晶型高分子材料，密度为 0.941~0.965g/cm^3，结晶度为 80%~95%，支化度小（1000 个碳原子中含 5~7 个 CH_3），平均相对分子质量通常为 1 万~30 万，熔点为 126~137℃，在常温下难以被胶粘剂粘接。传统上使用的 EVA、聚酰胺、聚氨酯热熔胶因粘接性差、耐热性差、挤出工艺不适应要求等，而无法直接应用于铝塑复合管的生产中。选择与高密度聚乙烯具有良好粘接性或者相容性的聚合物是制备铝塑管的关键，通常这些聚合物就是高密度聚乙烯、低密度聚乙烯和线型低密度聚乙烯。

一般在聚乙烯大分子链上引入极性基团，使其具有易粘性。带有极性基团的 PE 由于存在与其相似的 $(CH_2—CH_2)_n$ 大分子长链骨架，在熔融状态下可与 PE 熔合粘接，而极性基团在高温和压力作用下与铝表面产生部分化学键合而粘接。这种状态被冷却后保持下来，就形成了 PE-Al 的粘接结构。

引入聚乙烯分子链中并使其具备与铝粘接的极性基团有酸酐基、羧基、酯基、环氧基、羟基及离子团，但以酸酐基和羧基效果最好。引入的方法是将含有这些极性基团的不饱和烯烃单体与乙烯或聚乙烯接枝共聚。大量的论文报道了马来酸酐（MAH）和丙烯酸（AA）是两种最常用的极性单体，其共聚物 EMA 和 EAA 及接枝物 PE-g-MAH 和 PE-g-AA 就成为典型的两类四种热熔胶的结构形式，对金属尤其是铝和聚合物（如 PE、PP、PET、PA、EVOH 等）具有较好的粘接性。

共聚型热熔胶的生产需按照乙烯相类似的合成工艺制备，一般的企业无条件投产，只有大石化企业才有条件生产。国外仅美国 Dupont 公司、DOW 公司、日本尤尼卡等少数公司有这类产品，主要的产品形式为 EAA。

接枝型热熔胶的工业化生产以螺杆式挤出机反应挤出接枝为主，主要产品形式为不同密度的聚乙烯与马来酸酐的接枝物。这是因为PE-g-MAH比PE-g-AA对铝的粘接强度高；MAH为白色粉末，易加料和分散，活泼双键易接枝聚合而难以均聚；对引发剂破坏作用小，熔点低；对设备腐蚀性低于丙烯酸，价格低，产量大等。

10.4.4 热熔胶在其他方面的应用

1. 热熔胶在制鞋中的应用

(1) 绷帮 绷帮就是将鞋内底（通常是纤维基）钉在装有鞋帮的楦上，然后用胶粘剂使鞋帮与内底牢固粘度。绷帮所用的热熔胶要求粘接时间短，粘接强度高，通常采用聚酯型和聚酰胺型热熔胶，粘接过程在绷帮机上一次完成。热熔胶大多被预先制成直径为$\phi3\sim\phi4$mm的胶条，经过特殊管线输送到帮脚和内底的粘接部位，加压数秒钟即可完成绷帮粘接操作。

用聚酯热熔胶绷帮时，应选用癸二酸用量较高的胶，因为长碳链脂肪族的癸二酸可以增加聚合物分子链的柔软性和降低聚合物的熔点，其用量越多，聚合物的柔软性越好，熔点越低；它与芳香族二元酸相结合，可以使胶条具有较好的刚韧性，不致发脆，便于使用时送料。间苯二甲酸则破坏了聚合物分子链内的单元排列的规整性，较难结晶，熔点降低，柔软性增加，并提高胶粘剂对各种材料的粘接力。采用对苯二甲酸二甲酯: 间苯二甲酸: 癸二酸: 1，4-丁二醇 = 0.8: 0.1: 0.1: 2.0的摩尔比，或对苯二甲酸二甲酯: 癸二酸: 1，4-丁二醇 = (0.75 ~ 0.76) : (0.24 ~ 0.25) : 2.2的摩尔比，所制热熔胶都能满足绷帮要求。

用聚酰胺热熔胶绷帮时，由于它与聚酯热熔胶相比，在熔融状态下的相对粘度小，流动性能好，更便于喷胶和粘接。聚酰胺胶膜韧而不脆，且多余的胶可以反复使用。这类胶粘剂属于速凝型，固化快，粘接缝弹性高，几乎能与所有的鞋面、鞋里材料粘附，可以广泛地应用于天然皮革、人造或合成材料的粘接。它在制鞋中专用于搯边，并用来制作主跟、包头、绷帮等。使用这种胶粘剂的温度因所用工艺而异，一般为150 ~ 180℃。采用二聚酸: 癸二酸: 尼纶1010盐: 己内酰铵盐: 癸二胺: 乙二胺 = 0.5: 0.6: 0.4: 0.2: 0.25: 0.35的摩尔比的配方进行共缩聚，制得共聚酰胺的热熔胶能满足绷帮要求。

(2) 粘大底 用于粘大底的热熔胶在制鞋工业所用热熔胶中所占的份额最大。由于大底和鞋帮需要较高的粘接强度，所以一般使用结晶度高、内聚强度大的聚酯热熔胶。按对苯二甲酸二甲酯: 间苯二甲酸: 癸二酸: 1，4-丁二醇 = 0.45: 0.45: 0.10: 2.0摩尔比的配方制成的皮革用大底热熔胶为乳白色胶条，相对粘度为0.45 ± 0.05，环球软化点为(120 ± 5)℃，熔融温度为105℃，皮革—皮革剥离强度为196N/2.5cm，曲挠75000次未断裂。使用时，可先将聚酯热熔胶加热到熔融态，使其具有足够的流动性，然后涂布到大底和鞋帮上；也可将预先制好的热熔胶条通过特殊输送装置（有加热功能）挤压到大底和鞋帮上，热熔胶将迅速固化，所以这些大底和鞋帮可以堆放而不会发生粘连。需要粘接时，用热量活化热熔胶，然后将鞋帮与大底粘接，并施加压力300~500kPa，时间10s左右即可。如果粘接条件允许，也可仅在大底或鞋帮单面上胶，另一面不上胶；还可将热熔胶直接喷涂或挤压到粘接表面上，然后迅速将大底与鞋帮粘接，施压一段时间后即可松开。此时，胶粘剂已能提供足够的初粘力，保证粘接的需要。

（3）粘接主跟、包头 制鞋过程中，常需在鞋的前后两端衬以某些特殊材料，以保持鞋具有特定的形状，制鞋业称这两处内补为主跟和包头。用热熔胶粘主跟、包头，可免去水基型和溶剂型胶粘剂必不可少的干燥程序，缩短生产周期。所用热熔胶主要是EVA和PA类。使用方法是在由纤维基浸渍高分子材料后制成的主跟、包头片材或型材上涂布热熔胶。涂布可以采用直接涂布、逆辊涂布、浸渍涂布和喷涂等多种方法。热熔胶的涂布量单面大约为150~200g/m^2，双面约为300~400g/m^2。使用时，只需将已涂布过热熔胶的主跟、包头衬在鞋的适当部位，用专用设备施加热量和压力数秒钟即可完成粘接，快速简便。用此法粘接的主跟、包头通常有较高的硬挺度。

如果是软性包头，则可用小型挤出机将热熔胶直接挤到鞋帮内面的包头部位，并使之铺展成包头状。热熔胶冷却后即成为软包头，无需再加内衬。

2. 热熔胶在纺织品上的应用

热熔胶是纺织品尤其是服装加工中用得最多的一类胶粘剂，被广泛应用于无纺布、地毯接缝、衣料衬里、拉链等的粘接。应用于纺织工业上的热熔胶要有好的粘接强度、优异的柔软性、耐水洗/干洗。另外，由于织物在定型过程中大多要经过蒸汽处理，因此，要求胶具有耐高温蒸汽的特性，其软化点要求高于115℃，且要有适当的结晶度，以提高胶的热稳定性。例如以聚酰胺为基体，其下限（质量分数）为45%。对于柔软性极好的纤维织物，则要求热熔胶有较低的加工粘度。

（1）织物粘贴用热熔胶 以粘接代替缝纫，可大大减轻制衣的劳动强度，且制作的服装精细、合身、结实牢固。用于织物粘贴的热熔胶主要有聚酰胺、聚酯和聚氨酯等。

（2）衬布加工用热熔胶 粘接衬布是在织物表面上均匀涂布热熔胶而制成的。使用时，将粘接衬布裁成需要的形状和大小，将其涂有热熔胶的一面与其他织物材料（面料）的背面热压粘接。它衬在服装里层，作为服装的骨架，简化了服装加工工艺和时间，使服装具有轻盈、美观、舒适、保型、耐洗、耐穿等效果。

衬布加工一般对热熔胶的要求是无色无味、质地柔软、快速粘接、耐干湿洗、胶不能对面料有影响、耐光照等。衬布加工可使用多种热熔胶，几乎所有类型的热熔胶均可使用，用得最多的是乙烯—醋酸乙烯（EVA）热熔胶、聚酰胺热熔胶及高压聚乙烯（HDPE）热熔胶粉，并且不同用途使用的热熔胶及加工方法也不同。

(3) 地毯背胶用热熔胶　地毯背胶用热熔胶的基本材料多为乙烯与其他烯类单体的共聚物，如乙烯—醋酸乙烯共聚物、乙烯丙烯酸酯共聚物等。其中，绝大多数情况下是使用乙烯—醋酸乙烯共聚物（EVA）的。

3. 热熔胶在书刊装订中的应用

我国图书、教材的装订，除一些高档的、需长期保存的之外，其他大部分均采用胶订方式。用胶订代替平订、线订已是大势所趋，特别是 EVA 热熔胶的出现，给书刊胶订带来了很大的方便。

在书刊装订工艺中，经常使用的热熔胶有 EVA 热熔胶、湿固化反应型 PUR 热熔胶。EVA 热熔胶使用得较早，由于其生产效率高、质量稳定、成本适中等因素，在胶订工艺中使用比较广泛；而湿固化反应型 PUR 热熔胶以其优异的性能，可以满足多种质量要求。

EVA 热熔胶的主体材料 EVA 与各种配合组分的混溶性良好，又对各种材料有良好的粘性、柔软性和低温性，操作使用温度不高，粘接界面状态要求不严，所以广泛应用于书籍装订工艺。PUR 热熔胶在粘接强度、耐久性、翻平性、循环利用等方面性能优异，从装订生产角度看，可提高书的装订质量。

水分散型热熔胶主要是指基体聚合物支链含有功能性酸基或羟基等亲水性官能团的热熔胶。水溶性热熔胶解决了纸包装废弃物回收打浆的问题，它在打浆时可溶解，且对纸浆起助剂的作用，有利于提高造纸质量。Eastman 化学公司成功地开发出一系列支化的水分散型聚酯热熔胶，其特点是低玻璃化温度 -5 ~ 7℃，可完全分散于水中。这种聚合物与软化点高于 80℃ 含环状结构的极性增粘剂、增塑剂以及少量的抗氧化剂混合制成的热熔胶能 100% 溶解于水中或碱离子溶液（如盐水中）。

为适应环保要求，研究开发出了生物降解热熔胶粘剂。大部分能降解的热熔胶在其主链上含有可降解的基团，例如胺基、羟基、脲基等，其生物降解是通过水解和氧化作用完成的。例如由于 3-羟基戊酸的聚酯、萜烯—酚醛树脂和抗氧化剂等具有上述可降解的基团，因而能保持纸包装可生物降解的特性。Sharak 等用双羟基酸与醚反应，合成出以羟甲基的聚酯为基体、可生物降解的热熔胶。他们还用含有羟基的丁酸酯、戊酸酯、纤维素、淀粉酯等作为基体，用蔗糖酯作为增塑剂，生产出能生物降解或水解的热熔胶。由于其具有环境友好的特性，所以被人们用于书籍装订和纸包装中。

第11章 密　封　胶

11.1 密封胶简介

在机械部件或工艺元件之间形成不渗漏连接所采用的装置或系统称为密封装置，应用密封装置解决泄露的技术叫密封技术。密封的主要作用是防止密闭容器或管道内的物质从相邻结合面间泄露、杂质从外部侵入，使机械设备的紧固件在长时间的振动与冲击条件下保持良好的锁紧作用，中止或减低外界对密封层内能量的传递，起到消声、隔热、吸能和绝缘作用。可用于密封的材料也很多。在众多的密封材料中，密封胶是应用面广、发展较快、使用最为方便的一种。密封胶在常温下是一种粘稠液体，在涂敷时具有流动性，能容易地填满两结合面之间的缝隙，固化后能使连接部位得到密封。密封胶的应用范围极广，凡是原来用固体垫片密封防漏的地方几乎都可以用密封胶替代，而且能达到更好的密封效果。密封胶还能降低密封部位结合面的加工精度、减少某些加工工序、提高劳动生产率、降低成本和节约资源。

密封胶按化学成分可分为橡胶型、树脂型、复合型与无机型；按应用范围可分为嵌缝类、灌注类、包封类、埋封类、浸渗类和锁固类等；按强度可分为结构类和非结构类密封胶；按固化特性可分为化学反应类和非化学反应类密封胶。另外，还可分为耐寒类、耐热类、耐水类、耐压类等。

11.2 密封胶的组成与性能

密封胶一般由粘料（树脂或合成橡胶）、填充剂、溶剂、增塑剂、增韧剂、偶联剂、固化剂等组成。

11.2.1 有机硅密封胶

有机硅密封胶可分为硅树脂和以硅橡胶为粘料的两类，二者的化学结构有所区别。硅树脂是由硅氧键为主链的三维结构组成，在高温下可进一步缩合成高度交联的硬而脆的树脂；而硅橡胶是一种线型的以硅氧键为主链的高相对分子质量橡胶态物质，相对分子质量从几万到几十万不等，它们必须在固化剂及催化剂的作用下才能缩合成为有若干交联点的弹性体。由于二者的交联密度不同，因此最终的物理形态及性能也是不同的。

有机硅密封胶的特点是耐高温、耐低温、耐蚀、耐辐照，同时具有优良的电绝缘性、防水性和耐气候性。它可粘接金属、塑料、橡胶、玻璃、陶瓷等，已广泛地应用于宇宙航行、飞机制造、电子工业、机械加工、汽车制造以及建筑和医疗方面的粘接与密封。

1. 有机硅密封胶的原料

（1）有机硅树脂　有机硅树脂是指未固化的硅树脂，为一种多官能团低聚硅氧烷，R/Si 值要小于 2，一般为 1.3～1.5。R/Si 值小时，固化硅树脂硬而脆；R/Si 值大时，固化硅树脂的柔韧性好。

（2）有机硅橡胶　有机硅橡胶主要指分子链端带有官能团的链状低聚硅氧烷，为室温硫化（RTV）硅密封胶的粘料，也是大多数有机硅密封胶的粘料，R/Si 值等于 2。由于采用 R/Si＝2 的单体组成，因此所得产品相对分子质量很高，达十几万至几十万。如此高的相对分子质量不利于密封胶的制备，需进行解聚以降低相对分子质量（30000～60000）。最常用的硅橡胶是二甲基硅橡胶，硫化后的二甲基硅橡胶在 -60～250℃内弹性良好，有优异的电绝缘性和耐老化性，但硫化困难，压缩永久变形大，多被甲基乙烯基硅橡胶取代。除二甲基硅橡胶外，还有甲基乙烯基硅橡胶、甲基苯基乙烯基硅橡胶、氟硅橡胶、氰硅橡胶、硼硅橡胶及亚苯基硅橡胶等，这些品种中有的可以取代二甲基硅橡胶，有的以可以改性二甲基硅橡胶。

（3）交联剂　交联剂是能使低聚硅氧烷相对分子质量增大、交联度提高的物质，为室温或中温硫化硅橡胶的硫化剂。作高温硫化的硅橡胶硫化、硅树脂变定时称催化剂，它们可与硅橡胶发生化学反应而使之交联。常用的交联剂有正硅酸乙酯、正硅酸丙酯、含羟氨基硅烷、含硅氢基硅烷、钛酸乙酯、乙酰基硅烷、烷氧基硅烷、氨基硅烷、酰胺基硅烷、有机过氧化物、甲基三乙氧基硅烷等。

必须注意的是：单组分室温硫化硅橡胶与双组分室温硫化硅橡胶的交联反应不一样。单组分室温硫化硅橡胶的交联先从胶料表面开始，通过湿气不断扩散到内部，故交联速度随环境温度和相对湿度的增加而增大。厚度在 1cm 以上的胶料交联困难，但使用简单，只需从软管中挤出即可。

缩合型双组分室温硫化硅橡胶由两个组分构成：一组分是基础胶料和填料，亦可含有交联剂或催化剂的一种；另一组分是催化剂或交联剂，或者同时包含催化剂与交联剂。使用时，将两组分混合均匀，然后减压排气 15～30min。双组分室温硫化硅橡胶不需要湿气硫化，而且不受厚度限制。

（4）促进剂　促进剂也称固化催化剂，顾名思义是那些能加速交联剂（硫化剂）发挥作用的物质。常见的促进剂有有机酸金属盐类，如二月桂酸二丁基锡、金属氧化物、乙烯基铂络合物、三乙醇胺等。它们与交联剂配合使用，能加快固化速度、减少交联剂用量、改善操作条件及最后产物的性能。

（5）补强剂　硅橡胶分子间力弱、内聚能低、力学性能不好，只能用于电器元件的封装。作机械设备的密封尤其是取代固体垫料的密封，要求选用适当的补强剂以提高其力学性能。

硅橡胶所使用的补强剂主要是天然的或合成的二氧化硅（包括硅藻土、燃烧法和沉淀二氧化硅）以及其他无机填料。补强剂的颗粒大小、表面性质和聚集状态等因素对硅橡胶的补强效果有很大的影响。目前，补强效果最好的是由燃烧法制备的（即烟雾状）二氧化硅，其平均粒径为 10 ~ 40μm，比表面积为 150 ~ 300m^2/g；其次是沉淀法制备的二氧化硅，其平均粒径是 30μm，比表面积为 100 ~ 150m^2/g。

2. 有机硅密封胶的制备

（1）硅树脂及硅树脂密封胶的制备　配制胶粘剂用的有机硅树脂一般是由甲基氯硅烷、苯基氯硅烷等以 R/Si = 1.3 ~ 1.5 的比例在醇、水等介质中经水解缩聚而成的。粘接用有机硅树脂可由下述方法制得：首先将 27g 二甲苯、1.77mol 甲基三氯硅烷、3.52mol 二甲基二氯硅烷、2.94mol 苯基三氯硅烷和 1.77mol 二苯基二氯硅烷混合搅匀；然后在反应器中加入 9g 二甲苯和 73g 水，再滴加上述混合单体，在 30℃下滴加约 4 ~ 5h；加完后静置分层，除去酸水，再水洗到中性，待静置分层后再除去水分；以高速离心机过滤，除去杂质即得到硅醇溶液，然后将硅醇放入浓缩釜内，在搅拌下缓慢加热并开动真空泵，在不超过 90℃、5.3kPa 下浓缩硅醇溶液，使固体质量分数稳定在 55% ~ 65% 之间；再加入（5 ~ 8）/10000 的辛酸锌于 165 ~ 170℃减压缩聚至胶化时间达到 1 ~ 2min/200℃时加入二甲苯，然后迅速搅匀冷却即可。将树脂中加入交联剂（催化剂）、填充剂等后，就可用于粘接或密封。

（2）硅橡胶及硅橡胶密封胶的制备　硅橡胶密封胶是有机硅密封胶中品种最多、性能最优、应用最广的一种，其粘料硅橡胶是一种组成结构特殊的线型聚合物。由于其分子链中的硅氧键很容易自由旋转，因此高相对分子质量的线型聚硅氧烷分子非常柔软。一般情况下，这种柔性分子很容易卷曲，形成 6 ~ 8 个硅氧键为重复单元的螺旋形结构。这种螺旋状的有序结构对温度很敏感，温度升高时，螺旋结构的分子就舒展开，末端距增大，粘度增加，这正好补偿由于温度升高而引起的粘度降低。硅原子上有机基团（主要是甲基）围绕着硅氧键轴具有很大的旋转自由度，甚至在 77℃仍然保持这种运动。因为分子间作用力弱，所以低温下还能运动。由于这些有机基团运动减弱了分子间的相互作用力，因此线型聚硅氧烷具有较低的结晶温度（ - 55 ~ 65℃）和玻璃化温度（ - 100 ~ 120℃）、低的内聚能和表面张力以及其他特殊的表面性质等，从而在各种类型的密封胶中大起作用。

按固化机理，硅橡胶密封胶可分为高温固化型、室温固化型和低温固化型三种。

高温固化硅橡胶聚合度高（5000～10000），含有少量乙烯基，用过氧化物作交联剂。加热时，过氧化物分解并引发乙烯基或甲基产生链自由基并完成交联过程。由于高温固化硅橡胶交联剂的粘接强度低、加工设备复杂，所以应用受到很大限制。当室温固化硅橡胶问世以后，高温固化硅橡胶作为密封胶的应用就越来越少了。

室温固化硅橡胶密封胶除具有一般硅橡胶所有的优良性能外，其聚合度比较低（100～2000），固化前是一种可流动的粘稠液体或者不流动的糊状物，使用时不用稀释剂，可以取消高温固化硅橡胶密封胶那样复杂的加热加压设备，操作简单，使用方便，而且粘接强度也比高温固化硅橡胶密封胶好。因此，它在各工业部门得到越来越广泛的应用，成为硅橡胶密封胶的重要组成部分。室温固化硅橡胶密封胶由于包装形式不同，又有单组分和双组分之分。

1）硅橡胶的基本合成方法。作为密封胶粘料的硅橡胶多为相对分子质量较低（3万～6万）的端羟基聚二甲基硅氧烷。这种硅橡胶可以八甲基环四硅氧烷为原料制得，其典型制备过程为将40～45份八甲基环四硅氧烷和占总量1/10000的催化剂四甲基氢氧化铵加入反应釜，减压升温，在933kPa和80～90℃左右进行聚合反应。制得的聚硅氧烷相对分子质量过大（达15万～20万），需要进行部分解聚以增大弹性和混溶性。在常压下加入0.4份去离子水，在95～100℃回流1h，即可得到相对分子质量为3万～6万左右的解聚物。将解聚物升温至150～180℃左右，保持0.5h，以使四甲基氢氧化铵分解，然后在200℃、100kPa下进行蒸馏，以除去低沸点副产物，冷却后即得到无色透明的聚端羟基二甲基硅氧烷。

2）双组分室温固化硅橡胶密封胶的制备。双组分室温固化硅橡胶密封胶具有良好的粘接强度和尺寸稳定性，施工时需要按配比将两个组分混匀，并可按粘度的大小制成油状、糊状直至非流动性的油灰状，以供各种场合使用。双组分密封胶的主要成分有硅羟基封头的线型聚硅氧烷，它是体系里的基本成分。常用的交联剂是原硅酸乙酯（丙酯）、甲基三乙氧基硅烷或它们的部分水解缩聚物，用量为聚硅氧烷的2%～10%（质量份，下同）。固化催化剂最常用的是金属有机酸盐类，如二丁基二月桂酸锡、二丁基二醋酸锡、辛酸锡、异辛酸亚锡、辛酸铅等，用量为聚硅氧烷的0.1%～5%以及填料和其他添加剂。配制时，通常将具有反应性的成分分开包装，例如聚硅氧烷和填料为一个组分，硫化剂、促进剂和引发剂作为另一组分，使用时只要按一定比例混合即可。

双组分室温固化硅橡胶密封胶按其交联反应类型，可分为缩合反应型和加成反应型两种。其中，缩合反应型又可分为脱醇型、脱水型和脱氢型三种。双组分室温固化硅橡胶密封胶的贮存期长，固化快且均匀完全，但缺点是施工较复杂，并且在硫化过程中要生成醇副产物。为了解决生成醇的问题，可以预先将羟端基二甲基硅橡胶与正硅酸乙酯等硫化剂充分混合均匀，放置数小时，再在50～60℃的真空干燥烘箱中放置数小时，待脱去生成的醇后，再加入其他组分。硅树脂可作为双组分室温固化硅橡胶密封胶粘剂的增粘剂，能提高粘接强度，甚至能粘不易粘接的聚乙烯。

3）单组分室温固化硅橡胶密封胶的制备。单组分室温固化硅橡胶密封胶也是由端羟基硅橡胶、交联剂、填料及其他添加剂组成。在保证无水的条件下，先把胶料封装在不透水的容器中，在这种隔绝水分的情况下可以长期保存，只要与空气中的水分接触就能很快固化。因此，它使用很方便，只要在使用前从容器中挤出胶料即可。同时，它的粘接性能良好，故成为有机硅胶粘剂中应用最广的一类。

单组分室温固化硅橡胶密封胶的特点见表11-1。

表11-1 单组分室温固化硅橡胶密封胶的特点

类 型	优 点	缺 点
脱醋酸型	透明、粘接性好	恶臭、腐蚀性强
脱氨性	无腐蚀性	有氨味
脱醇型	无腐蚀性	物理性能较差
脱肟型	无臭味、物理性能好	对铜、黄铜有腐蚀

根据交联剂反应时消去的物质，单组分室温固化硅橡胶密封胶可分为脱醋酸型、脱肟型、脱醇型、脱氨型等类型。脱醋酸型是最早开发的产品，释放出乙酸，具有刺激性臭味，腐蚀金属，后来又开发出其他品种，目前用得最多的是脱肟型与脱醇型两种。

单组分室温固化硅橡胶密封胶的粘接性能比双组分室温固化硅橡胶密封胶要好得多，对于大多数的材料，都有良好的粘接强度。如果用有机硅表面处理剂对被粘物表面进行适当处理，则几乎对所有的材料都有良好的粘接强度，而且可以提高耐水性、耐化学试剂性能。

交联剂类型对于粘接性能具有很大的影响，影响情况大致为脱醋酸型＞脱胺型＞脱酮肟型＞脱酰胺型＞脱醇型。采用混合交联剂，如甲基三乙酰氧基硅烷与二叔丁氧基二乙酰氧基硅烷混合使用，有利于提高粘接强度。

3. 常用有机硅密封胶的配制与性能

（1）常用配方一

二甲基硅油	100份	铅粉	250份
气相二氧化硅	20份	邻苯甲酸二丁酯	2份

不干性粘着型，可在-30~330℃长期使用，耐压性达1.6~1.8MPa，但接合力仅为0.063MPa，不含溶剂，起始粘度250Pa·s。耐水、耐化学药品性好，耐极性溶剂、耐油性差。

(2) 常用配方二

二甲基硅橡胶	100份	氧化锌	250份
膏状过氧化二苯甲酰	6份	氧化钛	30份

挤出成条与密封布配合，刮涂注入缝内，于200℃固化10h，用于-60~250℃（200h）和350℃（5h）焊、铆结构密封，无腐蚀作用。

(3) 常用配方三

SDL-1-401硅树脂	400份	甲基三丙肟基硅氧烷甲苯溶液	557份
二丁基氧化锡/正硅酸乙酯（1/10）	1.4份		

室温硫化2h，用于晶闸管、电子光学仪器的灌封、密封和粘接。

(4) 常用配方四

SD-33硅橡胶	480份	白炭黑（经处理）	120份
甲基三丙肟基硅烷甲苯溶液	560份	二氧化钛	20份
二丁基氧化锡/正硅酸乙酯（1/10）	1.4份		

常温固化2h，用于高低绝缘、防潮、防振密封。

(5) 常用配方五

SDL-1-4硅橡胶	780份	甲基三乙氧基硅烷	21.8份

常温固化1h，用于绝缘、防潮、防振的密封。

(6) 常用配方六

SD-33硅橡胶	760份	三氧化二铬	640份
白炭黑	120份	甲基三乙酰氧基硅烷	39.5份

常温固化1h，200℃、168h性能基本不变。用于电子元件的密封、防潮及粘接。

(7) 常用配方七

硅氟橡胶	800份	Y型三氧化二铁	20.8份
白炭黑	240份	硅酸锆	24份

常温固化30min，在航空汽油中浸泡96h后，胶片拉伸强度为4.0MPa，邵尔A硬度为200HA，伸长率为50%，用于耐油器件的密封及粘接。

(8) 常用配方八

SD-33 硅橡胶	800 份	钛酸酯络合物乙腈溶液（1:1.61）	27.5 份
白炭黑（经硅胺处理）	240 份	Y 型三氧化二铁	240 份

常温固化 1h，强度高，抗湿性好，无腐蚀，用于硅橡胶、硅橡胶/金属粘接、电子元件的密封。

（9）常用配方九

端羟基二甲基硅橡胶	100 份	二丁基二月桂酸锡	0.15 ~ 0.5 份
苯胺甲基三乙氧基硅烷	10 ~ 15 份		

以脱肟型硅橡胶为基体，使用温度范围 -60 ~ 200℃，粘接强度 1.2MPa。它具有优良的电绝缘性能，对金属表面无腐蚀性。

（10）常用配方十

二甲基硅橡胶	100 份	正硅酸乙酯	1.3 份
甲基三丙肟基硅烷甲苯溶液	138 份	二丁基氧化锡	0.1 份

以脱肟型硅橡胶为基体，胶液粘度较小，涂布性好，固化较快，室温下仅需 1 ~ 2h 即可完全固化，剪切强度为 1MPa。

（11）常用配方十一

端羟基二甲基硅橡胶	100 份	氧化铜	5 份
甲基三甲氧基硅烷	5 份	异丙氧基钛	0.6 份
二氧化钛（金红石型）	6 份	气相二氧化硅	20 份
双（二酰丙酮基）二异丙氧基钛	0.4 份	氧化铁（Y 型）	110 份

以脱醇型硅橡胶为基体，固化快，指触干燥时间仅为 0.5h，剪切强度为 2.2MPa，具有优良的耐烧蚀性，烧蚀速度小于 0.15mm/s。

（12）常用配方十二

端羟基二甲基硅橡胶	100 份	甲基三醋酸硅烷	2.5 ~ 9 份
气相二氧化硅	10 ~ 25 份	二丁基二月桂酸锡	0.1 份

以脱醋酸型硅橡胶为基体，突出的优点是能在低温（最低可达 -20℃）下固化，从而解决了冬季施工的问题，指触干燥时间 0.5h，伸长率可达 600%。

（13）EP493887［欧洲专利公开］ 二氧化硅 16 份、三甲氧基硅烷基封端的聚二甲基硅氧烷 100 份、氰乙基三甲氧基硅烷 0.8 份、甲基三甲氧基硅烷交联剂 1.6 份、缩水甘油氧丙基三甲氧基硅烷附着力促进剂 0.48 份、二乙酰丙酮化二丁基锡 0.26 份、Me_3Si 封端的聚二甲基硅氧烷 17.5 份、$(MeO)_2SiMe$ 封端的聚二甲基硅氧烷液体 17.5 份和六甲基二硅氧烷 0.8 份。该密封胶的指压干燥时间

(25℃) 为20min，70℃、14天后或100℃、30min后实干，25℃、3天后与聚氯乙烯搭接剪切附着力为105Pa。该密封胶贮存期长，可室温固化。

(14) US5698653 [美国专利] 含有二甲氧基甲基硅烷基封端的聚二甲基硅氧烷68.75份、经八甲基环四硅氧烷和六甲基二硅氧烷处理过的气相法二氧化硅19份、三甲基硅烷封端的聚二甲基硅氧烷10份、甲基三甲氧基硅烷1份和钛酸四异丙酯0.75份，为一种非腐蚀性半透明室温硫化密封胶。

(15) DE19629809 [德国专利公开] 含有350份端羟基聚二甲基硅氧烷、250份聚二甲基硅氧烷、60份甲基三甲基乙基酮肟硅烷、10份氨基硅烷、5份二乙酸二丁基锡、200份玻璃料、200份十二氯十二氢二甲烷二苯并环辛烷和50份高度分散的二氧化硅，为阻燃有机硅密封胶。

11.2.2 丙烯酸酯橡胶类密封胶

丙烯酸酯橡胶的主要原料除丙烯酸酯外，还有氯乙基乙烯与丙烯腈，主要有丙烯酸乙酯—丙烯腈、丙烯酸乙酯—氯乙基乙烯和丙烯酸丁酯—丙烯腈三类，其中以丙烯酸丁酯与丙烯腈共聚物为其代表。

1. 丙烯酸酯橡胶的合成

丙烯酸酯橡胶可用本体、溶液、悬浮与乳液法聚合得到。其中，乳液法所得聚合物相对分子质量高、相对分子量分布比较集中、聚合速度很快且聚合物乳液只需经盐析、干燥即得成品，因此最为常用。

丙烯酸酯橡胶的聚合反应速度非常快，反应放热量大，相对分子质量随反应温度的升高而降低，对丙烯酸酯橡胶的性能和丙烯酸酯橡胶类密封胶的物理力学性能均有一定影响。加入调节剂（如DM）可以调节相对分子质量，适当的用量可得综合性能好的丙烯酸酯橡胶。

原料配比对丙烯酸酯橡胶的性能也有影响，例如丙烯酸酯—丙烯腈类胶种。当丙烯腈质量分数从15%增至30%，拉伸强度则由10.5MPa上升到20.4MPa左右，伸长率却从450%降至100%，硬度增大，耐寒性显著下降。作为弹性胶，丙烯腈的质量分数一般为12%～15%。

由于丙烯酸丁酯与丙烯腈的竞聚率均为1.0，因此可进行恒比理想共聚，也就是说最后聚合物的组成、结构及性质可由单体配比初步确定，这也是丙烯酸丁酯—丙烯腈共聚物类品种最常见的原因。

2. 丙烯酸酯橡胶的配制

丙烯酸酯橡胶不含碳碳双键，不能用硫磺硫化，宜用胺类、过氧化物类硫化。目前，使用的硫化剂主要有脂肪族多胺如三乙烯四胺、四乙烯五胺、多乙烯多胺和六次甲基二胺等，过氧化物有过氧化苯甲酰、过氧化二异丙苯等。有时也加入硫磺，虽然它仅起促进剂的作用，但硫磺的用量对硫化胶的各项性能都产生明显影响，应根据实用需要进行调节。用过氧化物硫化是按自由基机理进行的，用多元胺硫化是按离子机理进行的，例如二乙烯三胺与丙烯酸酯橡胶可发生加成消除反应，与碱催化缩合反应交联。

丙烯酸酯橡胶本身的强度不是很高，一般均需加入补强剂。由于酸性补强剂会延迟硫化过程，所以大多数采用中性或碱性的补强剂，其中以炉黑最佳。具有优良补强效果的二氧化硅虽然呈弱酸性，也经常被采用，但需适当增加硫化剂的用量。

丙烯酸酯橡胶类密封胶耐热性好，一般用于高温部位密封，因此通常不加增塑剂以防其挥发，导致胶层出现气泡造成泄漏；也不必加入防老剂，但是若在高温下长时间使用，加入防老剂也是有必要的。防老剂以胺类为好，如苯基-β-萘胺（防老剂D）、N，N′-二-β-萘胺对苯二胺（防老剂F）、N-苯基-N′-异丙基对苯二胺（防老剂3C）等芳胺，以及二苯胺与丙酮的反应产物（防老剂AM）等。

3. 丙烯酸酯橡胶的应用

丙烯酸酯橡胶具有优良的耐热、抗臭氧、气密性、耐曲挠和耐日光老化等性能，在各个领域都有其用途，其不足之处是耐水、耐寒性能较差。其作密封使用，主要用于汽车工业上的活塞、变速箱密封以及火花塞护套的制造等方面。丙烯酸酯橡胶的性能见表11-2。

表11-2　丙烯酸酯橡胶的性能

性　　能	标准状态下	175℃ ×72h 老化后	L-AN68 全损耗系统用油中 150℃ ×72h 后	沸水中煮 24h 后
拉伸强度/MPa	12.5	12.0	10.4	7.0
伸长率(%)	300	152	216	159
永久变形(%)	16.5	5.7	—	4.3
邵尔A硬度　HA	76	86	70	69

注：丙烯酸酯橡胶100份、过氧化苯甲酰1.5份、氧化锌10份、氧化镁10份、二氧化硅50份。

4. 反应型丙烯酸酯类密封胶的配制与性能

（1）常用配方一

甲基丙烯酸丁酯	100份	过氧化苯甲酰	0.02份
二甲基丙烯酸二缩乙醇酯	0.15份		

把三种组分混在一起后，在75℃下聚合8h，然后再100℃下处理8h得产品，透明，稍带弹性。

（2）常用配方二

甲基丙烯酸甲酯	100份	过氧化二基甲酰	0.05份

于100℃聚合30min，可得到粘度为5～50Pa·s的预聚物，此时单体转化率只要5%，使用时加入引发剂后进行浇注，然后脱泡。

(3) 常用配方三

聚甲基丙烯酸甲酯	1.2份	甲基丙烯酸甲酯	2份
过氧化苯甲酰	适量		

聚合体最适宜的粒度为0.15~0.5mm，如果颗粒过小，聚合热没有完全放出之前已完全溶解；如果颗粒大，会出现溶解不均现象，造成制品的光学性能不良。

以上产品主要用于电器设备、电子元器件、高湿条件下使用的线圈封装，主要特点是透明性好。

(4) 常用配方四

丙烯酸酯	100份	丙烯酸	2份
异丙苯过氧化氢	5份	三乙胺	2份
气相二氧化硅	0.5份	糖精	0.3份
二氯甲烷—丙酮溶剂	100份	促进剂	2份
聚硫橡胶	2份	二茂铁	0.25份

该密封胶属快速固化型厌氧胶，使用温度-40~100℃，主要用于振动冲击条件下各种机械的螺栓紧固及密封防漏，管道平面法兰的耐压密封。配方中，309丙烯酸聚酯为丙烯酸、邻苯二甲酸酐和二缩二乙醇的缩聚产物。

(5) 常用配方五

甲基丙烯酸羟丙酯	30份	过氧化异丙苯	4份
甲基丙烯酸羟丙酯—TDI加成物	40份	三乙胺	1份
		二甲基苯胺	0.5份
甲基丙烯酸羟丙酯改性	30份	对苯醌	0.4份
		促进剂M	2~3份
聚氨酯甲基丙烯酸	2份	糖精	0.5份

该密封胶主要用于螺钉紧固、轴承、轴套和齿轮镶嵌密封，若再加入适量的铁粉或氧化铜还可用于较大的缝隙密封。

(6) 常用配方六

双酚A型环氧树脂	100份	促进剂	2~3份
丙烯酸丁酯	50份	三乙胺	1份
甲基丙烯酸	45份	对苯醌	0.05份
过氧化异丙苯	5份	对苯二酚	0.1份
二甲基苯胺	1.5份		

该密封胶抗振动、耐热、耐介质性好、使用温度为-30~150℃，允许间隙0.3mm，能在油面、水面、锈面使用，但固化慢。它主要用于螺钉紧固密封和平面接合部位的耐压密封。

(7) 常用配方七

丙烯酸—癸二酸—618 树脂	100 份	丙烯酸	10 份
		促进剂	10 份
聚酯树脂(313#)	30 份	偶联剂(南大-42)	2 份
过氧化苯甲酰	3 份	甲基丙烯酸甲酯	27 份
N,N-二甲基对甲苯胺	2 份		

该密封胶具有较好的柔韧性和抗冲击性,快速固化,2min 剪切强度达 4.8MPa,拉伸强度为 24.0MPa,适用于各种材料的粘接和密封紧固。

(8) 常用配方八

四乙二醇二甲基丙烯酸酯	100 份	1,4-苯醌	[(2~4)/10000]份
异丙苯过化氧化氢	2~3 份	邻苯硫酰亚胺	0.5 份
1,2,3,4-四氢喹啉	0.5 份	其他材料	少量

(9) 常用配方九

二乙二醇苯	100 份	1,4-苯醌	[(0.5~4)/10000]份
二甲酸二甲基丙烯酸酯		三乙胺	1~2 份
乙二醇	0.5~3 份	异丙苯过氧化氢	2~4 份

(10) 常用配方十

聚丙烯酸酯橡胶	15 份	气相二氧化硅	12 份
聚乙烯基甲基醚	85 份	铝粉	4.5 份
酚醛树脂	10.5 份	戊基氢醌	1.2 份
滑石粉	20.5 份	丁酮	适量

加入戊基氢醌,以提高化学稳定性;丁酮既能作为溶剂,又能改善丙烯酸酯橡胶与其他组分的相混性,具有良好的耐热性和耐压性。

(11) 常用配方十一

丙烯酸酯橡胶	100 份	硫磺	1 份
高耐磨炭黑	50 份	硬脂酸	1 份
三乙烯四胺	1 份		

该密封胶具有良好的弹性,但耐低温曲挠性不够理想。其 100% 定伸强度为 5.6MPa,拉伸强度为 12.8MPa,伸长率为 270%,脆化温度为 -29℃。

(12) 常用配方十二

丙烯酸酯橡胶	100 份	过氧化苯甲酰	1.5 份
氧化锌	10 份	二氧化硅	50 份
氧化镁	10 份		

该密封胶伸长率为 200%,拉伸强度为 12.5MPa,具有较好的耐介质性和耐热老化性能。

(13) 常用配方十三

甲基丙烯酸甲酯	100 份	对甲基亚磺酸	0.5~1 份
过氧化苯甲酰	1~1.5 份	焦性没食子酸	0.1 份
甲基丙烯酸	适量	二甲基苯胺	0.5~15 份

该密封胶为甲基丙烯酸酯灌浆胶，又称甲凝，具有可灌性、易于固化、粘接强度高、物理力学性能好等特点。

(14) 常用配方十四

A-丙烯酰胺	57 份	水	230 份
N，N′-亚甲基双丙烯酰胺	3 份	B-过硫酸铵	6 份
硫酸亚铁	9 份	水泥	200 份

该密封胶为丙烯酰胺灌浆胶，具有粘度低、可灌性好、耐碱、抗菌、固化时间可按需要任意调剂及凝胶体渗透系数小等特点。它用于钻探工程，能使泥浆悬浮液中的固体凝聚并快速沉降，从而加快钻探速度。

(15) 常用配方十五

甲基丙烯酸缩乙二醇酯	100 份	异丙苯过氧化氢	2 份
二甲基对甲苯胺	0.5 份	邻苯磺酰亚胺	0.5 份

(16) 常用配方十六

甲基丙烯酸缩乙二醇酯	91.5 份	三丁胺	1.8 份
异丙苯过氧化氢	6.7 份		

(17) 常用配方十七

甲基丙烯酸缩乙二醇酯	100 份	苯乙酮腙	0.25 份
异丙苯过氧化氢	5.5 份	过氧乙酸	0.5 份
二甲基对甲苯胺	1.1 份		

(18) 常用配方十八

甲基丙烯酸缩乙二醇酯	100 份	三乙胺	2 份
叔丁基过氧化氢	6 份		

(19) 常用配方十九

甲基丙烯酸缩乙二醇酯	93 份	氯化锌	2 份
异丙苯过氧化氢	5 份	四氢喹啉	0.1 份

(20) 常用配方二十

甲基丙烯酸 β-羟乙酯	100 份	辛酸	0.3 份
异丙苯过氧化氢	2.5 份	过硫酸铵	0.015 份

(21) 常用配方二十一

甲基丙烯酸 β-羟乙酯	100 份	巯基乙胺	3 份
异丙苯过氧化氢	3 份	2-乙基己胺	0.6 份

(22) 常用配方二十二

甲基丙烯酸酯二甲氨基乙酯	100 份	异丙苯过氧化氢	5 份
		三乙胺	1 份

(23) 常用配方二十三

三羟甲基丙烷三甲基丙烯酸酯	96 份	异丙苯过氧化氢	3 份
		三乙胺	1 份

(24) 常用配方二十四

三羟甲基丙烷三甲基丙烯酸酯	100 份	二甲基甲酰胺	1 份
		异丙苯过氧化氢	5 份

(25) 常用配方二十五

三羟甲基丙烷三甲基丙烯酸酯	92 份	四氢喹啉	0.1 份
异丙苯过氧化氢	5 份	氯化锌	2 份

(26) 常用配方二十六

甲基丙烯酸羟乙酯—苯酐加成物	100 份	异丙苯过氧化氢	7 份
		三乙醇胺	7 份

(27) 常用配方二十七

甲基丙烯酸羟乙酯—苯酐加成物	92 份	异丙苯过氧化氢	5 份
		三乙胺	3 份

(28) 常用配方二十八

甲基丙烯酸羟乙酯—苯酐加成物	100 份	月桂酰过氧化物	1 份
		钛酸丁酯	1 份

(29) 常用配方二十九

甲基丙烯酸—缩二乙二醇—四氢苯酐加成物	94 份	叔丁基过氧化氢	5 份
		二甲基苯胺	1 份

(30) 常用配方三十

双酚 A 乙二醇甲基丙烯酸双酯	90 份	萜烷过氧化氢	9 份
		α-氨基吡啶	1 份

(31) JP05-25432 [日本专利公开] 10% R2105 (甲硅烷基改性的聚乙烯醇) 水溶液 45 份、55% 聚丙烯酸甲酯水乳液 55 份、消泡剂 0.2 份和 Elastron BN69 (封闭多异氰酸酯) 4.5 份制成的密封胶具有良好的面漆附着性、耐候性和较低水渗透性，改进了硅酸钙板、水泥板等耐水和耐候性密封。

(32) DE4214334 [德国专利公开] 甲基丙烯酸羟乙酯 200 份、75% 丙烯酸铵水溶液 20 份、三羟甲基丙烷聚乙二醇醚三丙烯酸酯 (相对分子质量约 1000) 2 份、乙烯—乙烯醇—氯乙烯共聚物 200 份、丙三醇 45 份、石英粉 100 份、

Aerosil（二氧化硅）10 份、三乙醇胺 1 份和 20% 过硫酸钠 10 份。该密封胶包含水溶性或易与水混溶的丙烯酸单体和相应的水性聚合物，固化后在水中膨胀约 150%，但涂膜仍然坚硬。

（33）JP94-166831［日本专利公开］ 50 份甲基丙烯酸甲酯、44.5 份丙烯酸丁酯、5 份甲基丙烯酰胺基丙基三甲基氯化锌和 0.5 份 3-甲基丙烯酰氧丙基三甲氧基硅烷制得的聚合物水溶液密封胶。该胶可防血液、酱油和烟草制品的渗漏。

（34）JP95-11091［日本专利公开］ 丙烯酸 2-乙基己酯 15%、苯乙烯 45% 和甲基丙烯酸异丁酯 40%，于 100 份低芳烃石油溶剂中聚合，再用 500 份低芳烃石油溶剂稀释，制得的密封胶不挥发成分为 49.5%、粘度 7500mPa·s、附着力大、玻璃粘接强度高，可用于封闭多孔的无机材料如砂浆、混凝土等。

（35）JP97-53281［日本专利公开］ 丙烯酸 2-乙基己酯 40 份、二丙二醇二丙烯酸酯 30 份、氨基甲酸酯丙烯酸酯（AT600）30 份、碳酸钙粉 70 份、二氧化硅粉 50 份、钛白粉 10 份、铁红粉 5 份、邻苯二甲酸二丁酯 10 份、二丙二醇乙醚乙酸酯和樟脑醌 3 份。该胶能快速光固化，可用于建筑物接缝密封。

（36）DE19617737［德国专利公开］ 软木屑粒子（粒度 1～3mm）1000 份、55%～61% 聚丙烯酸酯水分散体 120 份、三聚氰胺 130 份、多聚磷酸铵 40 份和季戊四醇 10 份。该胶具有膨胀性，水基填缝效果好。

（37）JP97-183885［日本专利公开］ 丙烯酸丁酯 63 份、丙烯酸 2-乙基己酯 30 份、γ-（丙烯酰氧丙基）甲基二甲氧基硅烷 7 份、Aqualon RN 20（反应性表面活性剂）3.2 份和 Aqualon HS 10（反应性表面活性剂）1.4 份进行乳液聚合。取该乳液 100 份与 30% 聚丙烯酸钠 5 份、邻苯二甲酸二辛酯 5 份和 $CaCO_3$ 350 份混合，制得贮存稳定性、耐水性和耐久性均好的密封胶。

（38）JP98-140137［日本专利公开］ 27∶28∶9∶8（mol）的三氟氯乙烯—丙烯酸丁酯—丙烯酸 2-乙基己酯—月桂酸乙烯酯—甲基丙烯酸三甲氧基甲硅烷基丙酯共聚物 50 份、MS20A（为两端带有烷氧基甲硅烷端基的聚氧化烯）50 份、DOP15 份、固化促进剂 0.1 份、碳酸钙 150 份、钛白粉 10 份、紫外线吸收剂 6 份、附着力促进剂 3 份和脱水剂 3 份。该密封胶具有优良的耐候性和延展性，单组分室温固化。

（39）DE19730425［德国专利公开］ 61∶39EVA（熔融指数 60）32.61%、滑石粉（粒度 <45μm）40.76%、炭黑 0.91%、氧化钙粉末 3.62%、三羟甲基丙烷三甲基丙烯酸酯 3.62%、45%（浓度）的二过氧化物 1.27%、聚碳化二亚胺—EVA 共聚物 1.82%、稳定剂 0.91% 和液态聚丁二烯（相对分子质量 1800）14.48%。该密封胶耐洗刷，可在加热条件下用泵输送，特别适用于汽车结构件的密封。

(40) JP98-176121［日本专利公开］ 二丙酮丙烯酰胺10份、苯乙烯30份、甲基丙烯酸9.2份、甲基丙烯酸甲酯25.6份和丙烯酸丁酯25.2份，在含Kayaester O的丁基溶纤剂中聚合，然后用氨水中和，得到固体分15%的阴离子丙烯酸聚合物（数均相对分子质量7000，酸值60mgKOH/g）溶液。用含10%酚酞的乙醇溶液喷涂石板，借以测定石板的碱度，再用阴离子丙烯酸聚合物溶液涂覆、干燥，并涂覆面漆，得到的试件具有很好的涂膜初始附着强度，并且该石板在经60℃水处理24h或在-20℃冷却处理2h，然后再20℃放置2h，这样经过25个循环试验后仍有很好的涂膜附着力。它可用于无机多孔底材表面。

(41) JP99-25138［日本专利公开］ 0.1~0.3份表面活性剂（硬脂酸钠）、0.1~20份高吸水性聚合物（聚丙烯酸钠盐）、0.1~30份适用于上述吸水性聚合物的胶凝剂（膨润土）以及1~60份带大于2个羟基的多元醇（甘油）。该密封胶可填充于屋顶、地板、墙面的裂纹或孔隙中，或涂布于表面以防水。

(42) JP99-3233212［日本专利公开］ 丙烯酸丁酯6.9g、丙烯酸2-甲基乙酯7.0g、乙烯基三甲氧基硅烷1.0g和三氟氯乙烯10g聚合，将其与原甲酸三甲酯2%混合，得到一种断裂伸长率370%、贮存稳定性好的单组分密封胶。

(43) CN1181408A［中国发明专利申请公开］（质量分数） 纤维素5%~15%、过硫酸铵5%~15%、三乙醇胺5%~13%、丙烯酰胺20%~30%、亚甲基双丙烯酰胺15%~25%、水20%~30%。它用于快速堵漏，密封效果很好。

11.2.3 聚氨酯密封胶

11.2.3.1 聚氨酯密封胶的分类

聚氨酯密封胶一般分为单组分和双组分两种基本类型，单组分为湿气固化型，双组分为反应固化型。单组分聚氨酯密封胶施工方便，但固化较慢；双组分聚氨酯密封胶有固化快、性能好的特点，但使用时需配制，工艺复杂一些。两者各有其发展前途。

11.2.3.2 聚氨酯密封胶的性能

1. 聚氨酯密封胶的优点

1）性能可调节范围广，可以适应不同的密封场合。

2）低温弹性好，具有优良的复原性能，适于动态接缝。

3）优良的耐磨性、耐疲劳性、耐油、耐水、耐生物降解。

4）与基材粘接性优良。

5）使用寿命可长达15~20年。

6）耐氧和臭氧。

7）价格适中。

2. 聚氨酯密封胶的缺点

1）不能长期在高温环境下使用，高湿热环境下固化可能产生气泡和裂纹。

2）浅色产品表层易受紫外线作用而泛黄。

3）单组分聚氨酯密封胶的贮存稳定性受包装及外界影响较大，通常固化较慢。

4）耐水性方面还存在一定缺陷。

5）许多场合需底涂剂。

11.2.3.3 影响聚氨酯密封胶性能的因素

聚氨酯密封胶的原料及其使用目的见表11-3。以下介绍主要原料的选择对聚氨酯密封胶的影响。

表11-3 聚氨酯密封胶的原料及使用目的

种　类	原料(举例)	使用目的
聚氨酯预聚体	聚醚多元醇及二异氰酸酯(TDI及MDI)	单组分聚氨酯密封胶的基础预聚物,双组分聚氨酯密封胶的主剂
活性氢化合物	多元醇、芳族多元胺等	双组分聚氨酯密封胶的固化剂
填料、体质颜料	$CaCO_3$、TiO_2、粘土、滑石粉、炭黑、SiO_2、PVC糊等	增量、补强、增稠、调色
(其他)颜料	氧化铁、锌钡白、氧化锑、硫化锑、酞青绿等	使胶与基材同色
增塑剂	邻苯二甲酸酯类氯化石蜡	降低粘度,改善作业性及物性
溶剂	甲苯、二甲苯	调整粘度
催化剂	二月桂酸二丁基锡、辛酸铅、辛酸亚锡、叔胺类	加快预聚体制备反应,促进固化
触变剂	气相SiO_2、表面处理$CaCO_3$	防止胶条坍落(抗下垂)
稳定剂	抗氧剂、UV吸收剂等	抗老化,提高耐候性
发泡抑制剂	分子筛、无水石膏、CaO等	吸收原料水分及所产生的CO_2

1. 异氰酸酯

常用的异氰酸酯化合物是芳香族二异氰酸酯TDI及MDI。

TDI常温下为液态，贮存稳定，称量及加料操作都很方便，价格较MDI低，其工业品是质量比为80/20（80%的2，4-TDI与20%的2，6-TDI）的异构体混合物。由于苯环上—CH_3的位阻作用，2，4-TDI的2个—NCO基团反应活性有较大差异，故用TDI制造的聚氨酯预聚体比较稳定。TDI蒸气压较大（25℃时为3.1Pa），气味刺激性大，有较大的毒性。

MDI为双环对称结构，两个—NCO基团活性相同，反应活性较大，制预聚体及固化时交联速度较快且均匀，湿固化密封胶的CO_2释放速度平稳，胶层气泡少且力学强度高。但MDI常温下为结晶状固体，使用不及TDI那样方便，长时间贮存易产生少量二聚体或三聚体。

为了获得比较好的综合性能，有时在同一密封胶配方中将TDI和MDI搭配使用。

其他异氰酸酯化合物具有不泛黄的脂（环）族二异氰酸酯，如IPDI、H_{12}MDI,由于价格高且不易得到，仅在要求具有耐变色性的浅色密封胶场合才使用。多亚甲基多苯基多异氰酸酯（PAPI）在少数聚氨酯密封胶配方中也使用，一般作为单独的异氰酸酯组分。

2. 活性氢化合物

（1）聚醚多元醇　聚氨酯密封胶最常用的低聚物多元醇是聚醚多元醇，并且是聚氧化丙烯二元醇或三元醇（简称PPG及PPT），主要原因如下所述：

1）聚氧化丙烯多元醇价格低，密封胶用量很大，有利于广泛应用。

2）密封胶一般以不使用溶剂为原则，聚醚型聚氨酯预聚物粘度低，有利于配入填料，且使密封胶挤出作业性良好。

3）密封胶用于室外场合比室内多，需经受风雨，要求耐水解、耐老化。聚醚型聚氨酯密封胶比聚酯型聚氨酯密封胶耐水性好。

聚醚多元醇的相对分子质量及羟基官能度对密封胶的影响较大。一般来说，若聚醚相对分子质量高，则聚氨酯密封胶的拉伸强度等力学性能下降，硬度降低，伸长率增加；平均官能度增加，则硬度及强度增加。聚氨酯密封胶所采用聚醚多元醇的相对分子质量一般在400~6000之间，其中制备聚氨酯预聚体所采用聚醚的相对分子质量一般为1000~4000（PPG）和3000~6000（PPT）范围。一般情况是二官能度及三官能度聚醚、高相对分子质量及低相对分子质量聚醚搭配使用，以调节密封胶固化物的橡胶物性。

为改善亲水性、反应速度或其他性能，聚氨酯密封胶配方中有时采用其他聚醚多元醇，如氧化乙烯—氧化丙烯共聚醚[P(EO-PO)多元醇]，特别是高相对分子质量聚醚多元醇常采用端乙氧基（氧化乙烯链节）伯羟基为主的高活性聚醚。

（2）其他活性氢化合物　在聚氨酯密封胶配置中，可用到的其他类型的低聚物多元醇有聚酯多元醇、聚己内酯二醇、聚丁二烯二醇、蓖麻油及其酯交换产物等，还有小分子脂肪族二醇，如1，4-丁二醇、1，6-己二醇，及芳香族二胺，如甲苯二胺、4，4′-亚甲基二苯胺、3，3′-二氯-4，4′-二氨基-二苯基甲烷（MOCA）等。胺类化合物还可以用来控制聚氨酯密封胶的下垂性。密封胶配方中加入少量胺时，胺与异氰酸酯基团反应时生成的脲使胶具有触变性。水是含有活性氢化合物，偶尔用作双组分密封胶固化组分。

11.2.3.4 聚分氨酯密封胶的主要品种及应用

1. 双组分聚氨酯密封胶

双组分聚氨酯密封胶的甲组分是由聚醚多元醇与多异氰酸酯进行聚合生成的端基含—NCO 基团的预聚体；聚醚多元醇与各种助剂、填料按一定比例混合构成乙组分。在施工过程中，两个组分按一定的配比混合即可浇注或填缝，同时通过调节催化剂的用量来控制固化时间，有时可在普通双组分聚氨酯密封胶的基础上增加一个以触变剂为主的第 3 组分。3 个组分以一定比例混合，可以制成抗垂挂的聚氨酯密封胶。

（1）蓖麻油基聚氨酯密封胶　蓖麻油基聚氨酯密封胶因原料蓖麻油具有高羟值及高官能度，可赋予制品以高拉伸强度、撕裂强度、耐磨性，加工性能好，生物相容性优异，是水纯化设备、血液过滤器、人工器官等的首选密封材料。

以蓖麻油改性聚醚型的聚氨酯预聚体为基料，选用醋酸丁酯为溶剂，邻苯二甲酸二丁酯为增塑剂，铝粉为填料，己二胺为固化剂，制备了双组分聚氨酯密封胶。此密封胶除用于生物医学材料外，同时也可用于汽车、机车、机械装置等的粘接与密封。

端羟基聚环氧氯丙烷—蓖麻油聚氨酯密封胶是一种综合性能良好的密封材料，具有良好的力学性能、粘接性能和耐介质性能，适合在深海工程上作密封胶使用。鉴于聚环氧氯丙烷—蓖麻油聚氨酯可浇注成型，工艺简单便利，可替代某些传统的橡胶硫化工艺，因而具有广阔的应用前景。

（2）丁（腈）羟聚氨酯密封胶　丁（腈）羟聚氨酯密封胶具有优良的低温性能，由于丁（腈）羟主链是非极性的，它的固化物比普通聚醚型聚氨酯密封胶、聚酯型聚氨酯密封胶的电性能优越，可用于电器元件的密封。

（3）JYM-聚氨酯弹性密封胶　JYM-聚氨酯弹性密封胶是双组分化学反应固化型嵌缝防水材料。其中，A 组分是由聚醚多元醇和异氰酸酯缩聚而成的无色至浅黄色的异氰酸酯基团封端的聚氨酯预聚体；B 组分是白色、黑色或彩色混合物，主要含有固化剂、抗老化剂、催化剂、填料等。使用时，将 A、B 两组分按比例混合均匀，用灌缝枪或腻子刀将密封胶灌入缝中，6～24h 后，形成富有弹性和粘接力的密封胶。

1）JYM-聚氨酯弹性密封胶的特点如下：

①冷施工，常温固化，固化前后不会收缩，体积稳定性好；具有优良的橡胶弹性，模量可调，延伸率大。

②具有良好的耐老化、耐水和耐化学药品性能，可长久使用。

③对金属、塑料、混凝土等建筑材料粘接力强，具有优异的不透水性。

④弹性恢复率好，适应接缝胀缩变形，耐磨耗性能优良。

⑤具有良好的高低温性能，在 $-40\sim80$℃ 范围内可正常使用，夏季不发

软，冬季不脆裂，低温下也不会失去弹性。

⑥粘稠度可调，灌入性好，方便施工。

⑦耐嵌入性好，有效防止砂石杂物嵌入缝内。

⑧维修容易。只需对施工质量不满意之处或损坏部分局部修补，仍可达到原有的密封效果，省时、省力、费用低。

但由于JYM-聚氨酯弹性密封胶是双组分的，如果A、B两组分混合比例失当或搅拌不匀，就会固化不好，以致影响产品的物理性能与使用寿命。施工时若温度和湿度较高（尤其是夏季)，有可能产生气泡。

2）JYM-聚氨酯弹性密封胶的应用。JYM-聚氨酯弹性密封胶具有良好的耐热、抗寒、耐蚀和耐老化性能，可广泛应用于机场跑道、停机坪、高速公路、立交桥面及厂矿单位的一般水泥混凝土路面的嵌缝。

3）JYM-聚氨酯弹性密封胶使用的注意事项：

①本产品贮存在阴凉、干燥、通风的仓库内，防止日晒、雨淋，严禁与水和明火接触。

②施工缝要保持干燥、洁净。

③若发现B组分有沉淀现象，应搅拌均匀后再用，对产品的性能没有任何影响。

④称量一定要准确，计量一定要严格，配比一定要正确，搅拌一定要均匀。

⑤避免在高温环境中及潮湿基层上施工。

2. 单组分聚氨酯密封胶

（1）单组分湿固化聚氨酯密封胶　单组分湿固化聚氨酯密封胶是一种室温固化的反应型密封胶，按NCO/OH >1的配比加入多异氰酸酯和多元醇，反应制得—NCO端基的预聚物，然后按比例加入填料、催化剂及其他助剂混合而成。预聚物通过吸收空气中的湿气（H_2O）反应生成脲键而固化。

单组分湿固化聚氨酯密封胶具有许多优点：

1）这种密封胶结合了聚氨酯本身组成变化多、结构和性能调节范围大的优点，并且对多种基材都有良好的粘接性。

2）耐热、耐寒、耐水蒸气、耐化学品和耐溶剂性能优良。单组分湿气固化聚氨酯密封胶固化时能形成交联结构，使上述性能大幅度提高。聚氨酯密封胶的一个极重要的特性是耐低温性能好，它比其他任何密封胶的耐寒性都优异。

3）弹性好，具有优良的复原性，适用于动态接缝。

4）力学强度大。且具有优良的耐磨性、耐油性及耐生物老化性能。

5）大多数单组分湿固化聚氨酯密封胶是无溶剂型的，没有溶剂存在造成的污染环境和安全问题。

6）这种材料属于无溶剂型，固体含量很高，因而在施工时不会出现收缩。

同时，良好的弹性密封使其断裂伸长率可以达到400%以上，弹性恢复率和耐接缝位移能相对比较出色。

7）这种材料的极性很高，与绝大多数的基材，如大理石、水泥制品、玻璃、铝材、木材、织物等有很好的相容性，粘接强度高。普通密封胶的剪切强度不到1MPa，虽然有些产品的强度可以达到很高，但又失去了弹性，如环氧胶类；而聚氨酯密封胶的剪切强度可以达到2MPa，且弹性极佳。

8）该材料在固化过程中因吸收空气中的水分而产生交联，只释放微量的气体，既无溶剂挥发也无渗出物，不会对基材和环境造成污染，因此属于环保型产品。

9）聚氨酯密封材料为单组分产品，这对于施工人员来说，既省时又避免了原料的浪费。

由于氨酯键在高温下易分解，因此它不适合在很高温度的环境中使用。此外，它还有浅色配方易受紫外光老化、胶的贮存稳定性受包装及外界条件影响较大且固化较慢、高温环境下固化时易产生气泡和裂纹、许多场合需底涂剂等缺点。

传统的单组分密封胶受湿气影响较大，固化速度慢，由于固化时释放出CO_2气体，胶层起泡且耐热性差，在无孔材料表面（如玻璃、金属等）应用时不尽如人意。近年来，将聚氨酯通过硅烷改性制成密封胶成为密封胶研究的一个重要发展方向。通过在聚氨酯中引入硅烷，使密封胶粘接性、耐热性、耐湿性和力学性能提高，且提高了树脂和填料间的浸润性、耐溶剂性和耐候性。不同硅烷封端剂、硅烷粘接促进剂、硅烷干燥剂对最终产品的力学性能影响很大。用烷氧基硅烷对—NCO端基团进行化学改性，得到端烷氧基硅烷基团的预聚物，所得密封胶不但能解决不耐水浸泡和起泡的问题，而且拉伸、粘接性能也得到了提高。

湿固化聚氨酯密封胶是现代建筑工程不可缺少的配套材料，主要应用于地基、墙根、屋顶、地板、地下涵洞顶等处的防水密封，以及高速公路、机场跑道等土木工程的嵌缝，可以起到水密、气密、隔热、隔声、防尘、减振等作用。面对日益严格的环保法规和客户对产品越来越严格的质量要求，建筑业中属高档密封胶的聚氨酯密封胶的需求量将不断增加。

（2）单组分快固化聚氨酯密封胶　反应型单组分胶粘剂体系原则上可用封闭的聚异氰酸酯制取，但这类体系（如带有羟基官能团的反应物）不能满足工业上的需求。结构型胶粘剂必须有足够长的使用期，在加热条件下数分钟内能迅速固化。单组分快固化聚氨酯密封胶由于在使用性能上占有领先地位，已渐有替代脲醛树脂、酚醛树脂的应用趋势，是聚氨酯的重要发展方向。

单组分快固化聚氨酯密封胶不易氧化和水解，具有优良的结构稳定性、粘接性、耐磨性及卓越的耐低温性。由于分子链中具有高极性基团，与被粘物间形成氢键，加之异氰酸酯的独特活性，使其具有大的潜在市场。它对基材具有优良的粘接性，可用于建筑、汽车的粘接和密封，可以大力进行开发。

(3) 应用实例

1）单组分聚氨酯密封胶在建筑防排水方面的应用。单组分聚氨酯密封胶在建筑防排水方面的具体应用在以下几个方面：

①建筑结构中的接头及缝隙密封，如楼房主结构中混凝土板之间及垂直接头的密封与缝隙填充，门窗四周与墙体之间的缝隙密封，大理石、铝塑板幕墙的接缝密封等。

②屋顶、顶棚结构、地下室等的防水、防渗、涂覆。

③道路工程中的接头、伸缩缝间隙的嵌缝密封，如地下隧道中嵌板对接头的密封，高速公路、机场跑道、桥梁、高架路等伸缩性间隙的嵌缝和密封。

④水环境工程的防漏密封，如游泳池、卫浴间、供排水系统中各种材质管道插口、污水处理管道顶管接缝的防漏密封等。

在建筑工程防排水方面使用单组分聚氨酯密封胶，应注意以下几个问题：

①由于单组分密封胶存在贮存和开包装使用固化之间的矛盾，所以单组分密封胶一般反应速度较慢，不会很快达到高的粘接强度，所以选用时应考虑留有足够的固化时间。

②单组分密封胶是以空气中的水分为固化剂，但基材表面或嵌缝缝隙中有水，会影响胶与基材的粘接强度；或由于水与胶激烈反应，使固化后胶体中形成孔洞，影响胶的自身强度，从而影响密封效果。

③在建筑施工时，往往施工面较宽、缝较长，为保持其良好的弹性，发挥性能，一般要在缝隙的下面垫衬或在底面、支撑材料结合面涂布一层隔离剂，以使胶层与支撑材料不发生粘接。背衬材料与密封胶不能是同类或相容的材料，如聚氨酯泡沫海绵。

④由于建筑防水密封很多需要在高空或地下作业，要注意选择密封胶的包装形式。目前，单组分聚氨酯密封胶一般有铝管硬包装、铝塑复合膜软包装及大桶包装，鉴于安全和减少废弃物方面的考虑，应尽可能选用软包装，在地面可选用大桶包装。

⑤迎水面和背水面嵌缝槽的宽度与深度比有所不同，迎水面的比例为（1.5~2）:1，而背水面应为1:(1.5~2)。选用的密封胶也应有所不同，迎水面采用低模量密封胶嵌缝，背水面采用中模量、高模量密封胶。

密封胶是现场成型材料，只有施工得当，才能发挥密封胶的优良性能。现将土木建筑用聚氨酯密封胶的使用方法作一介绍：

①在施工之前，对欲填充的间隙的形状、尺寸进行考察，做好施工前的准备工作。填充密封胶对间隙的尺寸有一定的限制，并且要求间隙的“形状系数”

（间隙深度与宽度之比）在适当的范围内。

②对施工面进行清理。为了防止粘接不良，必须清除施工面的灰尘、油脂等污染物。可用压缩空气、刷子、沾有机溶剂（如甲苯、甲乙酮）的抹布进行清理。潮湿的表面必须充分干燥。

③装支撑材料。装支撑材料的目的是调节间隙的深度，并且使密封胶仅粘接两个侧面，否则密封胶同时把侧面和底面都粘接了。若间隙发生变形运动，密封胶和底表面就不能同时自由跟动，因而易产生应力集中，反复的运动导致密封胶与两侧的粘接面剥离或密封胶破坏。支撑材料一般是普通的聚乙烯泡沫。

④贴纸胶带。为了在涂刷底涂剂以及挤压密封胶施工时，不致污染接缝周围的表面，一般使用纸质胶带贴住间隙周围的基材表面进行保护。

⑤涂底涂剂。用底涂剂处理粘接面，可使密封胶和基材间形成良好的粘接。一般用刷子刷或喷涂的方法，待底涂剂干燥 30min 以上再施胶。

⑥填充密封胶。若是筒装单组分聚氨酯密封胶，可按间隙的大小将密封胶筒的管嘴切开，作为喷胶口，靠近间隙底部挤压密封胶。注意喷口移动速度与吐胶量的平衡，使间隙的角落部位都被填充；并注意不要带入气泡。若是从大包装容器中取胶，则把密封胶装入胶枪中，从胶枪口处挤出施胶。双组分聚氨酯密封胶在使用前，需用配胶机混匀后，用胶枪施工。

⑦填充结束后，用压勺、刮刀等工具将密封胶压实，不留空隙，并使之表面平整，与被密封的基材连成整体。这对发挥密封性能十分重要。在完全固化之前，需进行保养，防止灰尘及损伤等。施工结束后，撕去纸胶带。

2）单组分聚氨酯玻璃粘合密封胶在汽车生产中的应用。用于汽车工业的密封胶一般应具有较高且长期耐久的粘接力，因而有时也称为胶粘剂或结构胶粘剂。聚氨酯密封胶具有较好的物理性能和耐久性能，对基材适应性强，可具有适合汽车快速装配生产线的作业性和固化速度。在汽车工业发达的国家，它已被广泛用于风窗玻璃的装配和密封，防撞杆、前照灯、后门等的密封兼粘接，使这些部件接头具有防锈、防水、防尘、抗振和增强作用。有些部位如发动机盖、行李箱等处，所用的双组分聚氨酯密封胶的粘接功能远甚于密封，属于结构性胶粘剂。在汽车制造中，占主导地位的聚氨酯密封胶是风窗玻璃装配用单组分湿固化聚氨酯密封胶。

单组分聚氨酯密封胶能将车窗玻璃与车身牢固地结合成为一个整体，提高车体的刚性及抗扭曲能力，密封性明显改善，安全性、可靠性大幅度增加。同时，这种装配工艺可以减轻车身自重，有利于车体动力学设计。现在，国内外中高档汽车几乎全部用单组分聚氨酯密封胶来粘接车窗玻璃（包括风窗玻璃、侧窗玻璃和后窗玻璃等）。

单组分聚氨酯密封胶用于车窗玻璃装配的使用方法是：首先在车身窗框部位

（涂装金属件）及玻璃四周待粘接处分别涂上不同的底涂剂（一般为有遮光性的炭黑着色的黑色底涂剂），在玻璃侧装上橡胶屏障，挤上密封胶，于窗框凸出处粘接，再在玻璃边与车体的缝隙中嵌入饰钉或塑料模塑物。

国外生产风窗玻璃用聚氨酯密封胶的厂家较多，主要生产厂及牌号有：美国Fssex公司的533和435系列，3M公司的Wind-wield 8609；日本Sunstar公司的Betasel 550、551，积水化学公司的11FC221，横滨橡胶公司的WS-100；德国Bostik-Autoseal，Teroson公司的Trestat 8585L、8590；瑞士Sika公司的Siksflex 251、255、255FC等。表11-4所示为几种单组分聚氨酯车用密封胶的性能。

表11-4 几种单组分聚氨酯车用密封胶的性能

牌号	Siksflex			Trestat		Betasel	AM	
	251	255	255FC	92	8590	551	130	140
固体质量分数(%)	—	—	—	—	—	95	94	95
密度/(g/cm³)	1.17	1.29	1.29	1.22	1.16	1.30	1.18	1.20
不粘时间/min	5	30	15	30~40	30	37	45	45
固化速率/(mm/d)	3	8	5	5	4	—	3	4
邵尔A硬度 HA	45	60	60	40	50	49	45	60
拉伸粘接强度/MPa	1.8	8	5	2.2	5.2	4.2	1.8	5.0
伸长率(%)	450	400	400	650	450	500	450	400
剪切强度/MPa	1.5	—	—	1.3	5.5	4.0	1.5	5.0
撕裂强度/(N/mm)	6	9	12	11.3	6.4	27.4	7.1	12

3. 水工用聚氨酯材料

水工建筑物和其他土木工程一样，为了控制建筑物中发生的有害应力，避免出现意外裂纹，常预设变形缝。水工建筑物与一般土木工程相比，又有独特的地方：施工、运行环境恶劣，施工、维修任务紧，常在潮湿、有水的环境下作业。因此，对封缝止水材料提出了更高的要求。需采用特殊的聚氨酯密封胶，如酮亚胺快速固化的聚氨酯密封胶、遇水膨胀型聚氨酯密封胶及聚氨酯环氧密封胶。

遇水膨胀型聚氨酯密封胶是聚氨酯密封胶的特殊品种，主要用于地下工程变形缝的止水处理。它分为油溶性（OPU）和水溶性（WPU）树脂两大类，前者树脂的固结物结构本身不膨胀，需加入膨胀性填料；后者以膨胀性树脂为基料。与普通的聚氨酯密封胶相似，该种密封胶分为双组分和单组分两种，双组分又分为醇固化型和胺固化型。

双液遇水膨胀型聚氨酯密封胶：A组分为水溶性聚氨酯预聚体（水溶性聚醚多元醇、多异氰酸酯），B组分为固化剂MOCA、稀释剂二元醇、填料滑石粉、轻质碳酸钙等，增塑剂邻苯二甲酸二丁酯。

该密封胶除具有聚氨酯密封胶的一般优点之外，还具有遇水膨胀、以水止水的特点；既可用现场浇注的方法（水平缝），又可采用灌浆技术施工；不仅可用于新建工程的止水，而且可用于漏水工程的维修；不仅可用于单独止水，而且又可与定型止水材料复合使用。

4. 电子用聚氨酯密封胶

随着我国电子工业的快速发展，微电子产品已广泛应用于各种电器的自动控制，因此电控部分的工作稳定性显得非常重要。为了使机电产品在各种复杂的环境中能够安全可靠地运行，必须用高分子密封胶对电子器件（脉冲点火器、电子变压器）电路板、微型控制电动机的绕组、气密性机电零部件进行密封处理。目前常用的封装材料有环氧树脂、有机硅、聚氨酯。环氧树脂易产生内应力，硬度大，难以更换元器件；有机硅树脂价格高，常温固化时间长，强度差；聚氨酯密封胶具有软硬度可调节，以及耐低温、柔韧性好、粘接强度高、耐油、耐冲击、耐臭氧、耐辐射、隔热、绝缘等优点，在家用电器电子元器件中的应用非常广泛，而且用量越来越大。

（1）双组分透明聚氨酯密封胶

1）双组分透明聚氨酯密封胶的组成及配比见表11-5。

表11-5 双组分透明聚氨酯密封胶的组成及配比

组 成	配 比
A组分：聚醚多元醇、二苯基甲烷二异氰酸酯（MDI）	NCO质量分数为5%，$n(NCO)/n(OH)=0.95$ ~1.1
B组分：3,3′-二氯-4,4′-二氨基二苯基甲烷（MOCA）油酸与辛酸铅作复合催化剂	0.06%~0.1%（质量分数）
苯甲酸酯类增塑剂	35%（质量分数）

2）制备和合成。将A、B组分按比例混合后，在真空度1×10^4Pa下脱泡5~6min，然后浇注到待封的元器件上，室温或加温固化一定时间后脱模即为成品。

3）性能和应用。该密封胶不仅适用于连续化生产线流水作业，也适用于手工作业，具有固化快、透明度高、操作简单、柔韧性好、硬度可调等优点。它可广泛地适用于洗衣机、热水器、洗碗机等电器的电脑板、电缆接头的密封。

（2）防霉型电子元器件用聚氨酯密封胶 该密封胶的组成及配比见表11-6。

表11-6 防霉型电子元器件用聚氨酯密封胶的组成及配比

组 分	配 比
蓖麻油	50g(经脱水)
甲苯二异氰酸酯	28g[n(NCO)/n(OH)=2]
2-巯基苯并噻唑或8-羟基喹啉铜	10g
乙二醇/1,4-丁二醇	5.0g/7.3g
二月桂酸二丁基锡	0.08mL

该密封胶的反应温度为70℃，选择8-羟基喹啉铜、2-巯基苯并噻唑作为防霉剂。8-羟基喹啉铜的铜离子可与氰基中的氮原子配位，2-巯基苯并噻唑中的巯基可与氰基结合，这样防霉剂可与聚氨酯结合牢固，从而提高防霉效能并能长久保持，并且二者毒性较低，价格低廉。随着防霉剂含量的增加，聚氨酯防霉性能提高。一方面，在材料中添加1.5g防霉剂，就能达到无霉菌生长，且对周围霉菌的生长还有抑制作用；另一方面，过多的防霉剂会影响聚氨酯密封胶的强度、柔韧性和拉伸率，适宜的防霉剂质量分数为1.5%左右。

5. 不干性聚氨酯密封胶

不干性聚氨酯密封胶又称液体垫圈或垫片，取代传统纸垫、硫化橡胶垫、软木垫、铅油等制品，解决跑、冒、滴、漏问题，取得了较好的效果。聚氨酯具有优良的耐油性、耐低温性能。以聚氨酯为基体的不干性聚氨酯密封胶具有耐压、耐低温、耐油、防振等特点，可以代替固体垫片用于机动车辆静接合部位密封，代替铅油麻纤维用于气、水管道螺纹密封，有效地防止油、气、水的泄漏。不干性聚氨酯密封胶的制备工艺见图11-1。

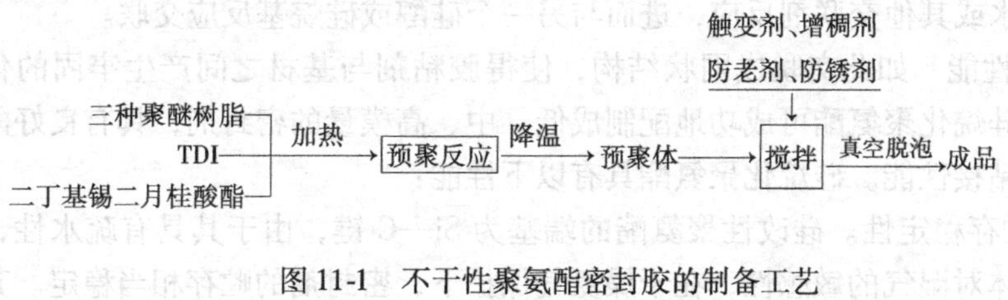

图11-1 不干性聚氨酯密封胶的制备工艺

选用低相对分子质量的聚醚树脂，可提高密封胶耐介质性。一般来说，密封胶粘度越高，其密封性越好。其反应温度一般控制在80℃左右。反应时间越长，合成聚氨酯相对分子质量越大，粘度越高，密封胶性能越好。

密封胶应具有良好的挤出性，便于施工；保证在顶面、垂直面施工而不流淌，要求胶料具有触变性。选用有机硅偶联剂处理的气相二氧化硅、乙炔、炭黑、有机膨润土等作为触变剂，发现它们有较好的抗下垂性。

不干性聚氨酯密封胶应用到暖气管道螺纹上，三年多来没有发现水蒸气泄漏现象，管道螺纹密封处无锈点、锈蚀现象；济南锻压铸造研究所应用不干性聚氨酯密封胶到低温冷冻机上，解决生产密封胶在垂直接缝处下垂流淌、不能使用的问题；在济南金华汽车配件厂解决加工设备漏油问题，反映效果良好。无溶剂、不干性聚氨酯密封胶贮存期长，有良好的粘弹性、触变性，可拆性良好，对金属底材无腐蚀，在低温下仍有良好的涂敷性能。不干性聚氨酯密封胶的推广应用，可提高机床、机动车辆等产品的质量，节油降耗，消除油、气泄漏带来的环境污染，减少一些设备不必要的精加工，节约人力、物力，具有一定的社会效益。

6. 硅烷化聚氨酯密封胶

（1）机理　硅烷化聚氨酯（SPU）密封胶是一种以硅烷化聚氨酯为基础聚合物制得的新型密封胶。在聚氨酯密封胶中用作改性剂的有机硅化合物多是硅烷偶联剂。它实质上是一种具有有机官能团的硅烷，通式为 $YSiX_3$。X 和 Y 是两类反应特性不同的活性基团，X 为可水解的基团，如氯基、甲氧基、乙氧基、甲氧乙氧基、乙酰氧基等，这些基团水解时即生成硅醇 $Si(OH)_3$，可以和无机物的基团相结合；Y 是有机官能团，如乙烯基、氨基、环氧基、甲基丙烯酰氧基等，可以和有机基团相结合。这样，在其分子中同时具有能和无机质材料（如玻璃、硅砂、金属等）化学结合的反应基团及与有机质材料（如合成树脂等）化学结合的基团，有助于改善胶粘剂或密封剂与基材的粘接性。

硅烷偶联剂在聚氨酯胶粘剂或密封剂中的应用方法之一是：在—NCO 端基的聚氨酯预聚体中加入含活性端基—OH 或—NH_2 的硅烷偶联剂，或在—OH 端基的聚氨酯预聚体加入含—NCO 基的有机硅烷偶联剂，这样将—NCO 端基或—OH 端基的聚氨酯预聚体改性为端硅烷基的预聚体。端硅氧基在催化剂存在的条件下，与水或其他交联剂反应，进而与另一个硅醇或硅烷基反应交联。

（2）性能　如此交联成网状结构，使得胶粘剂与基材之间产生牢固的化学粘接力。硅烷化聚氨酯可成功地配制成低、中、高模量的密封剂，具有良好的力学性能和粘接性能。硅烷化聚氨酯具有以下性能：

1）贮存稳定性。硅改性聚氨酯的端基为 Si—C 键，由于其具有疏水性，降低了预聚体对湿气的敏感性，在干燥氮气保护下，密封剂的贮存相当稳定。其硅烷官能团甲基、二甲基与多数添加剂的相容性良好，在适宜固化剂存在下，能发挥贮存稳定和高度活性的较佳平衡。

2）耐候性。硅烷改性密封剂中预聚体的特征是分子链中不饱和键含量极低，具有卓越的耐候性、耐紫外线等。户外使用数年，未见表面裂口、裂纹或变色现象。

3）高度抗溶剂性。由于硅氧烷交联和聚氨酯化学结构在抗化学品性能上的协同效应，故具有良好的耐水解性和耐化学品性能，可耐抗冻液、柴油和汽车润滑油，使该类密封剂成为众多工业、运输和汽车制造业等的理想密封材料。因其耐热性和耐久性优于常用密封剂商品，硅烷化聚氨酯密封剂特适用于汽车发动机的间隔密封。

4）环境友好。硅烷化密封剂系无溶剂、无游离异氰酸酯和无臭味的物质，对环境无污染。

5）粘接对象广泛。硅烷化密封剂对常用建筑材料具有优良的粘接密封性，如石材、玻璃、混凝土和金属等。近年来，其胶接对象已扩大到多种塑料，如PVC、尼龙、聚碳酸酯、丙烯酸酯树脂、玻璃纤维、ABS和聚苯乙烯等，甚至可粘接油漆面和有机硅污染的表面，这意味着它也可用作修补密封剂。

（3）配方

1）旭硝子（日本）公司配方（质量份）：预聚体（SPU）100份，填料（碳酸钙，0.07μm）90份，增塑剂（DIDP）40份，触变剂（SiO_2）5份，增白剂（TiO_2）5份，脱水剂（SilquestA-171硅烷）1份，增粘剂（SilquestA-1120硅烷）2份，固化剂（DBDTL）5份。配方中所列硅烷SilquestA-171系Witco公司生产的乙烯基三甲氧基硅烷，SilquestA-1120系该公司的N-（α-氨乙基）-α-氨丙基三甲氧基硅烷。

2）Degussa公司研制的密封剂配方（质量份）：预聚体（LS2237）36.0份，填料（碳酸钙312）46.8份，增塑剂（Jayflex DIUP）14.5份，交联催化剂（Matatin740）0.02份，干燥剂（DynasylanVTMO）41.5份，粘接促进剂（DynasylanDAMO-T）1.0份。配方中，LS2237是由IPDI（异佛尔酮二异氰酸酯）和EO/PO聚醚化合而成；DynasylanVTMO为乙烯基三甲氧基硅烷；DynasylanDAMO-T为N-氨乙基-3-氨丙基三甲氧基硅烷。

硅烷化聚氨酯密封剂具有传统密封剂无法比拟的优异性能，可广泛用于建筑防水、防火、绝缘、抗污染密封等。日、美等国在这方面的工艺研究和应用研究十分活跃，市场前景广阔。

11.3 密封胶的应用

11.3.1 密封胶在航空、航天工业中的应用

喷气式飞机机身、机翼的防水，座舱的气密和隔音，整体油箱的防漏，发动机输油管道的防漏，仪器仪表的防潮，电器插座及宇宙飞船、轨道空间站的密封等均需进行严格的封闭。

1. 油箱的密封

飞机油箱又称整体油箱，是将主翼外壳与桁条等结构部位的接合处和缝隙加

以密封后，直接盛装燃油的箱子。这就要求它不能有一点渗漏。在整体油箱上应用的密封材料要求具有良好的耐燃油性、对金属（铝合金）表面有高的粘接强度、无腐蚀性以及优良的机械性和施工性等。目前，主要采用的密封胶为聚硫密封胶。施工时，采用紧固件部位密封、缝内密封、沟槽密封和缝外密封等形式。

实践表明，聚硫密封胶可在 -50 ~ 130℃使用 8 年以上，在频率 90 次/min、振幅 -8 ~7mm 的情况下，连续振动 30h（计 16 万次），未发现有任何泄露情况。另外，氟橡胶、氟硅橡胶及聚氨酯橡胶类密封胶也常用于油箱的密封。

2. 机窗的密封

目前，飞机上的机窗玻璃多数采用有机玻璃（聚甲基丙烯酸甲酯）、增强的无机玻璃或两者合并使用。因此，作为机窗的密封胶不仅要求具有良好的耐候性、对有机玻璃的优良粘接性和无腐蚀性，而且在用作复合风挡的中间层时，不会因为有机玻璃和无机玻璃热膨胀系数的不同而引起脱层剥落。近年来，使用较多的是室温硫化有机硅密封胶。要求该密封胶具有良好的耐油性、抗裂性（不使用有机玻璃产生裂纹）、耐水性、耐压（ >1MPa）及耐低温性（ -40℃弯曲时不出现裂纹，粘接强度降低 <2%）。

3. 座舱的密封

飞机在飞行中，机内外要保持一定的压力差；宇宙飞船在飞行中，更要保持增压舱的气压，防止空气漏到飞船的非增压区或外部空间。因此，必须对座舱进行严格密封。密封胶主要用于隔压板、防火层、出入门、窗、气孔以及管路系统的各种结合面，大多采用室温硫化硅橡胶密封胶和聚氨酯类密封胶。

4. 外露系统的密封

飞机外露系统的结合部位主要有机身各部件对接处、机身门窗和各种箱盖的端面、垂直尾翼方向舵的连接处以及起落架上壁板和机身对接处等。这些部位上的密封胶应具有良好的耐候性、耐水性、对金属表面足够的粘接强度以及与机身材料具有较接近的热膨胀系数和硬度。目前，较多采用以铝粉为填料的聚硫弹性密封胶。

5. 分离器的密封

在分离器的各结合部位上使用密封胶应具有低强度和高密封性，因此，一般使用了单组分室温硫化密封胶。另外，该密封胶还往往与固体密封垫片合用（如油箱进油门等处），这是因为这些部位需要经常拆卸、检修。目前，有些机型还改用了非粘接型密封胶，常用的类型有半干性粘弹型密封胶和不干性粘着型密封胶。

6. 电器接线柱的密封

电器接线柱上的密封主要是灌装，所用的密封胶主要有聚硫密封胶、聚氨酯密封胶和硅橡胶密封胶等种类。聚硫密封胶大多用于低电压部位；聚氨酯密封胶大多用于高电压部位；硅橡胶密封胶由于具有优良的电绝缘性和耐热性，大多用于工作温度较高和对电绝缘性要求较高的部位。

7. 高温部位的密封

飞机的高温部位通常是指超声速机型的主翼前缘和发动机罩壳前缘。由于飞行时空气的摩擦，温度最高可达200~250℃，一般采用硅橡胶类密封胶进行密封。

此外，发动机盖板、附件机壳结合面、压气机油箱盖、涡轮机壳结合面、燃烧室分箱面、消声器结合面及燃油管道法兰面等的工作温度一般也较高，需用耐热性较好的密封胶。可用铅粉或氧化铁粉为填料的有机硅树脂或聚异丁烯类半干性粘弹型或不干性粘着型密封胶。

由于航空、航天工业对密封的要求很高，因此在进行密封时，要严格清洗、严格保护被清洗的部位。进行缝外密封时，要求将所有紧固件拧紧固定并封住每一螺钉头。

11.3.2 密封胶在汽车工业上的应用

在汽车上应用的密封胶具备防锈、防振、隔声和绝热等作用，还应能经受各种工作条件和不同的工艺条件（如酸洗、碱洗、涂装烘烤和防锈处理等）的考验。因此，应具有优良的耐热、耐寒、耐震、耐曲挠、耐介质、抗蠕变、防老化等性能，以及较长的使用寿命。

汽车用密封胶种类多，例如变速箱壳体结合面、变速箱前轴承座端面、后盖、凸轮轴支架端面等常用于半干性粘弹型密封胶；机油过滤器盖、排水管法兰、水泵盖、车身与凸缘结合面、燃料泵盖等常用干性剥离型密封胶；汽缸盖水孔塞、汽缸盖推杆塞、曲轴皮带轮固定螺栓、差速器支架固定螺栓等常用不干性粘着型密封胶；地板和防火板的缝隙密封、发动机罩壳的密封、车身接缝处的防水密封、防振、防腐蚀、隔热和隔声等常用弹性密封胶；油、水、汽管道丝扣的密封紧固、汽缸盖双头螺栓的密封紧固、其他螺栓及小型镶嵌件的密封等常用厌氧密封胶；车身外部缝隙的密封、底层涂料在涂布前对车身各结合处的密封等常用热熔密封胶；防风密封条与玻璃的密封粘接、防风密封条与车身凸缘的密封粘接、窗框的密封固定等常用弹性密封胶；货车顶窗玻璃与金属框的密封粘接、车门木材与金属的密封粘接等常用热熔密封胶；各种薄板结构冲压件在点焊接后缝隙的密封等常用弹性密封胶。

1. 车身密封

由于在对车身进行密封时，整辆汽车已处于后期装配阶段，因此施工质量要求较高，特别是在一些车身外的部件，要求胶缝尽可能小而平滑，以保持美观，而且一般均不采用溶剂型密封胶。为了保证施工质量及密封性，一般采用双组分弹性密封胶，使胶液具有较高的初始粘接强度和较快的失粘速度。但是由于双组分密封胶在施工时需临时配制，较为麻烦，因此也有以热熔胶来代替的情况。使用热熔密封胶时，通常采用带有加热装置的压力喷枪来进行涂布。

对于大客车顶盖流水槽、钣金件搭接点、驾驶室流水槽、车身焊点等处，常用合成橡胶类点焊接密封。对于车门边发动机罩、行李箱盖、驾驶室底板结合处及其他汽车装配用金属件的折边部位，常用环氧树脂、酚醛树脂及改性环氧树脂等类折边密封胶。对于驾驶室顶盖前梁焊接部位，车门、发动机罩、行李箱外板与加强梁的粘接、汽车底板的防石击等部位常用聚氯乙烯类防振密封胶，也常用到各种类型的隔热阻尼密封胶。汽车前围外板的侧板和前后底板间、车身大缝、工艺孔等部位常用聚氯乙烯类指压密封胶。各种车身焊缝常用聚氯乙烯、聚硫橡胶、氯丁橡胶、丁腈橡胶、聚氨酯橡胶、丁基橡胶、丙烯酸酯橡胶等类型的焊缝密封胶。

2. 车窗密封

小型化、轻量化小轿车的前后窗及侧后部小窗采用将玻璃与车身直接粘接固定，以代替通过密封垫圈组装的老工艺。因此，对所使用的密封胶的性能，特别是它与不同材料（玻璃—金属）粘接时的强度和耐久性提出了更高的要求。常用的密封胶有不干性丁基密封胶、室温硫化的硅橡胶密封胶、聚氨酯类密封胶等。

3. 机械设备、安装密封

汽车发动机、底盘装配时的密封，各种机械设备的平面法兰、丝扣管接头、盖板、轴承连接处的静密封部位常用聚醚聚氨酯、聚醚环氧改性聚氨酯及其他合成树脂类不干性粘接型密封胶，合成橡胶、尼龙—酚醛、聚氨酯、室温硫化硅橡胶及室温硫化聚硫橡胶类半干性粘弹型密封胶，丁腈橡胶、聚烯烃等干性可剥型密封胶。对于其中的耐热部位，常常用硅橡胶类密封胶，螺纹件锁骨密封一般用各种类型的厌氧型密封胶。

4. 汽车灯具密封

汽车灯具处于汽车的外露部位，受各种外界环境影响很大，要求密封胶具有良好的耐热、耐水、耐老化、抗振动、较高的粘接强度。可用增韧的环氧树脂类密封胶、光敏结构胶等。

5. 汽车油箱密封

汽车油箱端盖滚口、咬口密封，非金属油罐的防渗漏密封等部位需用具有耐油、耐水、耐高低温、耐酸碱、耐老化、柔韧性好、密封性好的胶种。常用的有双组分聚氨酯弹性密封胶，酚醛—丁腈、环氧—聚硫等粘接型密封胶。

6. 汽车修补密封

汽车外壳产生砂眼、气孔、油箱、泵体龟裂，管线法兰的盘、阀泄露及其他零部件损坏后，均需进行修补，这种修补要求所用密封胶固化快、收缩小、粘接强度高、耐老化、操作方便。常用以金属粉末为填料的双组分室温固化环氧密封胶、双组分瞬干环氧—丙烯酸酯类密封胶以及各种不饱和聚酯腻子、原子灰密封胶等。

11.3.3 密封胶在船舶上的应用

众多的密封胶中，非粘接型密封胶主要用于船舶上主机（柴油机、蒸汽机和燃气轮机等，目前以柴油机为最多）、涡轮机以及其他一些设备装置的罩壳或法兰等静结合部位。船舶上众多的管道、船体结构的密封虽然一般也可采用非粘接型密封胶，但由于工作条件较为恶劣，对一些不常拆卸的部位，则通常用粘接型密封胶。

1. 动力机械的密封

船舶的动力机械主要有涡轮机与柴油机，这些机械的密封属于静密封。由于船舶在行驶时，要经受风浪从不同方向不断产生的反复应力及动力机械的振动外力，这就要求密封胶层具有良好的粘弹性、耐振性和抗蠕变能力。因此，大多采用半干性粘弹型和不干性粘着型密封胶，而较少或不采用干性剥离型和干性固着型密封胶。例如在涡轮机中减速齿轮箱结合面、泵齿轮罩和本体结合面、轴承罩面、变速器结合面，常用不干性粘着型密封胶；操纵阀结合面、推力轴承结合面，常用耐高温不干性粘着型密封胶；冷却水泵罩面常用无溶剂不干性粘着型密封胶；柴油机中汽缸头和缸体结合面、汽缸套管的螺栓部位、吸气管结合面常用耐高温不干性粘着型密封胶；压缩机法兰面常用半干性粘弹型密封胶；冷却水管法兰面、推力轴承结合面、机头合盖和机架结合面、变速器结合面常用不干性粘着型密封胶；油箱结合面、鼓风罩面常用干性固着型密封胶。除涡轮机和柴油机外，其他机械上也需进行有效的密封，例如汽化器罩面、泵结合面、给水加热罩面、油加热器罩面、鼓风机管道法兰面、冷冻机冷凝器盖、绞盘马达结合面、空气冷却器罩面、海水过滤器法兰面、吸水泵法兰面等。这些机械中，除汽化器罩面需用耐高温不干性粘着型密封胶、泵结合面常用无溶剂不干性粘着型密封胶外，其余一般均使用半干性粘弹型密封胶。

2. 管道系统的密封

在船舶管道系统上，一般采用粘接型弹性密封胶。船舶管道系统主要包括蒸汽管、积水管、排水管、燃油管、润滑油管、冷冻液管和海水管、原油管、液化石油气管等。在 −40 ~ 510℃及常压 ~ 8.0MPa 的工作条件范围之内，仅用粘接型密封胶还不能完全确保密封，并且拆卸比较困难，因此在一些条件较为苛刻的结合部位，往往采取与固状密封垫片合用的方法，所使用的固状密封垫片大部分为橡胶型和橡胶—石棉型。例如蒸汽管常用弹性密封胶加金属、石棉等垫片，也可用有机硅弹性密封胶，空气管、燃油管、润滑油管、供给水管可用一般弹性密封胶。对于管径较小（如 $d=30\sim50\text{mm}$）的管道一般使用厌氧型密封胶密封。使用厌氧型密封胶的管道能耐30MPa的水压或10MPa的氮气压，如果再采用丝扣连接，管径为130mm的管道能耐15MPa的氮气压，并且一般均可省去固状密封垫片、密封带或非粘接型密封胶，施工时也无需太大的紧固外力，但对结合面的加工精度要求较高。

3. 船体结构

船体门窗框条构件的固定密封，甲板、水泥地板、舱面墙板等的填隙密封，以及冷冻系统、机房、仓库等的绝热隔音密封等常用粘接型密封胶。另外，许多门窗都是由轻质合金材料（如铝合金等）制成的，为了防止它们和船体钢材之间产生电蚀，在接触部位也需要进行密封。门窗部位的密封用胶主要是双组分或单组分的室温硫化聚异丁烯和聚硫弹性密封胶。除了弹性密封胶外，门窗框条构件的密封固定还可使用热熔胶，但在施工时需要专用的涂布设备，在一定程度上限制了它的应用。

船舶木甲板铺设时的密封添隙，过去大多采用麻丝—沥青材料，虽然价格较低廉，但施工工艺落后，使用效果不理想。现已逐步改用弹性密封胶和热熔密封胶，其中尤以两组分室温硫化聚氨酯弹性密封胶最为普遍。木质船舶体的密封填隙，以及大型船舶水泥地板、室内装饰板（如大理石板、金属板和塑料贴面板）、瓷砖等的密封填隙和粘接也可用室温硫化聚氨酯弹性密封胶。

船舶上的冷藏仓库的密封胶需耐低温（达 $-30\sim-20$℃）、防潮、防水，大多采用聚硫弹性密封胶或聚氨酯弹性密封胶。

对于艉轴系统、轴承系统、各种泵等系统，一般使用固体密封材料。

11.3.4　密封胶在电子工业中的应用

电子装置的种类较多，电子装置的各种壳体、箱面、线圈、接头、元件等几乎全都要求具有高度的气密性能，其密封方法主要有嵌封和热封两种，嵌封主要用非粘接型密封胶，热封主要用粘接型密封胶，其中多数为硅橡胶和环氧树脂两类。

嵌封是用非粘接型密封胶镶嵌电子装置壳体、箱面、管道、孔塞、端面等的缝隙以防止其内部介质泄露，采用这种方法的接合面一般再配用螺栓、丝扣、铆钉、嵌键等。

热封是将粘接型密封胶在可流动情况下与被密封的电子元件置于一具有固定形状的壳体或模具内，进行固化密封，有灌装、包封和埋封三种具体实施方法。

1. 用硅橡胶类密封胶进行热封

用得最多的硅橡胶类密封胶是双组分室温硫化密封胶（RTV），有缩合型与加成型两种，其优缺点见表11-7。

表11-7 缩合型RTV与加成型RTV的优缺点

项　目	缩合型RTV	加成型RTV
活性期	短	长
硫化速度	受温度影响小,可通过催化剂用量调节	受温度影响大
硫化时副产物	水、醇、氢等	无
电绝缘性	硫化不充分时会下降	无下降现象
对金属腐蚀性	有	无
机械强度	中等强度	高强度
线收缩率(%)	0.1~0.8	0.1以下
粘接性	良好	不好
自熄性	不好	良好
使催化剂中毒物质	无	含硫、氮、磷的物质
透明性	半透明、不透明	完全透明

进行热封时，必须预先用易挥发的有机溶剂清除油污，再通过加热除去溶剂，最后待它冷却至室温后方能封装。施工时，遇到加有稳定剂和增塑剂的聚氯乙烯、用硫磺硫化的橡胶、用胺类固化的环氧树脂等，都需要在上面涂一层清漆作保护隔离层，以避免一些含硫、氮、磷的化合物使硫化剂活性下降而引起硫化不充分。

加成型硅弹性密封胶的粘接性较差，一般应使用如甲基三乙酰氧基硅烷、乙烯基三乙酰氧基硅烷、硼硅酸酯等进行表面处理。缩合型硅弹性密封胶的胶液活性期较短，使用时需按比例快速混合均匀，立即灌装。催化剂加入量必须准确，否则会影响胶液活性期和硫化速度。

有时为了施工的方便，添加甲基硅油等稀释剂使胶液粘度下降，但加入量一般不超过20%（质量分数），否则将会影响产品的性能。

胶液混合后，可通过静置或减压除去气泡；灌注胶液后的部件还要间歇地进行减压和加压，以排除气泡，待气泡全部排除后，在室温下放置一定时间，即可得到成品。如果是进行包封的材料，则应再加用脱模机、聚酯薄膜和铝箔等材料。缩合型硅弹性密封胶在硫化时，会放出乙醇、氢和水等副产物，如不把它排除干净，会影响成品性能。所以灌注的部件脱模后，需在室温下放置2~3d，再封进外壳或在60~100℃的烘箱中加热几小时。

RTV已成功地应用于大功率晶体三极管、电缆和高频插头、波导双向高频插座、电视机行输出变压器、雷达天线的元器件、地震传感仪、医用内窥镜、太阳能电磁二极管等的灌注。例如波导双向高频插座是卫星通信地面电子装置的元件，采用硅橡胶密封胶灌注后，在 $-250℃$ 的超低温下，真空度仍可达到 $1.33 \times 10^{-5}Pa$。彩色电视机的高压包要承受50000V以上的高压，采用硅橡胶密封胶灌注后，可消除电晕。胃镜光纤内窥镜采用硅橡胶密封胶埋封后，性能良好，对人体无害。

2. 非粘接型密封胶在电子产品中的应用

电子产品的对外防水密封、对内各零部件间的结合、稳定，常用到许多非粘接型密封胶。例如使用不干性粘着型密封胶的有仪表零点调整螺栓、仪表接线柱和本体结合面、感应电压调节器结合面、照相机透镜和套筒之间、煤气表壳、阀体各结合面、电池壳内壁与封口板之间、导管封隔器结合面等；使用干性剥离型密封胶的有铅蓄电池接头螺栓、油计量器结合面、立体声耳机外壳、转速表外壳、鱼群探测器外壳结合面、变压器防电晕罩、投光器罩壳结合面、传感器壳体结合面、安全阀体结合面、防水手表外壳上盖、电度表外壳结合面、电子计算机存储器结合面、电视机阳极罩等；使用半干性粘弹型密封胶的有液晶显示器外壳结合面、计算机信号器接口、遥感光电转换器结合面、高能探测器计数器暗盒结合面、氧气压力表螺栓、检像透镜安装面、电话声耦合器盖、电话自动交换机盖等。

11.3.5 密封胶在建筑工业中的应用

建筑中，混凝土构件嵌缝、门窗的密封、地基与屋面的防水堵漏、管道的密封以及隔音、隔热层的粘贴等均需使用密封胶。建筑用密封胶主要有沥青、聚氯乙烯、有机硅（硅酮)、聚氨酯、液体聚硫及聚丙烯酸酯等类型。

一般来说，密封胶的拉伸强度在70kPa以上就可以了，而其伸长率（各种环境下，包括加速试验如水浸、高低温循环和紫外线照射等）则要求为100%～150%。

传统的嵌缝材料是沥青和油基材料，它们价格低廉、施工简便，但是耐油、耐化学药品性较差，加热时有燃烧的危险，弹性也不好，有一定的毒性，一般只能用于施工接缝中。

合成高分子密封胶中，聚氯乙烯胶泥是较早使用的品种。由于它具有质轻、原料易得、施工简便、防水性好、成本低等优点，在建筑屋面防漏中仍在大量应用。其他类密封胶中，硅橡胶类混凝土嵌缝胶最为常用，它具有优良的耐疲劳、耐老化、耐臭氧、耐候性能。例如在反复伸长压缩30%、每分钟48次的频率下，10000次以上仅从接缝处剥落，本身仍未断裂；在60℃经过6000h不发生硬变，估计自然使用寿命为100～150年。聚氨酯类密封胶可室温固化，固化物低温性能好，可制成各种粘度的产品，广泛用于嵌缝、防水密封与堵漏。液体聚硫类密封胶对木材、水泥粘合性能好，耐水、耐候、耐光照、韧性好，使用寿命年限可达到20年以上，广泛应用于建筑中的各种嵌缝密封，其生产量是除聚氯乙烯胶泥以外最大的。环氧树脂及聚氨酯改性的环氧树脂在建筑物尤其是地下工程、水坝、涵闸的防水堵漏及修补加固中具有重大作用。这些胶料中由于加入了水泥、生石灰等吸水性填料，酮亚胺、多异氰酸酯等可与水反应的固化剂及酚醛胺等亲水性固化剂，因此可在潮湿面与水下施工，性能优异，使用方便。

另外，在各种建筑管道的连接中，现已广泛使用热熔密封胶、厌氧密封胶、聚氨酯弹性密封胶等来代替传统的白漆麻丝等。

由于建筑密封（尤其是混凝土构件嵌缝）往往面较宽、缝较长，因此在选用密封胶及进行密封操作时应特别注意。一般来说，为了得到性能良好的密封接缝，双组分的胶液必须充分混合；用喷枪注射时应尽量不夹带空气；施工环境的气温一般不应低于4℃（以免胶液出现结晶而影响施工质量）；在底面或支承材料结合面涂布一层隔离剂（一般为油类物质），以使胶层与支承材料不发生粘接作用，这样即使在接缝发生变形的情况下，密封胶层也不会产生断裂。

最后还需指出的是，建筑工业中出现较大的漏水、渗水裂纹时，使用传统的甲凝、氰凝、丙凝灌胶浆及氯化铁防水剂也是有效的。

参考文献

[1] 黄世强，孙争光，李盛彪. 环保胶粘剂［M］北京：化学工业出版社，2003.

[2] 程时远，李盛彪，黄世强. 胶粘剂［M］. 北京：化学工业出版社，2001.

[3] 黄世强，肖汉文，程时远. 特种胶粘剂［M］. 北京：化学工业出版社，2002.

[4] 程时远，陈正国. 胶粘剂生产与应用手册［M］. 北京：化学工业出版社，2003.

[5] 陈根座，等. 胶粘剂应用手册［M］. 北京：电子工业出版社，1994.

[6] 向明，蔡燎原，张季冰. 胶粘剂基础与配方设计［M］. 北京：化学工业出版社，2002.

[7] 李盛彪，黄世强，王石泉. 胶粘剂选用与粘接技术［M］. 北京：化学工业出版社，2002.

[8] 李士学，蔡永源，周振丰，等. 胶粘剂制备及应用［M］. 天津：天津科学技术出版社，1984.

[9] 徐全祥. 合成胶粘剂及其应用［M］. 沈阳：辽宁科学技术出版社，1985.

[10] 唐新华. 木材用胶粘剂［M］. 北京：化学工业出版社，2002.

[11] 陈平，刘胜平. 环氧树脂［M］. 北京：化学工业出版社，1999.

[12] 王德中. 环氧树脂生产与应用［M］. 2 版. 北京：化学工业出版社，2001.

[13] 孙曼灵. 环氧树脂应用原理与技术［M］. 北京：机械工业出版社，2002.

[14] 土井幸夫. 环氧树脂乳液［J］. 日本接着学会志，1999，35（5）：13.

[15] 沈开猷. 不饱和聚酯树脂及其应用［M］. 2 版. 北京：化学工业出版社，2001.

[16] 周菊兴，董永祺. 不饱和聚酯树脂——生产及应用［M］. 北京：化学工业出版社，2000.

[17] 饶厚曾，黄智敏，唐星华. 建筑用胶粘剂［M］. 北京：化学工业出版社，2002.

[18] 李绍雄，刘益军. 聚氨酯树脂及其应用［M］. 北京：化学工业出版社，2002.

[19] 贺曼罗. 建筑结构胶粘剂与施工应用技术［M］. 北京：化学工业出版社，2001.

[20] 翟海潮，李印柏，等. 实用胶粘剂配方手册研制 · 生产 · 应用［M］. 北京：化学工业出版社，1997.

[21] 朱晓丽，张庆思，冯圣玉. 有机硅改性水性聚氨酯的研究进展［J］. 中国皮革，2005（3）：42-44.

[22] 赵晖，王毅，刘益军，等. 有机硅改性水性聚氨酯的研究进展［J］. 粘接，2004（5）：11-13.

[23] 马国奇，辛配来. 水性聚氨酯胶粘剂研制现状及发展趋势［J］. 化学工程师，2004（12）：36-38.

[24] 赵飞明，王帮武. 电子工业用聚氨酯浇注胶研制［J］. 粘接，2004（6）：7-9.

[25] 陆冬贞，孙杰. 我国聚氨酯胶粘剂的现状及趋势［J］. 中国胶粘剂，2004（6）：37-42.

[26] 张鹏，杨光明，沈陈炎，等. 单组分聚氨酯胶粘剂在铺装材料中的应用［J］. 聚氨酯

工业，2004（5）：33-35.
[27] 李建立．单组分聚氨酯玻璃粘合密封胶在汽车生产中的应用［J］．中国胶粘剂，2004（2）：36-37.
[28] 李丽娟．国内聚氨酯密封胶研究进展［J］．中国胶粘剂，2004（1）：45-49.
[29] 胡孝勇，张心亚，蓝仁华，等．粘贴导静电 PVC 地板的导静电乳液型胶粘剂的研制［J］．精细化工，2004（1）：61-63.
[30] 史小萌，马启元，戴海林．硅烷化聚氨酯密封胶的研究进展［J］．新型建筑材料，2003（2）：44-47.
[31] 耿同谋，柴淑玲．双液型遇水膨胀聚氨酯密封胶的研制［J］．中国胶粘剂，2003（2）：23-25.
[32] 狄超．聚醚多元醇对单组分聚氨酯泡沫填缝胶性能的影响［J］．聚氨酯工业，2003（1）：19-21.
[33] 史小萌，戴海林，马启元．硅烷化聚氨酯及其密封胶的制备和性能研究［J］．热固性树脂，2003（1）：10-13.
[34] 江国栋，王庭慰．水性聚氨酯胶研究及应用［J］．中国胶粘剂，2002（6）：50-54.
[35] 邓忠明，曾繁涤．防霉型电子元器件用聚氨酯密封胶的研究［J］．粘接，2001（2）：7-9.
[36] 李丽娟，吴良义．聚氨酯密封胶国外研究进展［J］．热固性树脂，2002（2）：35-38.
[37] 翁汉元．我国聚氨酯工业现状和发展展望［J］．聚氨酯工业，2001（3）：1-5.
[38] 黄建颖，胡巧玲，方征平．水性聚氨酯胶粘剂的研究与应用［J］．胶体与聚合物，2001（3）：23-26.
[39] 张健，郭凤春，韩孝族．丁腈羟聚氨酯密封胶的制备与性能［J］．聚氨酯工业，2001（1）：16-18.
[40] 李永德，谭上飞．烷氧基硅烷改性单组分聚氨酯密封胶的研究［J］．化学建材，2000（1）：32-33.
[41] 肖卫东，程时远．密封胶粘剂［M］．北京：化学工业出版社，2002.
[42] 李子东，李广宇，于敏．实用胶粘剂原材料手册［M］．北京：国防工业出版社，1999.
[43] 高学敏，等．粘接和粘接技术手册［M］．成都：四川科学技术出版社，1998.
[44] 杨玉昆，廖增琨，余云照，等．合成胶粘剂［M］．北京：科学出版社，1983.
[45] 李子东．实用粘接手册［M］．上海：上海科学技术文献出版社，1987.
[46] 向明，蓝方，陈宁．热熔胶粘剂［M］．北京：化学工业出版社，2002.
[47] 贝特曼 D L. 热熔粘合剂［M］．石镇楠，译．北京：轻工业出版社，1989.
[48] 曹惟诚，龚云表．胶接技术手册［M］．上海：上海科技出版社，1988.
[49] 贺曼罗．建筑胶粘剂［M］．北京：化学工业出版社，1999.
[50] 贺孝先，晏成栋，孙争光．无机胶黏剂［M］．北京：化学工业出版社，2003.
[51] 王孟钟，黄应昌．胶粘剂应用手册［M］．北京：化学工业出版社，1987.
[52] 王锡安，胡宁先．粘合剂及其应用［M］．上海：上海科学技术文献出版社，1981.

[53] 范和平，于洁，等．柔性印刷电路用聚酯覆铜板胶粘剂的应用与制备［J］．中国胶粘剂．1998（3）：6-9.
[54] 张广成，杨青芳，李剑．铝塑复合管用热熔胶的进展［J］．中国胶粘剂，2001，10（2）：37-40.
[55] 谢鹏，何慧，罗远芳，等．新型热熔胶粘剂研究进展［J］．中国胶粘剂，2001，10（3）：46-49.
[56] 张首文，王文军，李红旭．高性能水性聚氨酯胶粘剂［J］．中国胶粘剂，2002，11（4）：40-42.
[57] 吴永升．中国热熔胶工业现状及展望［J］．中国胶粘剂，2002，11（6）：41-45.
[58] 殷锦捷，马海云．聚酯热熔胶的应用及研究进展［J］．中国胶粘剂，2003，12（1）：51-54.
[59] 孙禹，张广艳，孔宪志，等．单组分聚氨酯弹性密封胶的研究［J］．化学与粘合，1998（1）：9-11.
[60] 张健，郭凤春，韩孝族．聚环氧氯丙烷—蓖麻油聚氨酯密封胶的研究［J］．化学与粘合，2000（3）：108-111.
[61] 冯波，左海波，马文石，等．热熔胶粘剂研究和应用的最新进展［J］．化学与粘合，2002（1）：31-34.
[62] 马学明．水基环氧树脂乳液及其胶粘剂［J］．粘接，2000，21（6）：17-21.
[63] 杨建恩．单组分湿固化聚氨酯建筑密封胶的生产工艺［J］．粘接，2002（3）：4-6.
[64] 刘学元，丁晓红，陈勇俊．常温快速固化输送带修补胶的研制及应用［J］．粘接，2002（4）：10-12.
[65] 奚强，朱本玮．双组分透明聚氨酯密封胶的研究［J］．粘接，2004（5）：14-17.
[66] 沈慧芳，陈焕钦．汽车用聚氨酯胶粘剂的研究进展［J］．粘接，2005（1）：35-37.
[67] 耿同谋．水工用聚氨酯材料［J］．化工新型材料，2002（1）：25-28.
[68] 陈连喜，张惠玲，雷家珩．环氧树脂潜伏性固化剂研究进展［J］．化工新型材料，2004，32（7）：29-32.
[69] 任嘉祥，杜奕，李江屏，等．丙烯酸系热熔压敏胶粘剂的研究［J］．高分子材料科学与工程，2000，16（4）：139-142.
[70] 马仁杰，王自新，魏克超，等．有机硅改性密封剂研究进展［J］．化学推进剂与高分子材料，2005（1）：22-27.
[71] 郭琦，钱文浩，朱吕民．双组分水性聚氨酯胶粘剂的合成与应用［J］．聚氨酯工业，2002（1）：12-14.
[72] 杨颖霞，李永德．有机硅在聚氨酯中的应用［J］．聚氨酯工业，2002（3）：31-34.
[73] 夏卫华，哈成勇．建筑用单组分湿固化聚氨酯密封胶的发展概况［J］．广州化学，2002（2）：44-47.
[74] 赵守佳，贾占勇．JYM—聚氨酯弹性密封胶用于处理水泥混凝土路面接缝［J］．公路，2001（12）：21-26.
[75] 李永德，谭上飞．烷氧基硅烷改性单组分聚氨酯密封胶的研究［J］．化学建材，2000

(1)：32-33.

[76] 李三军．水性聚氨酯胶粘剂的制备和应用［J］．胶体与聚合物，1999（3）：22-23.

[77] 罗娟，王久芬，任春梅．双组分聚氨酯密封胶的制备［J］．试验与研究，1999（3）：132-134.

[78] 汪多仁．单组分快固化聚氨酯胶［J］．建筑人造板，1998（4）：33-34.

[79] 张彰．热熔胶在电缆和光缆中的应用［J］．现代有线传输，1997（2）：52-57.

[80] 张秉坚，乔亦男．塑铝板专用热熔胶的研制［J］．新型建筑材料，1995（7）：33-34.

[81] 叶胜荣，潘庆华．我国纺织品用热熔胶的现状与发展［J］．产业用纺织品，2004（11）：21-24.

[82] Shih H H, Hamed G R. Peel adhesion and viscoelasticity of poly (ethylene-co-vinyl acetate) -based hot melt adhesives. I. The effect of tackifier compatibility [J]. Journal of Applied Polymer Science, 1997, 63: 323-331.

[83] Galán C, Sierra C A, Gómez Fatou J M, et al. A hot-melt pressure-sensitive adhesive based on styrene-butadiene-styrene rubber. The effect of adhesive composition on the properties [J]. Journal of Applied Polymer Science, 1996, 62: 1263-1275.

[84] Class J B, Chu S G. The viscoelastic properties of rubber-resin blends. I. The effect of resin structure [J]. Journal of Applied Polymer Science, 1985, 30 (2): 805-814.

[85] Class J B, Chu S G. The viscoelastic properties of rubber-resin blends. II. The effect of resin molecular weight [J]. Journal of Applied polymer Science, 1985, 30 (2): 815-824.

[86] Class J B, Chu S G. The viscoelastic properties of rubber-resin blends. III. The effect of resin concentration [J]. Journal of Applied Polymer Science, 1985, 30 (2): 825-842.

[87] 刘克祥，刘敏，侯丽华，等．有机硅改性环氧树脂的研究进展［J］．山东化工，2007，36（6）：11-13.

[88] 侯运城，范君怡，蔡永源．我国胶粘剂工业现状及应用进展［J］．热固性树脂，2009，24（4）：55-59.

[89] 金玉杰，肖力光．环氧树脂混凝土现状与分析［J］．吉林建筑工程学院学报，2009，26（4）：9-12.

[90] 蔡永源，李彤，孔莹，等．环氧树脂胶粘剂应用进展［J］．化工新型材料，2005，33（11）：17-20.

[91] 陈平，王德中．环氧树脂及其应用［M］．北京：化学工业出版社，2004.

[92] 李炜．木质素基木材胶粘剂的研究进展和应用现状［J］．中国胶粘剂，2008，17（3）：47-49.

[93] 顾继友．低甲醛释放木材胶粘剂研究进展［J］．粘接，2008，29（2）：36-41.

[94] 董建娜，陈立新，梁滨，等．水溶性酚醛树脂的研究及其应用进展［J］．中国胶粘剂，2009，18（10）：37-40.

[95] 王艳红，顾汉卿．医用粘合剂的发展及临床应用进展［J］．透析与人工器官，2008，19（3）：23-30.

[96] 范兆荣，刘运学，谷亚新，等．环保型聚氨酯胶粘剂的研制［J］．中国胶粘剂，

2007，16（11）：15-17.
[97] 王海峰，李仲谨，李铭杰．聚氨酯胶粘剂的特性与改性及在汽车工业中的应用［J］．中国胶粘剂，2009，18（11）：39-42.
[98] 唐礼道，杨建军，张建安，等．用硅烷封端的湿固化聚氨酯热熔胶的研制［J］．中国胶粘剂，2007，16（4）：37-39.
[99] 詹中贤，朱长春．家具封边用反应型湿固化聚氨酯热熔胶的研制［J］．粘接，2008，29（1）：18-21.
[100] 王宇，林中祥．低温型热熔压敏胶的研究进展［J］．中国胶粘剂，2009，18（8）：47-50.
[101] 杨操．热熔胶在书刊装订中的应用及发展趋势［J］．印刷质量与标准化，2005，4：7.
[102] 詹中贤．聚氨酯热熔胶粘剂的合成与应用进展［J］．中国胶粘剂，2006，15（1）：41-44.
[103] 李春华，齐暑华，王东红．耐高温有机胶粘剂研究进展［J］．中国胶粘剂，2007，16（10）：41-46.
[104] 周其凤，范星河，谢晓峰．耐高温聚合物及其复合材料［M］．北京：化学工业出版社，2004.
[105] 赵福君，王超．高性能胶黏剂［M］．北京：化学工业出版社，2006.
[106] 夏季红，毛璞，崔剑川．改性有机耐高温树脂胶粘剂［J］．化工新型材料，2009，37（3）：30-32.
[107] 徐清钢，姚金水，李梅，等．耐高温有机硅树脂的合成和改性研究状况［J］．山东轻工业学院学报，2010，24（1）：33-36.
[108] 王敏．耐温有机胶粘剂的发展现状［J］．合成技术及应用，2007，22（1）：33-36.
[109] 徐建国，郑典模．白高温胶粘剂的研究进展［J］．江西化工，2005，1：32-34.